高等院校 **电子商务**
职业细分化创新型 规划教材

Excel商务数据分析与应用

慕课版

夏榕 高伟籍 胡娟 **主编**
贺红燕 孙晓妮 王立坤 **副主编**

人民邮电出版社
北京

图书在版编目（CIP）数据

Excel商务数据分析与应用 ： 慕课版 / 夏榕，高伟籍，胡娟主编. -- 北京 : 人民邮电出版社，2018.12
高等院校电子商务职业细分化创新型规划教材
ISBN 978-7-115-49448-1

Ⅰ. ①E… Ⅱ. ①夏… ②高… ③胡… Ⅲ. ①表处理软件－应用－商务－数据处理－高等学校－教材 Ⅳ. ①TP391.13②F7

中国版本图书馆CIP数据核字(2018)第219864号

内容提要

在电子商务领域，商务数据往往蕴藏着巨大的商机和价值。卖家通过对商务数据进行专业且深入的分析，可以挖掘其内在的商业价值，发现新的商机，带来更大的市场和价值。本书以 Excel 在电商运营商务数据分析中的实际应用为主线，主要从电商卖家自身、商品、客户、进销存管理、竞争对手及行业状况等方面对商务数据分析进行深入讲解。

本书共分为 10 个项目，主要内容包括：商务数据分析与应用基础、使用 Excel 管理店铺信息、商品销售情况管理、买家购买情况分析与评估、商品销售情况统计与分析、商品采购成本分析与控制、商品库存数据管理与分析、畅销商品统计与分析、竞争对手与行业状况分析及销售市场预测分析。

本书不仅适合电商企业管理者、数据分析师、网店店主等电商从业者学习参考，也可作为高等院校电子商务方向相关专业及电子商务技能培训班的学习教材。

◆ 主　　编　夏　榕　高伟籍　胡　娟
副 主 编　贺红燕　孙晓妮　王立坤
责任编辑　古显义
责任印制　马振武

◆ 人民邮电出版社出版发行　　北京市丰台区成寿寺路 11 号
邮编　100164　　电子邮件　315@ptpress.com.cn
网址　http://www.ptpress.com.cn
固安县铭成印刷有限公司印刷

◆ 开本：787×1092　1/16
印张：13　　　　2018 年 12 月第 1 版
字数：323 千字　　　　2018 年 12 月河北第 1 次印刷

定价：48.00 元

读者服务热线：(010)81055256　印装质量热线：(010)81055316
反盗版热线：(010)81055315
广告经营许可证：京东工商广登字 20170147 号

PREFACE 前言

近年来，随着电子商务的高速发展，选择网上购物的消费者越来越多，各个电子商务平台的数据也越来越多，而这些数据已经成为越来越有价值的重要资源。电子商务企业或个人经营者通过对消费者网购的海量数据进行收集、分析与整合，挖掘出商业价值，不仅可以促进个性化和精确化营销的开展，还可以发现新的商机，创造新的价值，带来大市场、大利润和大发展。因此，在电子商务领域，商务数据往往蕴藏着巨大的商机和价值。

在电商运营中，营销管理、客户管理等环节都要使用到数据分析的结果，卖家通过数据分析来发现内部管理的不足、营销手段的不足、客户体验的不足等，利用数据来挖掘客户的内在需求，改善客户体验，提高商品的投入回报率，制定差异化的营销策略，判断行业现状和竞争格局，预测发展趋势等。可以这样说，商务数据分析事关电子商务企业或个人经营者的生存和长期发展，因此它成为电子商务领域颇受关注与研究的热点。

Excel 是最基本也是最常见的数据分析工具，其功能非常强大，几乎可以完成所有的统计分析工作，但大多数人只掌握了其 5%的功能。如果需要分析的数据量在 10 万以内，那么无论是数据处理、数据可视化还是统计分析，Excel 都能支持。

本书有以下编写特色。

- **专家执笔，权威讲解**：本书由具有商务数据分析研究与实战经验的业界专家执笔，权威讲解，深入浅出，具有非常高的指导性与实用性。
- **案例主导、任务驱动**：本书立足于电商卖家的实际需求，采用“项目+任务”的体例形式，通过大量的案例操作和分析，让读者真正掌握商务数据分析的方法与技巧。
- **图解教学、重在实操**：本书采用图解教学的方式，一步一图，以图析文，让读者在学习过程中更直观、更清晰地掌握操作流程与方法，提升学习效果。
- **配套慕课，资源丰富**：本书由人邮学院平台为学习者提供优质的慕课课程，课程结构严谨，学习者可以根据自身的学习程度，自主安排学习进度。同时，本书还提供了 PPT 教案、案例素材下载等立体化的学习资源。

现将本书与人邮学院的配套使用方法介绍如下。

1. 读者购买本书后，刮开粘贴在书封底上的刮刮卡，获取激活码（见图 1）。

2. 登录人邮学院网站（www.rymooc.com），使用手机号码完成网站注册（见图 2）。

图 1 激活码

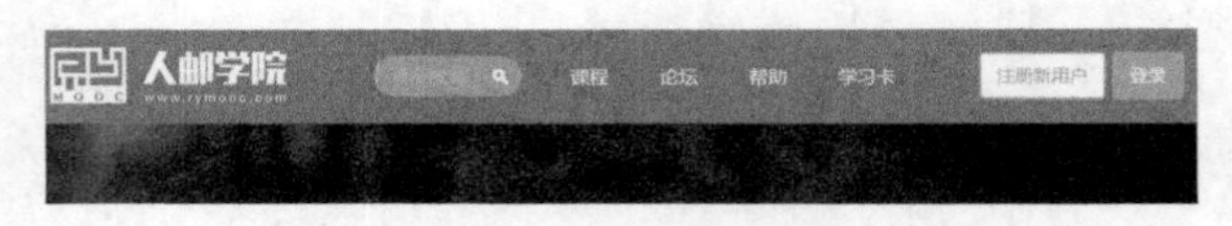

图 2 人邮学院首页

3. 注册完成后，返回网站首页，单击页面右上角的“学习卡”选项（见图 3）进入“学习卡”页面（见图 4），即可获得慕课课程的学习权限。

图 3 单击“学习卡”选项

4. 获取权限后，读者可随时随地使用计算机、平板电脑及手机进行学习，还能根据自身情况自主安排学习进度。

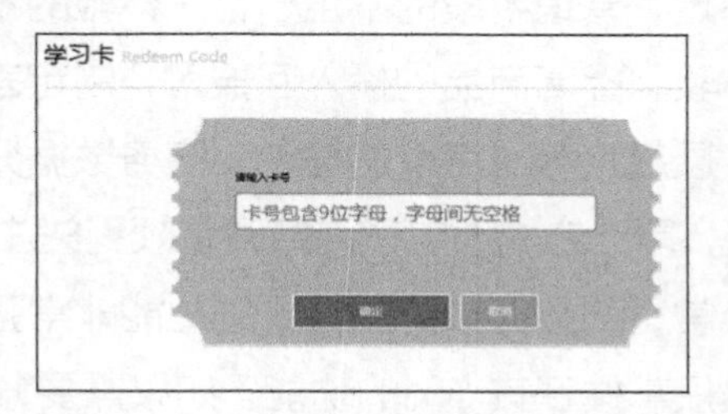

图 4 在“学习卡”页面输入激活码

5. 书中配套的教学资源，读者也可在该课程的首页找到相应的下载链接。关于人邮学院平台使用的任何疑问，可登录人邮学院咨询在线客服，或致电：010-81055236。

本书由夏榕、高伟籍、胡娟任主编，由贺红燕、孙晓妮、王立坤任副主编。本书在策划与编写过程中，还得到了崔慧勇、王秋平、许亮、张茜茜、许超等的大力支持和帮助，在此向他们深表谢意！选书教师可登录人邮教育社区（www.ryjiaoyu.com）下载并获取相关教学资源。

尽管我们在编写过程中力求准确、完善，但本书中可能还有疏漏与不足之处，恳请广大读者批评指正，在此深表谢意！

编 者

2018 年 7 月

CONTENTS 目录

项目一

商务数据分析与应用基础

项目概述

商业是与数据分析关系最紧密的一个行业，也是数据分析广泛应用的行业之一。通过数据分析对数据进行有效的整理和分析，为电子商务经营者决策提供参考依据，进而为其创造更多的价值，是数据分析在电子商务领域使用的目的。

项目重点

- 掌握商务数据的应用、分类与来源渠道。
- 掌握商务数据分析的各种指标。
- 掌握商务数据分析的流程与方法。

项目目标

- 了解商务数据的重要作用与应用。
- 了解商务数据的分类与多种来源渠道。
- 了解商务数据的各种分析指标及其含义。
- 学会商务数据的分析流程、原则、方法。

任务一　初识商务数据

任务概述

电子商务网站一般都会将用户的交易信息，包括购买时间、购买商品、购买数量、支付金额等信息保存在自己的数据库中，基于网站的运营数据可以对交易行为进行分析，通过数据可以看出消费者从哪里来，如何组织商品以实现更好的转化率，以及投放广告的效率等问题，基于数据分析进行调整或改进，实现店铺经营者盈利能力的提升。

任务重点与实施

一、商务数据的定义

在电子商务领域，商务数据可以分为两大类：前端行为数据和后端商业数据。前端行为数据是指访问量、浏览量、点击流及站内搜索等反应用户行为的数据；而后端商业数据更侧重于商业数据，如交易量、投资回报率及全生命周期管理等。

二、商务数据的重要作用

随着电子商务的高速发展，选择网上购物的消费者越来越多，各个电子商务平台的数据也越来越多，而这些数据成为越来越有价值的重要资源。电子商务企业或个人经营者通过对消费者的海量数据的收集、分析与整合，挖掘出商业价值，促进个性化和精确化营销的开展，还可以发现新的商机，创造新的价值，带来大市场、大利润和大发展。因此，对于电子商务企业或个人经营者来说，商务数据往往蕴藏着巨大的商机和价值。

三、商务数据的主要应用

在电子商务领域，商务数据的主要应用体现在以下四个方面，如图 1-1 所示。

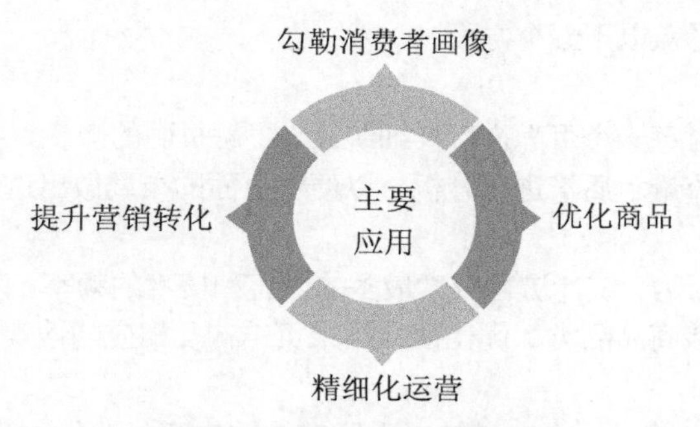

图 1-1 商务数据的主要应用

- 勾勒消费者画像：通过勾勒消费者画像，打通消费者行为和商务数据之间的关系，还原消费者全貌。
- 提升营销转化：通过分析拉新流量和付费转化，甄别优质广告投放渠道。
- 精细化运营：分层次筛选特定消费者群，精准运营，提升留存率。
- 优化商品：通过数据指引核心流程优化商品，提高店铺的转化率和销售额。

下面分别从“人、货、场”三个维度对商务数据在电子商务领域的应用进行简要介绍。

1. 以“人”为维度的用户分析

用户分析是指基于用户在电子商务网站上的各项浏览行为数据，分析用户的喜好，进而为用户提供喜爱的商品和服务，最终实现成交转化。例如，通过对用户的新增/活跃情况、时段分布、渠道用户、地域分布及启动/激活情况等进行分析，研究用户的访问焦点，挖掘用户的潜在需求。

2. 以“货”为维度的商品分析

通过商品分析，电商经营者可以在了解商品的浏览量、点击量、订单量、购买用户数等数据的基础上，推断出商品的点击是否顺畅，商品功能的展现是否完美，用户的关注度及购买力如何等信息，为进一步研究商品生命周期、调整商品推广策略提供有力的数据支撑，如图 1-2 所示。

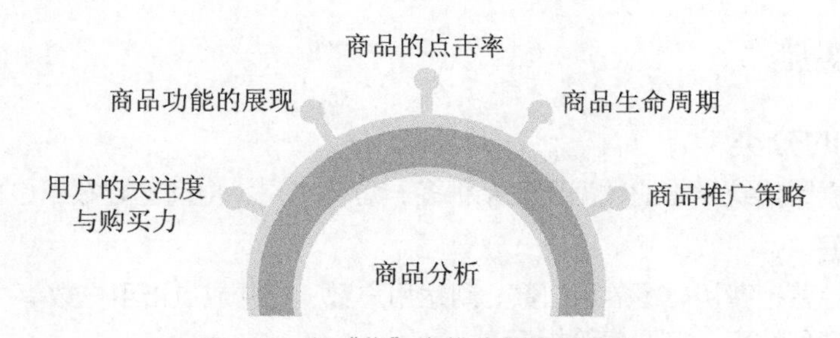

图 1-2 以“货”为维度的商品分析

3. 以“场”为维度的场景运营分析

场景营销是基于网民的上网行为始终处在输入场景、搜索场景和浏览场景这三大场景之一的一种新营销理念。而电子商务场景运营分析则是针对这三种场景，以充分尊重消费者网购体验为先，围绕消费者输入信息、搜索信息、获得信息的行为路径和网购场景进行优化，从而让消费者对商品产生使用黏性和高频购买。

场景运营分析主要涵盖以下五个方面。

（1）页面项目

页面项目分析是指对每一个页面进行详细统计，了解页面的流量、用户数、页面点击的热点等指标，进而对页面的流量、质量进行分析，以便对页面的布局做出进一步的调整。

（2）内部检索

分析内部搜索用户行为，统计访客搜索最多的内容和搜索的频率，以及对搜索结果的点击情况，可以为运营人员调整商品品类、优化搜索结果页结构及相应的搜索词提供数据支持。

（3）专题页面

通过促销活动页的浏览量、点击量、二次跳转、转化率、转化数等数据，电商运营者可以分析消费者对哪些活动感兴趣，对哪些商品感兴趣，进而根据这些数据对活动页面进行调整与优化。

（4）站内广告

通过对站内广告的点击量、转化量进行分析，电商运营者可以了解站内重点活动的访客参与度，了解消费者对站内广告是否感兴趣，进而为优化站内广告位、广告创意、展现位置等提供数据支撑。

（5）页面流量

页面流量展现网站页面所有流量、点击率、退出率等指标。通过对这些数据进行分析，运营人员可以了解网站流量集中的页面、退出率集中的页面及相关页面的质量，从而发现重点页面或异常情况。

任务二　商务数据的分类与来源

任务概述

在电子商务行业中，商务数据分析非常重要，因为营销管理、客户管理等环节都要使用数据分析的结果。运营人员通过数据分析来发现内部管理的不足、营销手段的不足、客户体验的不足等，利用数据来挖掘客户的内在需求。本任务将学习商务数据的分类与来源。

任务重点与实施

一、商务数据的分类

电子商务数据比传统零售业数据要复杂很多，总体来说，电商基础数据包括以下几类。

1. 营销数据

营销数据包括营销费用、覆盖用户数、到达用户数、打开或点击用户数等，由这些数据衍生出人均费用、营销到达率、打开率等指标。

2. 流量数据

流量数据包括浏览量（Page View，PV）、访客数（Unique Visitor，UV）、登录时间、在线时长等基础数据，其他与流量相关的数据指标，如人均流量、人均浏览时长等基本都是由这几个指标衍生出来的。

3. 会员数据

会员数据包括会员的姓名、出生日期、真实性别、网络性别、地址、手机号、微博号、微信号等基础数据，以及登录记录、交易纪律等行为数据。

4. 交易及服务数据

交易及服务数据包括交易金额、交易数量、交易人数、交易商品、交易场所、交易时间、供应链服务等数据。这部分数据的线上线下差异不大，差别在数量级和数据收集的方法上，线上的交易数据更大、更散一些。如果不是自建交易平台，而是第三方交易平台，就需要定期将第三方交易平台的交易数据下载后自建数据库，因为一般平台商都不支持 3 个月以上的交易数据下载。

5. 行业数据

做好电子商务，了解行业数据是非常必要的，这样有利于掌握整个行业与竞争对手的发展变化。淘宝的“数据魔方”产品提供行业品牌的关键字搜索、店铺排名、销售、会员等数据查询，一些专业的第三方交易平台也会通过“爬虫”等工具获取一些商业数据。

二、商务数据的来源渠道

电商数据的来源非常广泛，常规的流量数据、交易数据、会员数据在品牌的交易平台上一般都会提供，如淘宝的数据魔方和量子恒道、京东的数据开放平台等。除此之外，还有一些第三方数据网站也提供了数据源及分析功能。

1. 百度统计

百度统计包括与流量相关的网站统计、推广统计、移动统计等，分析内容包括趋势分析、来源分析、页面分析、访客分析、定制分析和优化分析，其中 H5 热力图功能很受用户的青睐，如图 1-3 所示。

图 1-3　百度统计

2. Crazy egg 热力图

该网站为英文网站，主要特色是对页面热点追踪分析的热点图，功能不错，使用起来很方便，如图 1-4 所示。

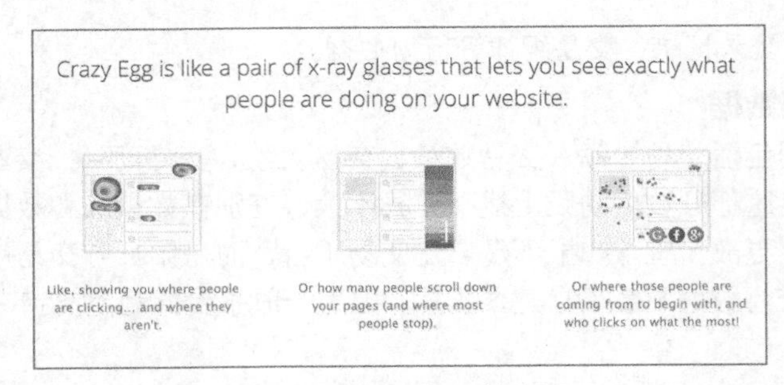

图 1-4　Crazy egg 热力图

3. CNZZ 数据专家

CNZZ 数据专家包括移动统计、网站统计、消息推送、社会化分享、游戏设计、互联网运营数据服务等，如图 1-5 所示。

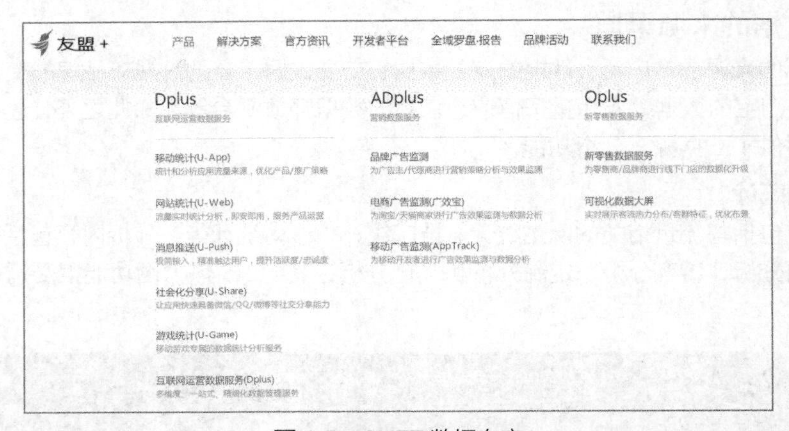

图 1-5　CNZZ 数据专家

当然，分析网站工具还有很多，数据分析人员可以根据自己的需求和喜好选择最适合自己的分析工具。

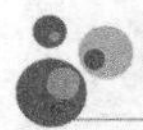

任务三　商务数据分析指标

任务概述

电子商务信息系统最核心的能力是大数据能力，包括大数据处理、数据分析和数据挖掘能力。无论是电商平台（如淘宝），还是在电商平台上销售商品的卖家，都需要掌握大数据分析的能力。越成熟的电商平台，越需要通过大数据能力来驱动电子商务运营的精细化，更好地提升运营效果，提升销售业绩。构建系统的电子商务数据分析指标体系是电商精细化运营的重要前提，不同类别的指标对应着电商运营的不同环节，通过对不同类别指标的分析，可以深入了解店铺的各方面情况。

任务重点与实施

一、流量指标

流量研究是电商研究的核心，由于用户在互联网上的每一个动作都可以被记录下来，所以这给流量研究提供了便利。常用的流量指标如下。

1. 浏览量

浏览量（PV）又称访问量，指用户访问页面的总数，用户每访问一个网页就算一个访问量，同一个页面刷新一次也算一个访问量。

2. 访客数

访客数（UV）指独立访客，一台计算机为一个独立访问人数。一般以“天”为单位来统计 24 小时内的 UV 总数，一天之内重复访问的只算一次。淘宝对访客数的定义略有不同，它是以卖家所选时间段（可能是一小时、一天、一周等）为统计标准，同一访客多次访问会进行去重处理。

访客数又分为新访客数和回访客数。

- **新访客数**：指客户端首次访问网页的用户数，而不是最新访问网页的用户数。将新访客数和 UV 对比就是新访客占比。
- **回访客数**：指再次光临访问的用户数。将回访客数和 UV 对比就是回访客占比。

3. 当前在线人数

当前在线人数指 15 分钟内在线的 UV 数。

4. 平均在线时间

平均在线时间指平均每个 UV 访问网页停留的时间长度，这个值越大越好。停留时间指用户打开网站最后一个页面的时间点减去打开第一个页面的时间点，由于只访问一页的用户停留时间无法获取，所以这种情况不统计在内。

5. 平均访问量

平均访问量又称平均访问深度，指用户每次浏览的页面平均值，即平均每个 UV 访问了多少个 PV。

6. 日均流量

日均流量有时会用到日均 UV 和日均 PV 的概念，就是平均每天的流量。

7. 跳失率

跳失率又称跳出率（Bounce Rate）。跳失率指只浏览了一个页面就离开的访问次数除以该页面的全部访问次数，分为首页跳失率、关键页面跳失率、具体商品页面跳失率等。这些指标用来反映页面内容受欢迎的程度，跳失率越大，页面内容越需要进行调整。

二、转化指标

店铺有了流量之后，店铺经营者就希望用户按照自己设计好的流程进行动作，如希望用户注册、收藏、下单、付款、参与营销活动等，这些动作就是转化。常用的转化指标如下。

1. 转化率

转化率 =（进行了相关动作的访问量 ÷ 总访问量）× 100%。它是电商营运的核心指标，也是用来判断营销效果的重要指标。

2. 注册转化率

注册转化率 =（注册用户数 ÷ 新访客总数）× 100%，这是一个过程指标。当我们的目标是积累会员总数时，这个指标就很重要了。

3. 客服转化率

客服转化率 =（咨询客服人员的用户数 ÷ 总访问数）×100%，这也是一个过程指标。这个指标类似于线下的试穿率。

4. 收藏转化率

收藏转化率 =（将商品添加收藏或关注到个人账户的用户数 ÷ 该商品的总访问数）×100%。每逢大型促销前，用户都会收藏大量商品到自己的账户中，以便正式促销时下单购买。

5. 添加转化率

添加转化率 =（将商品添加到购物车的用户数 ÷ 该商品的总访问数）×100%，这个指标主要针对具体商品。和收藏商品不同，一般将商品添加到购物车不用先登录自己的账户。

6. 成交转化率

成交转化率 =（成交数 ÷ 访客数）×100%，通常我们提到的转化率就是成交转化率。这个指标和传统零售的成交率是一个概念，它和注册转化率、收藏转化率不同，这是一个结果指标。对于货到付款的电商而言，成交应该是到买家付款后才算完整成交过程，不过一般送货到付款有滞后期，所以可以将买家的下单视为成交。为了更精细化分析，成交转化率还可以细分为全网转化率、类目转化率、品牌转化率、单品转化率、渠道转化率和事件转化率等。本书主要介绍渠道转化率和事件转化率。

（1）渠道转化率

渠道转化率=（从某渠道来的成交用户数 ÷ 该渠道来的总用户数）×100%，这个指标用来判断渠道质量。核心指标是 PC 端转化率和移动端转化率。

（2）事件转化率

事件转化率=（因某事件带来的成交用户数 ÷ 该事件带来的总用户数）×100%。有些事件可以跟踪到人，如营销中的关键字投放、其他网站投放广告等。但是，有些事件是没有办法统计到细节的，如一些公共事件带来的转化率提升，这种情况可以用成交转化率直接代替事件转化率。主动或被动触发的事件都可以用事件转化率来进行数据分析，研究这个指标对于制订营销计划、提升销售额有着很大的正面意义。

三、营运指标

线上和线下的营运指标差异不大，下面进行简单分类，不再做过多的讲解。电商营运指标包括以下方面。

- **成交指标**：成交金额、成交数量和成交用户数。
- **订单指标**：订单金额、订单数量、订单用户数、有效订单和无效订单。
- **退货指标**：退货金额、退货数量、退货用户数、金额退货率、数量退货率和订单退货率。
- **效率指标**：客单价、件单价、连带率和动销率。
- **采购指标**：采购金额和采购数量。
- **库存指标**：库存金额、库存数量、库存天数、库存周转率和售罄率。
- **供应链指标**：送货金额、送货数量、订单满足率、订单响应时长和平均送货时间。

四、会员指标

传统零售一般是必须达到一定购买金额的客户才有资格成为会员，而电商一般是只要注册过的用户就是会员。因此，线下的会员一定是客户，线上的会员有可能只是潜在的顾客。

大部分传统零售的会员管理都有失效的规定，即如果会员不能在一定期限内（一般是一年）达到最低的购物消费标准，就会自动失去会员资格，也就不能享受会员权益了。而电商会员没有失效的规定，只是对不同的消费金额用户设定了不同的等级。

京东和唯品会对高级别的会员设定了等级一年有效的规定，一年后根据会员的成长值重新确定会员等级，目前淘宝的会员级别还是根据累计金额自动升级，而不是一年内的成长值。

在电商数据分析中，常用的会员指标如下。

1. 注册会员数

注册会员数指曾经在网站上注册过的会员总数，很多电商网站公布的会员总数都是注册会员数。只看这个指标没有太大的意义，因为注册会员中有许多从来没有购物消费过的用户，也有曾经购物消费过但现在已经流失的用户，所以出现了有效会员数，即在一年内有过购物消费的会员数。

2. 活跃会员数

活跃会员数指在一定时期内有购物消费或登录行为的会员总数，时间周期可以设定为 30 天、60 天、90 天等。这个时间周期的确定和商品购买频率有关，快速消费品的时间周期比较短，不过当这个时间周期确定后就不能轻易改变了。

3. 活跃会员比率

活跃会员比率指活跃会员占会员总数的比重。当会员基数比较大时，即便较低的活跃会员比率也意味着有较大的活跃会员数。

4. 会员复购率

会员复购率指在某时期内产生两次及两次以上购买的会员占购买会员的总数。例如，某商品在 2018 年共有 1000 个会员购买，其中 200 个会员产生了至少二次购买，则复购率为 20%。复购率还有另一种计算方法，如果 200 个复购会员中有 50 个会员又有第三次购买行为（假定没有 3 次以上的购买会员），这种情况的复购率为 25%，即多次购买不去重。

5. 平均购买次数

平均购买次数指某时期内每个会员平均购买的次数，即平均购买次数 = 订单总数 ÷ 购买用户总数。平均购买次数的最小值为 1，复购率高的网站平均购买次数也必定高。

6. 会员回购率

会员回购率指上一期末活跃会员在下一期时间内有购买行为的会员比率，回购率和流失率是相对的概念。例如，某电商在 2018 年 9 月底有活跃会员 3000 名，其中的 1800 名会员在第四季度有购买记录，其中的 1000 名会员有至少二次购买，则回购率为 60%，当期流失率为 40%，复购率为 56%。

7. 会员留存率

会员留存率指某时间节点的会员在某个特定时间周期内登录或购物消费过的会员比率，即有多少会员留存下来。统计依据可以是登录或者消费数据，一般电商用消费数据，游戏和社交网络等用登录数据，时间周期可以是日、周、月、季度、半年等。会员留存率分为新会员留存率和活跃会员留存率。

五、关键指标

关于电商数据分析指标有很多版本，其定义也很复杂，那么诸多指标中哪些是电商数据分析的关键指标呢？对于这个问题，其实并没有标准答案，因为电商性质不同，所处阶段不同、行业不同，电商运营者的关注点也不相同，可以概括如下。

1. 阶段不同，需求不同

对于一个新电商来说，积累数据、找准营运方向比卖多少商品、赚多少利润更重要。这个阶段可以重点关注流量指标，包括访客数、访客来源、注册用户数、浏览量、浏览深度、商品的浏览量排行、商品的跳失率、顾客评价指数和转化率等。

对于已经营运一段时间的电商，通过数据分析提高店铺销量是首要任务。这个阶段重点指标是流量和销售指标，包括访客数、浏览量、转化率、新增会员数、会员流失率、客单价、动销率、库存天数、ROI 和销售额等。

对于已经有一定规模的电商，利用数据来提升整体营运水平非常关键。这个阶段重点指标是访客数、浏览量、转化率、复购率、流失率、留存率、客单价、利润率、ROI、新客成本、库存天数、订单满足率和销售额等。会员复购率和会员留存率务必一起来看，因为复购率再高，如果会员留存率大幅下降，也是很危险的。

2. 时间不同，侧重不同

数据指标分为追踪指标、分析指标和营运指标，营运指标就是绩效考核指标。一个团队的销售额首先是追踪出来的，其次是分析出来的，最后才是绩效考核出来的。销售追踪是按天、按时段说话，分析时一般以“周”和“月”为单位，绩效考核常常是以“月”为主、以“年”为辅。

- **每日追踪指标**：包括访客数、浏览量、浏览深度、跳失率、转化率、件单价、连带率、重点商品的库存天数、订单执行率。这里虽然没有销售额指标，但其实是有的，只是被过程化了，因为“销售额 = 访客数 × 购买转化率 × 件单价 × 连带率”。
- **周分析指标**：大部分指标都可以按周进行分析，可以侧重在重点商品的分析和重点流量的分析上，包括但不限于日均 UV、日均 PV、访问深度、复购率、Top 商品贡献率和 Top 库存天数等。
- **月绩效考核指标**：绩效考核指标在精而不在多，需要根据业务分工来差异化分析。店铺营运人员 KPI（Key Performance Indicator，关键绩效指标）包括访客数、转化率、访问深度、件单价和连带率；店铺推广人员 KPI 包括新增访客数、新增购买用户数、新客成本、跳失率和 ROI；店铺活动策划人员 KPI 包括推广活动的点击率、转化率、活动商品销售比重和 ROI；店铺数据分析人员 KPI 包括报表准确率、报表及时率、需求满足率、报告数量和被投诉率等。

3. 职位不同，视角不同

执行人员侧重过程指标，管理层侧重结果指标。例如，营运执行人员会关心流量的来源指标、流量的质量指标，而管理层关注的只是流量这个指标；营运执行人员必须关注转化率、客单价等过程指标，而管理层只需关注销售额这个结果指标。对于商务数据分析人员来说，一定要学会根据不同的受众来提供不同的数据。

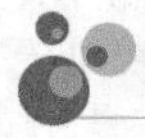

任务四　商务数据分析

任务概述

在电子商务领域中，数据分析是指通过分析手段、方法和技巧对准备好的数据进行探索与分析，从中发现因果关系、内部联系和业务规律，为电商运营者提供决策参考。要想驾驭数据、开展数据分析，就要了解商务数据分析的意义，掌握商务数据分析的流程、原则与方法。

任务重点与实施

一、商务数据分析的意义

1. 判断行业现状和竞争格局，预测发展趋势

行业规模和市场需求决定了电商运营者的进入策略和推广策略，掌握行业信息对电商运营者意义重大。电商运营者参与市场竞争，不仅要确定谁是自己的顾客，还要弄清谁是自己的竞争对手。电商运营者通过行业数据分析，掌握行业现状、发展趋势和竞争情况，监视主要竞争对手活动，准确判断行业现状和竞争格局，预测行业发展走势和竞争对手未来的战略，从而规划设计发展策略以确保自己的行业地位。

2. 改善客户关系，提升客户满意度，实现客户忠诚

“客户就是上帝”已经成为许多电商运营者的服务宗旨，其深层目的在于改善客户关系，提升客户满意度，实现客户忠诚。电商运营者通过数据分析能够了解客户个人特征、购买行为和消费偏好，进而分析客户价值，分类开展有针对性的客户关怀活动，提高老客户的忠诚度，提高获取新客户的数量，实现客户关系的改善和提升。

3. 改善用户体验，提高商品的投入回报率

通过分析消费者特征、商品需求等数据，电商运营者可以改善现有的服务或推出新的商品。当新研发的商品或新包装的商品投入市场时，电商运营者可以根据已经建立的数据模型进行测试和实境模拟，发掘出消费者新的需求，改善用户体验，提高商品的投入回报率。例如，用户可对历史评价、社交网络、论坛上产生的大量数据，利用数据分析技术进行深入挖掘，在某些情况下通过模拟实境来判断哪种情况下商品投入效率最高。

4. 精细化运营，运用差异化的营销策略

在数字化时代，电商运营者需要进行精细化运营才能更好地从管理、营销方面提升用户的服务体验，同时根据差异化的服务让运营更加精细化。电子商务活动是一个由供应链组成的系统，其中涉及从采购到销售的各个环节，数据分析能帮助电商运营者进行客户群体细分，针对特定的细分群体采用差异化的营销策略或根据现有营销目标筛选目标群体，提高投入产出比，实现营销推广优化。

二、商务数据分析的流程

商务数据分析是基于商业目的，有目的地进行收集、整理、加工和分析数据，提炼有价信息的过程，其流程主要包括明确分析目的与框架、数据收集、数据处理、数据分析、数据展现和撰写报告等环节。

1. 明确分析目的与框架

电商运营者拿到一个数据分析项目，首先要明确数据对象是谁，目的是什么，要解决什么业务问题，然后基于商业的理解整理分析框架和分析思路。常见的分析目的包括减少新客户的流失、优化活动效果、提高客户响应率等。不同的项目对数据的要求、使用的分析手段也不一样。

2. 数据收集

数据收集是按照确定的数据分析和框架内容，有目的地收集与整合相关数据的过程，它是商务数据分析的基础。数据收集渠道包括内部渠道和外部渠道，内部渠道包括内部数据库、内部人员、客户调查及专家与客户访谈；外部渠道包括网络、书籍报刊、统计部门、行业协会、展会、

专业调研机构等。常见的数据收集方法包括观察和提问、用户访谈、问卷调查、集体讨论、工具软件等。

3. 数据处理

数据处理是指对收集到的数据进行加工与整理，以便开展数据分析，这是进行数据分析前必不可少的阶段。这个阶段在数据分析整个过程中最耗时间，也在一定程度上取决于数据库的搭建和数据质量的保证。数据处理主要包括数据清洗、数据转化等处理方法。数据清洗和数据转化的主要对象包括残缺数据、错误数据和重复数据等。

4. 数据分析

数据分析是指通过分析手段、方法和技巧对准备好的数据进行探索与分析，从中发现因果关系、内部联系和业务规律，为电商运营者提供决策参考。到了这个阶段，电商运营者要想驾驭数据、开展数据分析，就会涉及方法和工具的使用。

首先，要熟悉常规数据分析方法，了解诸如方差、回归、因子、聚类、分类、时间序列等数据分析方法的原理、使用范围、优缺点等；其次，要熟悉数据分析工具，如 Excel、SPSS、R、Python 等，以便于进行专业的统计分析、数据建模等。

5. 数据展现

一般情况下，数据分析的结果都是通过图表的方式来呈现的。借助数据展现可视化工具，能够更直观地让数据分析师表述想要呈现的信息、观点和建议等。常用的图表包括饼图、折线图、柱形图、条形图、散点图、雷达图等、金字塔图、矩阵图、漏斗图和帕雷托图等。

6. 撰写报告

撰写数据分析报告是对整个数据分析成果的呈现。通过分析报告，把数据分析的目的、过程、结果及方案等完整地呈现出来，为相关人员提供参考。一份优秀的数据分析报告，首先要有一个合理的分析框架，并且图文并茂，层次明晰，能够让阅读者一目了然。结构清晰、主次分明可以使阅读者正确地理解报告内容，图文并茂可以令数据展示更加生动活泼，提高视觉冲击力，有助于阅读者更形象、更直观地看清问题和结论，从而深入思考。

另外，数据分析报告要有明确的结论、建议和解决方案，不仅要找出问题，还要给出解决方法，后者是更重要的，否则称不上合格的分析，同时也失去了报告的意义。数据分析的初衷就是为了解决问题，所以不能舍本求末。

三、商务数据分析的原则

在分析商务数据时，电商运营者需要坚持以下原则。

1. 科学性

在数据信息的收集、分析和处理过程中，一丝差错都会使分析结果出现偏差，所以电商运营者必须以科学、严谨的态度来认真对待，务必保证数据的客观性。

2. 系统性

数据分析不是单个资料的记录、整理或分析活动，而是一个周密策划、精心组织、科学实施，并由一系列工作环节、步骤、活动和成果组成的过程。

3. 针对性

由于统计数据的对象存在差异，并且数据统计分析方法有所不同，所以电商运营者在分析数据时要根据实际情况有针对性地区别对待。根据分析目标选择适合的方法与模型，才能保证分析的准确、有效。

4．实用性

商务数据分析是为决策服务的，在保证其专业性和科学性的同时，也不能忽略其现实意义。在进行数据分析时，电商运营者还要考虑指标可解释性、报告可读性、结论的指导意义与实用价值等。

5．趋势性

电商市场所处的环境在不断地发展与变化，电商运营者在进行数据分析时要用发展的眼光看待问题，充分考虑社会宏观环境、市场变化与先行指标，眼光不能局限于当前现状与滞后指标。

四、商务数据分析的方法

基于电商平台商品的运营，下面将介绍九种常见的数据分析方法，以供读者参考。

1．流量分析

流量分析主要应用于广告的投放及对外推广，通过以下三个维度来进行说明。

（1）访问、下载来源以及搜索词

网站的访问来源、App 的下载渠道及各搜索引擎的搜索关键词，都可以很方便地通过数据分析平台进行统计和分析，分析平台通过归因模型判断流量来源，电商运营者只需要用自建或者第三方数据平台即可追踪流量变化。

（2）自主投放追踪

通过对微信等外部渠道投放的文章、H5（HTML 5）等进行追踪，用户可以分析不同获客渠道流量的数量和质量，进而优化投放渠道。常见的办法有 UTM（Urchin Tracing Module，跟踪模块）代码追踪，分析新用户的广告来源、广告内容、广告媒介、广告项目、广告名称和广告关键字等。

（3）实时流量分析

电商运营者通过建立一张数据指标的线状或者柱状图，对日常数据如新增、活跃、留存、核心漏斗等业务指标进行监测，实时了解商品的访问走势，以此来研究消费者的行为规律。另外，电商运营者还可以通过监测每日增长，发现并分析店铺运营中存在的异常情况，以便及时进行优化调整。

2．用户分群

用户分群主要应用于用户细分及精准化营销。精细化运营是目前的趋势，电商运营人员需要对不同类别的用户进行精准运营，而维度和行为组合是目前常见的用户分群方法。

（1）根据用户维度划分

用户分群一般情况下可以将用户的维度归纳为四类，分别是人口属性、设备属性、流量属性和行为属性。人口属性包括性别、年龄、职业、爱好、城市、地区及国家等；设备属性包括平台、设备品牌、设备型号、屏幕大小、浏览器类型及屏幕方向等；流量属性包括访问来源、广告来源、广告内容、搜索词及页面来源等；行为属性包括用户活跃度、用户是否注册、是否下单等。具体维度的选择要与运营的需求紧密结合。不同区域、不同来源、不同平台甚至不同手机型号的用户对商品的使用和感知都可能存在巨大的差异。

（2）根据用户行为组合划分

精细化运营常常需要对某个有特定行为的用户群组进行分析和比对，通过观察不同群组用户的行为差异，有针对性地优化商品，提升用户体验。例如上海某电商网站举行了一次 iPhone 手机配件的促销活动，将上海市有过两次购物记录的 iPhone 用户筛选为目标用户进行营销，这比漫无目的地群发邮件和推送更加精准。

3. 多维分解

网站报告一般反映的都是网站数据的综合情况，包括网站的总访问量、总停留时间、总销售量等，但并不能体现用户在不同页面、不同内容、不同渠道的停留时间及访问量，也就是说这些汇总数据无法对不同属性的流量进行正确的判断。

为了看清问题的本质，电商运营者需要从业务角度出发，将指标从多个维度进行拆解。例如，某网站的跳出率是 0.47，平均访问深度是 4.39，平均访问时长是 0.55 分钟，如果想提升用户参与度，显然这样的数据无从下手，但对这些指标进行拆解后就会发现很多思路。

4. 细查路径

细查路径主要用于用户和商品的研究。用户行为数据也是数据的一种，通过观察用户的行为轨迹探索其与商品的交互过程，进而从中发现问题。在用户分群的基础上，一般抽取 3~5 个用户来进行细查即可覆盖分群用户大部分的行为规律。

5. 转化漏斗

漏斗分析用于衡量转化效率，所有的互联网商品、数据分析都离不开转化漏斗。通过漏斗分析可以按照先后顺序还原某一用户的行为路径，分析每一个转化节点的转化数据，有效地定位高损耗节点。无论是注册转化、激活转化还是购买转化，都需要重点关注哪一步流失的用户最多，流失的用户都有哪些行为。

6. 留存分析

在互联网行业中，通过拉新引来的客户经过一段时间就会流失一部分，而留存用户是指留下来的、经常回访网站或 App 的客户。留存分析可以用来探索用户、商品与回访之间的关联程度。

7. A/B 测试

A/B 测试是指为了达到某个目标进行多个方案并行测试，每个方案仅有一个变量不同，最后以某种规则选择最优的方案。由于进行 A/B 测试需要有足够的时间、较大的数据量和数据密度，所以对于很多创业型企业或者流量不大的商品来说，可以采用直接上线的方式用全量流量来测试新的方案，然后通过对比前后数据指标的变化来判断哪种方案更好。

8. 优化建模

当一个商业目标与多种行为、画像等信息有关联时，通常会使用数据挖掘的手段进行建模，并对核心事件的相关性进行分析，挖掘出商品改进的关键点。例如，对促进用户购买的相关性进行分析，可以找到促进留存的顿悟时刻等。

9. 热图

用户体验是一个非常抽象的概念，通过热图的形式可以将其形象化。热图又称热力图，它用高亮颜色来展示用户的访问偏好，对用户的体验数据进行可视化展示。例如，通过热图分析电商交易平台用户的购买偏好，可以及时地更新商品信息；通过热图分析，还可以非常直观地了解用户在商品上的点击偏好，帮助电商运营者及时优化店铺装修设计，从而提高转化率等。

以上数据分析方法并无优劣之分，在不同的场景下采用正确的方法就是高效的。此外，学会使用优秀的数据分析工具可以事半功倍，更好地利用数据实现店铺销售额的提升。

五、商务数据分析常用工具

Excel 是最基本也是最常见的数据分析工具，其功能非常强大，几乎可以完成所有的统计分析工作，但大多数用户只掌握了其 5%的功能。如果需要分析的数据量在 10 万以内，那么无论是数据处理、数据可视化还是统计分析，Excel 都能支持。

Excel 能进行的数据处理包括对数据进行排序、筛选、去除重复项、分列、异常值处理、透视表等。数据可视化是指利用 Excel 提供的图表将数据进行可视化展示，包括柱状图、条形图、扇形图、折线图、散点图、气泡图、面积图、曲面图和雷达图等。统计分析需要 Excel 加载“分析工具库”，加载后能够提供丰富的统计分析功能，基本覆盖了统计学的大部分基础领域，如描述统计、假设检验、方差分析以及回归分析等。

除此之外，还有 SQL、Hive、Python、Google Analytics、GrowingIO、BI 等工具，每种工具都各有优缺点，工具的选择应视情况、侧重点来确定。当然，选择一款得力的分析工具，能够大大简化数据分析的繁杂工作，提高数据分析的效率与质量。

项目小结

通过本项目的学习，读者应重点掌握以下知识。

（1）商务数据的重要作用及主要应用，从“人、货、场”三个维度了解商务数据在电子商务领域中的应用。

（2）商务数据的分类，包括营销数据、流量数据、会员数据、交易及服务数据，以及行业数据等；商务数据的来源渠道，淘宝的数据魔方和量子恒道，京东的数据开放平台，以及第三方数据网站等。

（3）商务数据分析的各项指标，如流量指标、转化指标、营运指标、会员指标及关键指标等。

（4）商务数据分析的意义、流程、原则、方法及常用工具等。

项目习题

1. 简述在电子商务领域中商务数据主要应用在哪些方面。
2. 简述在不同发展阶段的电商运营者需要关注的关键指标有哪些。
3. 简述商务数据分析的必要性和分析流程。
4. 简述常见的商务数据分析方法。

项目二

使用 Excel 管理店铺信息

项目概述

店铺信息数据包括供货商信息、客户信息和商品信息等。卖家对这些信息进行有效的收集和管理，有助于做出正确的决策，使店铺更好地运营与发展。

项目重点

- 掌握管理供货商信息的方法。
- 掌握管理客户信息的方法。
- 掌握管理商品信息的方法。
- 掌握打印与输出店铺资料的方法。

项目目标

- 学会管理供货商信息。
- 学会管理客户信息。
- 学会管理商品信息。
- 学会打印与输出店铺资料。

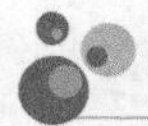

任务一　管理供货商信息

任务概述

供货商是店铺经营的商品来源，也是决定店铺成败的关键因素。电商进货渠道通常分为线上、线下两种方式。线上是直接在商家网站平台上进行下单，实现网上批发进货；线下是从商品批发市场、实体店或生产厂家进货，从中选择适合自己店铺的优质商品进行网上销售。通过对线下供货商信息的有效管理和深入分析，卖家可以从中找到理想的供应商进行合作，是实现科学化、合理化、准时化采购的重要保证，也可以积累优质的供货商。本任务将学习如何管理供货商信息。

任务重点与实施

一、手动输入供货商信息

将供货商信息输入到 Excel 表格中有两种方式，一是直接输入，二是通过编辑栏输入，方法如下。

方法一：直接输入

打开“素材文件\项目二\供货商信息表.xlsx”，选择目标单元格后直接输入信息，如图 2-1 所示。

方法二：通过编辑栏输入

选择目标单元格，在编辑栏中输入供货商名称，如图 2-2 所示。

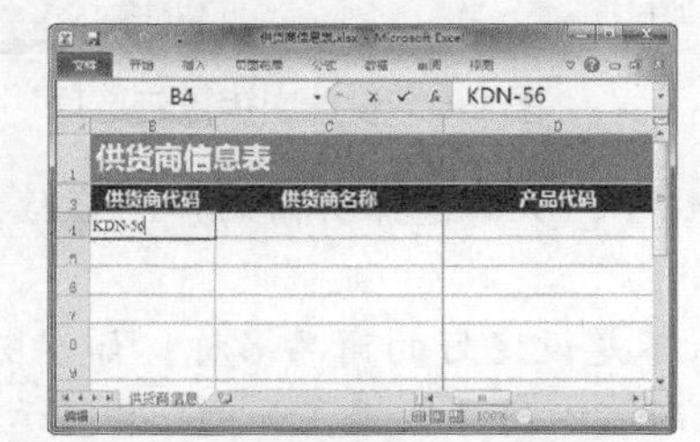

图 2-1　直接在单元格中输入

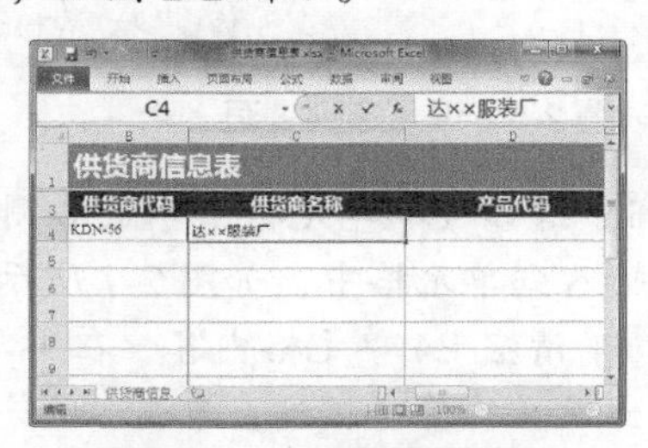

图 2-2　通过编辑栏输入

二、限定商品名称

一般情况下，每家供货商供应的商品只有一类或几类，在商品名称上进行类别的设定，不仅可以大大提高数据录入的效率，还可以减少输入的错误率。下面将详细介绍如何限定商品名称，具体操作方法如下。

Step 01 打开“素材文件\项目二\供货商信息表 1.xlsx”，选择 E4 单元格，选择“数据”选项卡，在“数据工具”组中单击“数据有效性”按钮，如图 2-3 所示。

Step 02 弹出“数据有效性”对话框，单击“允许”下拉按钮，选择“序列”选项，如图 2-4 所示。

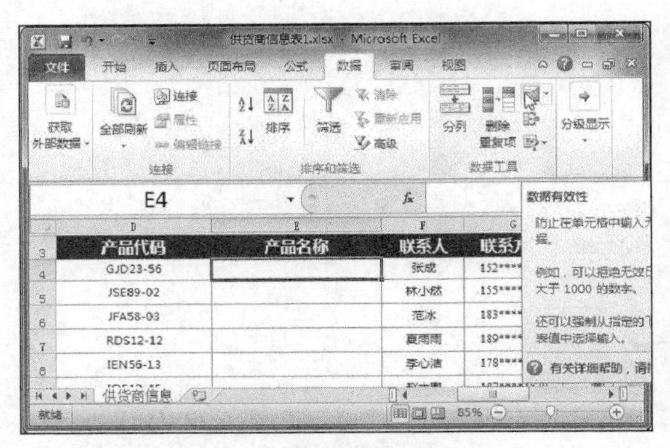

图 2-3 设置数据有效性　　图 2-4 选择有效性条件

Step 03 在“来源”文本框中输入供应商品名称，在此输入“板鞋,运动鞋,休闲鞋”，商品名称之间用英文状态下的逗号“,”隔开，如图 2-5 所示。

Step 04 选择“出错警告”选项卡，单击“样式”下拉按钮，选择“警告”选项，在“标题”和“错误信息”文本框中输入相应的信息文本，然后单击“确定”按钮，如图 2-6 所示。

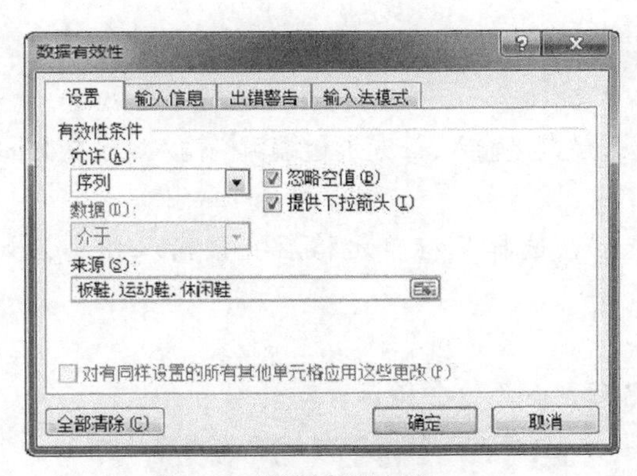

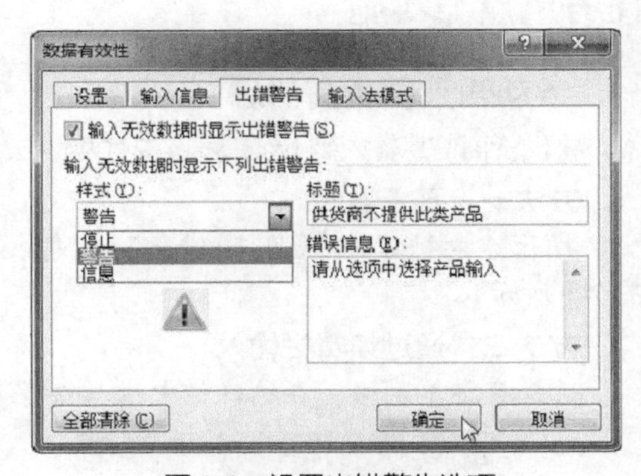

图 2-5 设置序列来源　　图 2-6 设置出错警告选项

Step 05 选择 E4 单元格，单击右侧的下拉按钮，从中选择所需的产品名称，系统会自动将其输入到单元格中，如图 2-7 所示。

Step 06 清空 E4 单元格内容，在单元格中输入不是设定好的商品名称，如“皮鞋”，系统将会弹出设置的警告信息，单击“否”按钮，重新输入商品数据，如图 2-8 所示。

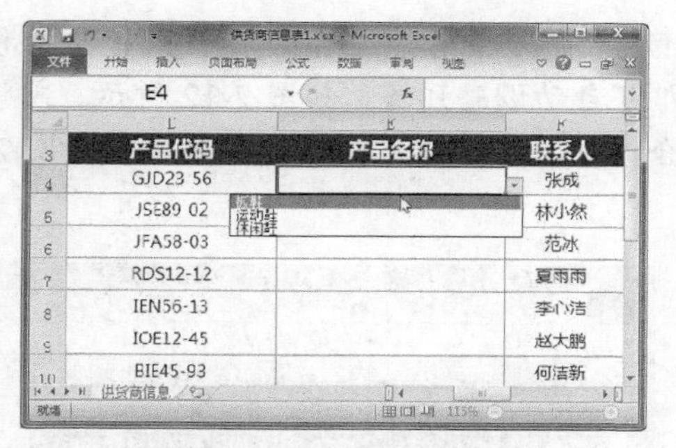

图 2-7　选择产品名称

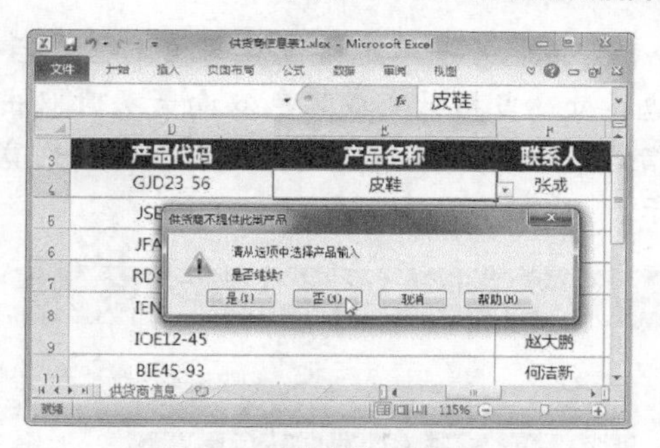

图 2-8　弹出警告信息

三、设置银行账号信息

在 Excel 中，当单元格中的数字位数超过 11 位时，会自动显示为科学计数法，在输入供货商银行卡信息时会导致账号显示不正确，如图 2-9 所示。

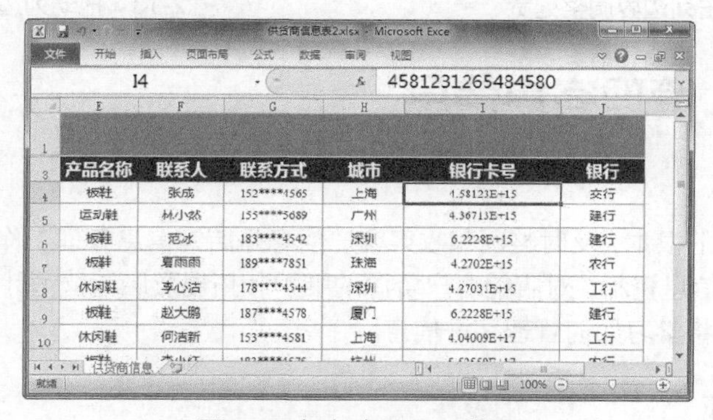

图 2-9　银行卡号显示错误

下面将详细介绍如何设置银行账号信息，具体操作方法如下。

Step 01 打开“素材文件\项目二\供货商信息表 2.xlsx”，选择 I4:I13 单元格区域，在“数字”组中单击“数字格式”下拉按钮，选择“文本”选项，如图 2-10 所示。

Step 02 在所选单元格中输入银行卡号信息，系统会把数字自动转换为文本格式，银行卡号显示完整，如图 2-11 所示。

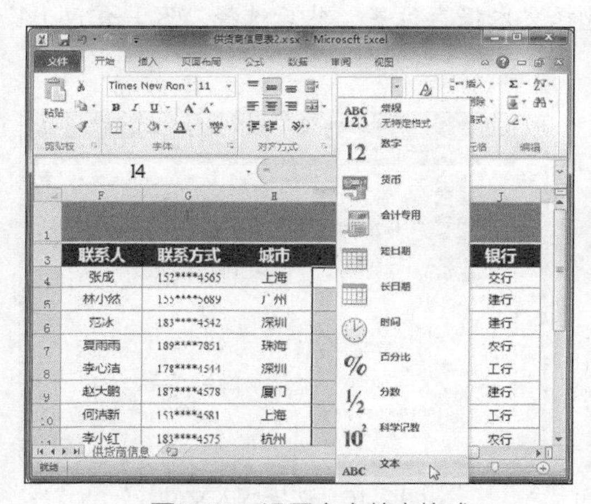

图 2-10　设置文本数字格式

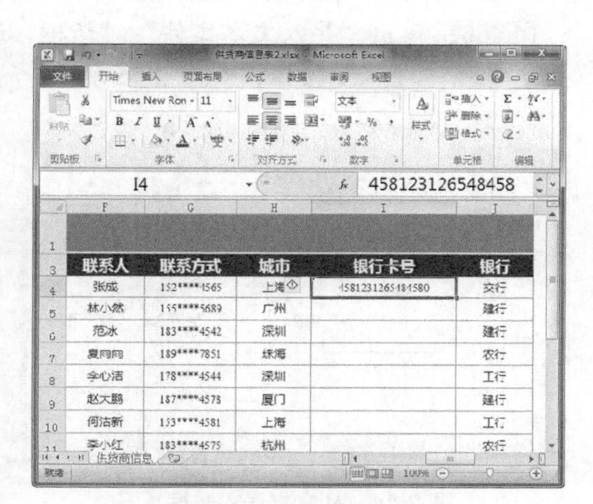

图 2-11　输入银行卡号

Step 03 若将单元格设置为文本格式后银行卡号仍不能正常显示，可将鼠标指针移到列边界处，当指针变成黑色双向箭头时双击，即可自动调整列宽，如图 2-12 所示。或将鼠标指针定位到列边界处进行拖动，调整列宽至合适的宽度，即可显示全部数据，如图 2-13 所示。

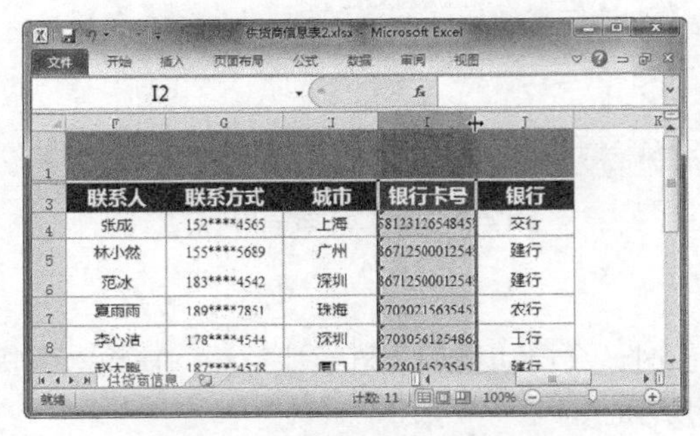

图 2-12　双击列边界调整列宽

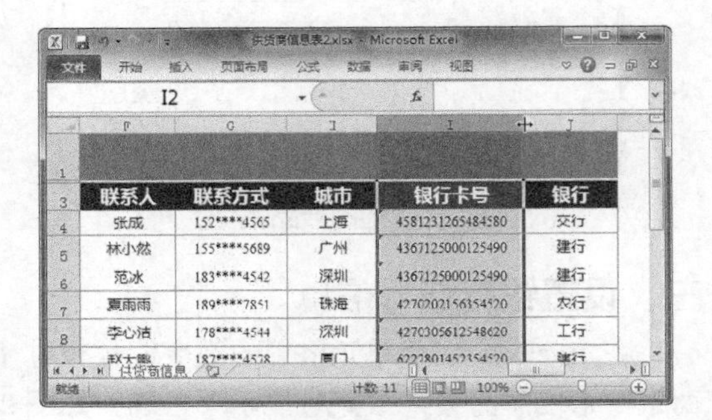

图 2-13　拖动列边界调整列宽

任务二　管理客户信息

任务概述

客户是店铺盈利的根本，及时整理和收集客户信息是店铺信息管理工作中的核心和基础，科学、有效地管理客户信息资料，对店铺客户资源的维护和拓展及店铺营销计划的实现都起着至关重要的作用。本任务将学习如何管理客户信息。

任务重点与实施

一、导入记事本 TXT 格式的客户信息

当需要将临时记录在记事本中 TXT 格式的客户信息整理到 Excel 表格中时，无须重新输入，利用 Excel 的导入数据功能即可进行导入，具体操作方法如下。

Step 01 打开“素材文件\项目二\客户信息表.xlsx”，选择 B2 单元格，选择“数据”选项卡，在“获取外部数据”组中单击“自文本”按钮，如图 2-14 所示。

Step 02 弹出“导入文本文件”对话框，选择文本保存位置，然后选择“客户信息.txt”文件，单击“导入”按钮，如图 2-15 所示。

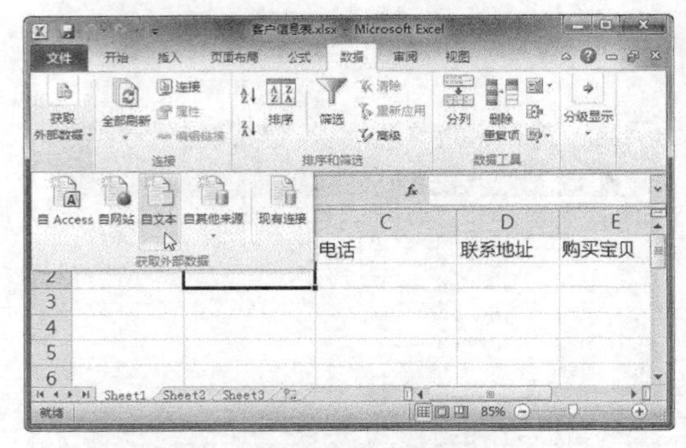

图 2-14　从文本导入数据

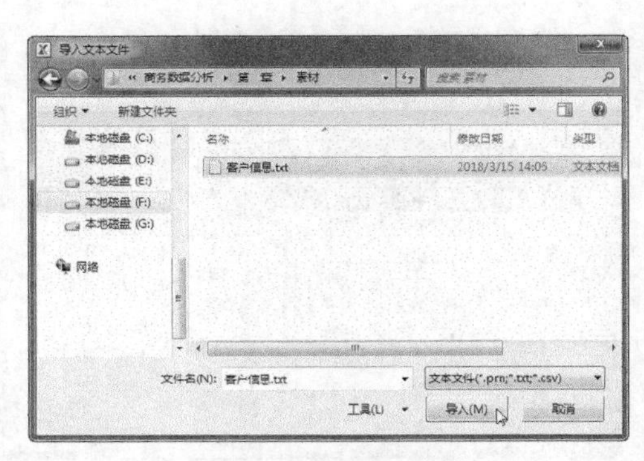

图 2-15　选择导入文件

Step03 弹出“文本导入向导 - 第 1 步，共 3 步”对话框，选中“分隔符号”单选按钮，设置“导入起始行”为 1，然后单击“下一步”按钮，如图 2-16 所示。

Step04 弹出“文本导入向导 - 第 2 步，共 3 步”对话框，选中“Tab 键”复选框，然后单击“下一步”按钮，如图 2-17 所示。

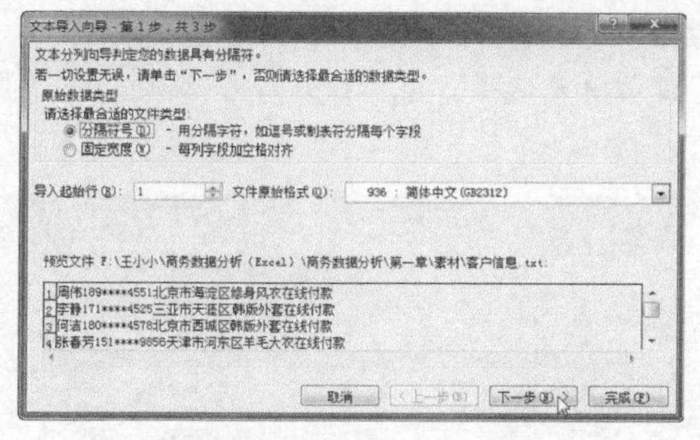
图 2-16　文本导入向导 - 第 1 步

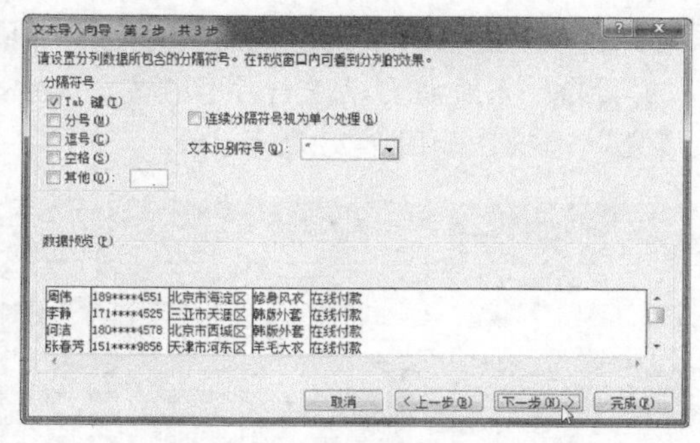
图 2-17　文本导入向导 - 第 2 步

Step05 弹出“文本导入向导 - 第 3 步，共 3 步”对话框，选中“常规”单选按钮，然后单击“完成”按钮，如图 2-18 所示。

Step06 弹出“导入数据”对话框，保持默认设置，单击“确定”按钮，如图 2-19 所示。

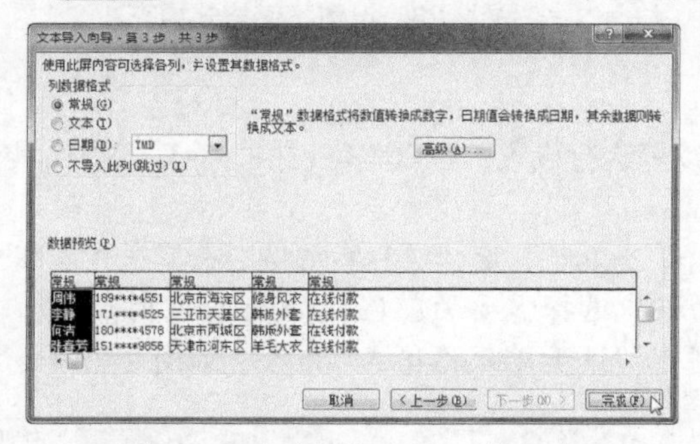
图 2-18　文本导入向导 - 第 3 步

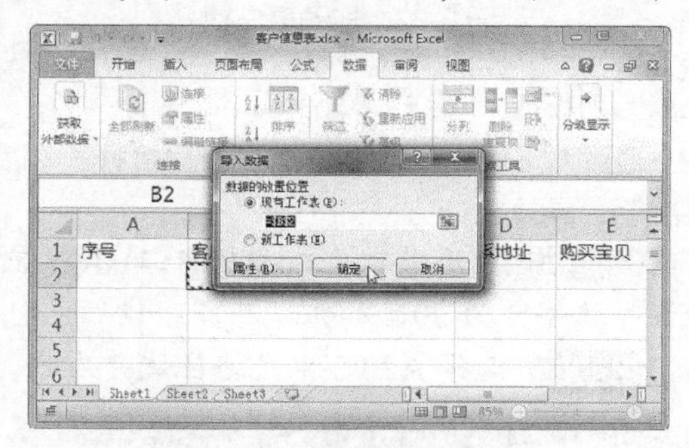
图 2-19　导入数据

Step07 此时数据导入成功，选择 B～F 列并右键单击，选择“列宽”命令，如图 2-20 所示。

Step08 弹出“列宽”对话框，在“列宽”文本框中输入 15，然后单击“确定”按钮，如图 2-21 所示。

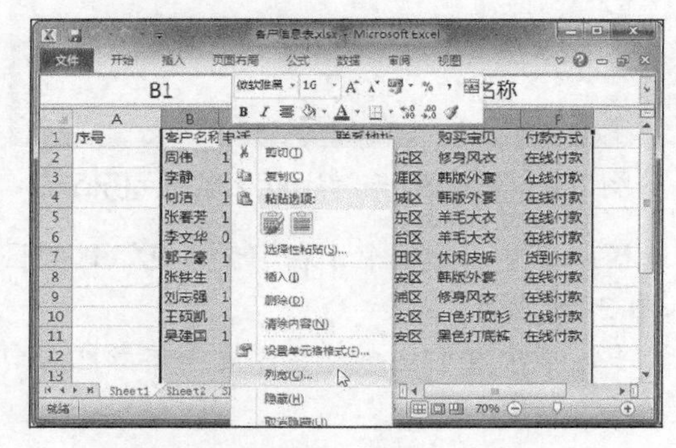
图 2-20　选择“列宽”命令

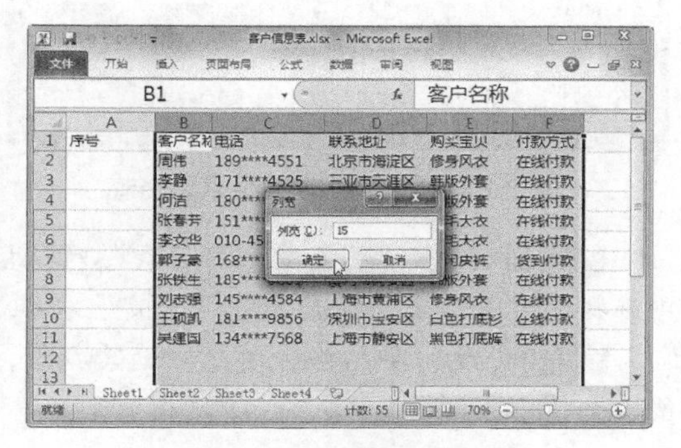
图 2-21　设置列宽宽度

二、设置自动添加客户编号

为了方便管理客户资料，可以为每条信息添加序号。对于序号无须手动逐一输入，可以借助填充柄自动填充。下面将介绍如何自动添加客户编号，具体操作方法如下。

Step 01 打开“素材文件\项目二\客户信息表 1.xlsx”，选择 A3 单元格并输入序号，将鼠标指针置于单元格右下角，拖动填充柄向下填充数据至 A12 单元格，如图 2-22 所示。

Step 02 系统将自动进行序号填充，单击“自动填充选项”下拉按钮，选择“不带格式填充”选项，如图 2-23 所示。

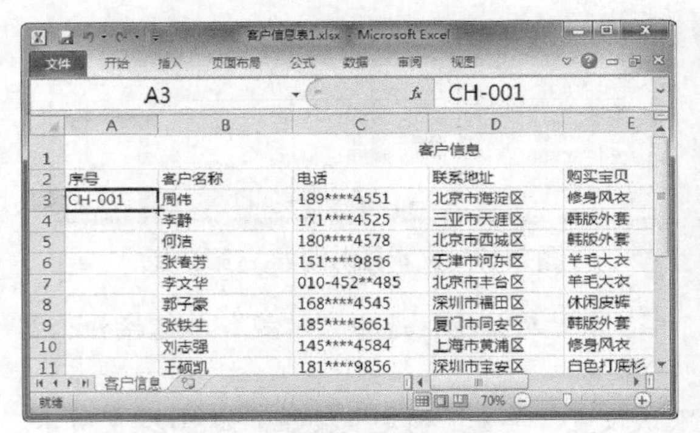

图 2-22 拖动填充柄

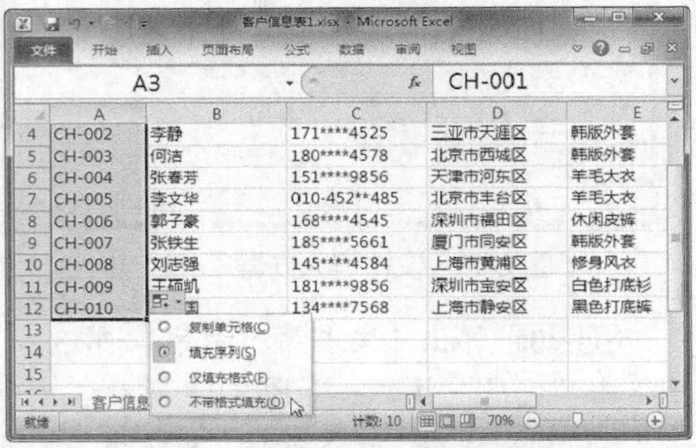

图 2-23 设置不带格式填充

三、美化客户资料表格式

通过对 Excel 表格字体格式、边框样式和底纹等进行设置，可以美化表格，使其美观且具有层次感，具体操作方法如下。

Step 01 打开“素材文件\项目二\客户信息表 2.xlsx”，选择 A1 单元格，在“字体”组中设置字体字号为 20、加粗，在“字体颜色”面板中选择需要的颜色，如图 2-24 所示。

Step 02 选择 A2:F2 单元格区域并右击，选择“设置单元格格式”命令，如图 2-25 所示。

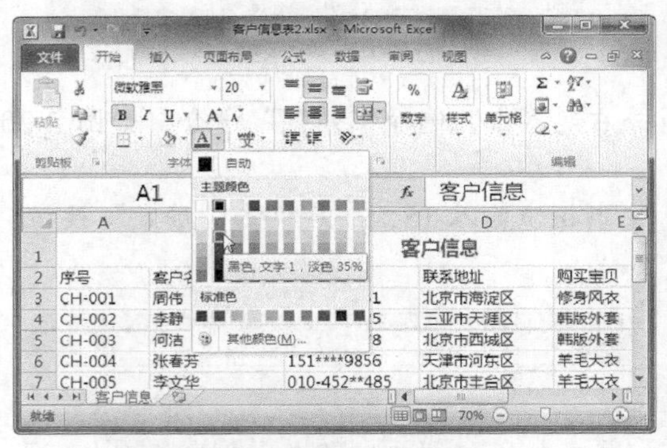

图 2-24 设置 A1 单元格字体格式

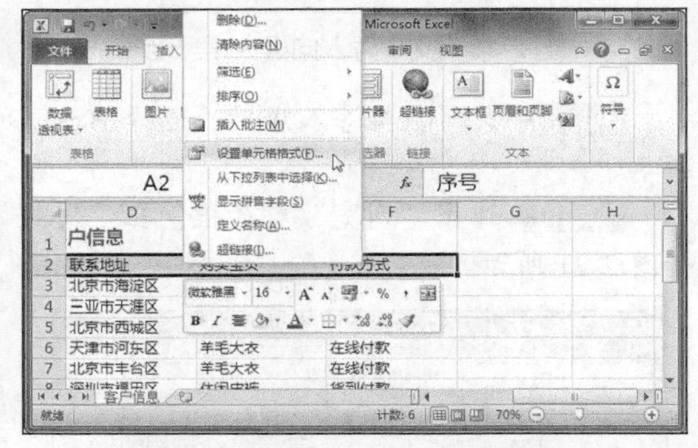

图 2-25 设置 A2:F2 单元格区域单元格格式

Step 03 弹出“设置单元格格式”对话框，选择“填充”选项卡，在“背景色”选项区中选择需要的颜色，然后单击“确定”按钮，如图 2-26 所示。

Step 04 此时单元格会填充所选的颜色，设置字体字号为 14、加粗，设置字体颜色为白色，如图 2-27 所示。

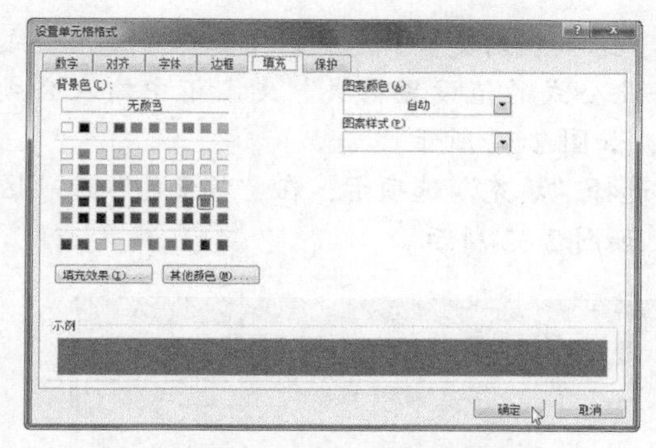

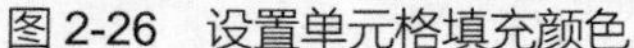
图 2-26 设置单元格填充颜色

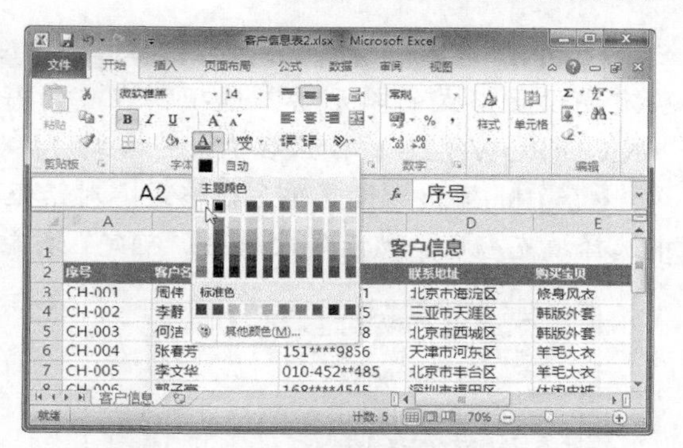

图 2-27 设置 A2:F2 单元格区域字体格式

Step 05 选择 A2:F12 单元格区域并右键单击，选择“设置单元格格式”命令，如图 2-28 所示。

Step 06 弹出“设置单元格格式”对话框，选择“边框”选项卡，在“颜色”下拉列表框中选择合适的线条颜色，依次单击“预置”选项区中的“外边框”和“内部”按钮，在“边框”预览区中可以查看边框效果，然后单击“确定”按钮，如图 2-29 所示。

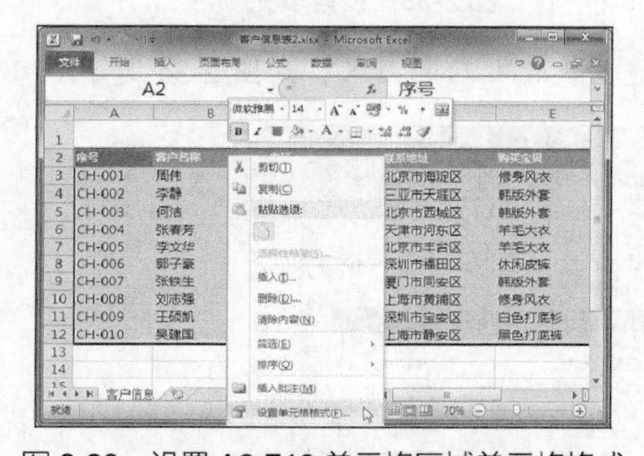

图 2-28 设置 A2:F12 单元格区域单元格格式

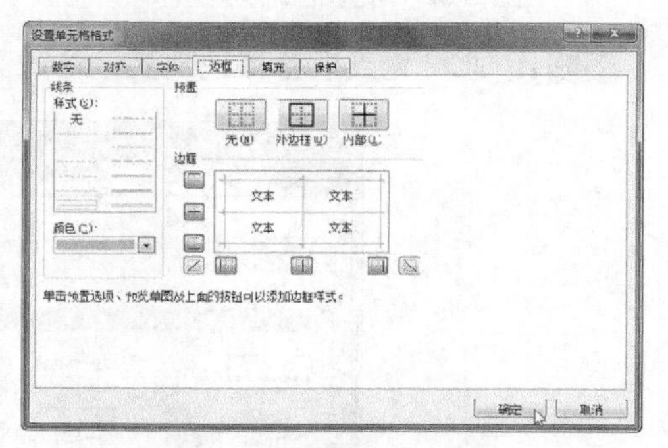

图 2-29 设置边框样式

Step 07 此时即可添加表格边框，在“对齐方式”组中单击“居中”按钮，如图 2-30 所示。

Step 08 选择 A3:F12 单元格区域，在“样式”组中单击“条件格式”下拉按钮，选择“新建规则”选项，如图 2-31 所示。

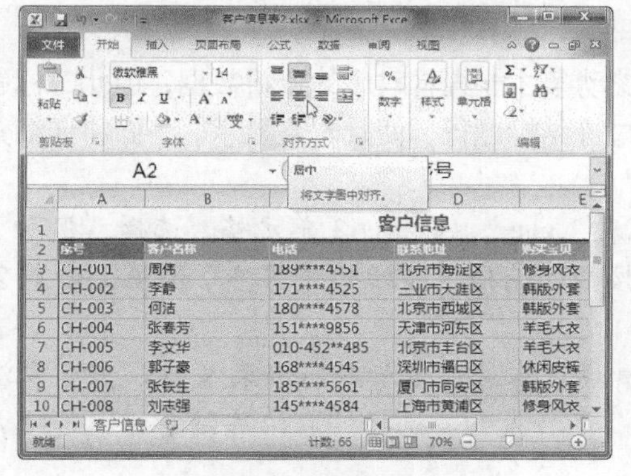

图 2-30 设置居中对齐

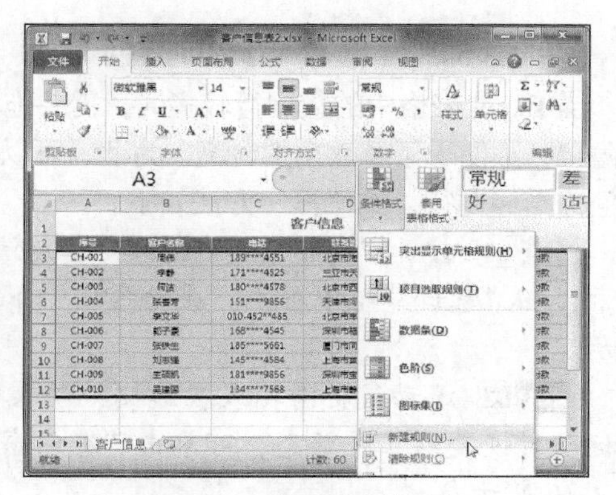

图 2-31 设置条件格式

Step 09 弹出“新建格式规则”对话框，在“选择规则类型”选项区中选择“使用公式确定要设置格式的单元格”选项，在“为符合此公式的值设置格式”文本框中输入公式“=MOD(ROW(),2)=1”，然后单击“格式”按钮，如图 2-32 所示。

Step 10 弹出“设置单元格格式”对话框，选择“填充”选项卡，在“背景色”选项区中选择填充颜色，然后依次单击“确定”按钮，如图 2-33 所示。

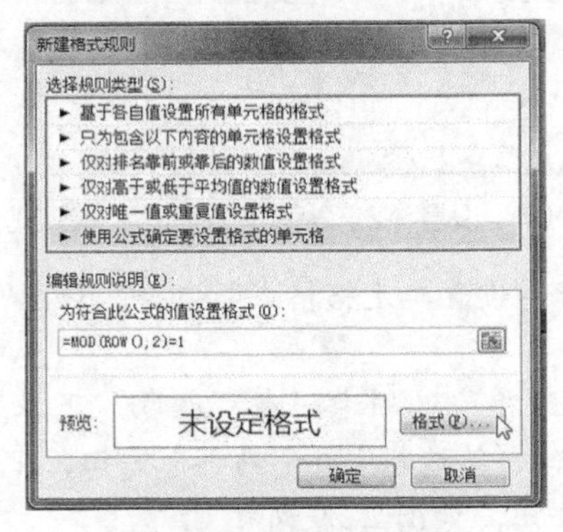

图 2-32 设置格式规则

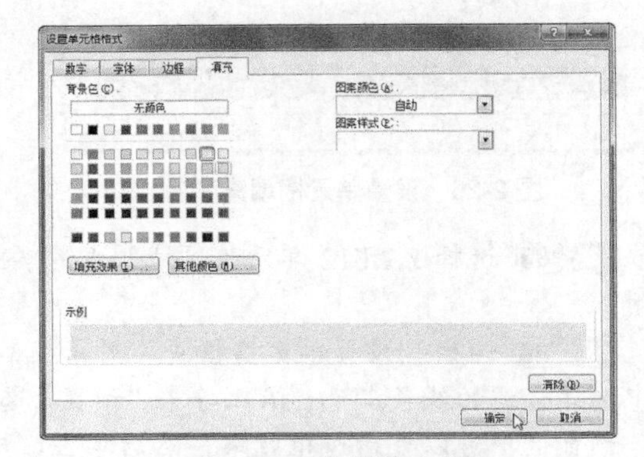

图 2-33 设置填充颜色

Step 11 此时完成表格格式设置，返回表格查看美化之后的效果，如图 2-34 所示。

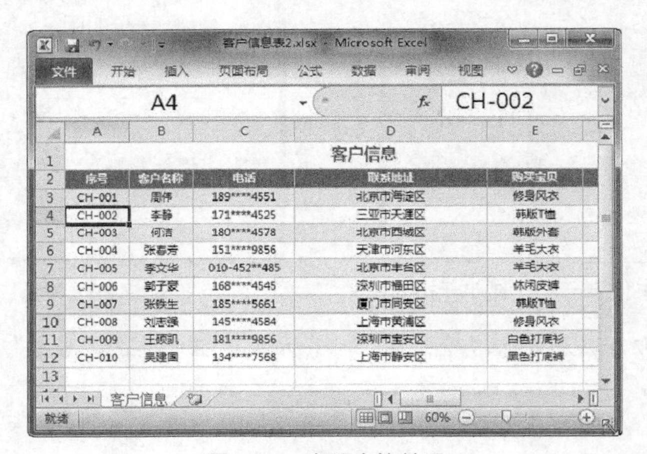

序号	客户名称	电话	联系地址	购买宝贝
CH-001	周伟	189****4551	北京市海淀区	修身风衣
CH-002	李静	171****4525	三亚市天涯区	韩版T恤
CH-003	何洁	180****4578	北京市西城区	韩版外套
CH-004	张春芳	151****9856	天津市河东区	羊毛大衣
CH-005	李文华	010-452**485	北京市丰台区	羊毛大衣
CH-006	郭子夏	168****4545	深圳市福田区	休闲皮裤
CH-007	张铁生	185****5661	厦门市同安区	韩版T恤
CH-008	刘志强	145****4584	上海市黄浦区	修身风衣
CH-009	王凯凯	181****9856	深圳市宝安区	白色打底衫
CH-010	吴建国	134****7568	上海市静安区	黑色打底裤

图 2-34 查看表格效果

四、冻结标题行查看靠后的资料数据

当 Excel 表格中的数据行较多时，需要拖动滚动条才能查看靠后的资料数据，但此时标题行被隐藏，不便于了解数据的含义。为此，可以通过冻结标题行，使其一直显示。下面将详细介绍如何冻结标题行，具体操作方法如下。

Step 01 打开“素材文件\项目二\客户信息表 3.xlsx”，选择 A3 单元格，选择“视图”选项卡，在“窗口”组中单击“冻结窗格”下拉按钮，选择“冻结拆分窗格”选项，如图 2-35 所示。

Step 02 滚动鼠标滑轮或在右侧拖动表格滑块，依然显示标题行和表头行。若要取消冻结标题行恢复到正常状态，可单击“冻结窗格”下拉按钮，选择“取消冻结窗格”选项，如图 2-36 所示。

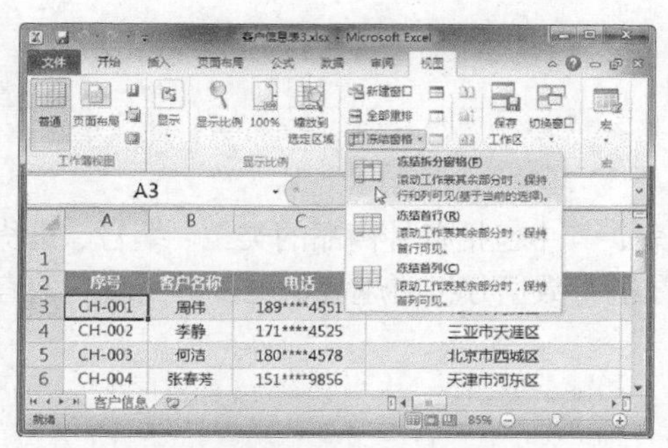
图 2-35　冻结窗格

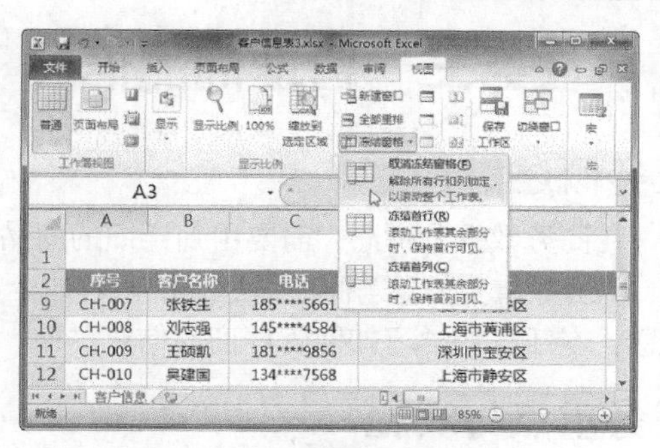
图 2-36　取消冻结窗格

五、添加批注

批注是一种十分有用的提醒方式，附加在单元格中用于注释该单元格内容，如一些复杂的公式，或为其他用户提供反馈信息方便互相交流，都可以使用批注。下面将详细介绍如何在客户信息表格中添加批注，具体操作方法如下。

Step 01 打开“素材文件\项目二\客户信息表 4.xlsx”，选择 B7 单元格并右击，选择“插入批注”命令，如图 2-37 所示。

Step 02 在弹出的批注框内输入批注内容，并设置字体大小，如图 2-38 所示。

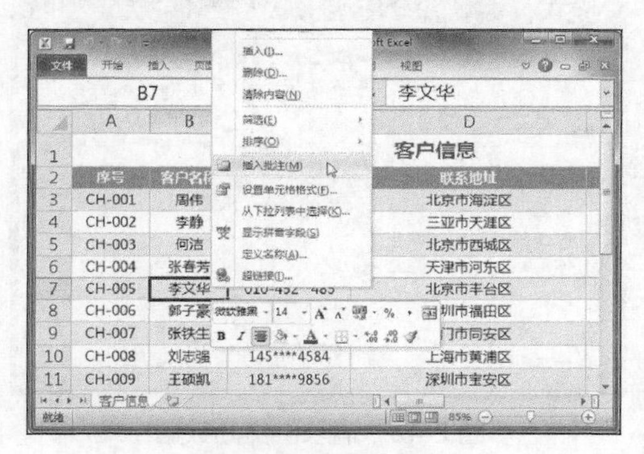
图 2-37　插入批注

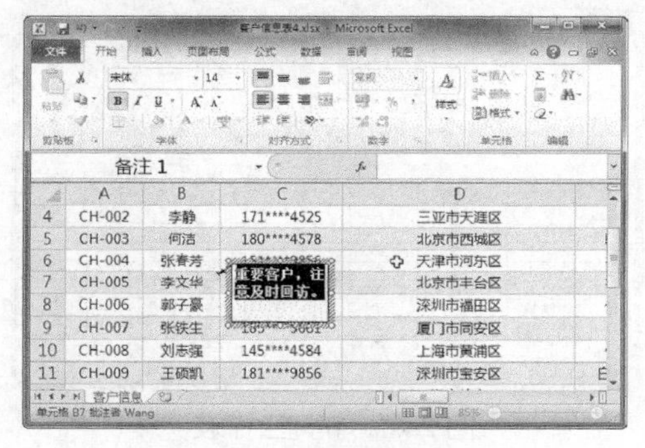
图 2-38　编辑批注内容

Step 03 设置完成后，单击批注框外的工作表区域，此时含有批注的单元格右上角就会显示红色三角形的批注标识符，如图 2-39 所示。

Step 04 将鼠标指针置于批注单元格上，即可查看批注内容，如图 2-40 所示。

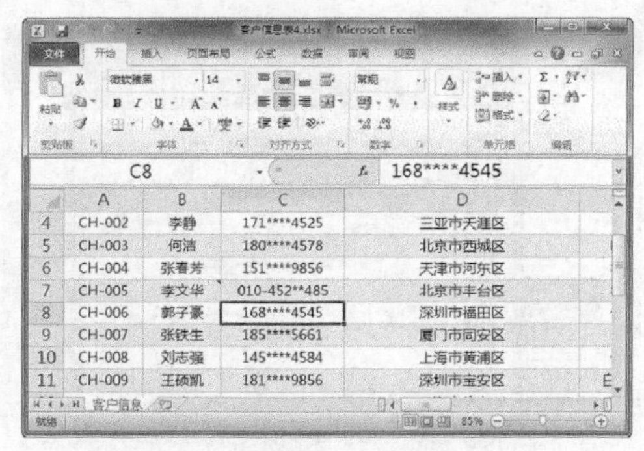
图 2-39　显示批注标识符

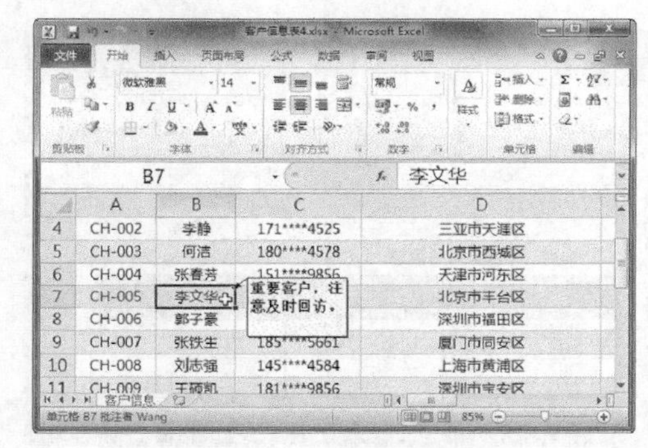
图 2-40　查看批注内容

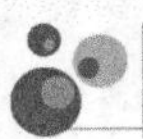

任务三　管理商品信息

任务概述

在商务数据分析时，需要用到详细的商品信息表，其中包括各种商品的类型、编号、进货时间、单价等重要信息。商品信息表的内容越全面，在进行数据分析时越能从更多的角度获取有效信息。本任务将学习如何管理商品信息。

任务重点与实施

一、依据商品类型自动填充供货商

一家供货商可能会提供一类或几类商品，对于这些供货商的信息无须手动逐一进行输入，使用 VLOOKUP 函数可以自动填充相关信息，具体操作方法如下。

Step 01 打开“素材文件\项目二\商品信息表.xlsx”，单击工作表标签右侧的“插入工作表”按钮，新建工作表，如图 2-41 所示。

Step 02 在工作表标签上双击，进入名称编辑状态，输入“供货商”并按【Enter】键确认，在 A1:B3 单元格区域中输入商品名称和供货商信息，如图 2-42 所示。

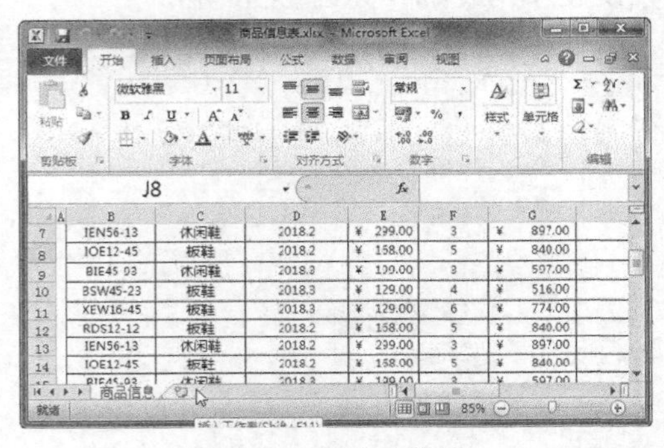

图 2-41　新建工作表

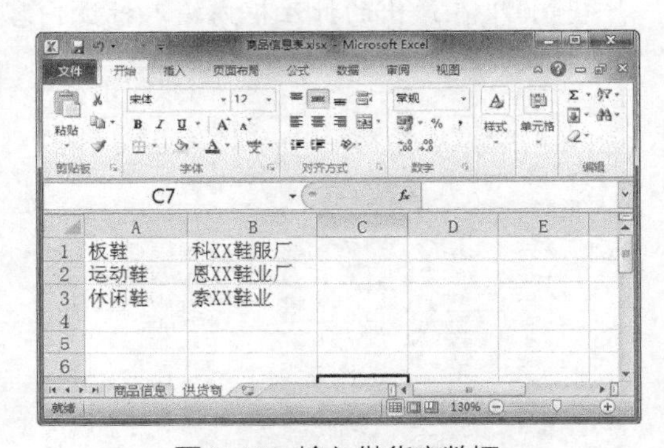

图 2-42　输入供货商数据

Step 03 选择“商品信息”工作表，选择 H3 单元格，选择“公式”选项卡，单击“插入函数”按钮，如图 2-43 所示。

Step 04 弹出“插入函数”对话框，单击“或选择类别”下拉按钮，选择“查找与引用”选项，如图 2-44 所示。

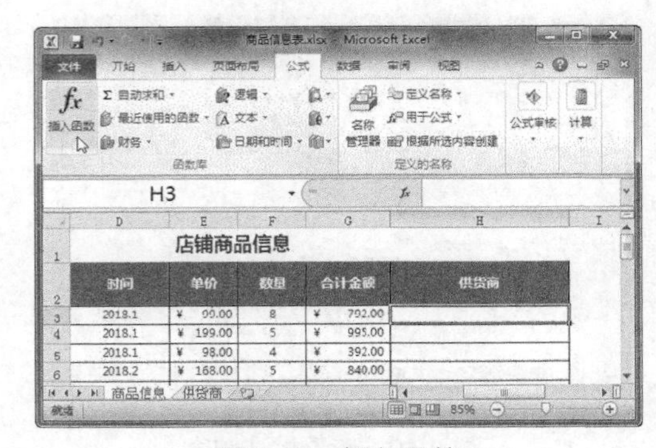

图 2-43　插入函数

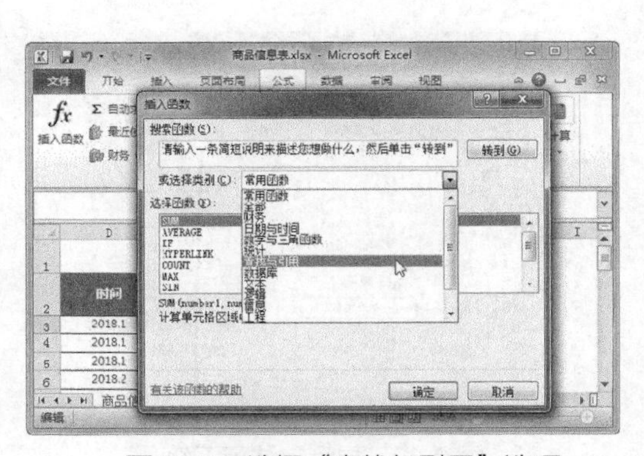

图 2-44　选择“查找与引用”选项

Step 05 在“选择函数”列表框中选择 VLOOKUP 函数，然后单击“确定”按钮，如图 2-45 所示。

Step 06 弹出“函数参数”对话框，将光标定位到 Lookup_value 文本框中，在工作表中选择 C3 单元格，然后单击 Table_array 文本框右侧的折叠按钮，如图 2-46 所示。

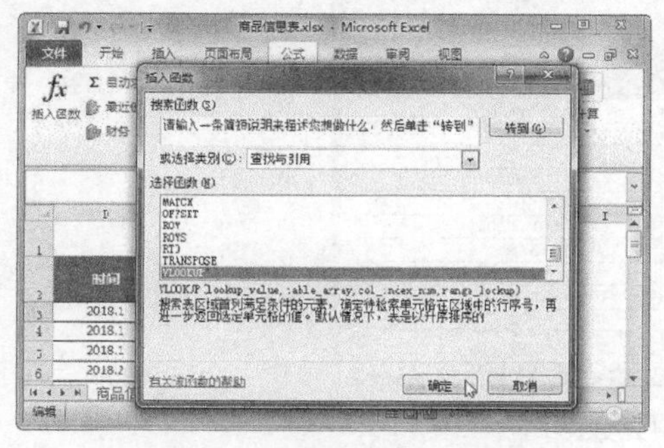
图 2-45　选择 VLOOKUP 函数

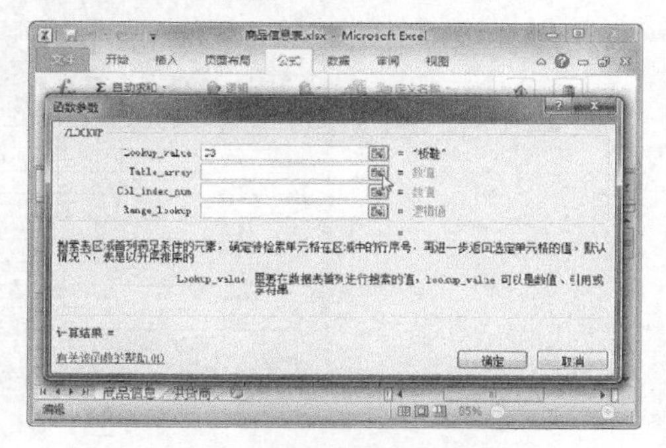
图 2-46　设置函数参数

Step 07 选择“供货商”工作表，选择 A1:B3 单元格区域，然后单击展开按钮，如图 2-47 所示。

Step 08 在 Table_array 文本框中选中所有参数，按【F4】键将其转换为绝对引用，如图 2-48 所示。

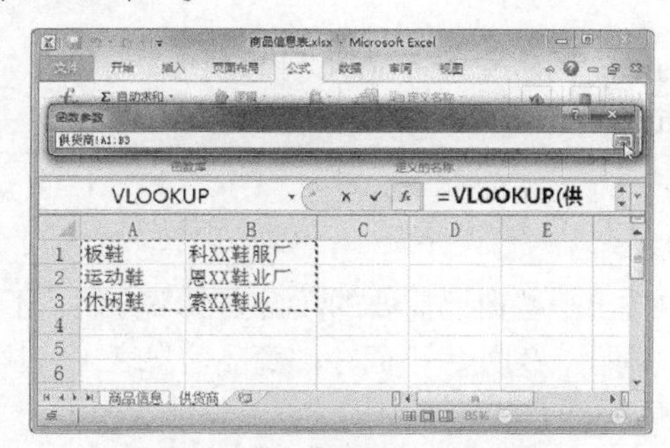
图 2-47　选择单元格区域

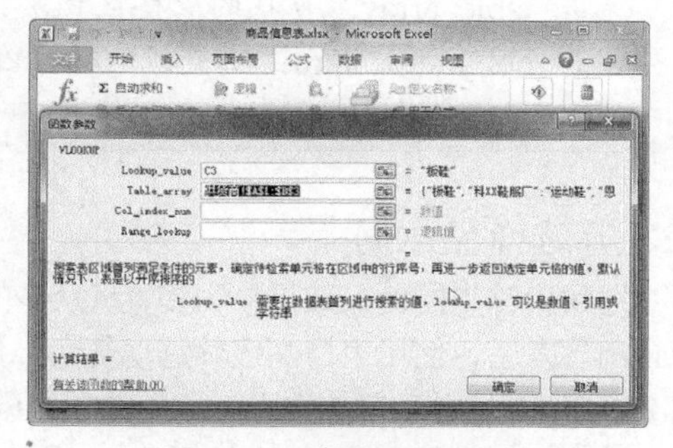
图 2-48　转换为绝对引用

Step 09 在 Col_index_num 文本框中输入 2，在 Range_lookup 文本框中输入 0，单击“确定”按钮，如图 2-49 所示。

Step 10 返回“商品信息”工作表，查看函数结果，得出第一个供应商数据。将鼠标指针置于 H3 单元格右下角，当指针变为✚形状时双击鼠标左键，如图 2-50 所示。

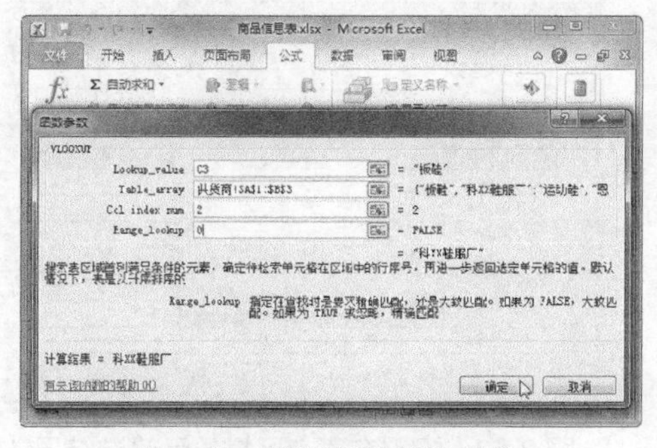
图 2-49　继续设置函数参数

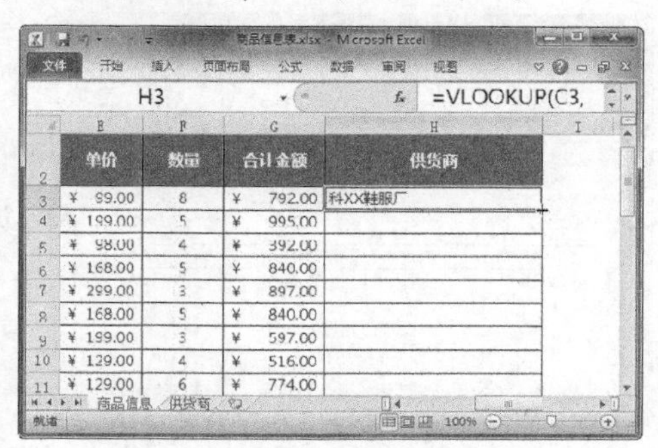
图 2-50　填充数据

Step 11 此时会自动在 H 列填充公式，得到相应的供应商信息，效果如图 2-51 所示。

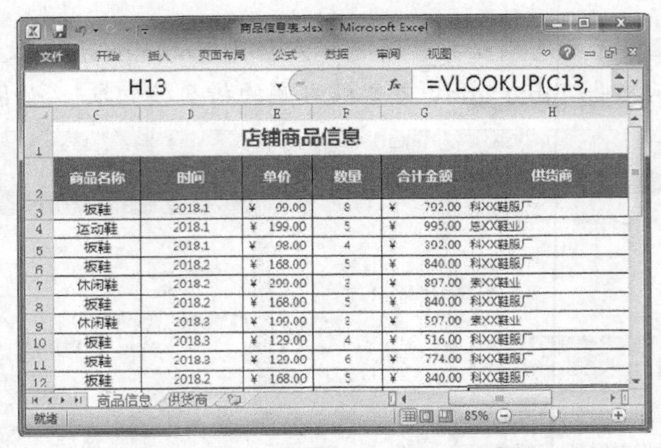

图 2-51 自动填充数据

课堂解疑

VLOOKUP 函数的语法

语法：VLOOKUP(lookup_value,table_array,col_index_num,[range_lookup])

- lookup_value：要查找的对象。
- table_array：查找的表格区域。
- col_index_num：要查找的数据在 table_array 区域中处于第几列的列号。
- range_lookup：查找类型，其中 1 表示近似匹配，0 表示精确匹配。

二、筛选商品数据

通常店铺中的商品数据会很多，从众多的数据中找出一些自己需要的数据会很不方便，还可能会出现差错，使用表格高级筛选功能可以解决这一问题。例如，下面在“商品信息表 1”中找出 2018 年 1 月之后单价大于 129 元的板鞋数据，具体操作方法如下。

Step 01 打开“素材文件\项目二\商品信息表 1.xlsx”，在 C19:E20 单元格区域中输入筛选条件，选中表格中的任意数据单元格，选择“数据”选项卡，在“排序和筛选”组中单击“高级”按钮，如图 2-52 所示。

Step 02 弹出“高级筛选”对话框，系统自动获取“列表区域”参数，单击“条件区域”文本框右侧的折叠按钮，如图 2-53 所示。

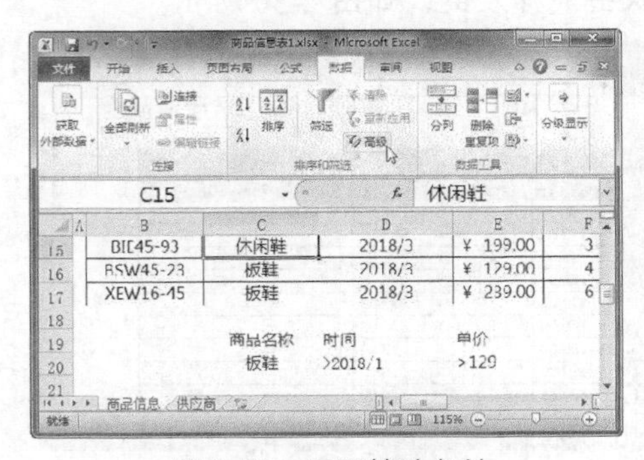

图 2-52 设置筛选条件

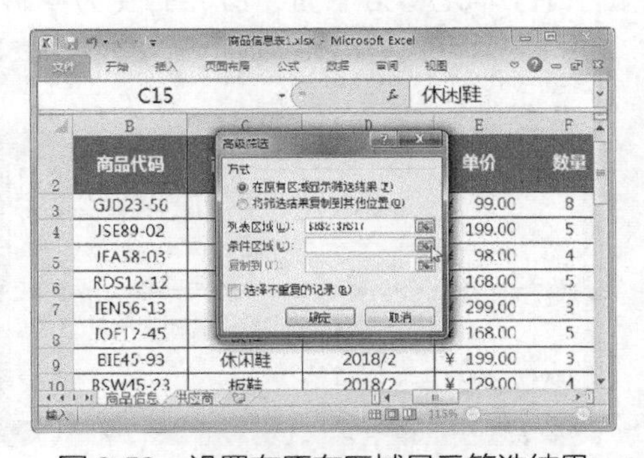

图 2-53 设置在原有区域显示筛选结果

Step 03 在表格中选择 C19:E20 单元格区域，单击展开按钮，如图 2-54 所示。

Step 04 选中“将筛选结果复制到其他位置”单选按钮，将光标定位到“复制到”文本框中，在工作表中选择 B21 单元格，然后单击“确定”按钮，如图 2-55 所示。

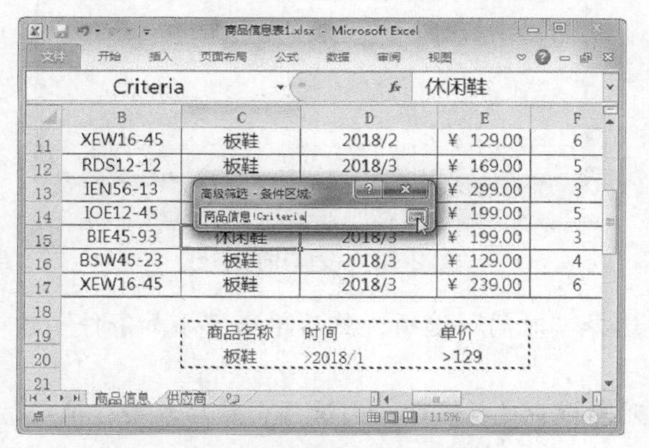

图 2-54 选择单元格区域

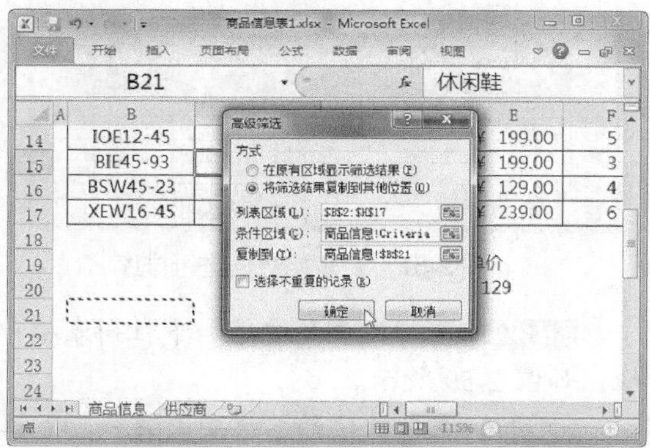

图 2-55 设置将筛选结果复制到其他位置

Step 05 此时即可查看筛选结果，符合条件的数据将显示在指定位置，效果如图 2-56 所示。

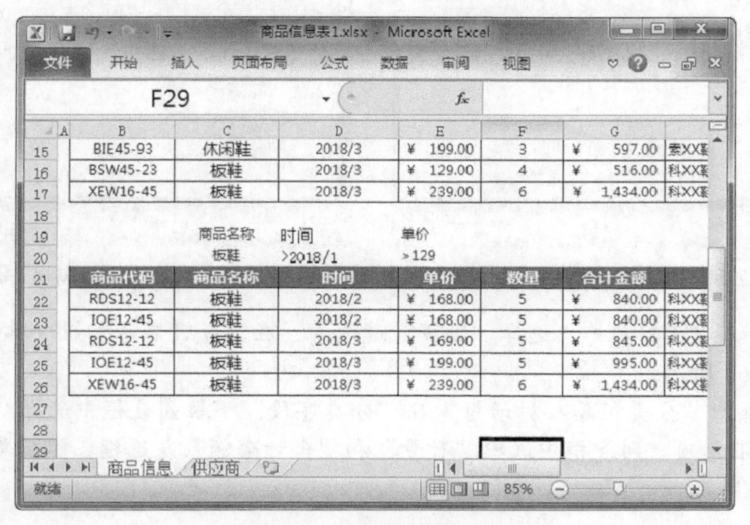

图 2-56 查看筛选效果

三、按照商品属性分类汇总商品

分类汇总是对数据列表中指定的字段进行分类，然后统计同一类记录的有关信息。在整理商品信息时，可以将同样的商品进行统计归类，以方便进行管理和分析。下面将详细介绍如何按照商品属性分类汇总商品，具体操作方法如下。

Step 01 打开“素材文件\项目二\商品信息表 2.xlsx”，选择 C3 单元格，选择“数据”选项卡，在“排序和筛选”组中单击“排序”按钮，如图 2-57 所示。

Step 02 弹出“排序”对话框，在“主要关键字”下拉列表框中选择“商品名称”选项，然后单击“添加条件”按钮，如图 2-58 所示。

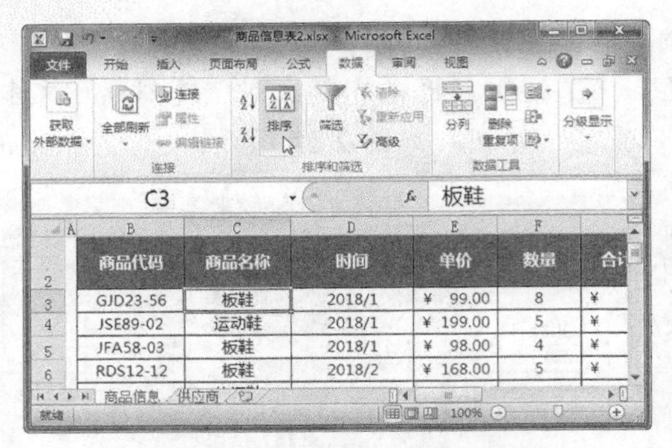

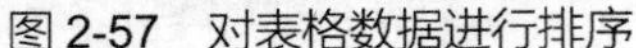

图 2-57　对表格数据进行排序

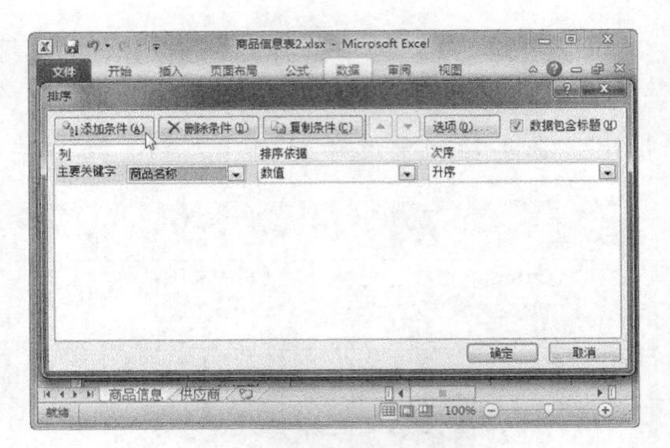

图 2-58　设置排序参数

Step 03 在“次要关键字”下拉列表框中选择“时间”选项，然后单击“添加条件”按钮，如图 2-59 所示。

Step 04 在新出现的“次要关键字”下拉列表框中选择“单价”选项，然后单击“确定”按钮，如图 2-60 所示。

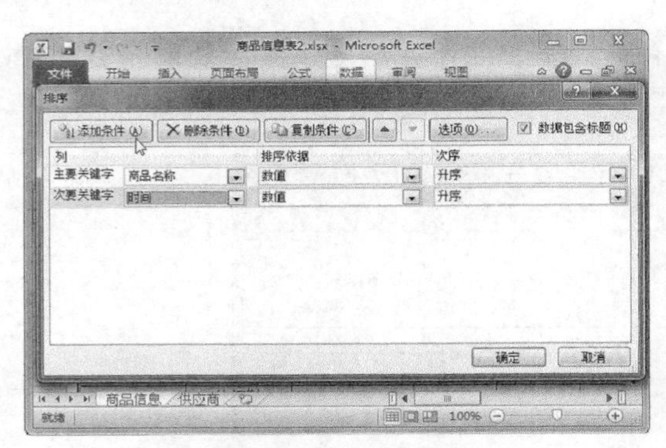

图 2-59　添加排序条件

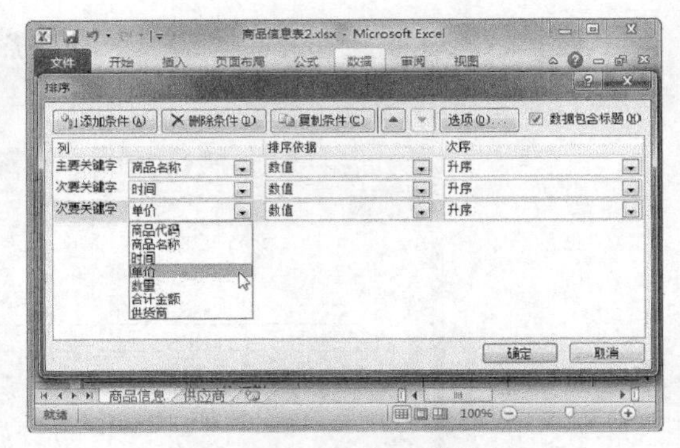

图 2-60　设置次要关键字

Step 05 选择 C3 单元格，选择“数据”选项卡，在“分级显示”组中单击“分类汇总”按钮，如图 2-61 所示。

Step 06 弹出“分类汇总”对话框，在“分类字段”下拉列表框中选择“商品名称”选项，在“选定汇总项”列表框中选中“数量”和“合计金额”复选框，然后单击“确定”按钮，如图 2-62 所示。

图 2-61　设置分类汇总

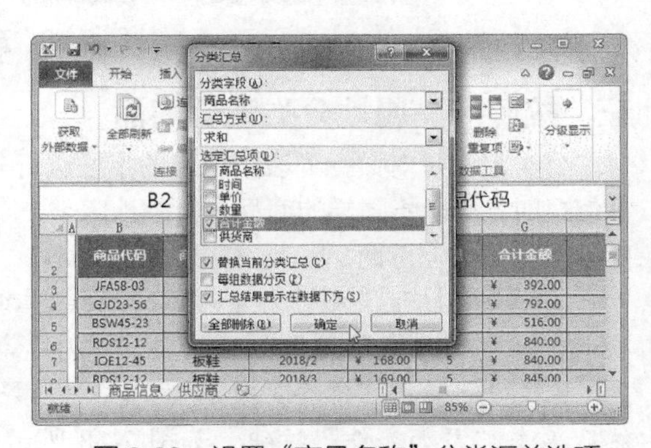

图 2-62　设置“商品名称”分类汇总选项

Step 07 此时即可查看分类汇总效果，再次打开“分类汇总”对话框，在“分类字段”下拉列表框中选择“时间”选项，在“选定汇总项”列表框中选中“合计金额”复选框，取消选择“替换当前分类汇总”复选框，单击“确定”按钮，如图 2-63 所示。

Step 08 此时即可查看按照商品属性归类后的汇总效果，如图 2-64 所示。

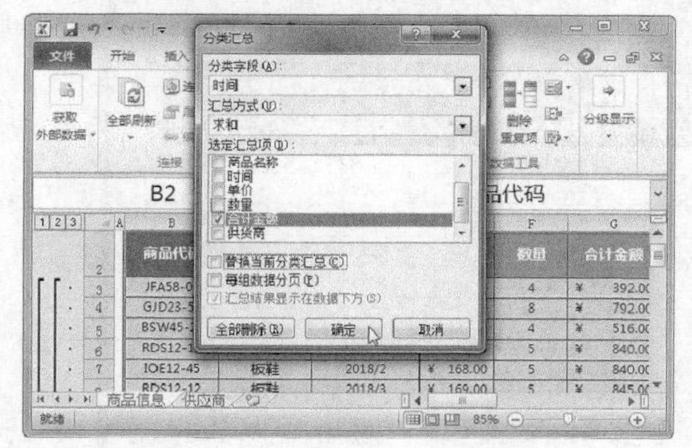

图 2-63 设置“时间”分类汇总选项

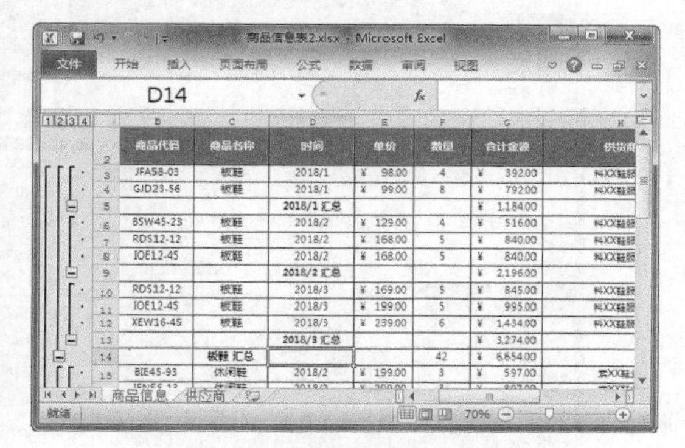

图 2-64 查看汇总效果

任务四 打印与输出店铺资料

任务概述

对于重要的店铺数据资料进行打印与输出，既可以方便查阅，又可以当作数据备份，有利于保证数据的安全。本任务将学习如何打印与输出店铺资料。

任务重点与实施

一、打印页面设置

在打印店铺数据资料时，对于列数较多或宽度较大的表格，可以通过修改纸张的大小和方向使其显示在一张纸上，具体操作方法如下。

Step 01 打开“素材文件\项目二\供货商信息表 3.xlsx”，选择“页面布局”选项卡，在“页面设置”组中单击“纸张方向”下拉按钮，选择“横向”选项，如图 2-65 所示。

Step 02 单击“纸张大小”下拉按钮，选择 B4 选项，如图 2-66 所示。

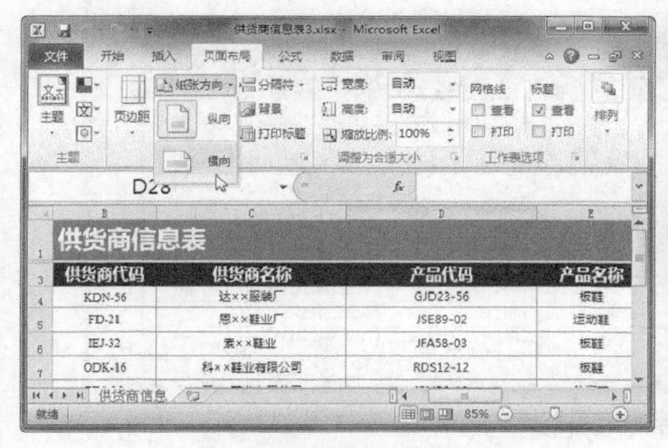

图 2-65 设置纸张方向

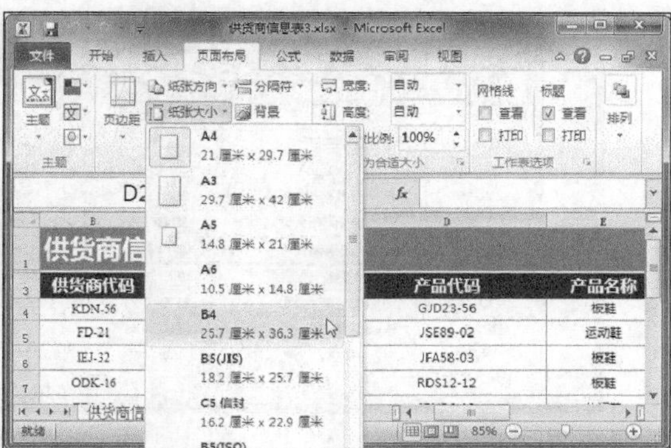

图 2-66 设置纸张大小

Step 03 按【Ctrl+P】组合键切换到“打印”选项，在预览区域中即可查看在一页中显示全部数据信息的效果。选择打印机，单击“打印”按钮即可打印工作表，如图 2-67 所示。

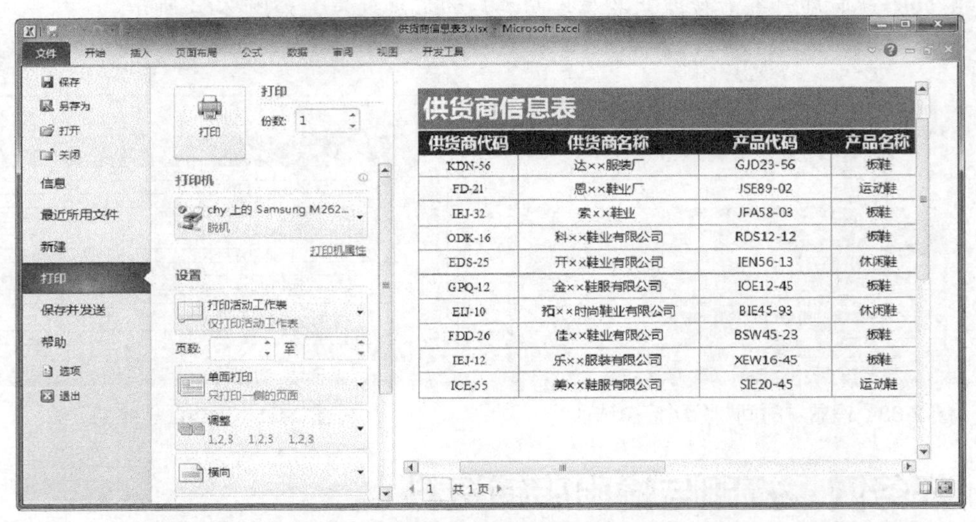

图 2-67　查看打印效果

二、设置打印范围

在打印数据时，可能有些数据并不需要打印，此时可以通过设置打印范围打印自己需要的数据，具体操作方法如下。

Step 01 打开“素材文件\项目二\供货商信息表 4.xlsx”，选择要打印的区域，然后选择“页面布局”选项卡，在“页面设置”组中单击“打印区域”下拉按钮，选择“设置打印区域”选项，如图 2-68 所示。

图 2-68　选择打印区域

Step 02 按【Ctrl+P】组合键切换到“打印”选项，在预览区域中可以查看打印效果。选择打印机，单击“打印”按钮即可打印工作表，如图 2-69 所示。

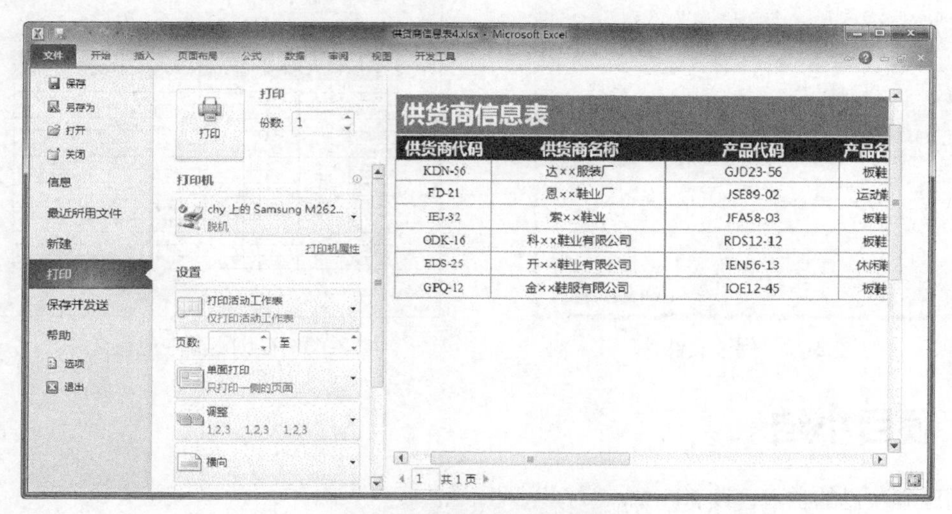

供货商信息表

供货商代码	供货商名称	产品代码	产品名
KDN-56	达××服装厂	GJD23-56	板鞋
FD-21	恩××鞋业厂	JSE89-02	运动鞋
IEJ-32	索××鞋业	JFA58-03	板鞋
ODK-16	科××鞋业有限公司	RDS12-12	板鞋
EDS-25	开××鞋业有限公司	IEN56-13	休闲鞋
GPQ-12	金××鞋服有限公司	IOE12-45	板鞋

图 2-69 查看打印效果

三、导出 PDF 文档

PDF 文件格式可以将文字、字形、格式、颜色及独立于设备和分辨率的图形图像等封装在一个文件中，且布局、格式和数据不会被轻易更改，这样可以有效地提高数据信息的安全性。下面将介绍如何将“商品信息表 3.xlsx”工作簿转换为 PDF 文档，具体操作方法如下。

Step 01 打开“素材文件\项目二\商品信息表 3.xlsx”，选择“文件”选项卡，在左侧列表中选择“另存为”选项，如图 2-70 所示。

Step 02 弹出“另存为”对话框，选择保存位置，然后单击“保存类型”下拉按钮，选择“PDF（*.pdf）”选项，如图 2-71 所示。

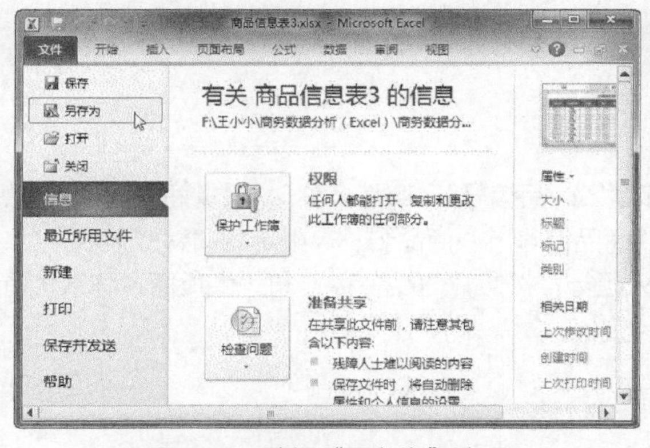

图 2-70 选择“另存为”选项

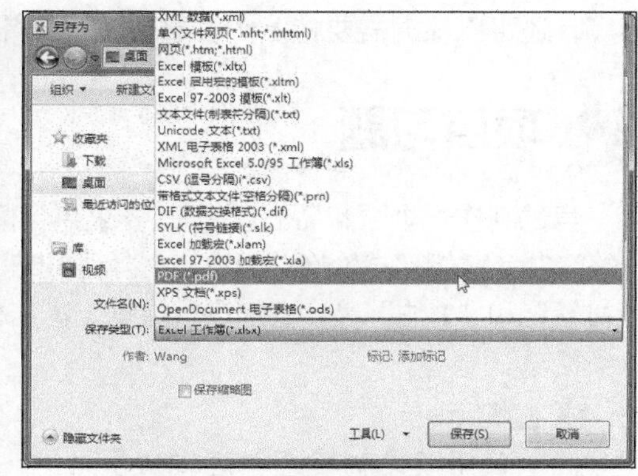

图 2-71 设置保存类型

Step 03 此时会显示有关该类型的属性，可以根据需要进行设置，然后单击“保存”按钮，如图 2-72 所示。

Step 04 保存后的文件可以在浏览器中打开，效果如图 2-73 所示。

图 2-72　保存文件

店铺商品信息

商品代码	商品名称	时间	单价	数量	合计金额	供货商
GJD23-56	板鞋	2018/1	¥ 99.00	8	¥ 792.00	科XX鞋服厂
JSE89-02	运动鞋	2018/1	¥ 199.00	5	¥ 995.00	恩XX鞋业厂
JFA58-03	板鞋	2018/1	¥ 98.00	4	¥ 392.00	科XX鞋服厂
RDS12-12	板鞋	2018/2	¥ 168.00	5	¥ 840.00	科XX鞋服厂
IEN56-13	休闲鞋	2018/2	¥ 299.00	3	¥ 897.00	索XX鞋业
IOE12-45	板鞋	2018/2	¥ 168.00	5	¥ 840.00	科XX鞋服厂
BIE45-93	休闲鞋	2018/2	¥ 199.00	3	¥ 597.00	索XX鞋业
BSW45-23	板鞋	2018/2	¥ 129.00	4	¥ 516.00	科XX鞋服厂
XEW16-45	运动鞋	2018/2	¥ 129.00	6	¥ 774.00	恩XX鞋业厂
RDS12-12	板鞋	2018/3	¥ 169.00	5	¥ 845.00	科XX鞋服厂
IEN56-13	休闲鞋	2018/3	¥ 299.00	3	¥ 897.00	索XX鞋业
IOE12-45	板鞋	2018/3	¥ 199.00	5	¥ 995.00	科XX鞋服厂
BIE45-93	休闲鞋	2018/3	¥ 199.00	3	¥ 597.00	索XX鞋业
BSW45-23	运动鞋	2018/3	¥ 129.00	4	¥ 516.00	恩XX鞋业厂
XEW16-45	板鞋	2018/3	¥ 239.00	6	¥ 1,434.00	科XX鞋服厂

图 2-73　在浏览器中查看文件

项目小结

通过本项目的学习，读者应重点掌握以下知识。

（1）在管理供货商信息时，可以在 Excel 工作表中手动输入供货商信息。在输入产品名称时，可以利用数据有效性功能限定产品名称，提高输入效率，并减少输入错误。在输入银行卡号时，应设置正确的数字格式，使其显示完整。

（2）利用 Excel 的导入数据功能可以快捷导入客户信息数据，利用填充柄可以为客户信息快速添加序号。通过对单元格字体、对齐、边框、填充等格式进行设置，可以美化工作表。使用冻结标题行的功能，便于查看众多的客户信息。使用批注可以对重要客户进行注释。

（3）利用 VLOOKUP 函数可以按照商品名称自动填充供货商信息，通过“高级筛选”功能可以将商品信息按自定义条件显示出来。利用“分类汇总”功能，可以按商品属性汇总金额或数量，在进行汇总前，应对分类字段进行排序。

（4）在打印工作表时，应进行适当的页面设置，如纸张方向、纸张大小、缩放比例、打印范围等，还可以根据需要将工作表导出为 PDF 电子文档。

项目习题

尝试制作一个“商品信息表”，要求包含标题“商品编号”“商品名称”“供货商名称”“销售价格”“销售数量”“价格总额”等；自动填充“商品编号”；“商品名称”限定为“韩版风衣”“女士衬衫”和“T 恤”等；添加多行数据，冻结标题行；按照“商品名称”和“供货商名称”进行分类汇总。

关键提示：

（1）使用填充柄填充“商品编号”。

（2）使用数据有效性限定“商品名称”。

（3）使用冻结窗格功能冻结标题行。

（4）先对表格进行排序，再按照“商品名称”和“供货商名称”进行排序，在“分类汇总”对话框中取消选择“替换当前分类汇总”复选框。

项目三

商品销售情况管理

项目概述

卖家可以从店铺运营情况、月度销售明细和商品关键词等角度分析商品的销售情况；针对分析结果可以及时调整运营策略，从而提升店铺的经济效益。

项目重点

- 掌握分析店铺运营情况的方法。
- 掌握月度销售分析的方法。

项目目标

- 能够分析店铺运营情况。
- 能够分析月度销售情况。

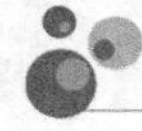

任务一　店铺运营情况分析

任务概述

通过分析店铺浏览量、成交转化率和商品评价等方面的数据，卖家可以判定店铺的经营方法是否合理，根据分析出来的结果及时调整运营策略，以谋求更多的利润。本任务将学习如何通过 Excel 来分析店铺的运营情况。

任务重点与实施

一、店铺浏览量分析

卖家需要定期对店铺的浏览量趋势进行深入分析，具体操作方法如下。

Step 01 打开“素材文件\项目三\店铺浏览量分析.xlsx”，选择 A2:B16 单元格区域，选择“插入”选项卡，在“图表”组中单击“折线图”下拉按钮，选择“带数据标记的折线图”选项，如图 3-1 所示。

Step 02 选中图表并调整其位置，选择“布局”选项卡，在“标签”组中单击“图表标题”下拉按钮，选择“图表上方”选项，如图 3-2 所示。

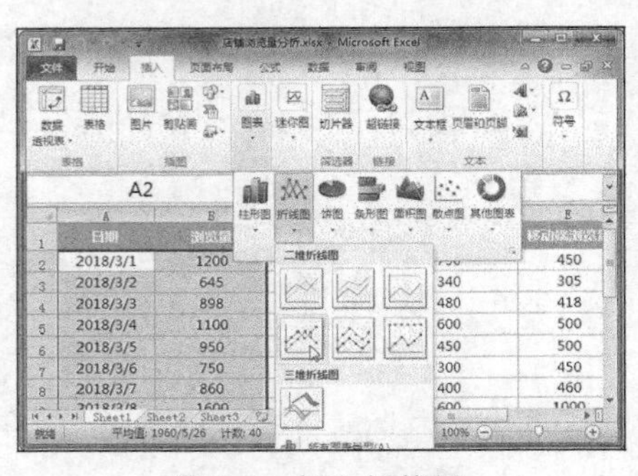

图 3-1　插入折线图

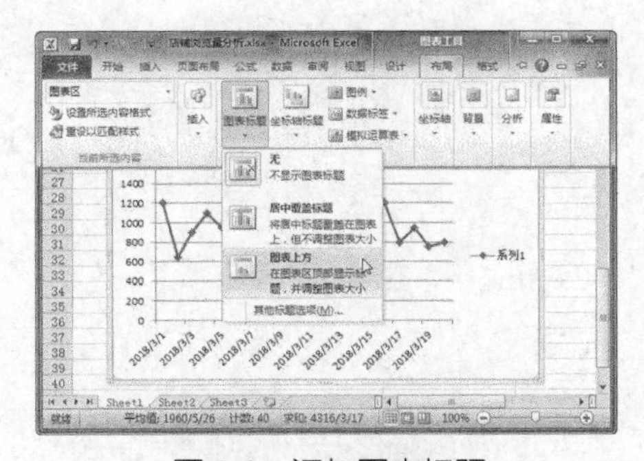

图 3-2　添加图表标题

Step 03 在标题文本框中输入图表标题，然后选中文本框，设置字体格式为“微软雅黑”、14 磅、加粗，如图 3-3 所示。

Step 04 选中横坐标轴并右击，选择“设置坐标轴格式”命令，如图 3-4 所示。

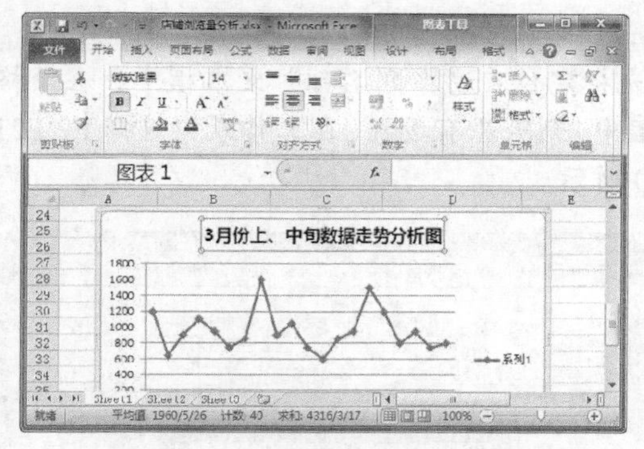

图 3-3　设置标题字体格式

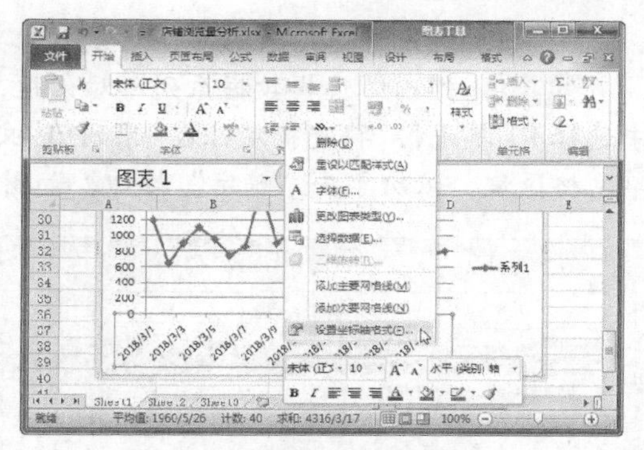

图 3-4　设置坐标轴格式

Step 05 弹出“设置坐标轴格式”对话框，在“主要刻度单位”选项中选中“固定”单选按钮，设置为 1 天，如图 3-5 所示。

Step 06 在左侧选择“数字”选项，在“类别”列表框中选择“日期”选项，在“类型”下拉列表框中选择需要的日期类型，如图 3-6 所示。

图 3-5　设置横坐标主要刻度单位

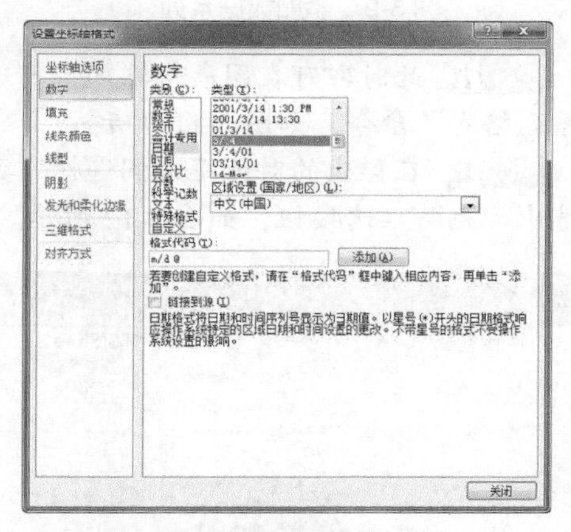

图 3-6　设置日期类型

Step 07 保持“设置坐标轴格式”对话框为打开状态，在图表中选中纵坐标轴，在“主要刻度单位”选项中选中“固定”单选按钮，设置值为 500，如图 3-7 所示。

Step 08 关闭“设置坐标轴格式”对话框，调整图表宽度，使横坐标完整显示。选中图表并右击，选择“选择数据”命令，如图 3-8 所示。

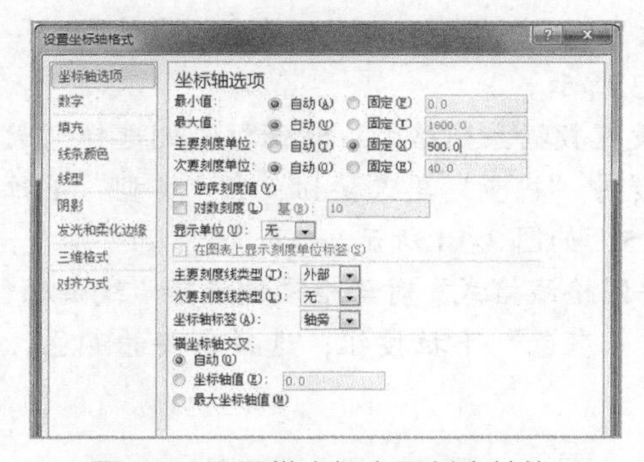

图 3-7　设置纵坐标主要刻度单位

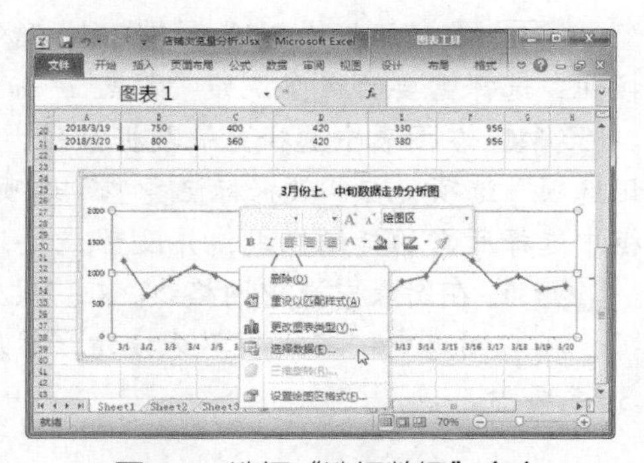

图 3-8　选择“选择数据”命令

Step 09 弹出“选择数据源”对话框，单击“添加”按钮，如图 3-9 所示。

Step 10 弹出“编辑数据系列”对话框，将光标定位在“系列名称”文本框中，在表格中选择 F1 单元格。将光标定位在“系列值”文本框中，删除原有数据，在工作表中选择 F2:F21 单元格区域，依次单击“确定”按钮，如图 3-10 所示。

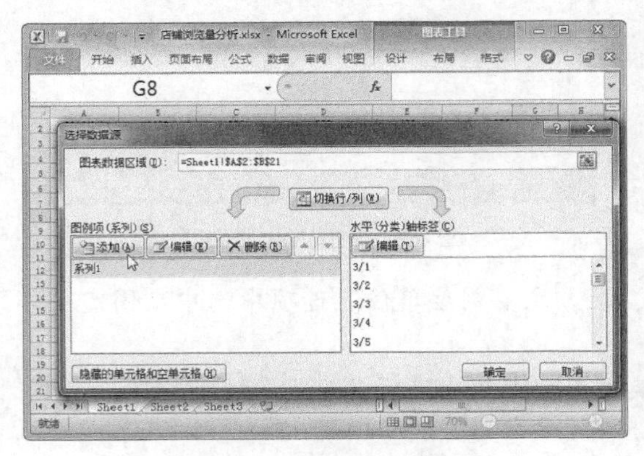

图 3-9　添加数据系列

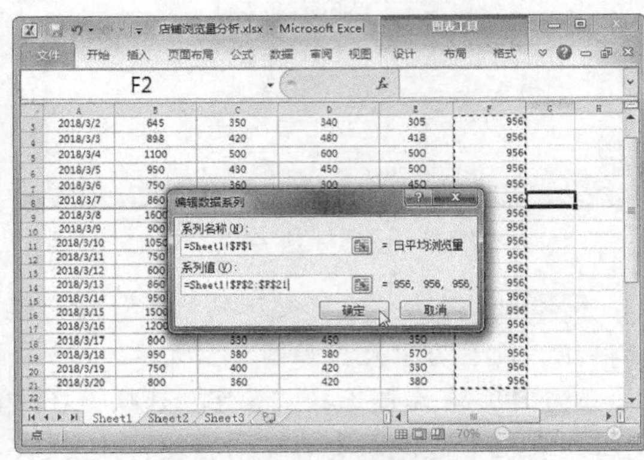

图 3-10　编辑数据系列

Step 11 此时即可在图表中添加“日平均浏览量”系列，在系列上右击，选择“设置数据系列格式”命令，如图 3-11 所示。

Step 12 在弹出的对话框左侧选择“数据标记选项”选项，在“数据标记类型”选项区中选中“无”单选按钮，如图 3-12 所示。

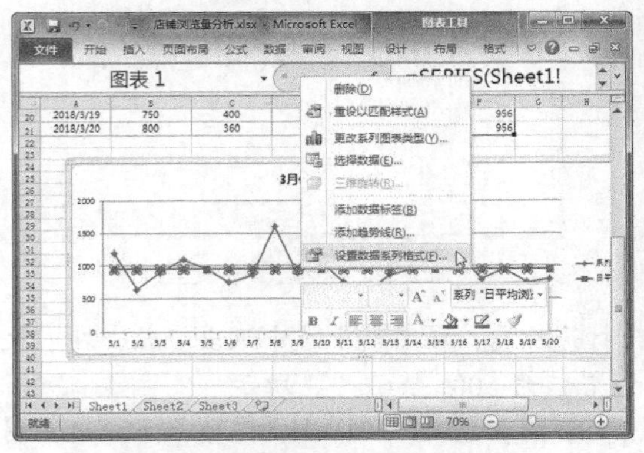

图 3-11　设置数据系列格式

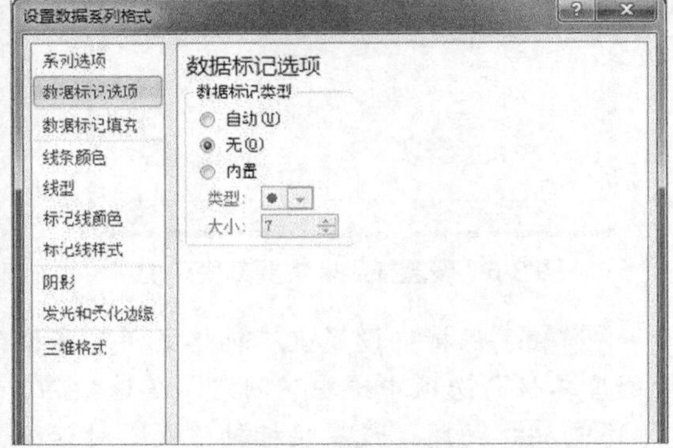

图 3-12　设置无数据标记类型

Step 13 在对话框左侧选择“线型”选项，设置宽度为“2.25 磅”，单击“线端类型”下拉按钮，选择需要的线型，如“方点”，如图 3-13 所示。

Step 14 在图表中选择另一数据系列，在“设置数据系列格式”对话框左侧选择“数据标记选项”选项，在“数据标记类型”选项区中选中“内置”单选按钮，在“类型”下拉列表框中选择所需的标记样式，并设置“大小”为 5，如图 3-14 所示。

Step 15 在图表中选中网格线，在“设置主要网格线格式”对话框左侧选择“线条颜色”选项，在右侧选中“实线”单选按钮，然后单击“颜色”下拉按钮，选择需要的颜色，如图 3-15 所示。

图 3-13　选择线端类型

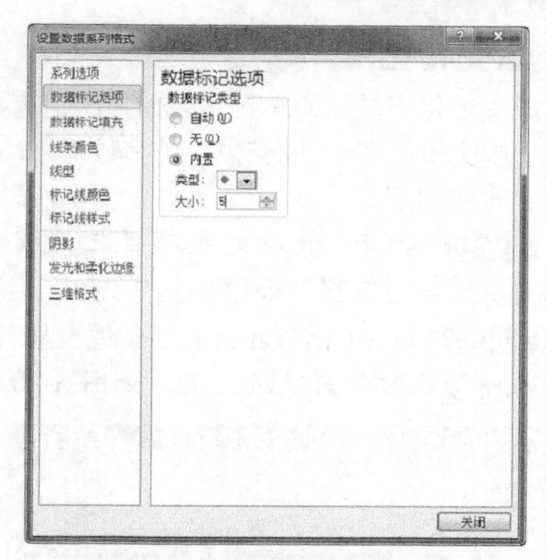

图 3-14　设置数据标记选项

Step 16 关闭对话框，选中图表，选择“布局”选项卡，在“标签”组中单击“图例”下拉按钮，选择“无”选项，如图 3-16 所示。

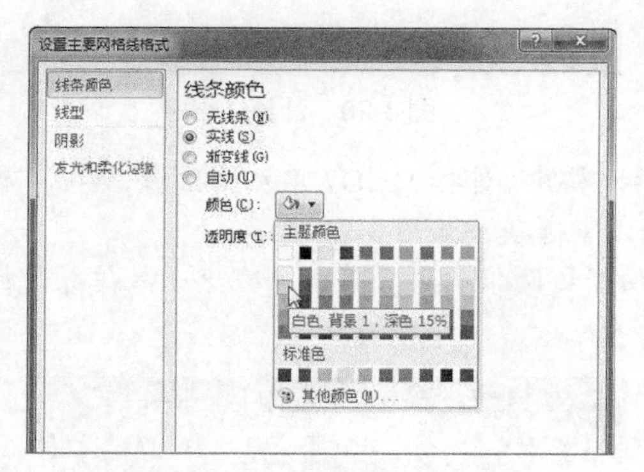

图 3-15　设置网格线

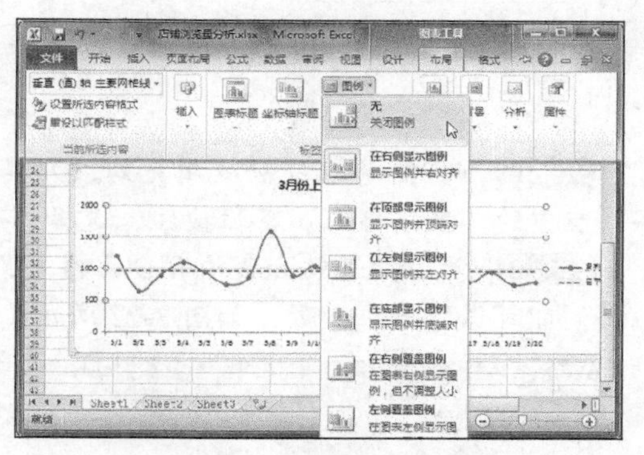

图 3-16　设置无图例图表

Step 17 选中“浏览量”系列，选择“布局”选项卡，在“标签”组中单击“数据标签”下拉按钮，选择“上方”选项，如图 3-17 所示。

Step 18 选中图表，设置字体为“微软雅黑”，调整图表的位置和大小，即可查看表格最终效果，如图 3-18 所示。此时，卖家即可对店铺浏览量的走势进行分析。

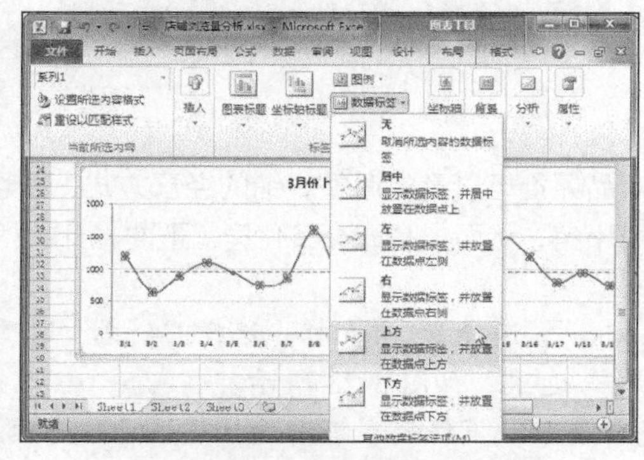

图 3-17　添加数据标签

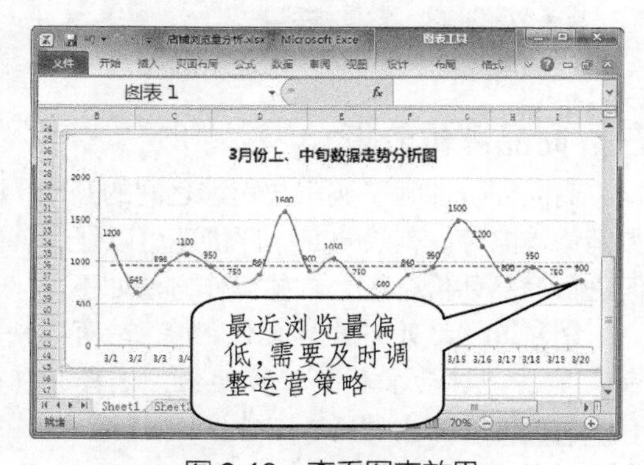

图 3-18　查看图表效果

二、成交转化率计算

成交转化率是指所有到达店铺并产生购买行为的人数与所有到达店铺的人数的比率，计算方法为：成交转化率=（成交数 ÷ 访客数）× 100%。下面将详细介绍如何计算店铺成交转化率，具体操作方法如下。

Step 01 打开“素材文件\项目三\成交转化率分析.xlsx”，选择 D2 单元格，在编辑栏中输入公式“=C2/B2”，如图 3-19 所示。

Step 02 按【Ctrl+Enter】组合键，即可得出结果。将鼠标指针置于单元格右下角，当指针变成✚形状时双击鼠标左键，如图 3-20 所示。

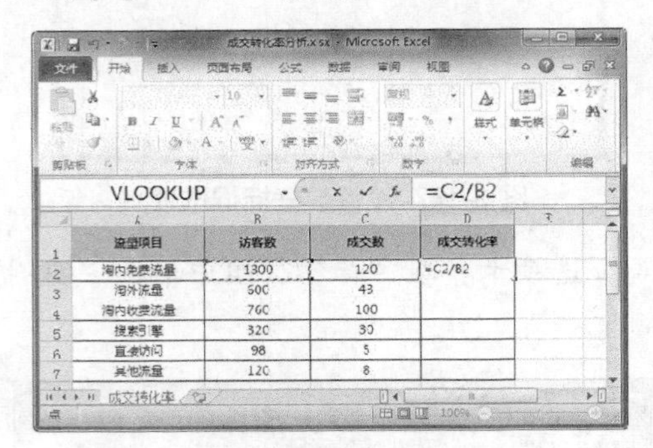

图 3-19 输入公式

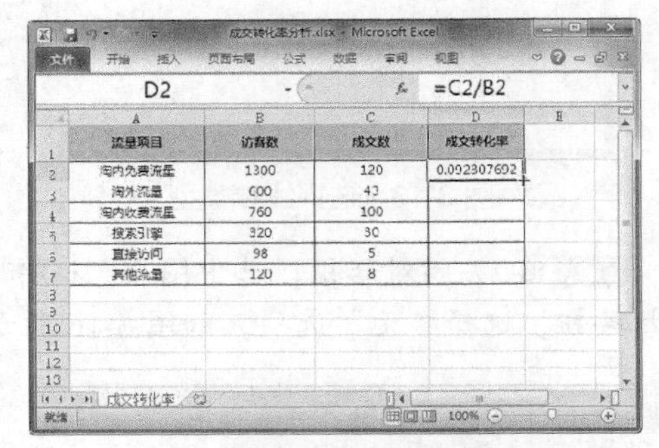

图 3-20 计算结果

Step 03 此时，即可将公式填充到该列其他单元格中。选择 D2:D7 单元格区域，单击“数字”组中的“数字格式”下拉按钮，选择“百分比”选项，如图 3-21 所示。

Step 04 此时结果就会变为百分比格式，自动保留两位小数。单击“减少小数位数”按钮，即可保留一位小数，如图 3-22 所示。

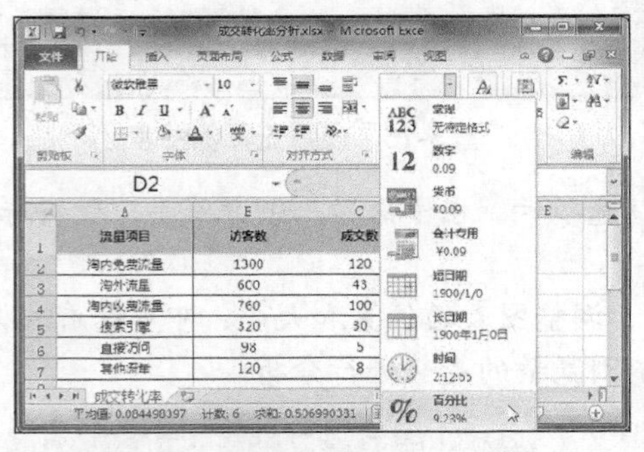

图 3-21 设置为“百分比”格式

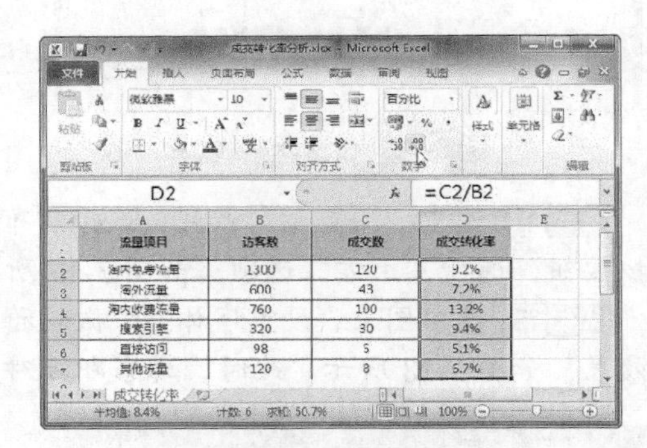

图 3-22 保留一位小数

三、商品评价分析

商品评价加强了买家与卖家之间的互动，通过商品评价可以及时调整店铺的经营方式、服务和销售策略等。有效的商品评价还可以促进其他买家下单，从而提高成交转化率。下面将介绍如何进行商品评价分析，具体操作方法如下。

Step 01 打开“素材文件\项目三\商品评价表.xlsx”，选择 F2 单元格，选择“公式”选项卡，单击“自动求和”下拉按钮，选择“其他函数”选项，如图 3-23 所示。

Step 02 弹出“插入函数”对话框，在“或选择类别”下拉列表框中选择“统计”选项，在“选择函数”列表框中选择 COUNTIF 函数，然后单击“确定”按钮，如图 3-24 所示。

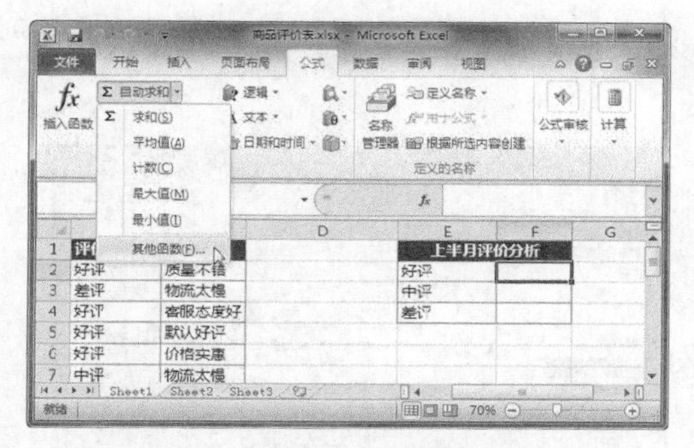

图 3-23　选择“其他函数”选项

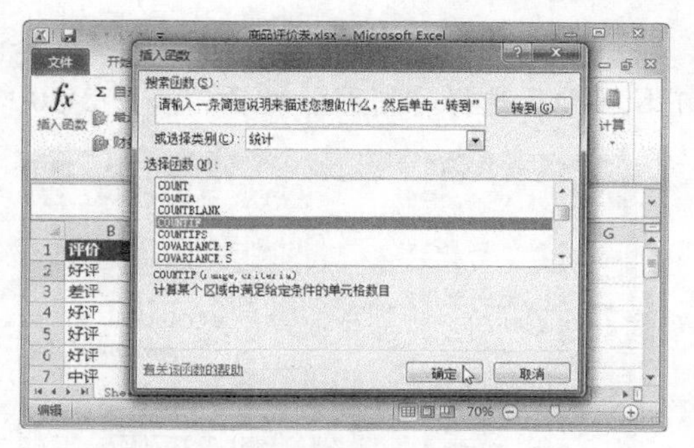

图 3-24　选择 COUNTIF 函数

Step 03 弹出“函数参数”对话框，将光标定位到 Range 文本框中，在工作表中选择 B2:B23 单元格区域，如图 3-25 所示。

Step 04 在 Range 文本框中选中单元格引用 B2:B23，然后按【F4】键将其转换为绝对引用。在 Criteria 文本框中输入“好评”，然后单击“确定”按钮，如图 3-26 所示。

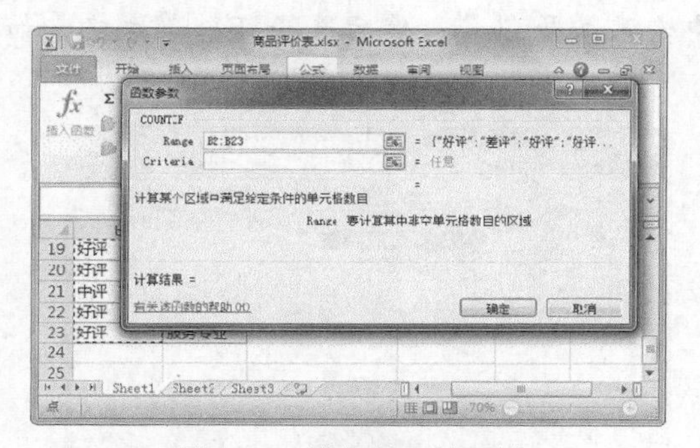

图 3-25　选择单元格区域

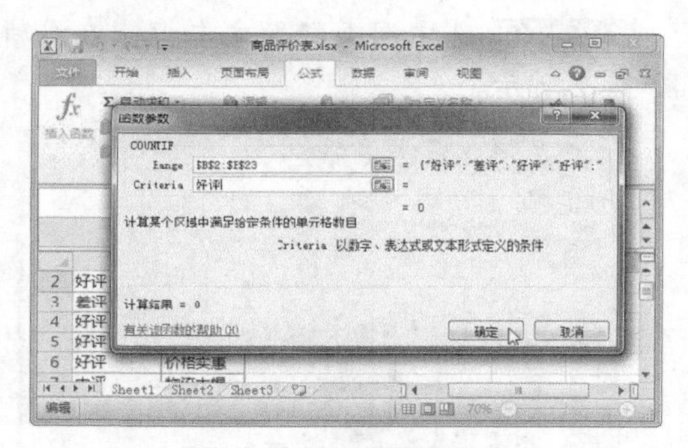

图 3-26　设置函数参数

Step 05 此时，即可查看好评计数结果。将鼠标指针置于 F2 单元格右下角，当指针变成✚形状时向下拖动填充柄，填充数据至 F4 单元格，如图 3-27 所示。

Step 06 将鼠标指针置于编辑栏下边界线上，当指针变为双向箭头形状时向下拖动，调整编辑栏的宽度，使编辑栏中的公式全部显示，如图 3-28 所示。

图 3-27　填充数据

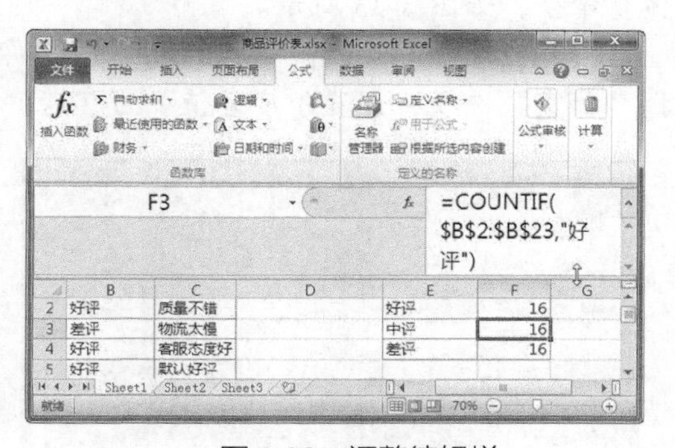

图 3-28　调整编辑栏

Step 07 选择 F3 单元格，在编辑栏中将函数的第二个参数更改为“中评”，如图 3-29 所示。采用同样的方法，将 F4 单元格中函数的第二个参数更改为“差评”。

Step08 选择 E2:F4 单元格区域，选择“插入”选项卡，在“图表”组中单击“饼图”下拉按钮，选择“饼图”选项，如图 3-30 所示。

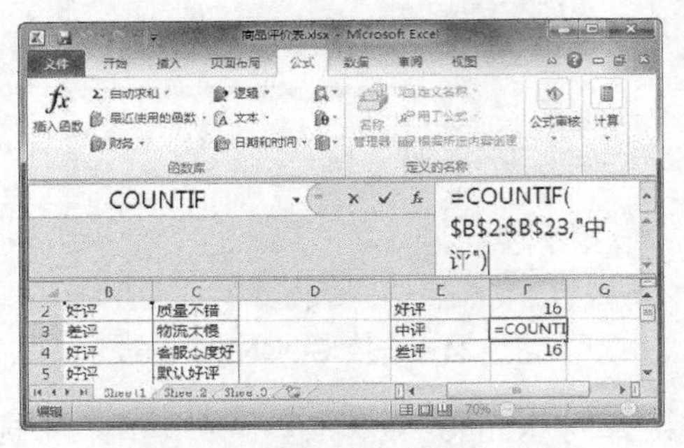

图 3-29　将参数更改为“中评”

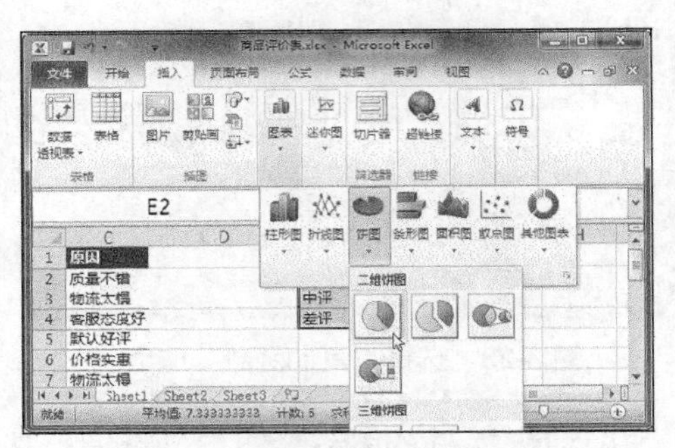

图 3-30　插入饼图

Step09 此时，即可创建饼图图表。选择“设计”选项卡，单击“快速布局”下拉按钮，选择“布局 1”格式，如图 3-31 所示。

Step10 选中图表标题文本框，在编辑栏中输入等号“=”，然后选择 E1 单元格，如图 3-32 所示。

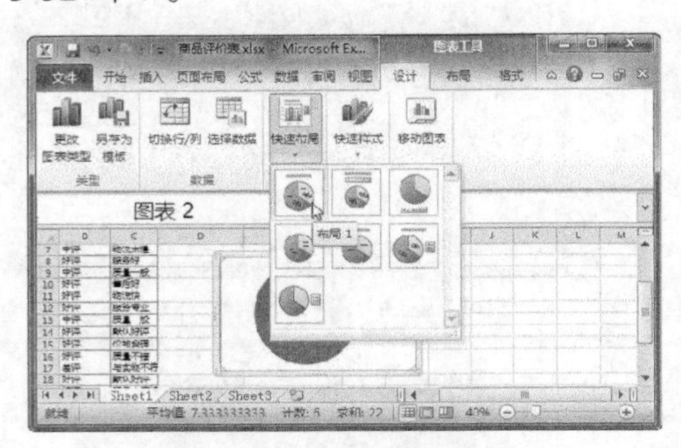

图 3-31　选择布局格式

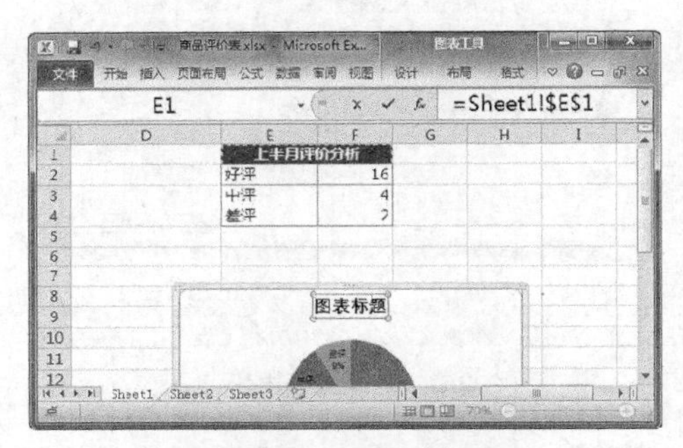

图 3-32　设置图表标题

Step11 按【Ctrl+Enter】组合键确认，为图表标题创建单元格链接。选择“开始”选项卡，在“字体”组中设置字体格式为“微软雅黑”、18 磅、加粗。右击图表标题，选择“字体”命令，如图 3-33 所示。

Step12 弹出“字体”对话框，选择“字符间距”选项卡，在“间距”下拉列表框中选择“加宽”选项，设置“度量值”为 2 磅，然后单击“确定”按钮，如图 3-34 所示。

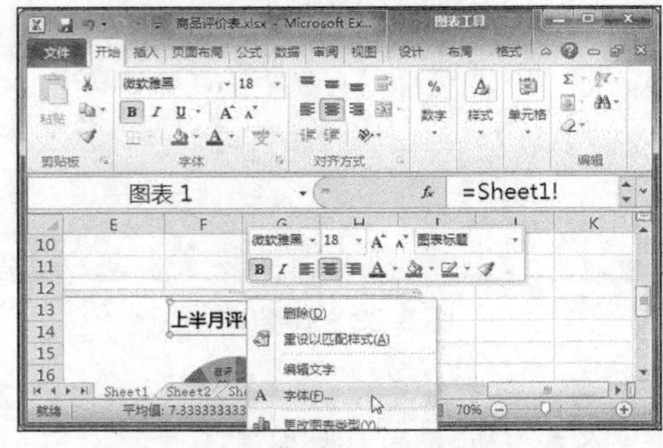

图 3-33　选择“字体”命令

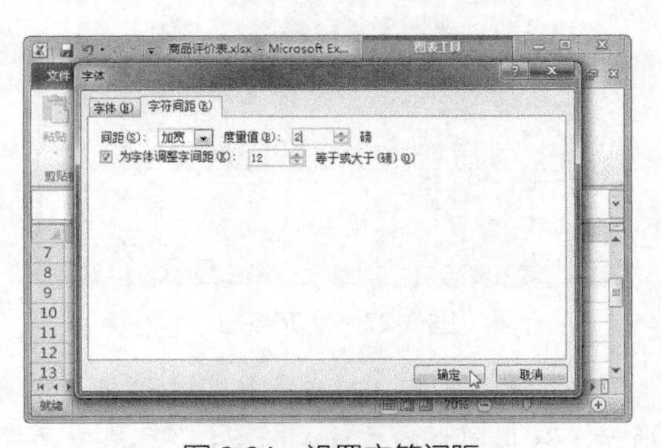

图 3-34　设置字符间距

Step 13 选中数据标签，选择“布局”选项卡，在“标签”组中单击“数据标签”下拉按钮，选择“居中”选项，如图 3-35 所示。

Step 14 设置数据标签字体格式为“微软雅黑”、11 磅、加粗，即可完成商品评价图表制作，如图 3-36 所示。此时，卖家即可对店铺的商品评价进行分析。

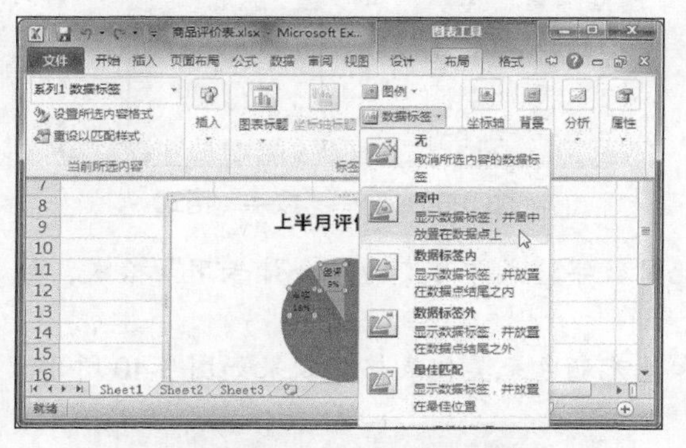

图 3-35　设置数据标签

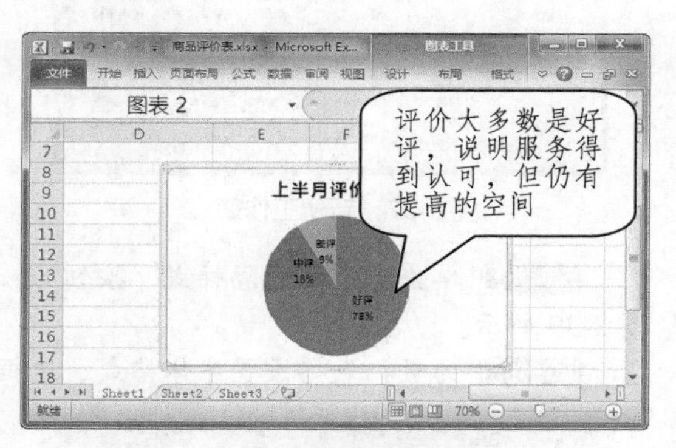

图 3-36　查看图表效果

课堂解疑

COUNTIF 函数的语法

语法：COUNTIF(range,criteria)

- range：需要统计的单元格区域。
- criteria：需要定义的条件，条件其形式可以为数字、表达式、单元格引用或文本。

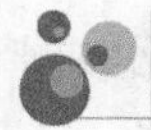

任务二　月度销售分析

任务概述

在商品销售管理中，卖家经常需要在一定的时间段内对销售信息进行分析，查看不同商品的销售情况和销售金额，从而调整商品结构，提升销售额。本任务将学习如何通过 Excel 来分析店铺的月度销售情况。

任务重点与实施

一、制作本月度销售表

本月度销售表包括销售地区、销售人员、商品名称、数量、单价和销售金额等信息，但需要对“单价”和“销售金额”字段设置数字格式。制作本月度销售表的具体操作方法如下。

Step 01 新建一个工作簿，并保存为“本月度销售分析”。将 Sheet1 工作表重命名为“本月销售明细”，输入原始数据，如图 3-37 所示。

Step 02 选择 E2:F104 单元格区域，在“数字”组中单击“数字格式”下拉按钮，选择“数字”选项，如图 3-38 所示。

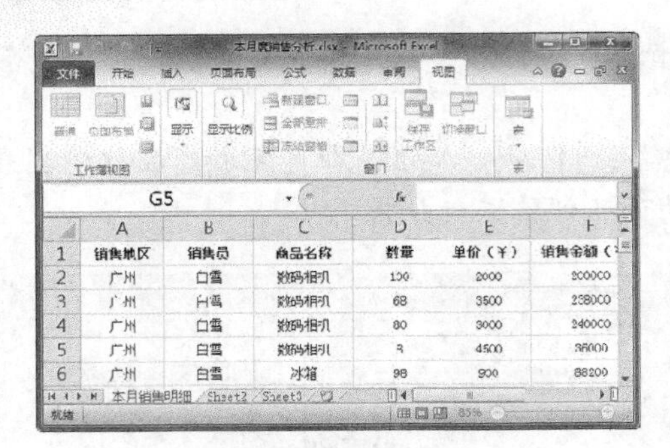

图 3-37　新建工作簿

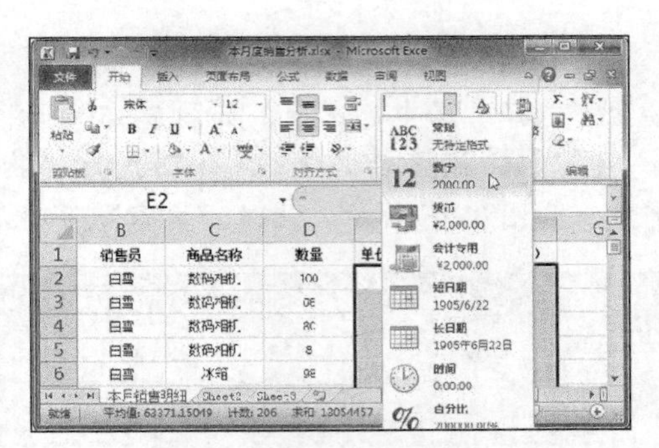

图 3-38　选择“数字”格式

Step 03　单击“千位分隔样式”按钮 ，此时数字格式即可变为“会计专用”格式，如图 3-39 所示。

Step 04　为数据表格设置字体格式、边框和填充颜色来美化表格，效果如图 3-40 所示。

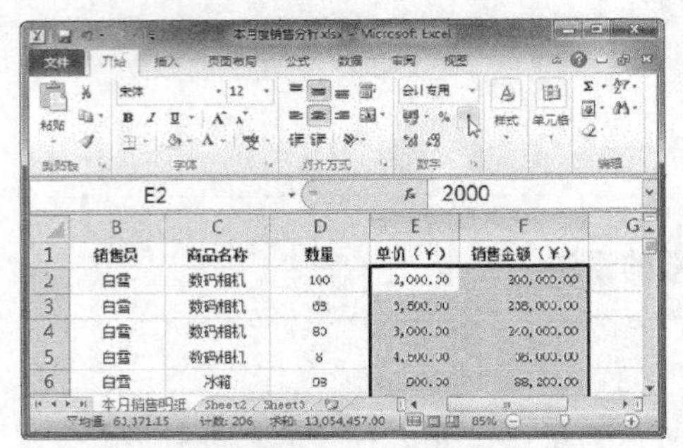

图 3-39　设置“会计专用”格式

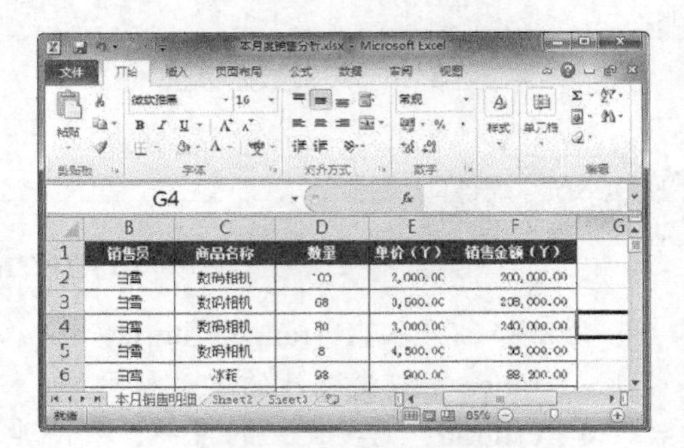

图 3-40　美化表格

二、创建数据透视表

对本月度销售明细，卖家使用数据透视表进行分析，可以更快地处理表格数据，使表格数据透明化，还可以根据需求进行调整，从而得到最直接的数据，具体操作方法如下。

Step 01　打开“素材文件\项目三\本月度销售分析.xlsx”，选择表格中任意非空白单元格，选择“插入”选项卡，在“表格”组中单击“数据透视表”下拉按钮，选择“数据透视表”选项，如图 3-41 所示。

Step 02　弹出“创建数据透视表”对话框，系统自动选择数据表区域，选中“新工作表”单选按钮，然后单击“确定”按钮，如图 3-42 所示。

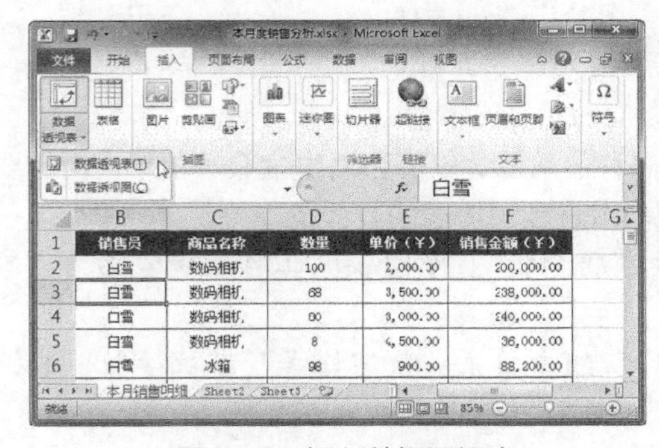

图 3-41　插入数据透视表

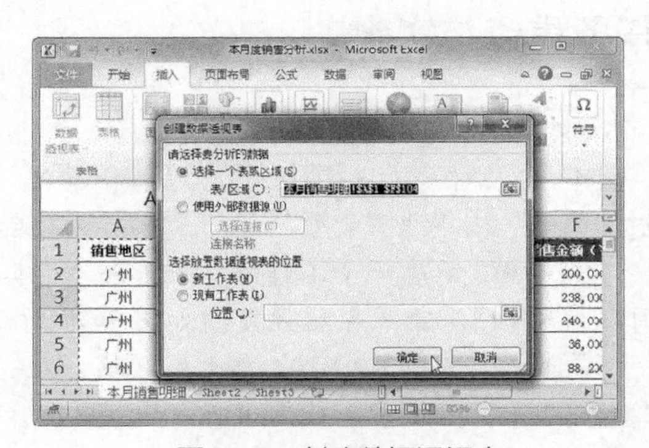

图 3-42　创建数据透视表

Step 03 此时创建一个空白数据透视表，打开“数据透视表字段列表”窗格，将“销售地区”字段拖至“报表筛选”区域，如图 3-43 所示。

Step 04 将“销售员”和“商品名称”字段拖至“行标签”区域，如图 3-44 所示。

图 3-43 添加“报表筛选”字段

图 3-44 添加“行标签”字段

Step 05 将“销售金额”字段拖至“数值”区域，如图 3-45 所示。

Step 06 选择“设计”选项卡，单击“分类汇总”下拉按钮，选择“不显示分类汇总”选项，如图 3-46 所示。

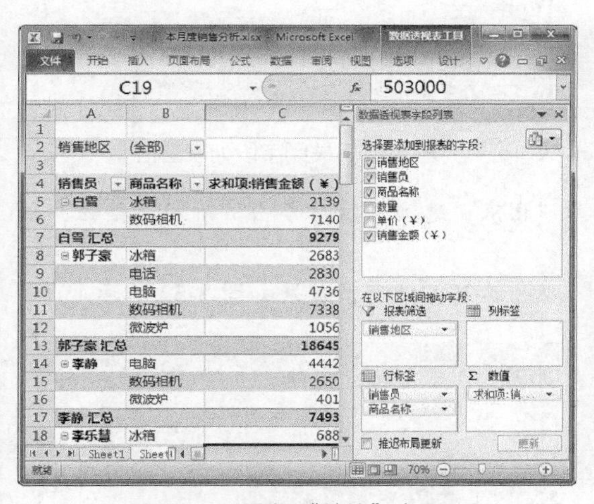

图 3-45 添加“数值”字段

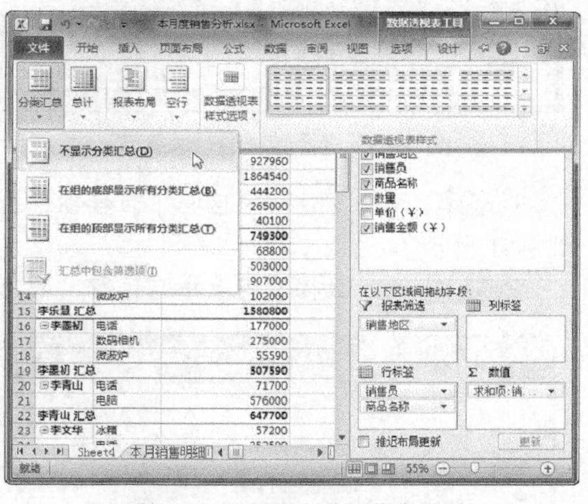

图 3-46 设置不显示分类汇总

Step 07 单击“报表布局”下拉按钮，选择“以表格形式显示”选项，如图 3-47 所示。

Step 08 在“数据透视表样式选项”组中选中“镶边行”复选框，如图 3-48 所示。

Step 09 单击“数据透视表样式”列表右侧的“其他”按钮，在弹出的样式列表中选择需要的样式，如图 3-49 所示。

Step 10 选择“选项”选项卡，在“显示”组中单击“字段列表”按钮，以关闭字段列表窗格，如图 3-50 所示。

图 3-47　设置以表格形式显示

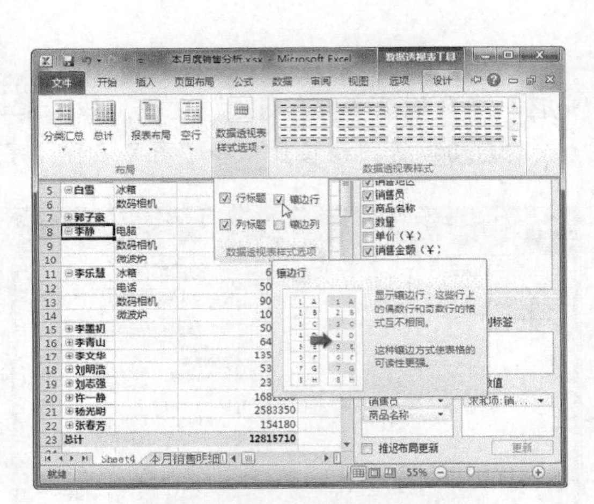

图 3-48　设置“镶边行”样式

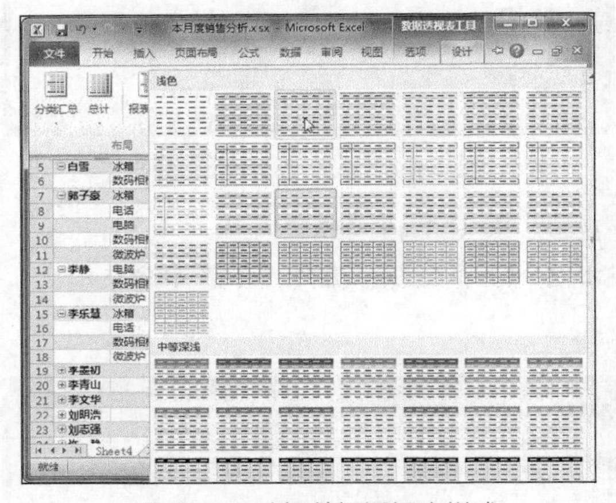

图 3-49　选择数据透视表样式

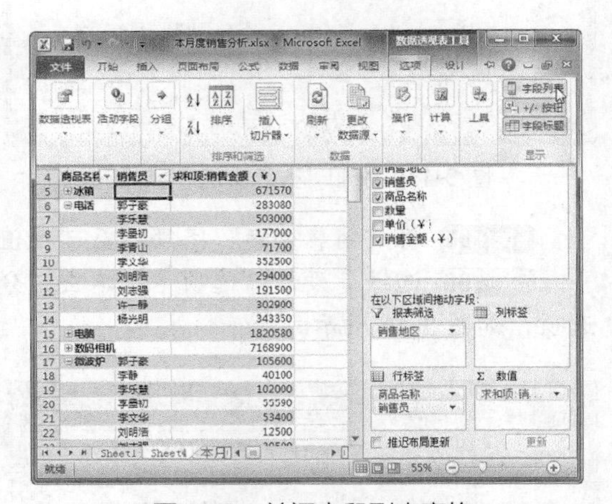

图 3-50　关闭字段列表窗格

Step 11 单击“销售地区”下拉按钮，选择“北京”选项，然后单击“确定”按钮，如图 3-51 所示。

Step 12 此时数据透视表中只保留“北京”地区的销售信息，效果如图 3-52 所示。

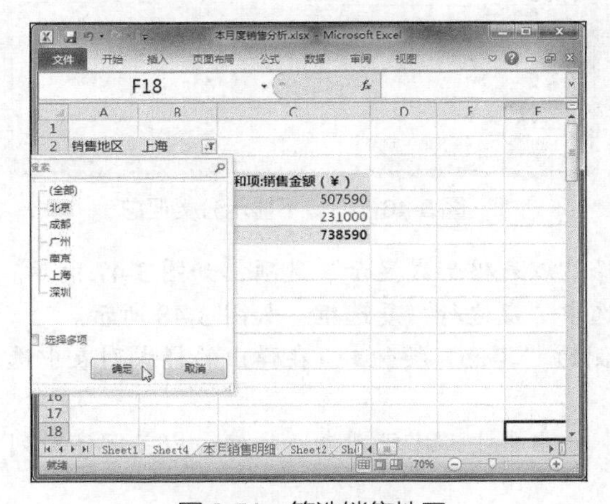

图 3-51　筛选销售地区

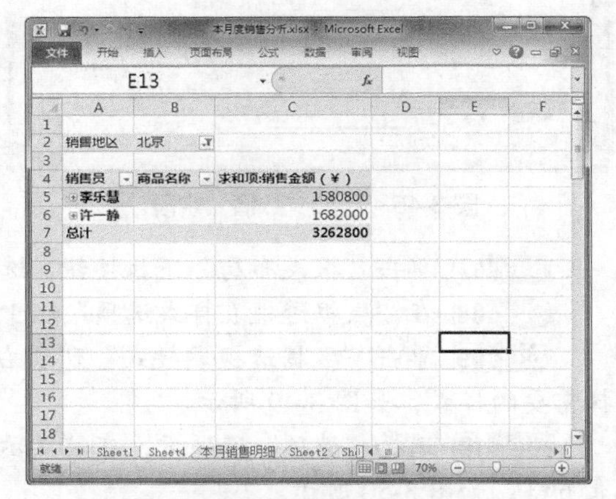

图 3-52　查看“北京”地区销售信息

三、按销售地区计算销售金额

下面将详细介绍如何使用数据透视表制作“求和”工作表，具体操作方法如下。

Step 01 打开“素材文件\项目三\本月度销售分析 1.xlsx”，选择“插入”选项卡，在“表格”组中单击“数据透视表”按钮，弹出“创建数据透视表”对话框，单击“确定”按钮，如图 3-53 所示。

Step 02 此时创建一个新的数据透视表，修改工作表标签名称为“求和”，如图 3-54 所示。

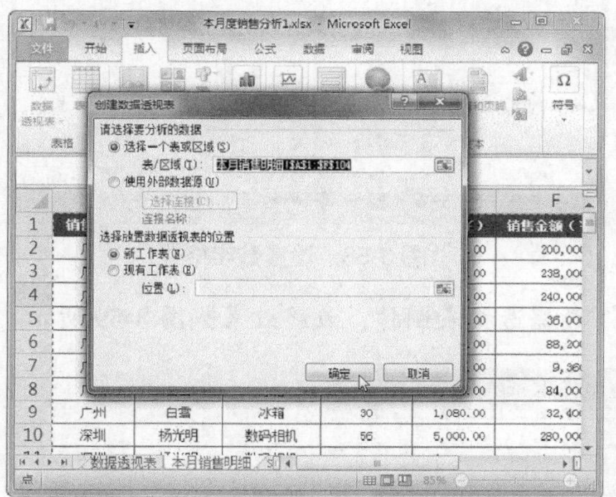

图 3-53　创建数据透视表

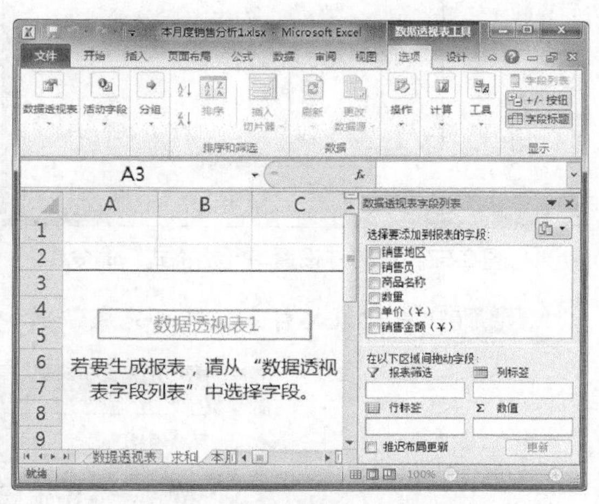

图 3-54　重命名工作表

Step 03 将“销售地区”字段拖到“行标签”区域中，将“销售金额”字段拖到“数值”区域中，如图 3-55 所示。

Step 04 选择“设计”选项卡，在“布局”组中单击“报表布局”下拉按钮，选择“以表格形式显示”选项，如图 3-56 所示。

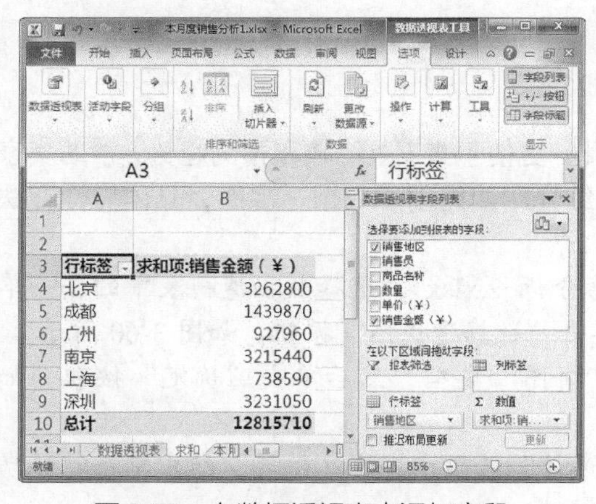

图 3-55　在数据透视表中添加字段

图 3-56　选择以表格形式显示

Step 05 选择 B4:B10 单元格区域并右键单击，选择“设置单元格格式”命令，如图 3-57 所示。

Step 06 选择“数字”选项卡，在“分类”列表框中选择“货币”选项，设置“小数位数”为 1，“货币符号”为“无”，然后单击“确定”按钮，如图 3-58 所示。

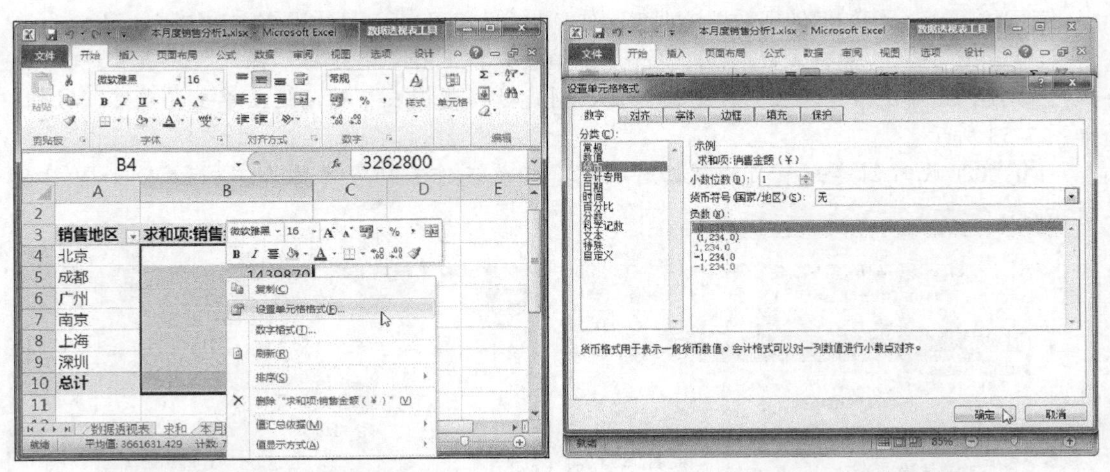

图 3-57 选择“设置单元格格式”命令　　图 3-58 设置数字格式

Step 07 美化表格样式，即可完成“求和”数据透视表制作，最终效果如图 3-59 所示。

行标签	求和项:销售金额（¥）
北京	3,262,800.0
成都	1,439,870.0
广州	927,960.0
南京	3,215,440.0
上海	738,590.0
深圳	3,231,050.0
总计	12,815,710.0

图 3-59 “求和”数据透视表

四、创建数据透视图

数据透视图可以将数据透视表中的数据可视化，更便于查看、比较和预测趋势，帮助卖家做出正确的决策，从而提高店铺效益。下面将详细介绍如何创建数据透视图，具体操作方法如下。

Step 01 打开“素材文件\项目三\本月度销售分析 2.xlsx”，选择数据透视表中的任一单元格，选择“选项”选项卡，在“工具”组中单击“数据透视图”按钮，如图 3-60 所示。

Step 02 弹出“插入图表”对话框，选择“饼图”类型，然后单击“确定”按钮，如图 3-61 所示。

Step 03 此时即可创建数据透视图，选择“设计”选项卡，在“位置”组中单击“移动图表”按钮，如图 3-62 所示。

Step 04 弹出“移动图表”对话框，选中“新工作表”单选按钮，输入工作表名称，然后单击“确定”按钮，如图 3-63 所示。

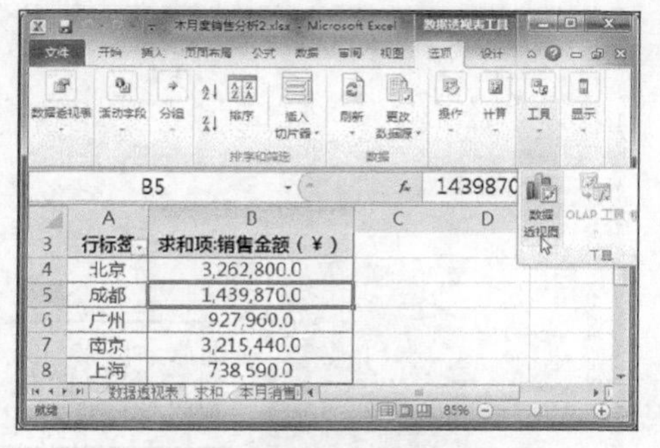

图 3-60　添加数据透视图

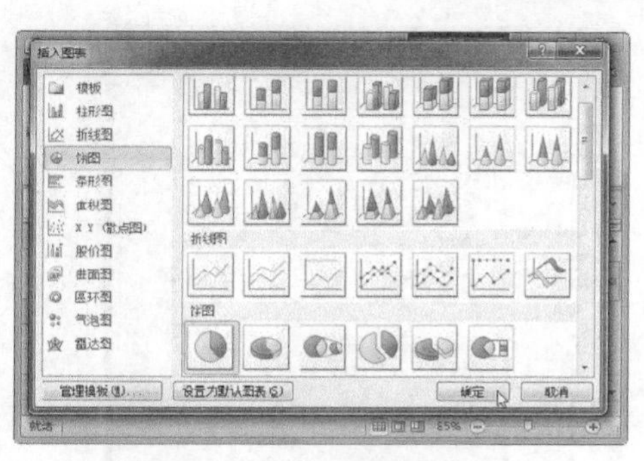

图 3-61　选择图表类型

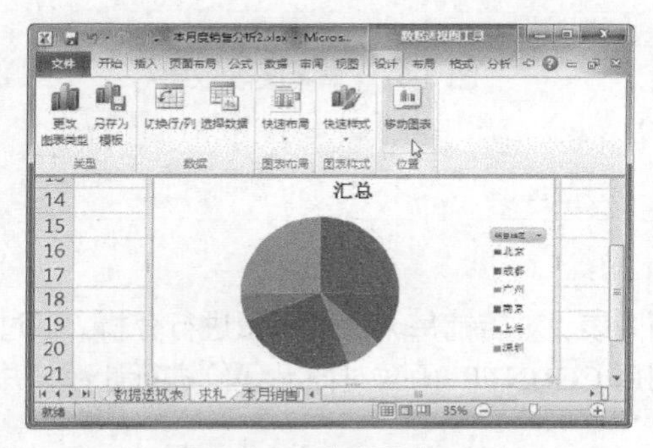

图 3-62　移动图表

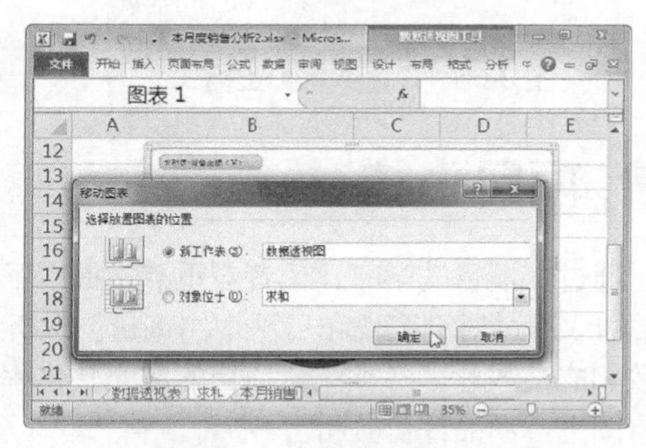

图 3-63　设置放置图表位置

Step 05 修改图表标题文本，设置字体格式为“微软雅黑”、18 磅、加粗，如图 3-64 所示。

Step 06 选择“布局”选项卡，在“标签”组中单击“数据标签”下拉按钮，选择“其他数据标签选项”选项，如图 3-65 所示。

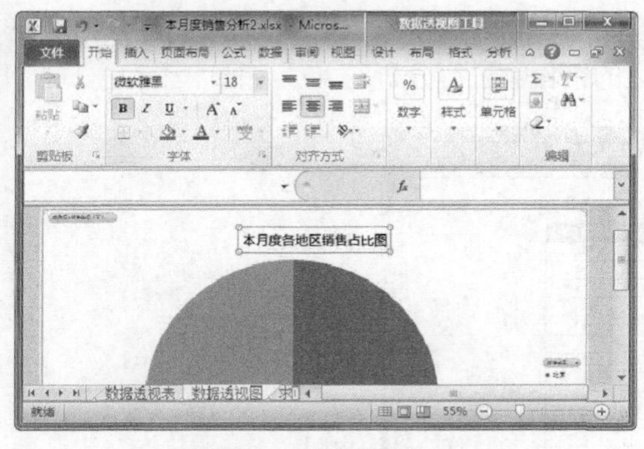

图 3-64　设置标题文本

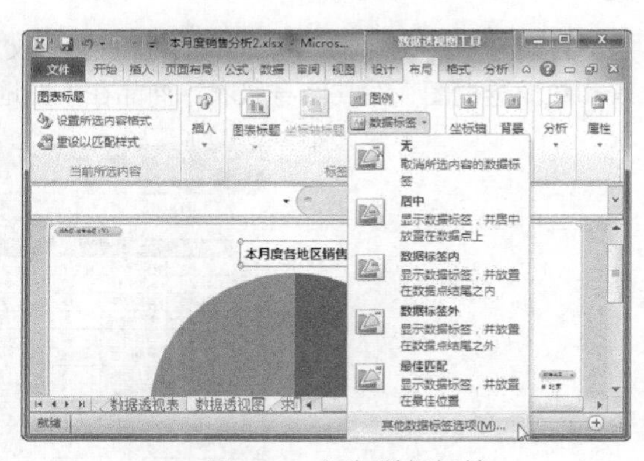

图 3-65　添加数据标签

Step 07 弹出“设置数据标签格式”对话框，在“标签包括”选项区中选中“类别名称”和“百分比”复选框，取消选择“值”复选框，在“标签位置”选项区中选中“数据标签外”单选按钮，然后单击“关闭”按钮，如图 3-66 所示。

Step 08 在图表中添加数据标签，设置数据标签字体格式，即可完成数据透视图制作，最终效果如图 3-67 所示。此时，卖家即可对店铺的月度销售情况进行分析。

图 3-66　设置数据标签格式

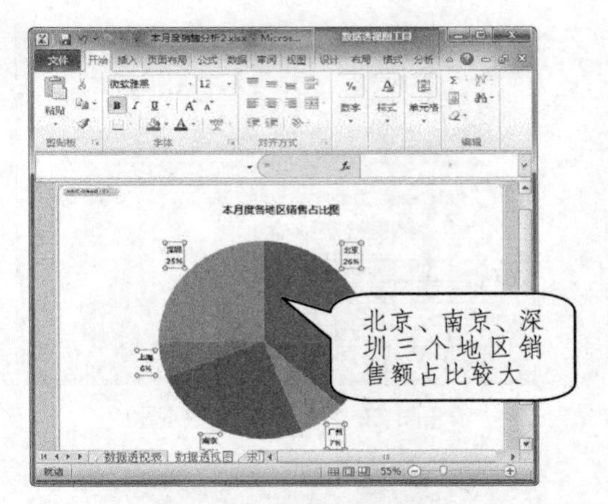

图 3-67　查看图表效果

项目小结

通过本项目的学习，读者应重点掌握以下知识。

（1）通过对浏览量和日平均浏览量创建折线图图表，对店铺每天的浏览量进行分析。通过访客数和成交数计算各类流量项目的成交转化率。利用 COUNTIF 函数对商品评价进行计数，并创建饼图进行商品评价分析。

（2）在 Excel 中制作本月度销售表，对金额数据设置数字格式，然后为该表创建数据透视表，并按销售员、商品名称或地区对销售金额进行汇总。利用数据透视表创建数据透视图，使数据可视化，对各地区的销售额占比进行分析。

项目习题

打开“素材文件\项目三\本月销售明细.xlsx”，如图 3-68 所示。在该工作表中创建数据透视表和数据透视图，对“修身风衣”商品在不同地区的销售额进行分析。

销售地区	商品名称	数量	单价（¥）	销售金额（¥）
北京	修身风衣	23	119	2737
北京	女士衬衫	19	89	1691
北京	宽松外套	35	129	4515
北京	韩版A字裙	8	79	632
北京	针织衫	20	68	1360
上海	修身风衣	15	119	1785
上海	女士衬衫	18	68	1224
上海	宽松外套	12	89	1068
上海	韩版A字裙	19	109	2071
上海	针织衫	10	99	990
广州	修身风衣	8	199	1592
广州	女士衬衫	16	89	1424
广州	宽松外套	10	139	1390
广州	韩版A字裙	33	78	2574

图 3-68　本月销售明细工作表

关键提示：

（1）创建数据透视表，查看各销售地区中“修身风衣”商品的销售金额。

（2）依据数据透视表创建数据透视图，查看各销售地区的销售额占比。

项目四

买家购买情况分析与评估

项目概述

卖家可以根据各种关于买家的信息和数据了解客户需求，分析客户特征，评估客户价值，从而制定相应的营销策略与资源配置计划。通过合理、系统的客户分析，卖家可以使运营策略得到最优的规划，更为重要的是发现潜在客户，从而进一步扩大店铺规模，得到快速的发展。

项目重点

- 掌握买家情况分析的方法。
- 掌握买家总体消费情况分析的方法。

项目目标

- 学会分析买家情况。
- 学会分析买家总体消费情况。

任务一　买家情况分析

任务概述

卖家可以对买家的性别、年龄、区域、消费阶层等情况进行分析，根据分析结果调整店铺商品结构和销售策略，使店铺得到更大的生存与发展空间。本任务将学习如何通过 Excel 来分析买家情况。

任务重点与实施

一、买家性别分析

卖家通过对买家性别比例进行分析，以优化店铺商品结构。下面将详细介绍如何分析买家性别，具体操作方法如下。

Step 01 打开“素材文件\项目四\客户性别分析.xlsx”，选择 B12:D12 单元格区域，选择“公式”选项卡，单击“自动求和”按钮，如图 4-1 所示。

Step 02 按住【Ctrl】键，选择 C9:D9 和 C12:D12 单元格区域，选择“插入”选项卡，在“图表”组中单击“其他图表”下拉按钮，选择“圆环图”选项，如图 4-2 所示。

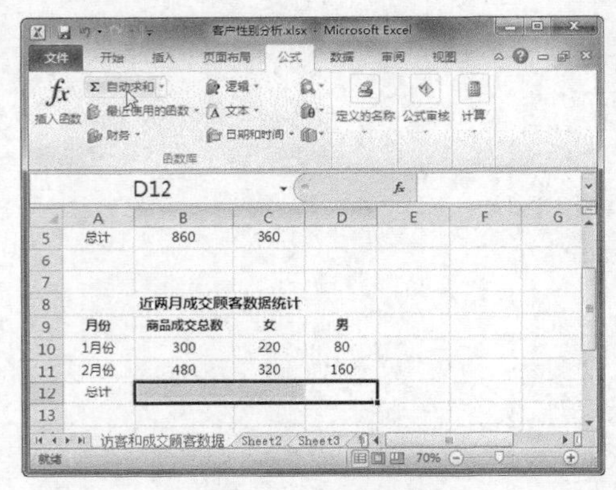

图 4-1　自动求和

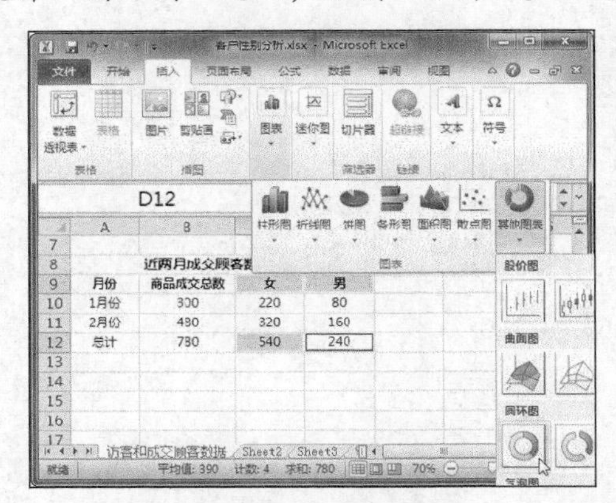

图 4-2　插入圆环图

Step 03 选中插入的图表，选择“设计”选项卡，单击“快速布局”下拉按钮，选择需要的布局样式，如“布局 6”，如图 4-3 所示。

Step 04 更改图表标题为“成交顾客性别占比”，设置数据标签、系列颜色和图例大小等图表元素格式来美化图表，最终效果如图 4-4 所示。此时，卖家即可对店铺买家的性别占比进行分析。

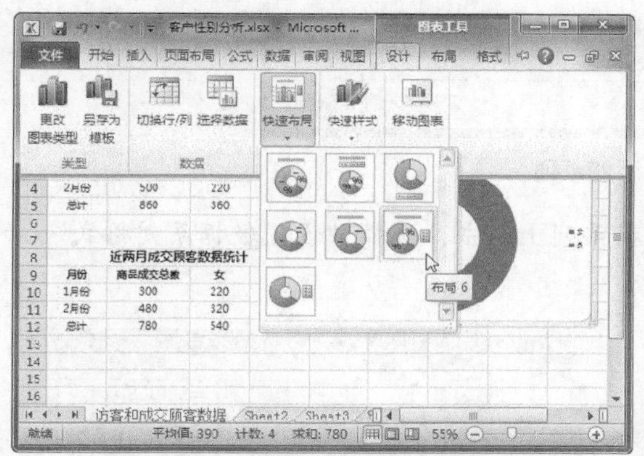

图 4-3 设置图表布局样式

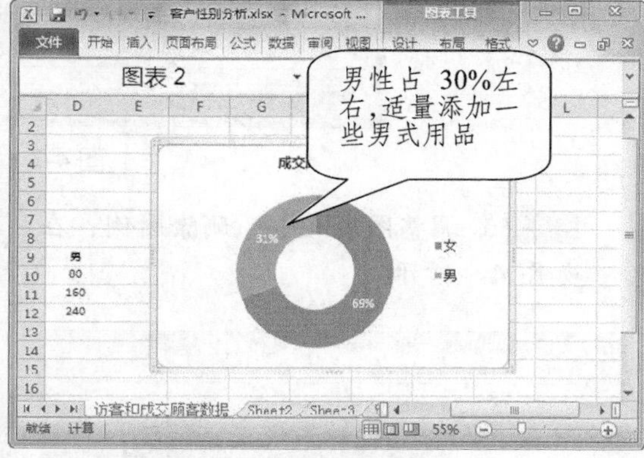

图 4-4 美化图表

二、买家年龄分析

通过分析买家年龄，卖家可以掌握各个年龄阶段的销售比例，以便更好地调整店铺销售策略。下面将详细介绍如何分析买家年龄，具体操作方法如下。

Step 01 打开“素材文件\项目四\顾客年龄统计.xlsx”，选择任一空白单元格，选择“插入”选项卡，在“图表”组中单击“其他图表”下拉按钮，选择“三维气泡图”选项，如图 4-5 所示。

Step 02 在插入的空白图表上右击，选择“选择数据”命令，如图 4-6 所示。

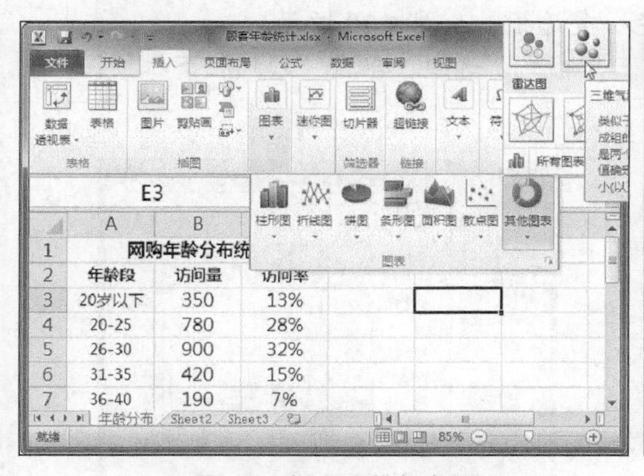

图 4-5 插入三维气泡图

图 4-6 选择图表数据

Step 03 弹出“选择数据源”对话框，单击“添加”按钮，如图 4-7 所示。

Step 04 弹出“编辑数据系列”对话框，设置“系列名称”参数为 A1 单元格，设置“X 轴系列值”参数为 A3:A9 单元格区域，设置“Y 轴系列值”参数为 B3:B9 单元格区域，设置“系列气泡大小”参数为 C3:C9 单元格区域，依次单击“确定”按钮，如图 4-8 所示。

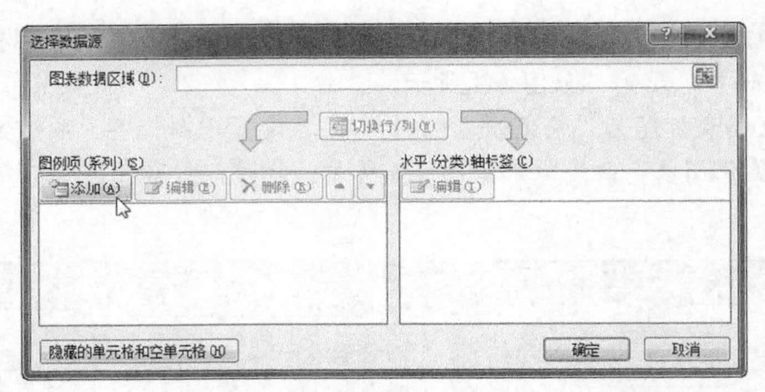

图 4-7　添加系列

Step 05 调整图表大小，删除图例，在数据系列上右击，选择“设置数据系列格式”命令，如图 4-9 所示。

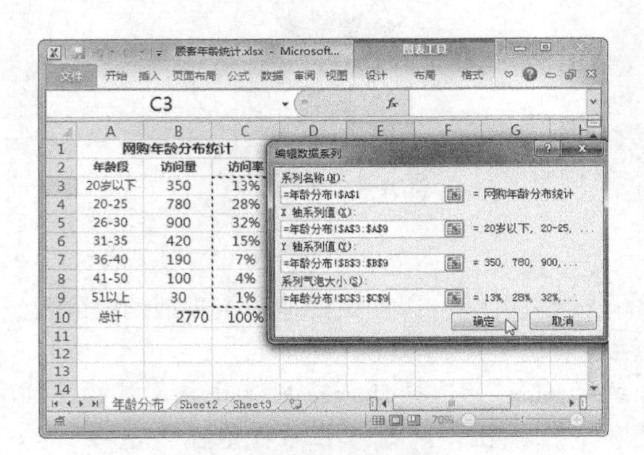

图 4-8　编辑数据系列

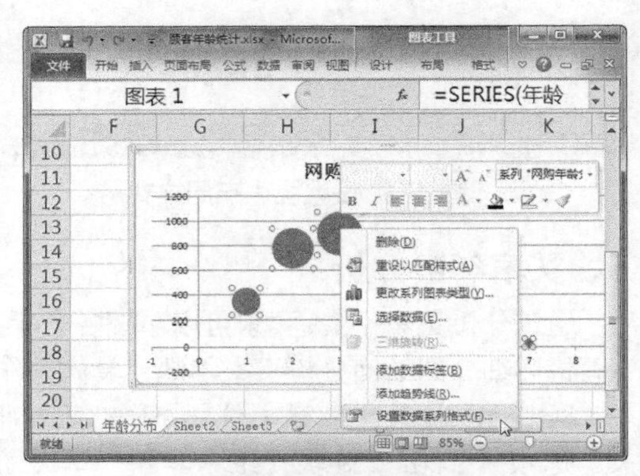

图 4-9　设置数据系列格式

Step 06 弹出“设置数据系列格式”对话框，在“系列选项”选项区中选择“填充”选项，在“填充”选项区中选中“依数据点着色”复选框，如图 4-10 所示。

Step 07 在“系列选项”选项区中选择“三维格式”选项，单击“顶端”下拉按钮，选择需要的样式，如图 4-11 所示。

图 4-10　设置“填充”格式

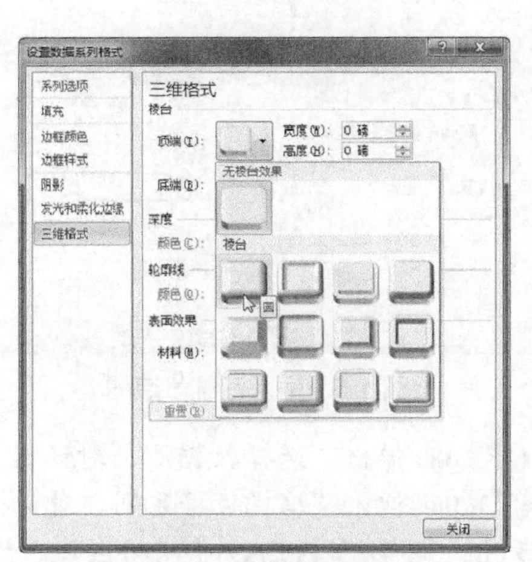

图 4-11　选择三维格式

Step 08 设置“顶端”格式的“宽度”为 13 磅，“高度”为 10 磅，然后单击“关闭”按钮，如图 4-12 所示。

Step 09 选中数据系列，选择“布局”选项卡，在“标签”组中单击“数据标签”下拉按钮，选择“其他数据标签选项”选项，如图 4-13 所示。

图 4-12　设置顶端格式

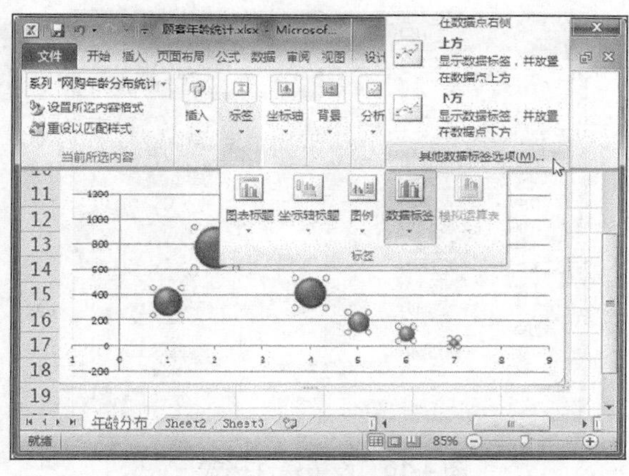

图 4-13　设置数据标签

Step 10 弹出“设置数据标签格式”对话框，在“标签包括”选项区中取消选择“Y 值”复选框，选中“X 值”和“气泡大小”复选框，在“标签位置”选项区中选中“靠上”单选按钮，在“分隔符”下拉列表框中选择“(分行符)”选项，单击“关闭”按钮，如图 4-14 所示。

Step 11 删除图表网格线，设置数据标签格式，即可完成图表制作，最终效果如图 4-15 所示。此时，卖家即可对店铺买家的年龄分布进行分析。

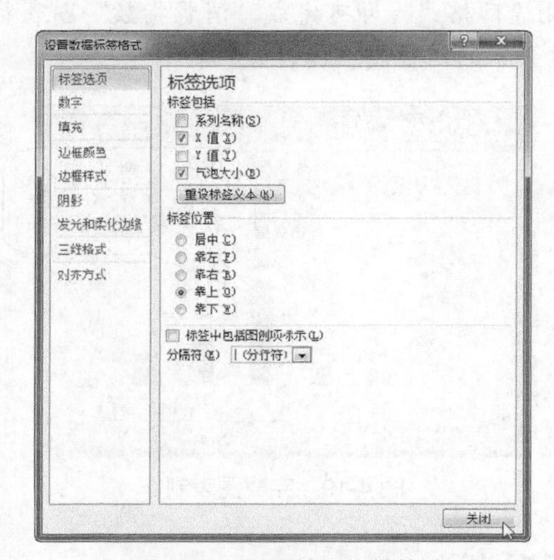

图 4-14　设置数据标签格式

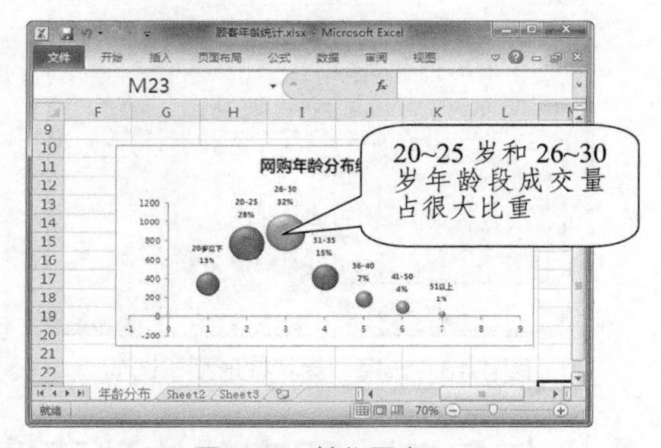

图 4-15　美化图表

三、买家所在城市分析

卖家可以对买家所在的城市进行分析，以便掌握各主要城市的销售情况。下面将详细介绍如何分析买家所在城市，具体操作方法如下。

Step 01 打开“素材文件\项目四\城市成交量.xlsx”，选择 B3:B12 单元格区域，在“样式”组中单击“条件格式”下拉按钮，选择“数据条”选项，在“实心填充”选项区中选择“绿色数据条”选项，如图 4-16 所示。

Step 02 此时，系统会自动根据城市“成交量”进行数据条的绘制和显示，最终效果如图 4-17 所示。此时，卖家即可通过数据条对城市成交量的多少进行分析。

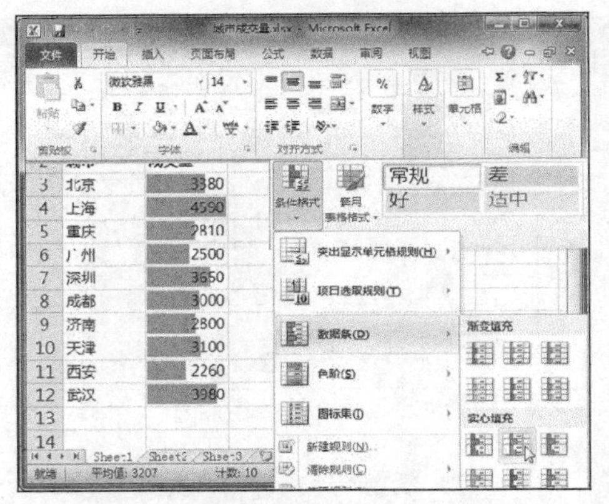

图 4-16　设置条件格式

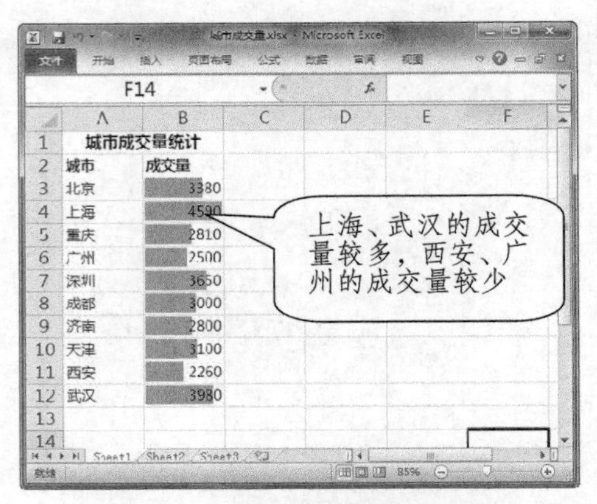

图 4-17　查看数据条效果

四、买家消费层级分析

卖家需要了解买家的消费水平，以针对不同消费阶层比例调整店铺的商品结构。下面将详细介绍如何分析买家消费层级，具体操作方法如下。

Step 01 打开“素材文件\项目四\消费等级.xlsx”，选择 A1:B6 单元格区域，选择“插入”选项卡，在“图表”组中单击“柱形图”下拉按钮，选择“簇状柱形图”选项，如图 4-18 所示。

Step 02 为图表添加数据标签并设置格式，删除网格线，即可完成“消费指数”图表制作，最终效果如图 4-19 所示。此时，卖家即可对买家的消费层级进行分析。

图 4-18　选择“簇状柱形图”选项

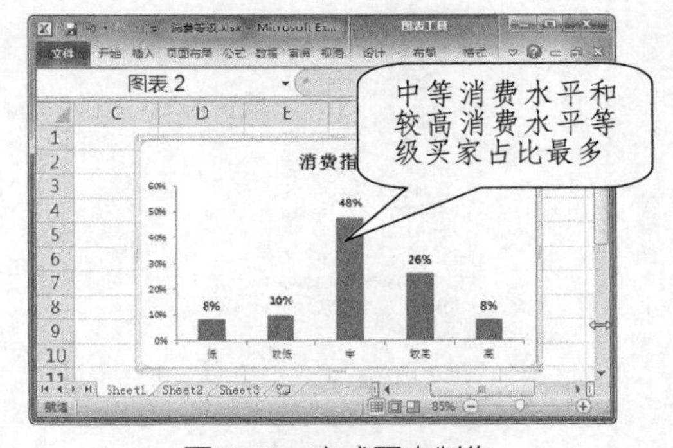

图 4-19　完成图表制作

任务二　买家总体消费情况分析

任务概述

在店铺经营过程中，卖家对客户的维护十分重要。电商卖家通过分析新老客户人数变化走势、老客户销售占比及客户喜欢的促销方式等，可以更有针对性地调整客户维护的策略，提高商品销量，增加店铺的利润。本任务将学习如何通过 Excel 来分析客户总体消费情况。

任务重点与实施

一、新老客户人数变化走势

电商卖家要随时关注新老客户人数的变化，当新客户或老客户人数偏低时，则需要相应地调整销售策略。下面将详细介绍如何分析新老客户人数变化走势，具体操作方法如下。

Step 01 打开“素材文件\项目四\新老顾客数量统计.xlsx”，选择 A2:C32 单元格区域，选择“插入”选项卡，在“图表”组中单击“折线图”下拉按钮，选择“折线图”选项，如图 4-20 所示。

Step 02 将图表移到合适的位置，调整图表的宽度，将水平坐标轴上的所有日期都显示出来，并删除网格线和图例，如图 4-21 所示。

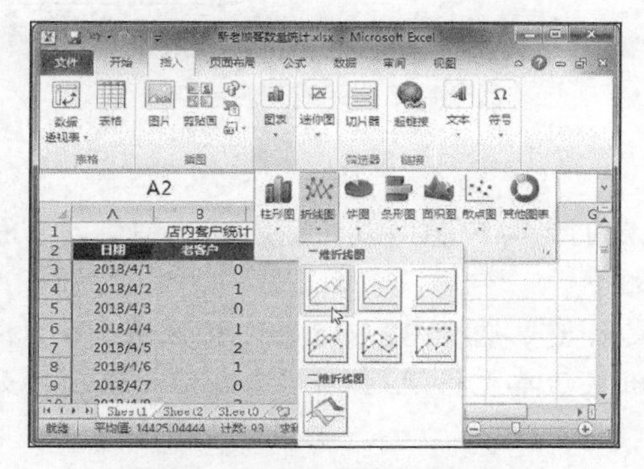

图 4-20　选择“折线图”选项

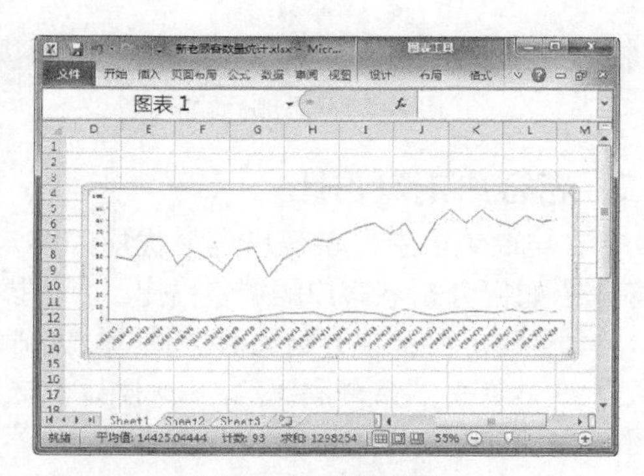

图 4-21　设置图表

Step 03 在“老客户”数据系列上双击鼠标左键，打开“设置数据系列格式”对话框，选中“次坐标轴”单选按钮，如图 4-22 所示。

Step 04 在对话框左侧选择“线型”选项，设置“宽度”为 3 磅，并选中“平滑线”复选框。采用同样的方法，对图表中的“新客户”数据系列进行设置，然后单击“关闭”按钮，如图 4-23 所示。

图 4-22　设置次坐标轴

图 4-23　设置数据系列格式

Step 05 选中图表，选择“布局”选项卡，在“标签”组中单击“图表标题”下拉按钮，选择“图表上方”选项，如图 4-24 所示。

Step 06 修改图表标题，调整图表大小，即可完成图表制作，如图 4-25 所示。此时，卖家即可对新老客户人数的变化走势进行分析。

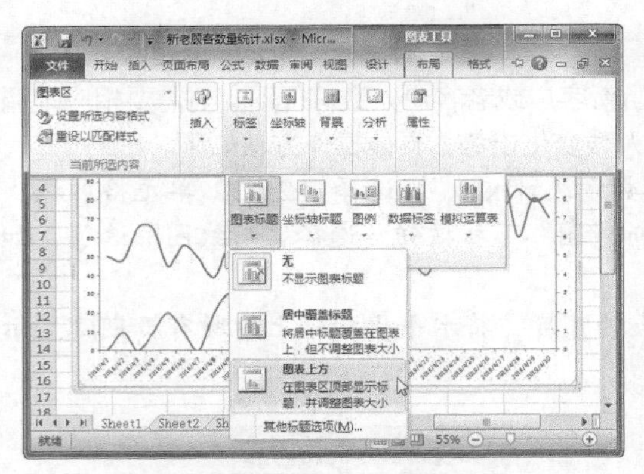

图 4-24 添加标题

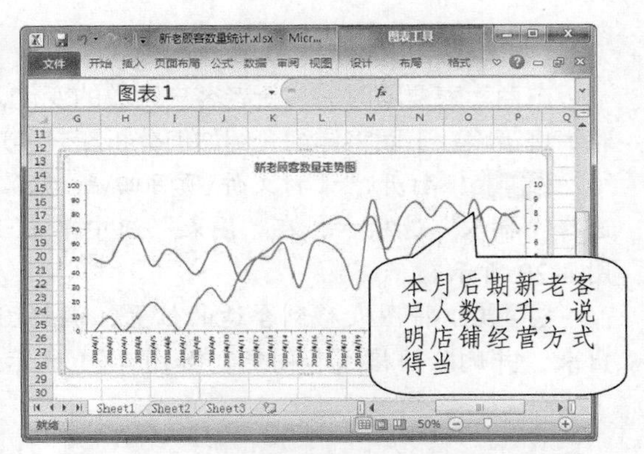

图 4-25 完成图表制作

二、老客户销量占比

在电商销售中，老客户是最优质的客户源，稳定的老客户源可以保证店铺的销量。下面将介绍如何分析老客户的销量占比，具体操作方法如下。

Step 01 打开“素材文件\项目四\店铺销售记录.xlsx”，选择 B2:B16 单元格区域，在“样式”组中单击“条件格式”下拉按钮，选择“突出显示单元格规则”|“重复值”选项，如图 4-26 所示。

Step 02 弹出“重复值”对话框，保持默认设置，单击“确定”按钮，如图 4-27 所示。

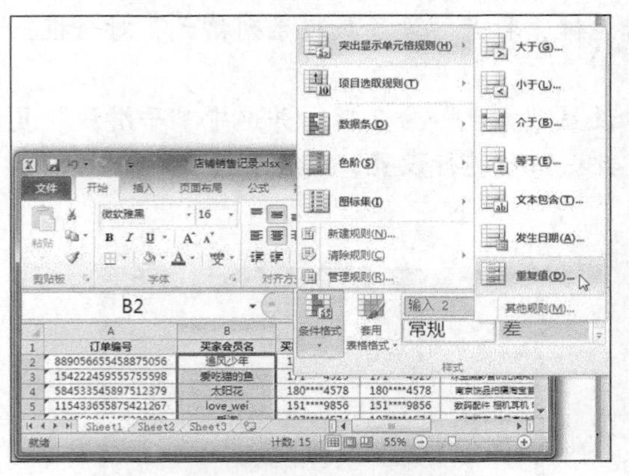

图 4-26 设置条件格式

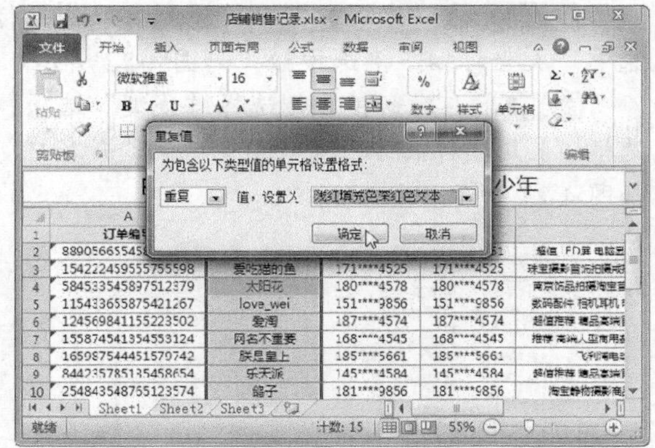

图 4-27 设置“重复值”格式

Step 03 选择 B2 单元格，选择“数据”选项卡，在“排序和筛选”组中单击“筛选”按钮，如图 4-28 所示。

Step 04 单击“买家会员名”筛选按钮，选择“按颜色筛选”选项，然后选择“浅红色”颜色，如图 4-29 所示。

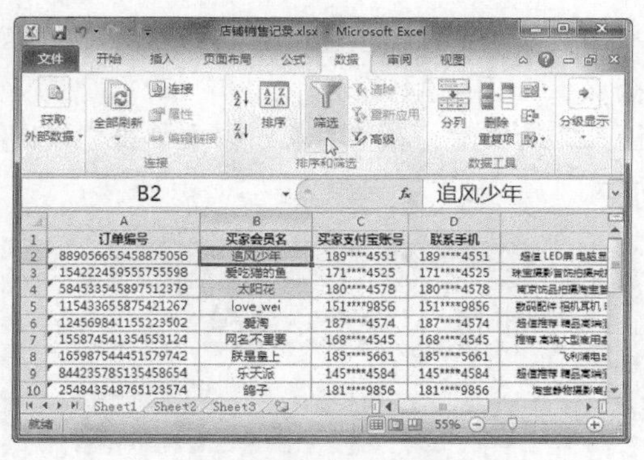

图 4-28　筛选数据

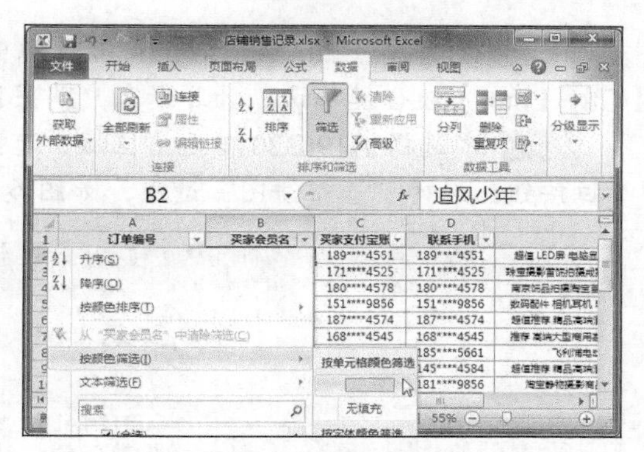

图 4-29　按颜色筛选

Step 05　选择 B19 单元格，选择“公式”选项卡，在“函数库”组中单击“数学和三角函数”下拉按钮，选择 SUBTOTAL 选项，如图 4-30 所示。

Step 06　弹出“函数参数”对话框，在 Function_num 文本框中输入 109（SUBTOTAL 函数中 109 表示求和），将光标定位到 Ref1 文本框中，在工作表中选择 G2:G13 单元格区域，然后单击“确定”按钮，如图 4-31 所示。

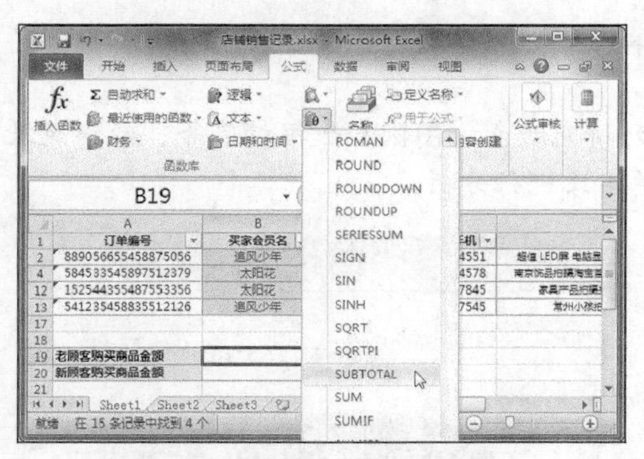

图 4-30　选择 SUBTOTAL 函数

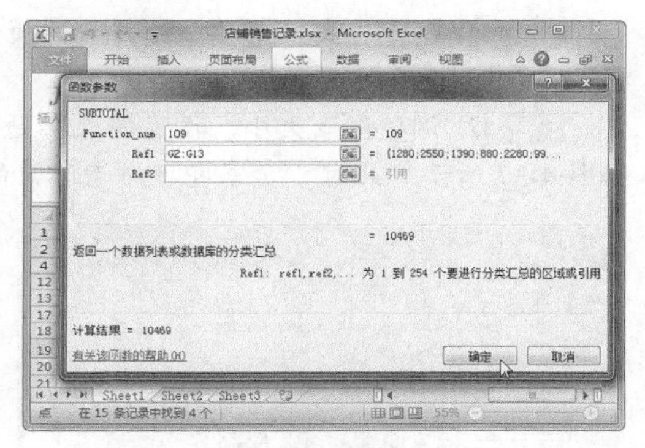

图 4-31　设置函数参数

Step 07　选择 B19 单元格，按【Ctrl+C】组合键进行复制，单击“粘贴”下拉按钮，选择“值”选项，将公式结果转化为普通数值，如图 4-32 所示。

Step 08　单击“买家会员名”筛选按钮，选择“按颜色筛选”|“无填充”选项，如图 4-33 所示。

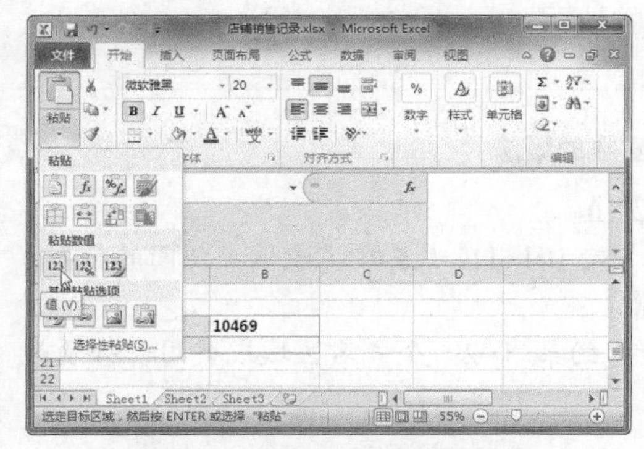

图 4-32　将公式结果转化为普通数值

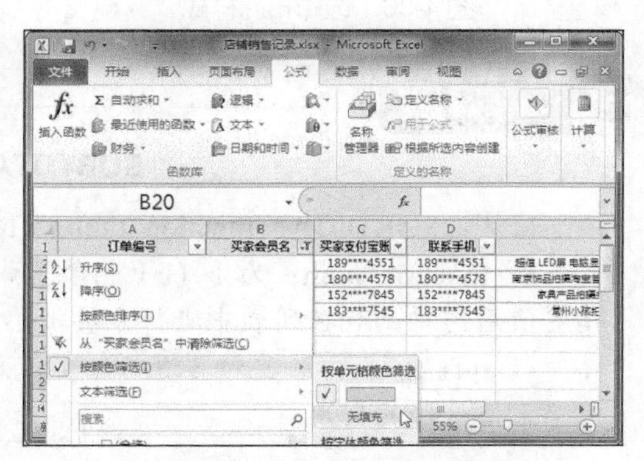

图 4-33　筛选无填充单元格

Step 09 选择 B20 单元格，在编辑栏中输入函数“=SUBTOTAL(109,G3:G16)”，并按【Ctrl+Enter】组合键确认，计算新客户购买商品金额，如图 4-34 所示。

Step 10 选择 A19:B20 单元格区域，选择“插入”选项卡，在“图表”组中单击“饼图”下拉按钮，选择“三维饼图”选项，如图 4-35 所示。

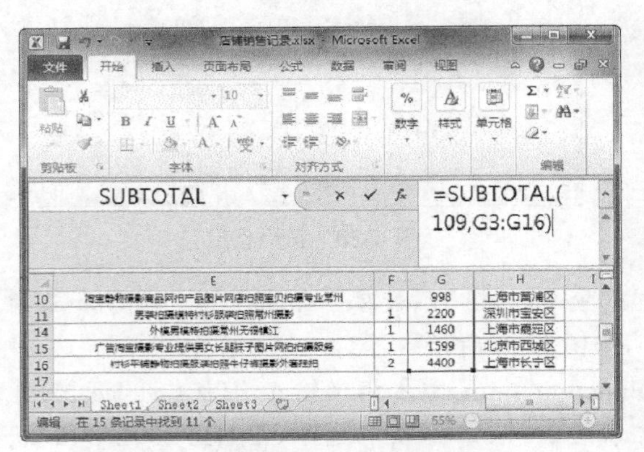

图 4-34　计算新客户购买商品金额

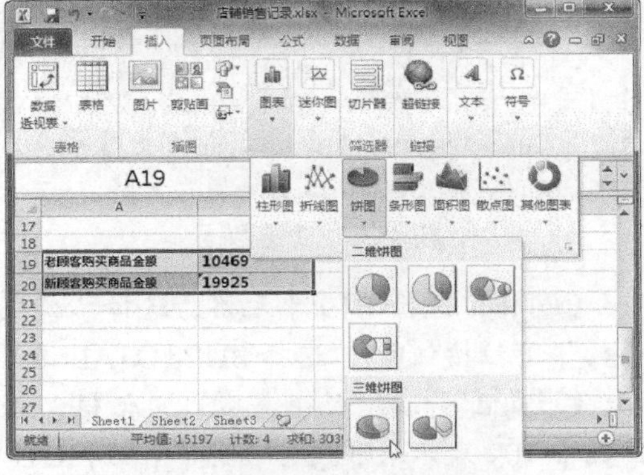

图 4-35　插入三维饼图

Step 11 选中图表，选择“设计”选项卡，单击“快速布局”下拉按钮，选择“布局 6”样式，如图 4-36 所示。

Step 12 调整图表大小，设置图表标题、系列填充颜色、图例和数据标签等，最终效果如图 4-37 所示。此时，卖家即可对老客户的销量占比进行分析。

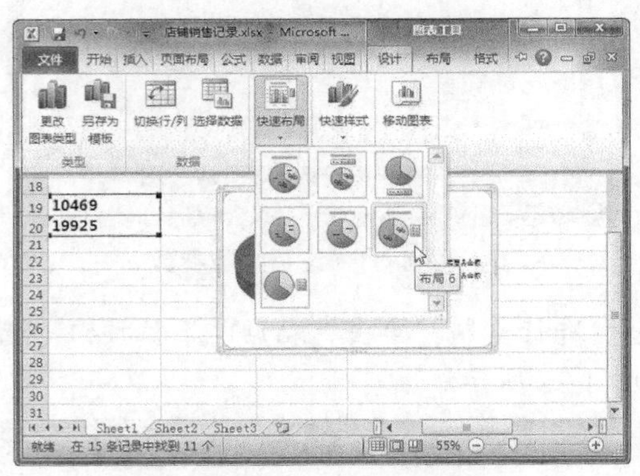

图 4-36　选择布局样式

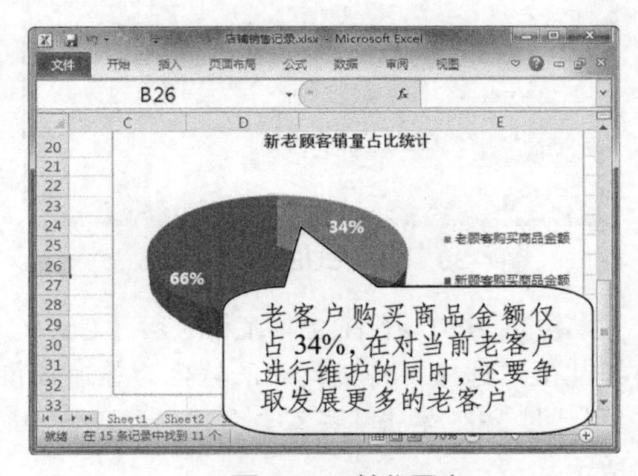

图 4-37　美化图表

SUBTOTAL 函数的语法

语法：SUBTOTAL(function_num,ref1,ref2,...)

- function_num：为 1~11（包含隐藏值）或 101~111（忽略隐藏值）之间的数字，指定使用何种函数在列表中进行分类汇总计算。
- ref1…ref*n*：为要对其进行分类汇总计算的第 1~29 个命名区域或引用，必须是对单元格区域的引用。

三、买家喜欢的促销方式

促销是卖家经常使用的营销手段，目的是为了扩大销量。采用买家喜欢且更能接受的促销方式，有助于激发买家的消费欲望，提高成交转化率。下面将详细介绍如何分析买家喜欢的促销方式，具体操作方法如下。

Step 01 打开“素材文件\项目四\促销方式分析.xlsx”，选择A2:G3单元格区域，选择“插入”选项卡，在“图表”组中单击“条形图”下拉按钮，选择“簇状条形图”选项，如图4-38所示。

Step 02 将插入的图表移到合适的位置，删除图例和网格线，添加图表标题，如图4-39所示。

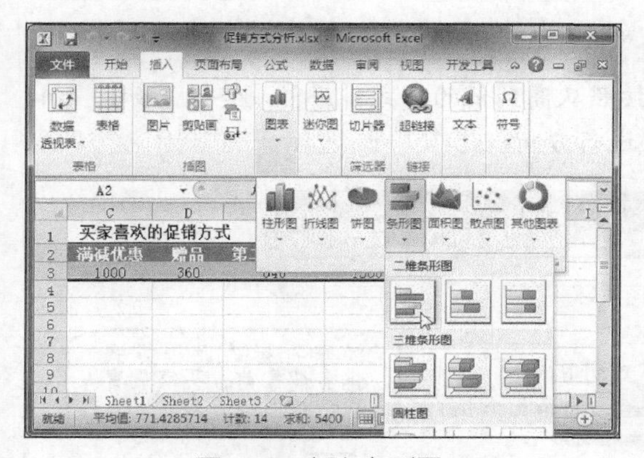

图4-38　插入条形图

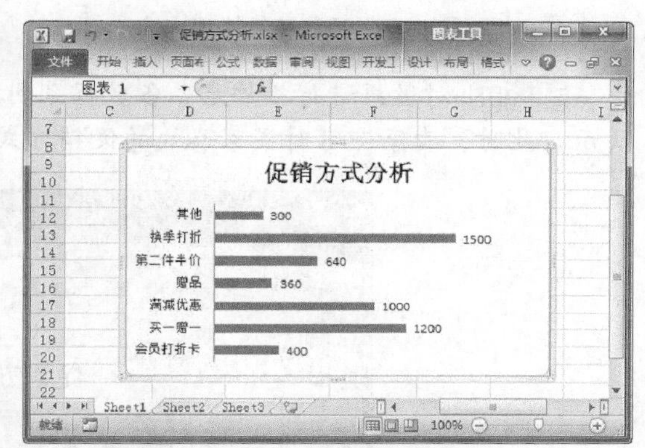

图4-39　设置图表格式

Step 03 选择A2:G3单元格区域，选择“数据”选项卡，在“排序和筛选”组中单击“排序”按钮，如图4-40所示。

Step 04 弹出“排序”对话框，单击“选项”按钮，如图4-41所示。

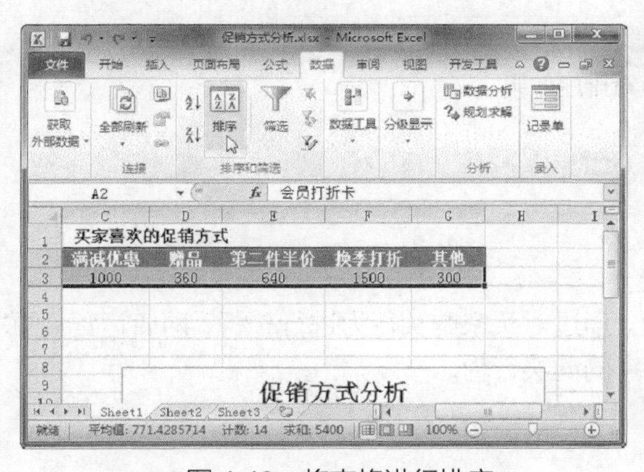

图4-40　将表格进行排序

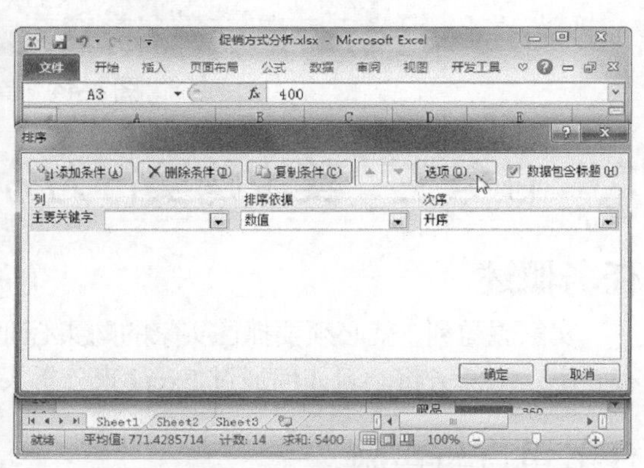

图4-41　设置排序选项

Step 05 弹出“排序选项”对话框，选中“按行排序”单选按钮，然后单击“确定”按钮，如图4-42所示。

Step 06 单击“主要关键字”下拉按钮，选择“行3”选项，然后单击“确定”按钮，如图4-43所示。

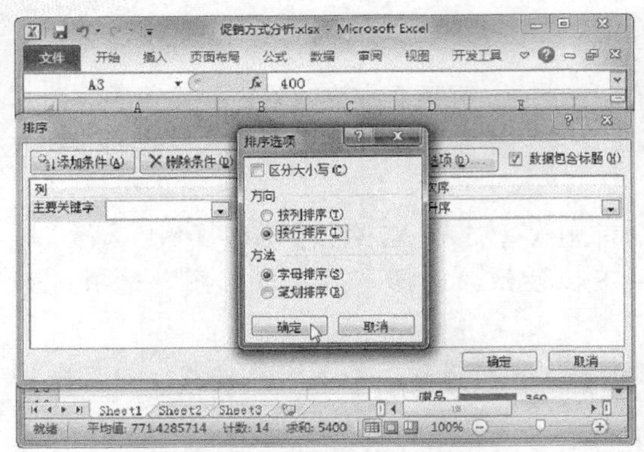

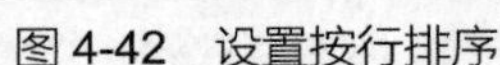

图 4-42　设置按行排序

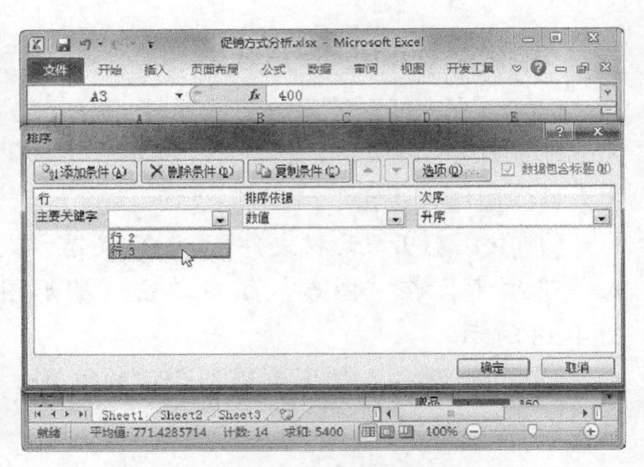

图 4-43　设置主要关键字

Step 07 对数据进行排序后，各数据系列按照从高到低的方式排序，最终效果如图 4-44 所示。此时，卖家即可对买家喜欢的促销方式进行分析。

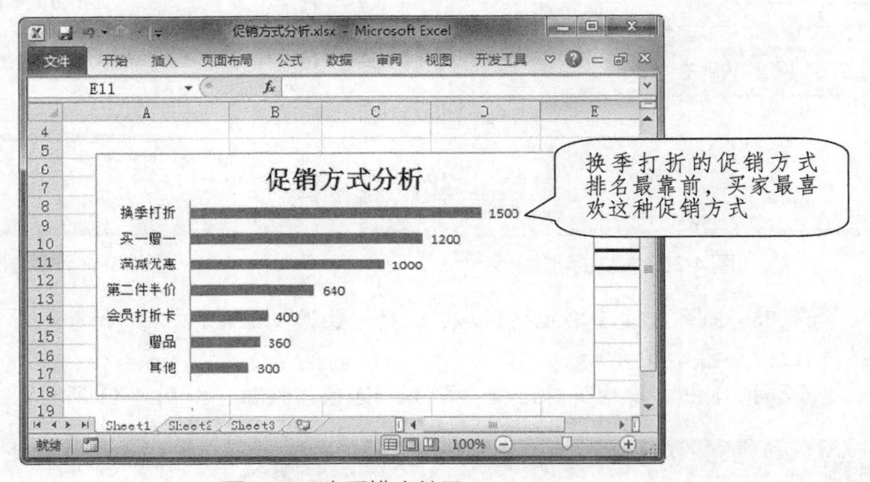

图 4-44　查看排序效果

任务三　买家购买行为分析

任务概述

卖家想盈利，就必须要抓住买家的购买心理。通过对买家购买行为进行分析，网店运营会更有效率。本任务将学习如何通过 Excel 来分析买家的购买行为。

任务重点与实施

下面将详细介绍如何分析买家购买行为，具体操作方法如下。

Step 01 打开“素材文件\项目四\买家购买行为分析.xlsx”，分别在 B7:B11 单元格区域中输入公式“=B2*C2*-1”“=B2*D2*-1”“=B2*E2*-1”“=B2*F2*-1”“=B2*G2*-1”，并按【Enter】键进行计算，结果如图 4-45 所示。

Step 02 分别在 C7:C11 单元格区域中输入公式“=B3*C3”“=B3*D3”“=B3*E3”“=B3*F3”“=B3*G3”，并按【Enter】键进行计算，结果如图 4-46 所示。

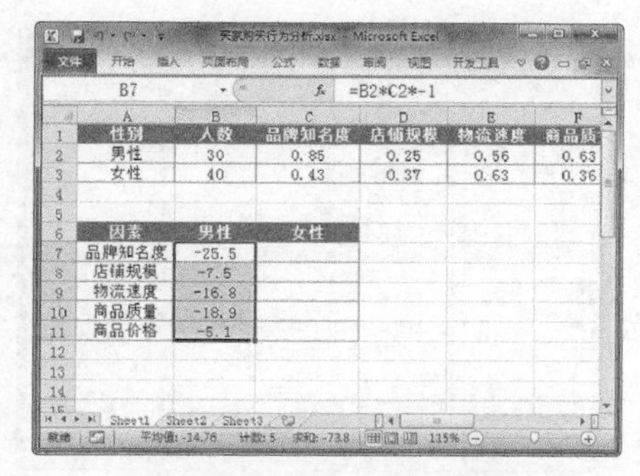

图 4-45　计算“男性”数据

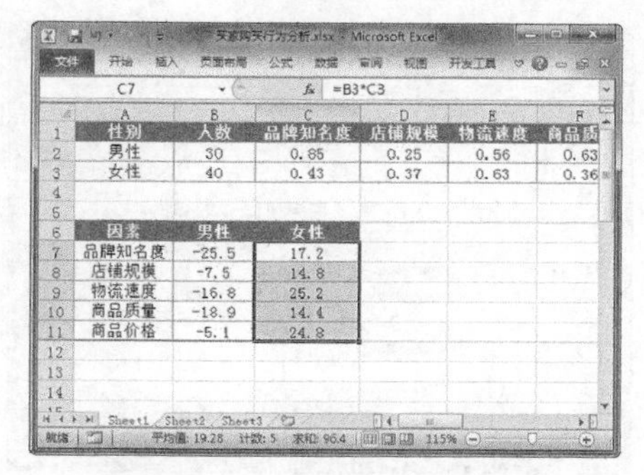

图 4-46　计算“女性”数据

Step 03 选择 A6:C11 单元格区域，选择“插入”选项卡，在“图表”组中单击“条形图”下拉按钮，选择“堆积条形图”选项，如图 4-47 所示。

Step 04 调整图表的大小和位置，选择“设计”选项卡，在“快速样式”组中选择需要的图表样式，如图 4-48 所示。

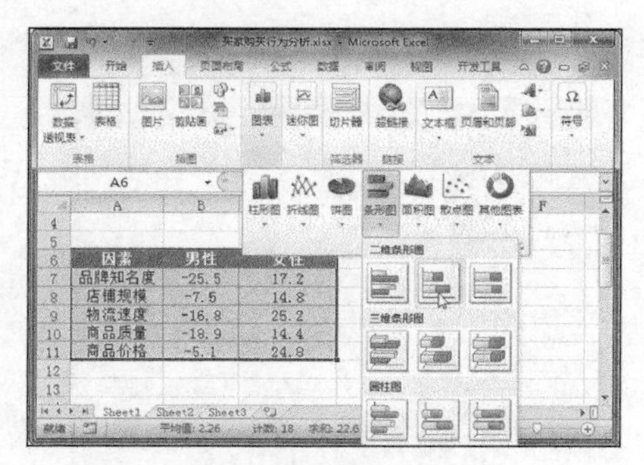

图 4-47　插入图表

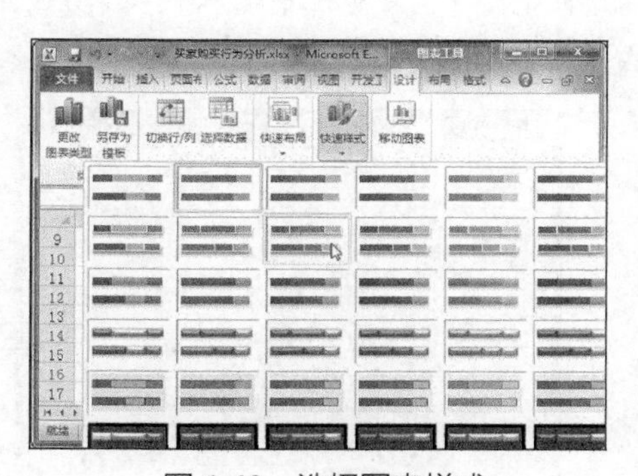

图 4-48　选择图表样式

Step 05 选择“布局”选项卡，在“标签”组中单击“图表标题”下拉按钮，选择“图表上方”选项，如图 4-49 所示。

Step 06 将图表标题文本修改为“买家购买行为分析”，设置字体样式为“微软雅黑”、12 磅、加粗，如图 4-50 所示。

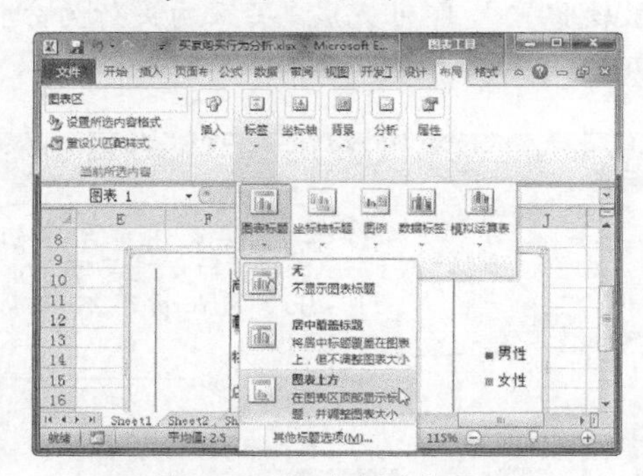

图 4-49　添加图表标题

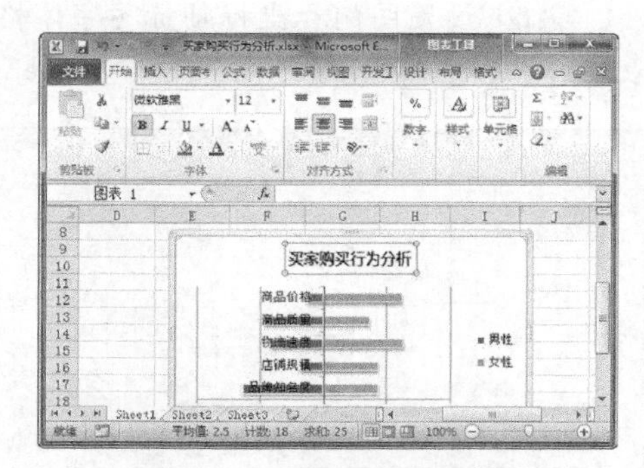

图 4-50　设置图表标题格式

Step 07 选中纵坐标轴并右击，选择“设置坐标轴格式”命令，如图 4-51 所示。

Step 08 弹出“设置坐标轴格式”对话框，单击“坐标轴标签”下拉按钮，选择“低”选项，如图 4-52 所示。

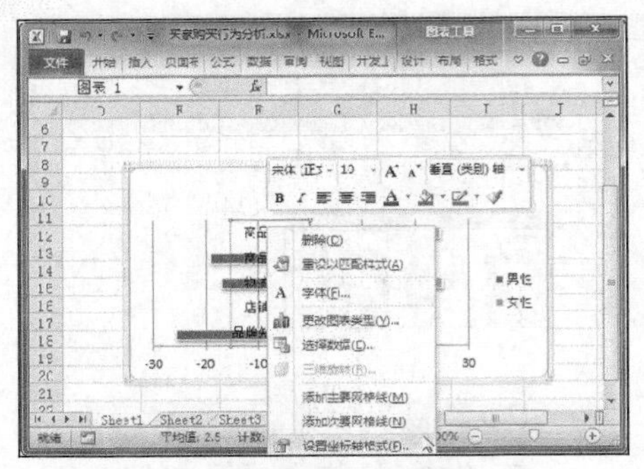

图 4-51　设置坐标轴格式

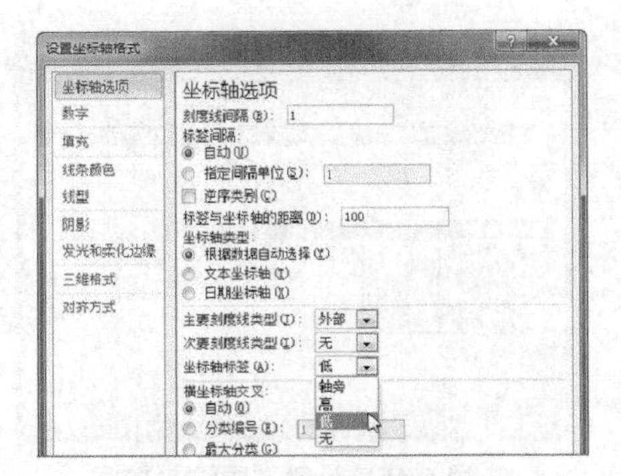

图 4-52　设置坐标轴标签

Step 09 在图表中选中横坐标轴，在“设置坐标轴格式”对话框中单击“主要刻度线类型”下拉按钮，选择“内部”选项，如图 4-53 所示。

Step 10 在对话框左侧选择“数字”选项，在“类别”列表框中选择“自定义”选项，在“格式代码”文本框中输入代码“0.0;0.0;0.0”，单击“添加”按钮，然后单击“关闭”按钮关闭对话框，如图 4-54 所示。

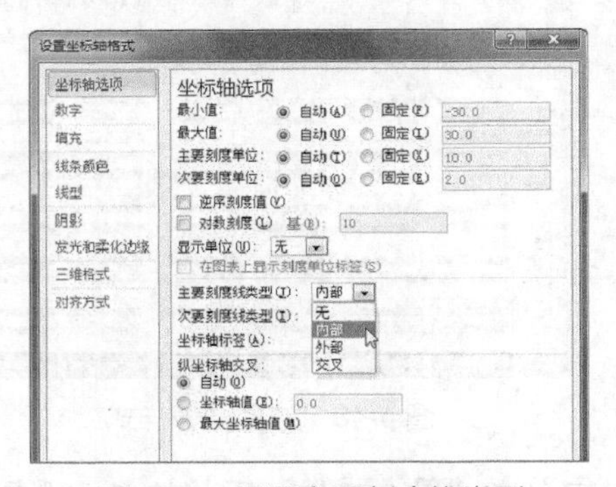

图 4-53　设置主要刻度线类型

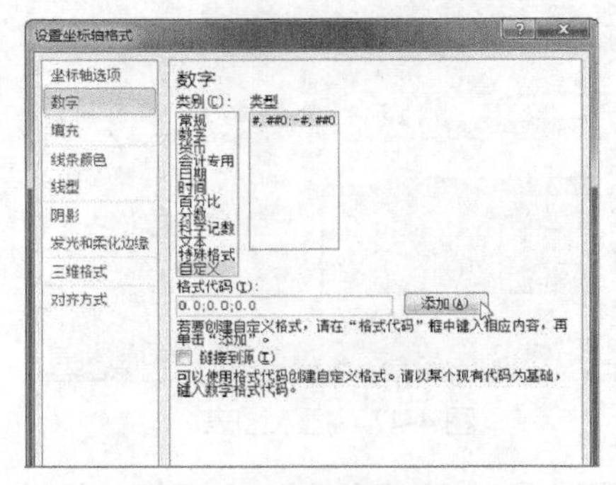

图 4-54　设置数字类型

Step 11 选择“布局”选项卡，在“标签”组中单击“图例”下拉按钮，选择“在顶部显示图例”选项，如图 4-55 所示。

Step 12 设置图例和坐标轴标签字体格式为“微软雅黑”，即可完成“买家购买行为分析”图表制作，如图 4-56 所示。此时，卖家即可对买家的购买行为进行分析。

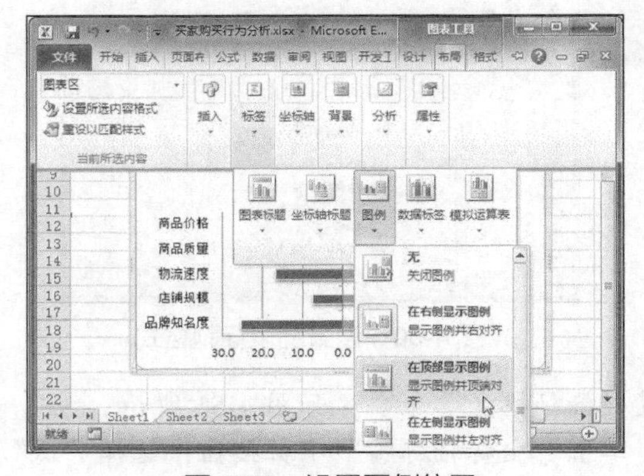

图 4-55　设置图例位置

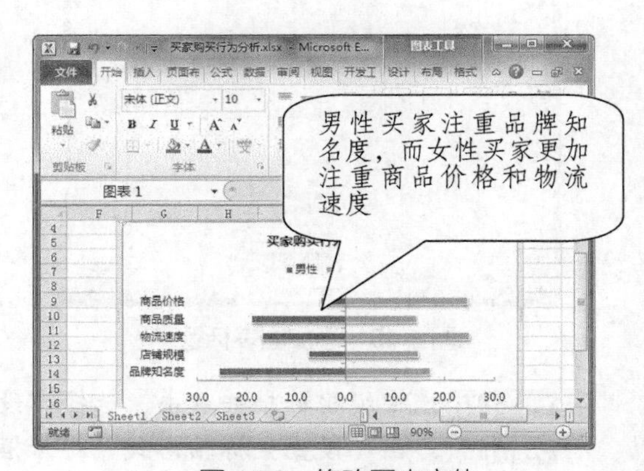

图 4-56　修改图表字体

项目小结

（1）通过对客户性别、年龄、区域和消费阶层等方面的分析，可以更加准确地定位到店铺的客户人群，有针对性地调整店铺商品结构和销售策略，从而提高店铺收益。

（2）通过对新老客户人数变化、老客户销售占比及客户喜欢的促销方式等方面的分析，可以了解店铺目前的经营状态，采取正确的经营策略，以求更大的利润。

（3）通过分析客户购买行为因素及不同性别客户的需求，可以及时调整店铺的销售策略。

项目习题

打开“素材文件\项目四\促销方式分析 1.xlsx”，如图 4-57 所示。为“人数”列设置数据条格式，并用“气泡图”图表对数据进行分析。

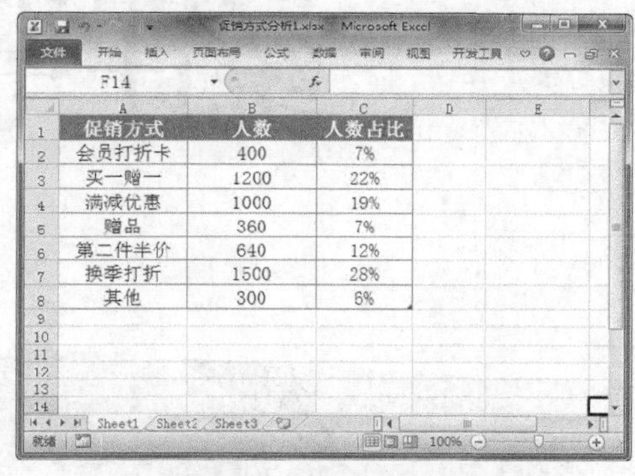

促销方式	人数	人数占比
会员打折卡	400	7%
买一赠一	1200	22%
满减优惠	1000	19%
赠品	360	7%
第二件半价	640	12%
换季打折	1500	28%
其他	300	6%

图 4-57　促销方式分析

关键提示：

（1）选择“人数”列数据，设置条件格式，选择数据条格式。

（2）插入气泡图，选择数据，从图表中找出最受买家欢迎的两种促销方式。

项目五

商品销售情况统计与分析

项目概述

电商卖家需要对在线商品的销售数据定期进行统计与整理，明确了解各类商品的销售情况。实际中从线上导出的数据只是一张相应销售数据的表格，并不能直接看出问题出在哪里，更不能体现出一些其他的潜在信息，这时可以通过 Excel 对销售情况进行统计与分析，从中发现问题并解决问题，为以后的销售策略提供数据支持。

项目重点

- 掌握销售数据统计与分析的方法。
- 掌握不同商品销量统计与分析的方法。
- 掌握同类商品销量统计与分析的方法。
- 掌握商品退货、退款情况统计分析的方法。

项目目标

- 学会销售数据的统计与分析。
- 学会不同商品销售的统计与分析。
- 学会同类商品销售的统计分析。
- 学会商品退货、退款情况的统计与分析。

任务一　商品销售数据统计与分析

任务概述

通过对销售数据进行分析，有助于卖家发现店铺销售中存在的问题，并能找到新的销售增长点，在不增加成本的前提下提高店铺的商品销量。本任务将学习如何通过 Excel 对畅销与滞销商品进行分析，并对商品销量进行排名。

任务重点与实施

一、制作销售报表

下面将详细介绍如何制作销售报表，具体操作方法如下。

Step 01 新建“销售报表分析”工作簿，将 Sheet1 工作表重命名为“店铺月销售报表”。在 A1:H1 单元格区域中输入报表标题，选择 A1:H1 单元格区域，选择“视图”选项卡，在“窗口”组中单击“冻结窗格”下拉按钮，选择“冻结首行”选项，如图 5-1 所示。

Step 02 在 A2:E66 单元格区域中输入原始数据，选择 D2:E66 单元格区域，设置数字格式为“数值”，默认保留两位小数，如图 5-2 所示。

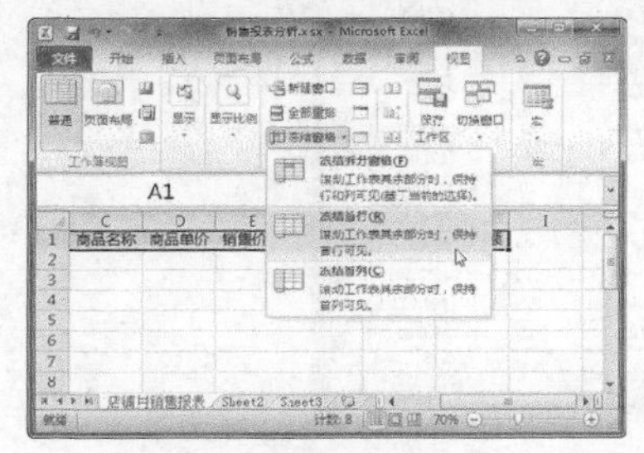

图 5-1　冻结首行

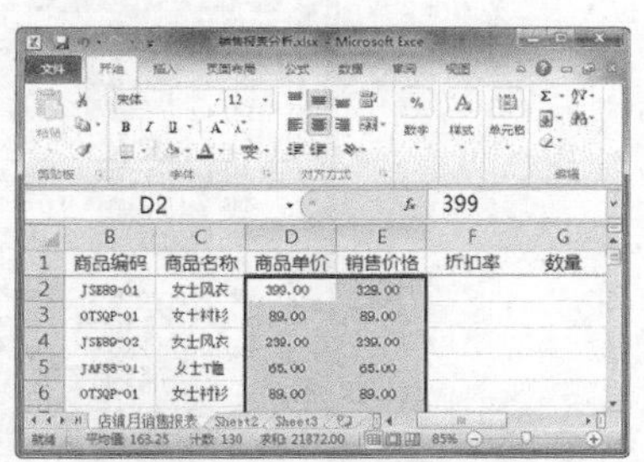

图 5-2　设置数字格式

Step 03 选择 F2 单元格，在编辑栏中输入公式“=(D2-E2)/D2”，并按【Enter】键确认，设置 F2 单元格数字格式为“百分比”，小数位数为 1，如图 5-3 所示。

Step 04 将鼠标指针置于 F2 单元格右下角，当指针变成＋形状时双击鼠标左键，将 F2 单元格公式快速复制到 F3:F66 单元格区域中，如图 5-4 所示。

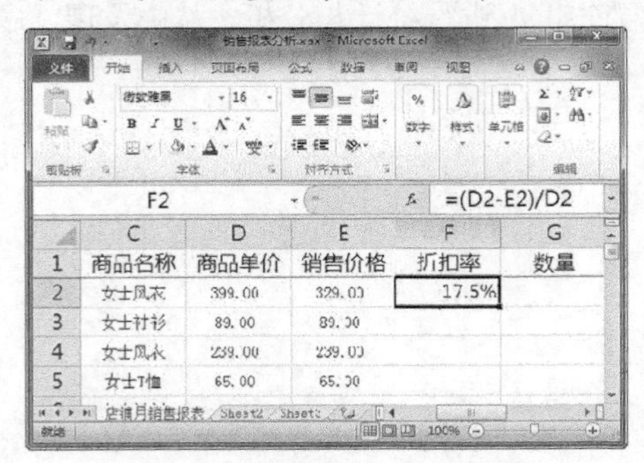

图 5-3 设置“百分比”格式

图 5-4 填充折扣率数据

Step 05 在 G2:G66 单元格区域中输入数量数据，选择 H2 单元格，在编辑栏中输入公式“=E2*G2”，并按【Enter】键确认，设置 H2 单元格数字格式为“数值”，如图 5-5 所示。

Step 06 将鼠标指针置于 H2 单元格右下角，当指针变成＋形状时双击鼠标左键，将 H2 单元格公式快速复制到 H3:H66 单元格区域中，如图 5-6 所示。

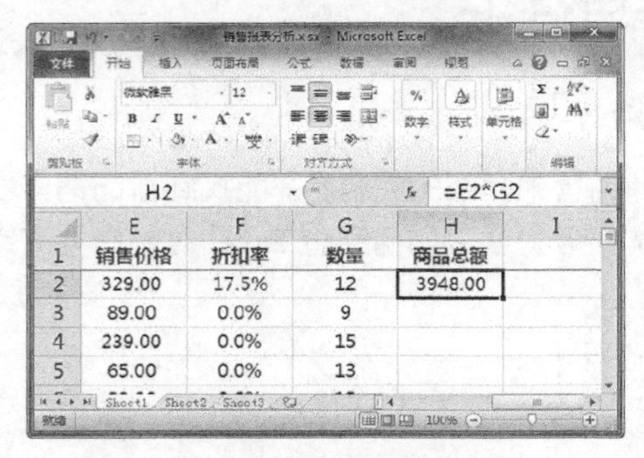

图 5-5 设置数字格式

图 5-6 填充商品总额数据

Step 07 设置表格字体格式、标题填充色、对齐方式和框线等，以美化表格，效果如图 5-7 所示。

日期	商品编码	商品名称	商品单价	销售价格	折扣率	数量	商品总额
2018/4/1	JSE89-01	女士风衣	399.00	329.00	17.5%	12	3948.00
2018/4/1	OTSQP-01	女士衬衫	89.00	89.00	0.0%	9	801.00
2018/4/2	JSE89-02	女士风衣	239.00	239.00	0.0%	15	3585.00
2018/4/2	JAF58-01	女士T恤	65.00	65.00	0.0%	13	845.00
2018/4/2	OTSQP-01	女士衬衫	89.00	89.00	0.0%	12	1068.00
2018/4/3	OTSQP-02	女士衬衫	119.00	119.00	0.0%	8	952.00
2018/4/3	JSE89-01	女士风衣	399.00	329.00	17.5%	10	3290.00
2018/4/4	OTSQP-01	女士衬衫	89.00	89.00	0.0%	12	1068.00
2018/4/5	JAF58-02	女士T恤	49.00	49.00	0.0%	6	294.00
2018/4/5	JSE89-01	女士风衣	399.00	329.00	17.5%	8	2632.00
2018/4/5	OTSQP-01	女士衬衫	89.00	89.00	0.0%	10	890.00
2018/4/5	JSE89-02	女士风衣	239.00	239.00	0.0%	12	2868.00

图 5-7 美化表格

二、畅销与滞销商品分析

卖家通过对商品销售情况进行分析，可以直观地判定哪些商品是畅销状态，哪些商品是滞销状态，然后针对不同销售状态的商品，制定不同的采购计划和销售策略。下面将介绍如何分析店铺中的畅销与滞销商品，具体操作方法如下。

Step 01 打开“素材文件\项目五\销售报表分析 1.xlsx”，将 Sheet2 工作表重命名为“滞销与畅销商品分析”。在 A1:E1 和 G1:H1 单元格区域中输入标题文本，如图 5-8 所示。

Step 02 切换到“店铺月销售报表”工作表，选择 B2:B66 单元格区域，然后按【Ctrl+C】组合键进行复制。再切换到“滞销与畅销商品分析”工作表，选择 A2 单元格，单击“粘贴”下拉按钮，选择“值”选项，如图 5-9 所示。

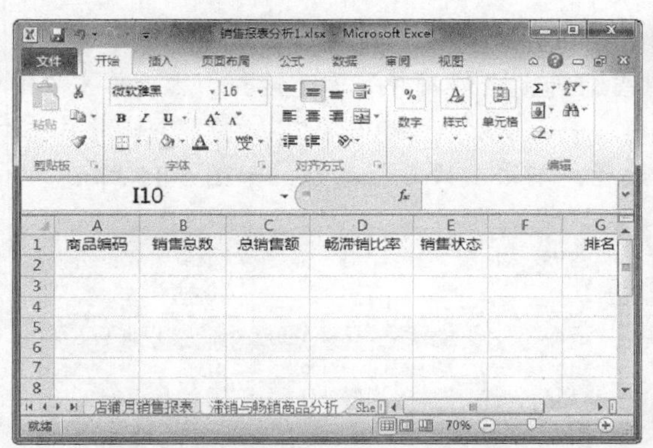

图 5-8　输入标题

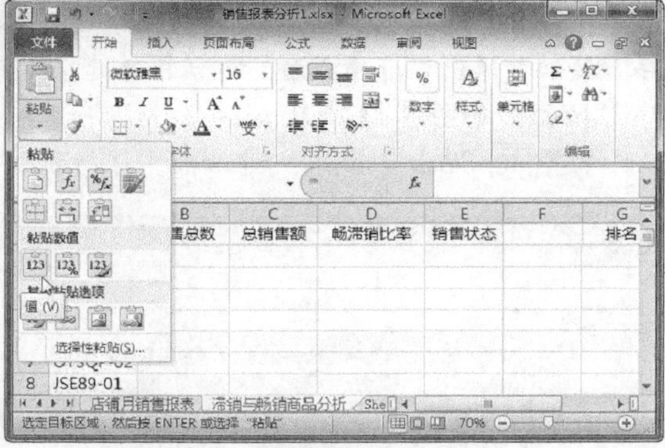

图 5-9　粘贴为“值”选项

Step 03 选择 A2:A66 单元格区域，选择“数据”选项卡，在“数据工具”组中单击“删除重复项”按钮，如图 5-10 所示。

Step 04 弹出“删除重复项警告”对话框，单击“删除重复项”按钮，如图 5-11 所示。

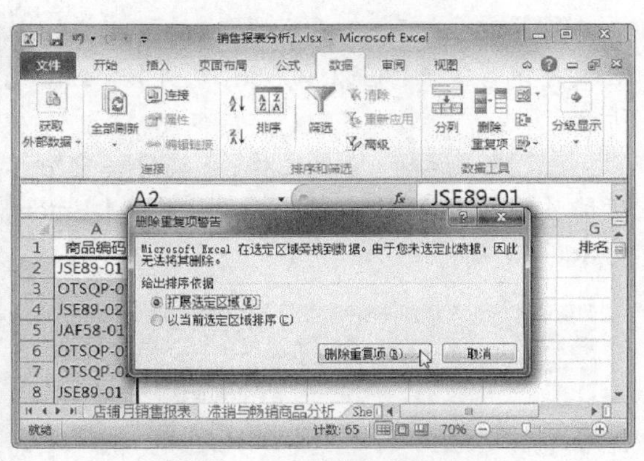

图 5-10　删除重复项

图 5-11　删除重复项警告

Step 05 弹出“删除重复项”对话框，保持默认设置，单击“确定”按钮，如图 5-12 所示。

Step 06 重复项删除完成后会弹出提示信息框，单击“确定”按钮，如图 5-13 所示。

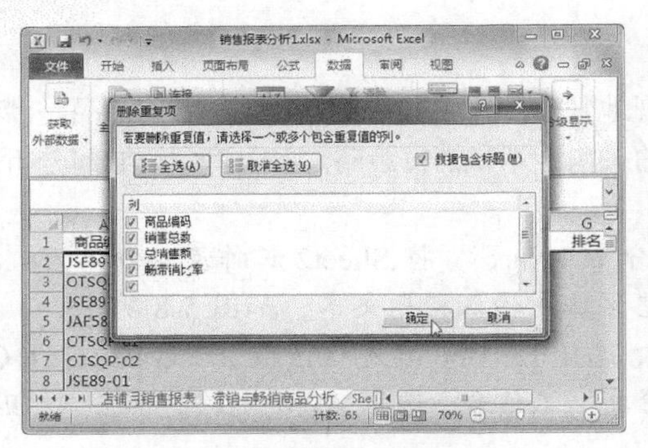

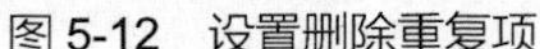

图 5-12　设置删除重复项

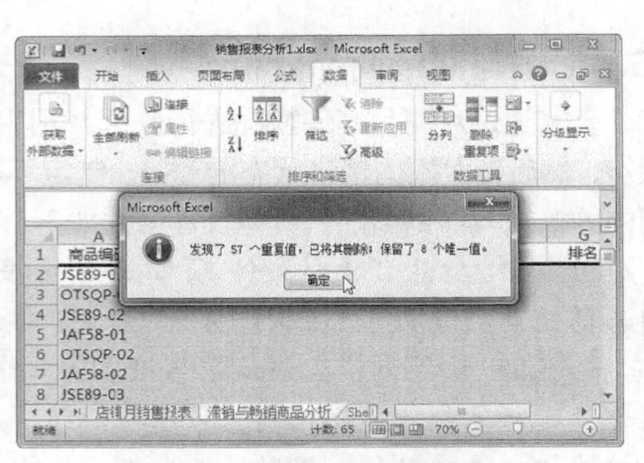

图 5-13　完成删除重复项

Step 07 选择 A2:A9 单元格区域，选择“数据”选项卡，在“排序和筛选”组中单击“排序”按钮，弹出“排序提醒”对话框，选中“以当前选定区域排序”单选按钮，然后单击“排序”按钮，如图 5-14 所示。

Step 08 弹出“排序”对话框，保持默认设置，单击“确定”按钮，如图 5-15 所示。

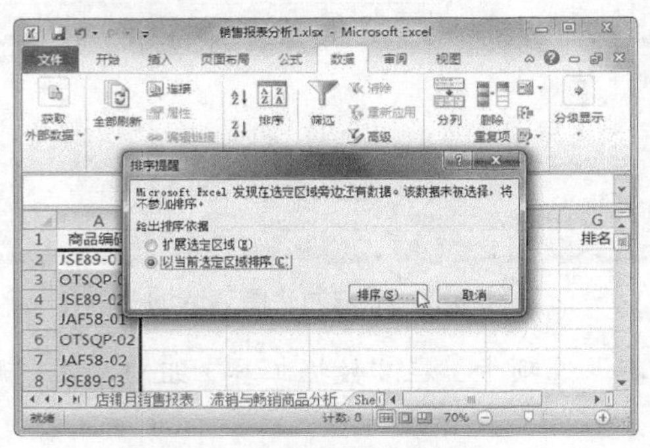

图 5-14　将数据进行排序

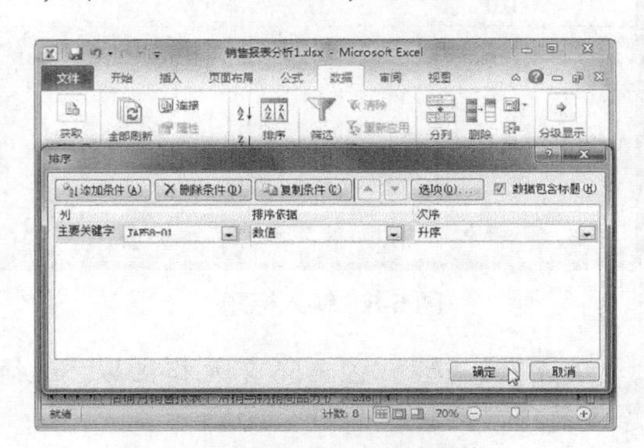

图 5-15　设置排序参数

Step 09 选择 B2 单元格，在编辑栏中输入公式“=SUMIF(店铺月销售报!$B$2:$B$66,$A2,店铺月销售报表!$G$2:$G$66)”，并按【Enter】键确认，计算相应商品的销售总数，如图 5-16 所示。

Step 10 选择 C2 单元格，在编辑栏中输入公式“=SUMIF(店铺月销售报!$B$2:$B$66,$A2,店铺月销售报表!$H$2:$H$66)”，并按【Enter】键确认，计算相应商品的总销售额，如图 5-17 所示。

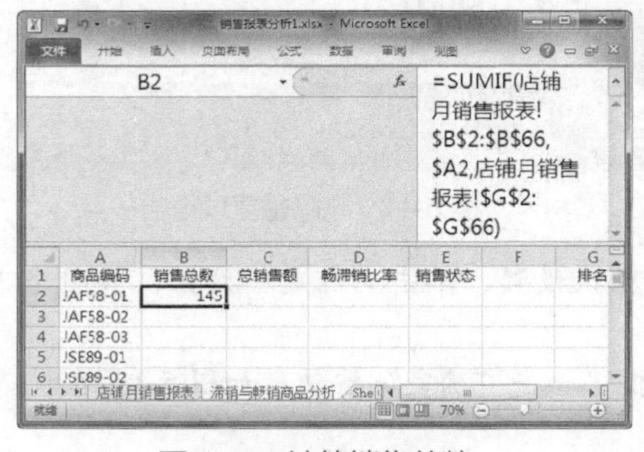

图 5-16　计算销售总数

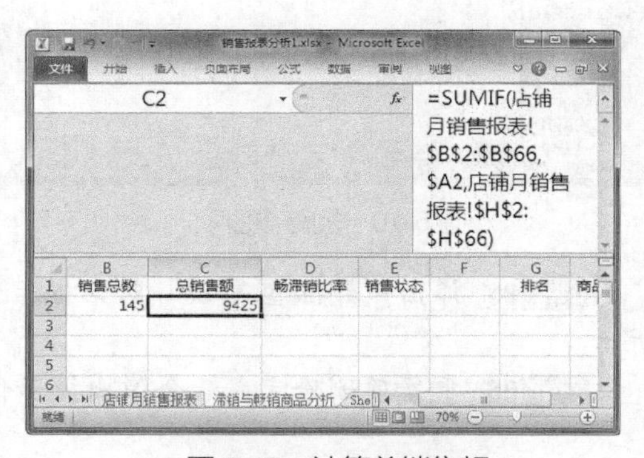

图 5-17　计算总销售额

Step 11 选择 B2:C2 单元格区域，向下拖动单元格区域右下角的填充柄至 C9 单元格，以填充公式，如图 5-18 所示。

Step 12 在 A10 单元格中输入文本“总计”，选择 B10:C10 单元格区域，在“开始”选项卡下“编辑”组中单击“自动求和”按钮 Σ，如图 5-19 所示。

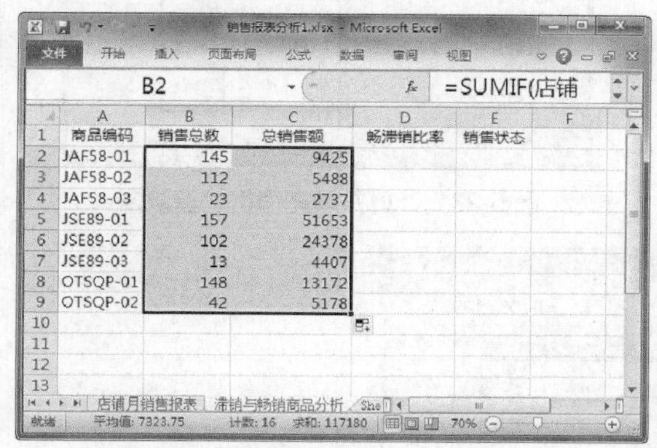

图 5-18　填充公式

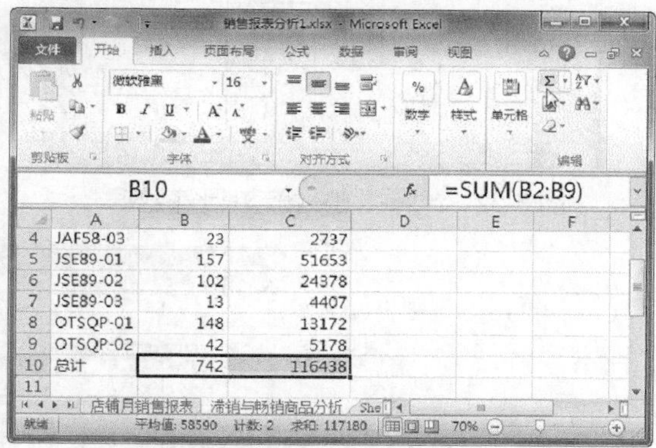

图 5-19　单击“自动求和”按钮

Step 13 选择 C2:C10 单元格区域并右键单击，选择“设置单元格格式”命令，如图 5-20 所示。

Step 14 弹出“设置单元格格式”对话框，在“分类”列表框中选择“数值”选项，设置小数位数为 2，选中“使用千位分隔符”复选框，然后单击“确定”按钮，如图 5-21 所示。

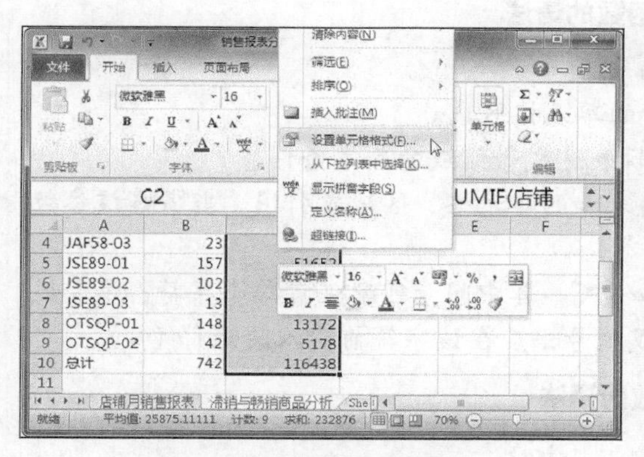

图 5-20　设置单元格格式

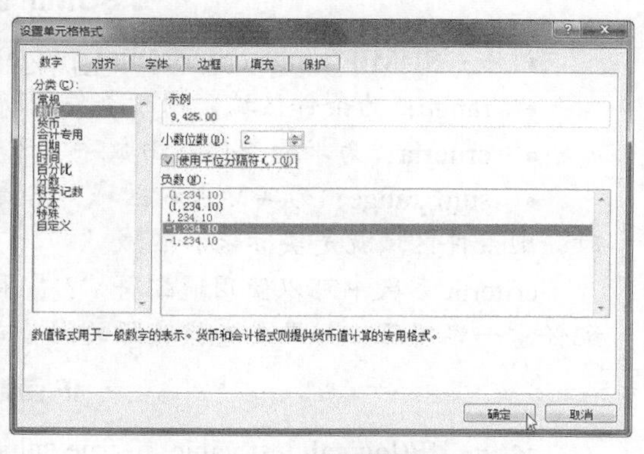

图 5-21　设置数值格式

Step 15 选择 D2 单元格，在编辑栏中输入公式“=B2/$B$10*0.8+C2/$C$10*0.2”，并按【Enter】键确认，计算畅滞销比率，设置为“百分比”格式，保留两位小数，然后利用填充柄将公式填充到该列其他单元格中，如图 5-22 所示。

Step 16 选择 E2 单元格，在编辑栏中输入公式“=IF(D2>18%,"畅销",IF(D2>10%,"一般","滞销"))”，按【Enter】键确认，计算销售状态，并利用填充柄将公式填充到该列其他单元格中，如图 5-23 所示。

Step 17 为表格设置字体格式、标题填充色、对齐方式和边框等，以美化表格，如图 5-24 所示。

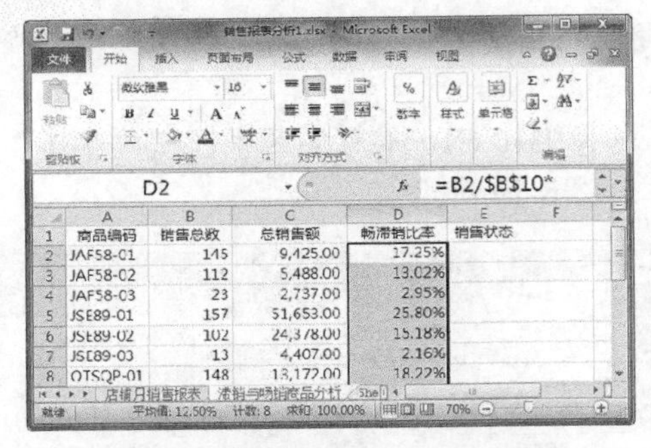

图 5-22　计算并填充畅滞销比率数据

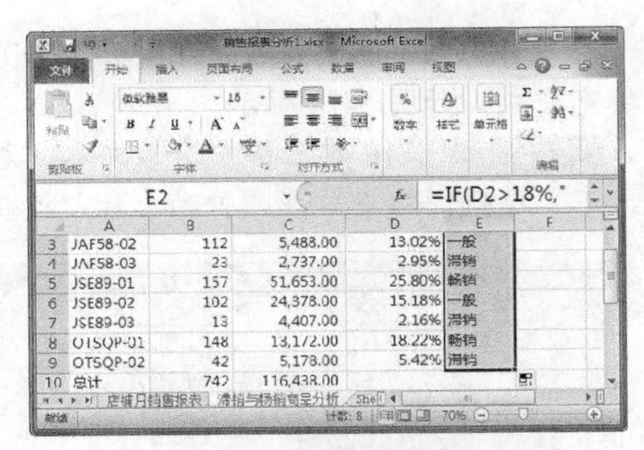

图 5-23　计算并填充销售状态数据

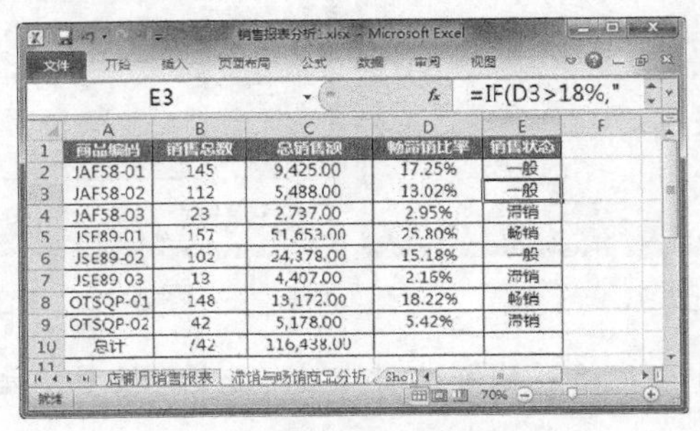

图 5-24　美化表格

课堂解疑

SUMIF 函数的语法

语法：SUMIF(range,criteria,sum_range)

- range：为条件区域，用于条件判断的单元格区域。
- criteria：为求和条件，由数字、逻辑表达式等组成的判定条件。
- sum_range：为实际求和区域，需要求和的单元格、区域或引用。当省略该参数时，则条件区域就是实际求和区域。

criteria 参数中可以使用通配符“？”和“*”。其中问号匹配任意单个字符；星号匹配任意一串字符。如果要查找实际的问号或星号，应在该字符前输入波形符（~）。

IF 函数的语法

语法：IF(logical_test,value_if_true,value_if_false)

- logical_test：表示要测试的条件，可以是任意值或表达式，测试结果为 TRUE 或 FALSE。
- value_if_true：结果为 TRUE 时返回的值。
- value_if_false：结果为 FALSE 时返回的值。

三、商品销量排名

卖家通过对商品销量进行排名，可以更加直观地展现商品的销售情况，具体操作方法如下。

Step 01 打开“素材文件\项目五\销售报表分析 2.xlsx”，选择 G2 单元格，在编辑栏中输入公式“{=SMALL(RANK($C$2:$C$9,$C$2:$C$9),ROW()-1)}”，并按【Ctrl+Shift+Enter】组合

键确认，生成数组公式，得出排名序号 1，如图 5-25 所示。

Step 02 选择 I2 单元格，在编辑栏中输入公式“=LARGE($C$2:$C$9,ROW()-1)”，并按【Enter】键确认，得出排名第一的销售额，设置小数位数为 2，如图 5-26 所示。

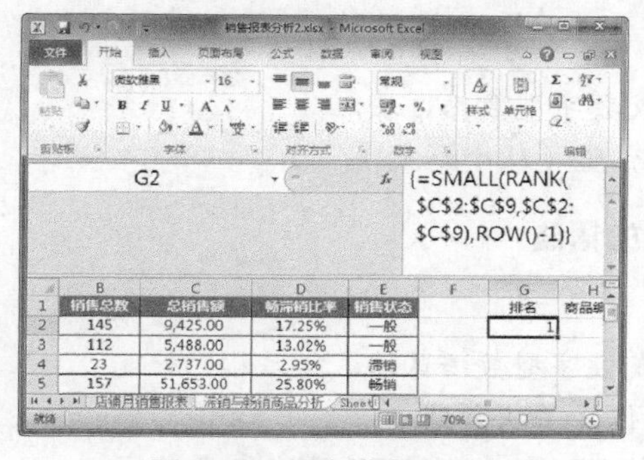

图 5-25　得出排名序号

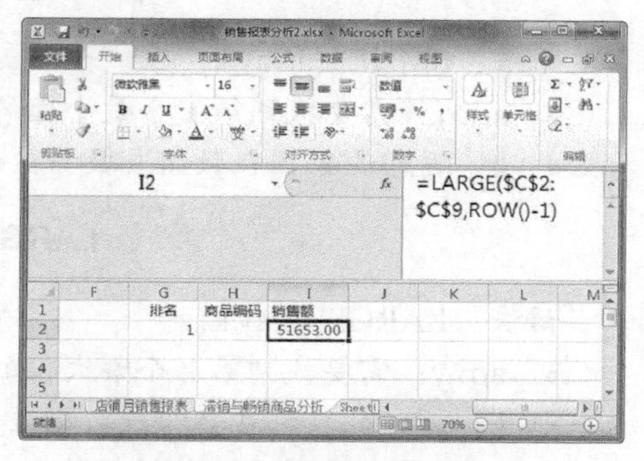

图 5-26　计算排名销售额

Step 03 选择 H2 单元格，在编辑栏中输入公式“{=INDEX($A:$A,SMALL(IF($C$2:$C$9=$I2,ROW($C$2:$C$9)),COUNTIF($G$2:$G2,G2)))}”，并按【Ctrl+Shift+Enter】组合键确认，得出相应的商品编码，如图 5-27 所示。

Step 04 选择 G2:I2 单元格区域，利用填充柄将公式填充到下方的单元格中，如图 5-28 所示。

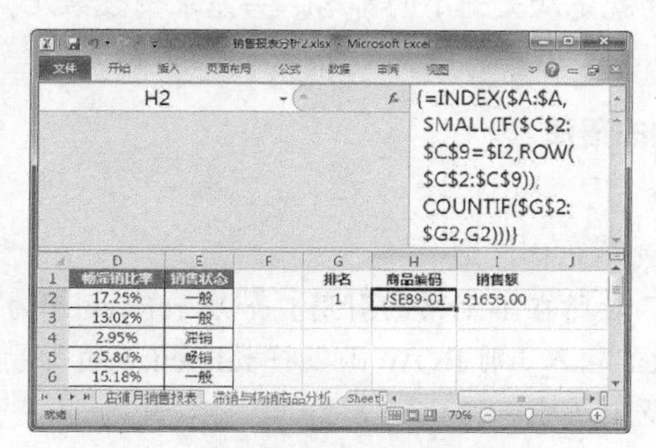

图 5-27　计算商品编码

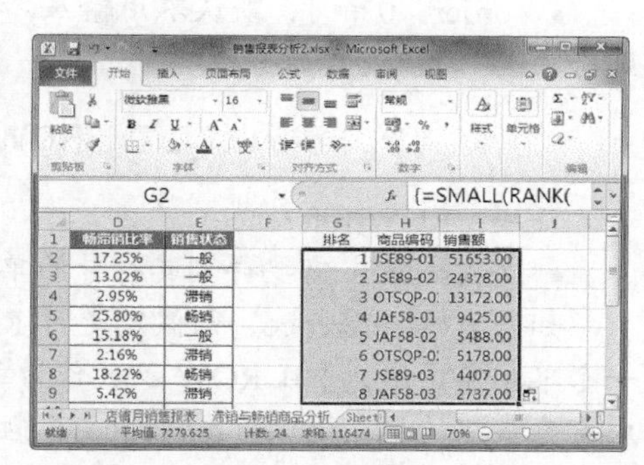

图 5-28　填充公式

Step 05 为 G1:I9 单元格区域设置字体格式、填充颜色、对齐方式和边框等格式，最终效果如图 5-29 所示。

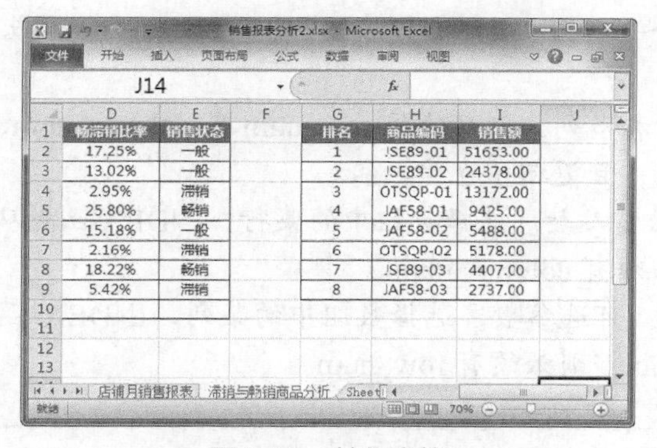

图 5-29　美化表格

SMALL 函数的语法

语法：SMALL(array,k)

- array：需要找到第 k 个最小值的数组或数字型数据区域。
- k：返回的数据在数组或数据区域里的位置（从小到大）。

LARGE 函数的语法

语法：LARGE(array,k)

- array：需要找到第 k 个最大值的数组或数字型数据区域。
- k：返回的数据在数组或数据区域里的位置（从大到小）。

LARGE 函数计算最大值时，将忽略逻辑值 TRUE 和 FALSE 及文本型数字。

RANK 函数的语法

语法：RANK(number,ref,[order])

- number：需要求排名的数值或单元格名称（单元格内必须为数字）。
- ref：排名的参照数值区域。
- order：0 和 1，默认不用输入，得到的就是从大到小的排名。若想求倒数第几，则将 order 的值设置为 1。

ROW 函数的语法

语法：ROW(reference)

- reference：需要得到其行号的单元格或单元格区域。

如果省略 reference，则假定是对 ROW 函数所在单元格的引用。如果 reference 为一个单元格区域，并且 ROW 函数作为垂直数组输入，则 ROW 函数将 reference 的行号以垂直数组的形式返回。reference 不能引用多个区域。

INDEX 函数的语法

语法：INDEX(array,row_num,[column_num])

- array：必需参数，为单元格区域或数组常数。

如果数组只包含一行或一列，则相对应的参数 row_num 或 column_num 为可选参数。

如果数组有多行和多列，但只使用 row_num 或 column_num，则 INDEX 函数返回数组中的整行或整列，且返回值也为数组。

- row_num：必需参数。选择数组中的某行，INDEX 函数从该行返回数值。如果省略 row_num，则必须有 column_num。
- column_num：可选参数。选择数组中的某列，INDEX 函数从该列返回数值。如果省略 column_num，则必须有 row_num。

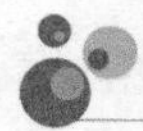

任务二　不同商品销售情况统计与分析

任务概述

卖家通过对不同商品销售情况的统计与分析，可以根据数据来直观地判定哪些商品卖得好，哪些商品的销量不容乐观，从而相应地调整采购计划、经营策略和促销方式等，有利于提高店铺的下单量和成交量。本任务将学习如何通过 Excel 来对不同商品的销售情况进行统计与分析。

任务重点与实施

一、不同商品销量分类统计

使用 Excel 的分类汇总功能可以对不同商品的销量进行分类统计，具体操作方法如下。

Step 01 打开"素材文件\项目五\近期宝贝销售记录.xlsx"，选择 E2 单元格，选择"数据"选项卡，在"排序和筛选"组中单击"升序"按钮，如图 5-30 所示。

Step 02 在"分级显示"组中单击"分类汇总"按钮，如图 5-31 所示。

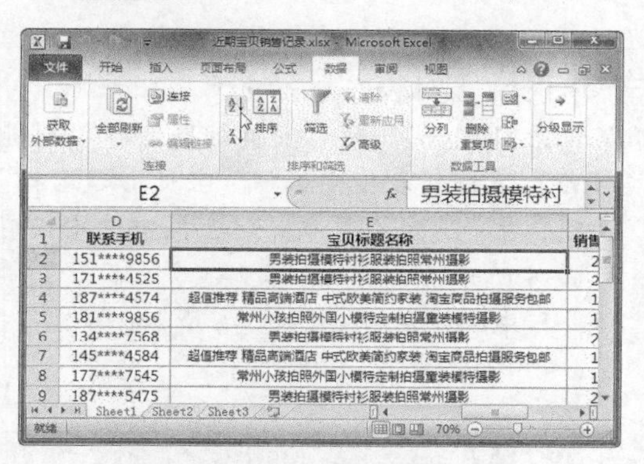

图 5-30　按升序排列宝贝标题

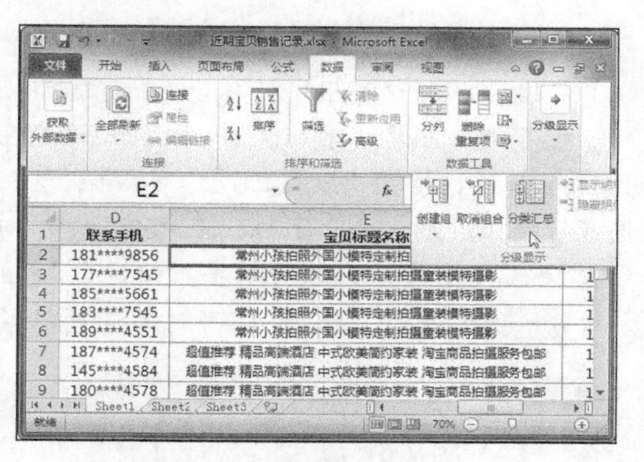

图 5-31　设置分类汇总

Step 03 弹出"分类汇总"对话框，在"分类字段"下拉列表框中选择"宝贝标题名称"选项，在"汇总方式"下拉列表框中选择"计数"选项，在"选定汇总项"列表框中选中"宝贝标题名称"复选框，然后单击"确定"按钮，如图 5-32 所示。

Step 04 此时，Excel 即可按照同类商品进行计数汇总。单击左上方的分级显示按钮2，汇总效果如图 5-33 所示。

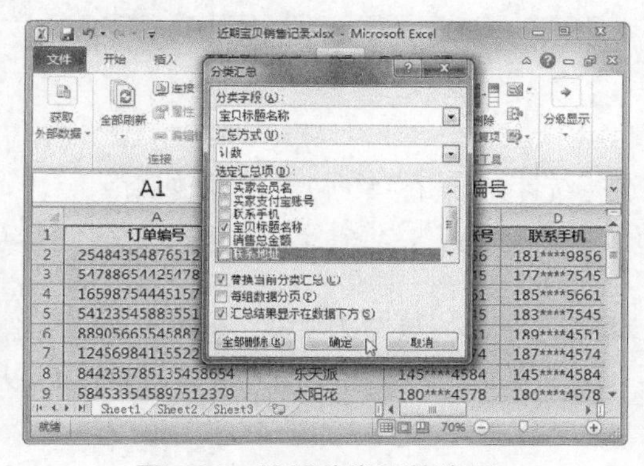

图 5-32　设置分类汇总选项

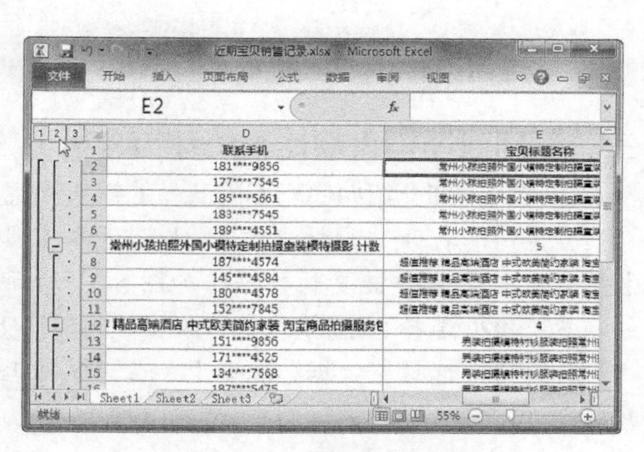

图 5-33　查看汇总效果

Step 05 此时显示 2 级分类数据，查看不同商品的销量统计结果，如图 5-34 所示。

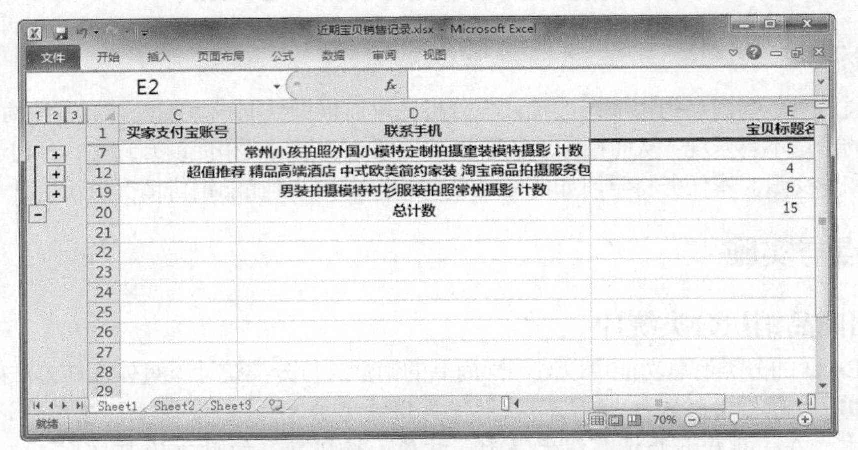

图 5-34　查看不同商品的销量统计结果

二、不同商品销售额分类统计

下面将详细介绍如何对不同商品的销售额进行分类统计，具体操作方法如下。

Step 01 打开“素材文件\项目五\近期宝贝销售记录 1.xlsx”，对“宝贝标题名称”列进行升序排序，打开“分类汇总”对话框，在“分类字段”下拉列表框中选择“宝贝标题名称”选项，在“汇总方式”下拉列表框中选择“求和”选项，在“选定汇总项”列表框中选中“销售总金额”复选框，然后单击“确定”按钮，如图 5-35 所示。

Step 02 此时，Excel 即可对不同商品的销售额进行求和汇总，如图 5-36 所示。

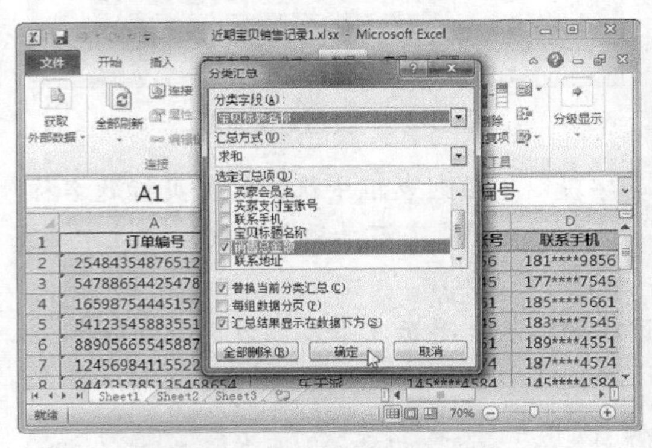

图 5-35　设置分类汇总选项

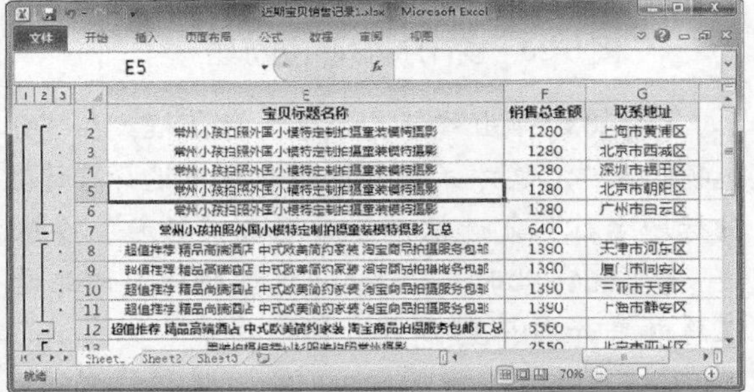

图 5-36　查看汇总结果

三、不同商品销售额比重统计与分析

下面将详细介绍如何对不同商品的销售额比重进行统计与分析，具体操作方法如下。

Step 01 打开“素材文件\项目五\近期宝贝销售记录 2.xlsx”，选择 E2:E16 单元格区域，按【Ctrl+C】组合键复制数据，如图 5-37 所示。

Step 02 选择 A22 单元格，单击“粘贴”下拉按钮，选择“值”选项，如图 5-38 所示。

Step 03 选择“数据”选项卡，在“数据工具”组中单击“删除重复项”按钮，如图 5-39 所示。

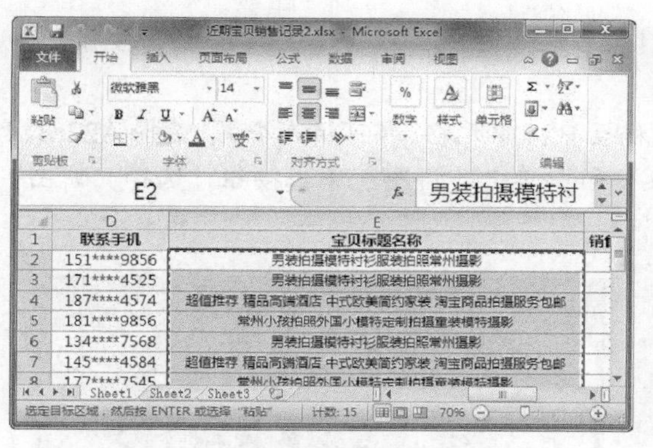

图 5-37　复制宝贝标题数据

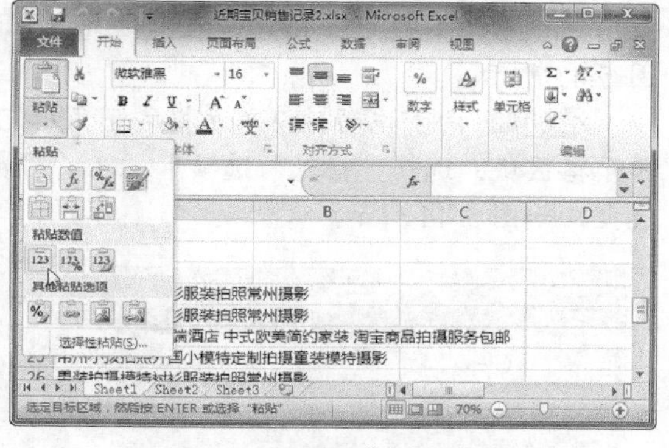

图 5-38　选择“值”选项

Step 04 弹出“删除重复项”对话框，单击“全选”按钮，取消选择“数据包含标题”复选框，然后单击“确定”按钮，如图 5-40 所示。

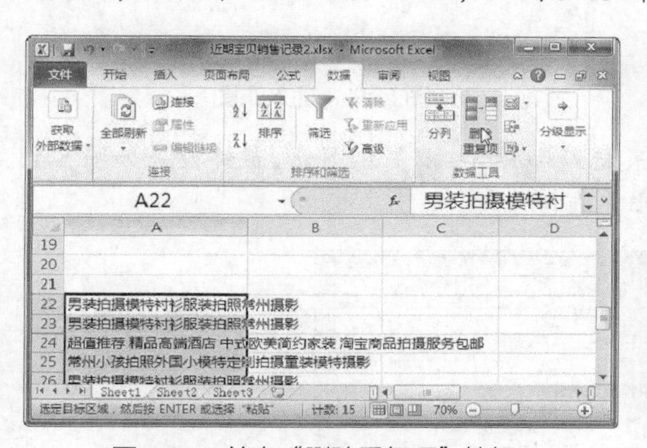

图 5-39　单击“删除重复项”按钮

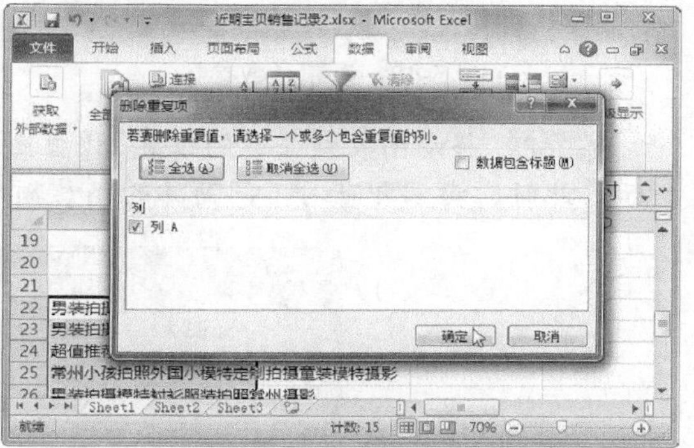

图 5-40　设置“删除重复项”参数

Step 05 弹出提示信息框，单击“确定”按钮，如图 5-41 所示。

Step 06 选择 B22 单元格，选择“公式”选项卡，在“函数库”组中单击“数学和三角函数”下拉按钮，选择 SUMIF 函数，如图 5-42 所示。

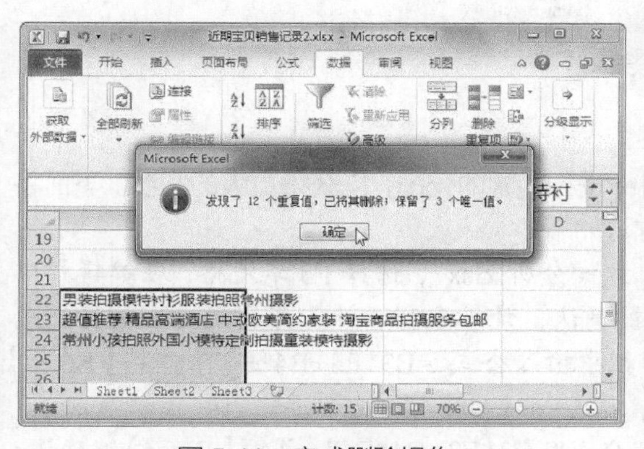

图 5-41　完成删除操作

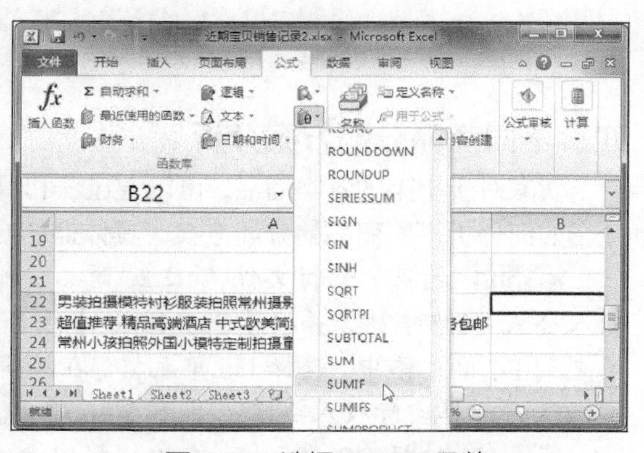

图 5-42　选择 SUMIF 函数

Step 07 弹出“函数参数”对话框，将光标定位到 Range 文本框中，在工作表中选择 E2:E16 单元格区域；将光标定位到 Criteria 文本框中，在工作表中选择 A22 单元格；将光标定位到

Sum_range 文本框中，在工作表中选择 F2:F16 单元格区域，然后单击“确定”按钮，如图 5-43 所示。

Step08 向下拖动 B22 单元格右下角填充柄至 B24 单元格，即可填充公式。选择 A22:B24 单元格区域，选择“插入”选项卡，在“图表”组中单击“饼图”下拉按钮，选择“饼图”类型，如图 5-44 所示。

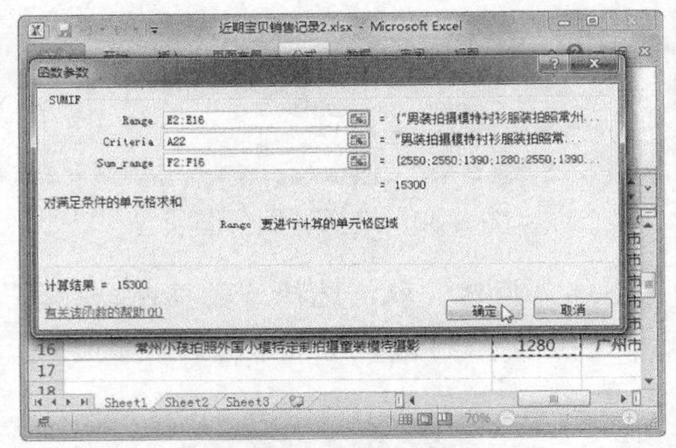

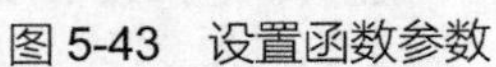
图 5-43　设置函数参数

图 5-44　插入饼图

Step09 移动图表到合适的位置，设置图表标题和样式，以美化图表，最终效果如图 5-45 所示。此时，卖家即可对不同商品的销售额比重进行分析。

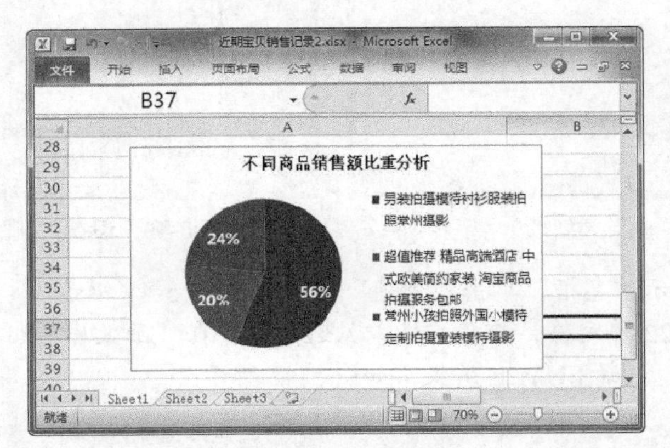

图 5-45　美化图表

四、不同商品分配方案分析

卖家对于上架的各类商品，可以通过获利目标进行科学的分配，以获得更大的利润。下面将介绍如何分析不同商品的分配方案，具体操作方法如下。

Step01 打开“素材文件\项目五\商品分配方案分析.xlsx”，选择 F3 单元格，在编辑栏中输入公式“=D3*E3”，并按【Ctrl+Enter】组合键确认，计算毛利合计，并利用填充柄将公式填充到 F4 单元格中。选择 D6 单元格，在编辑栏中输入公式“=B3*E3+B4*E4”，并按【Enter】键确认，计算实际投入成本，如图 5-46 所示。

Step02 选择 D7 单元格，在编辑栏中输入公式“=C3*E3+C4*E4”，并按【Enter】键确认，计算实际销售时间。选择 B8:D8 单元格区域合并后居中，在编辑栏中输入公式“=F3+F4”，并按【Enter】键确认，计算总收益，如图 5-47 所示。

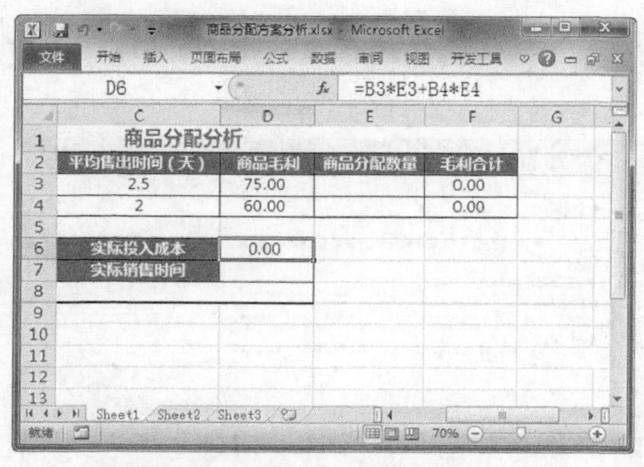

图 5-46　计算实际投入成本

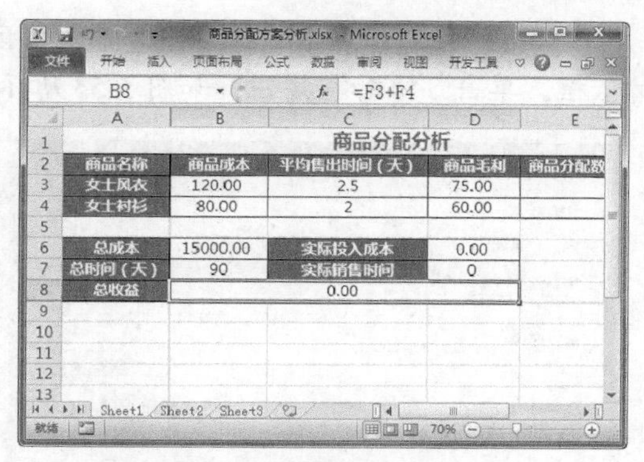

图 5-47　计算总收益

Step 03 选择“文件”选项卡，单击“选项”按钮，如图 5-48 所示。

Step 04 弹出“Excel 选项”对话框，在左侧选择“加载项”选项，然后单击“转到”按钮，如图 5-49 所示。

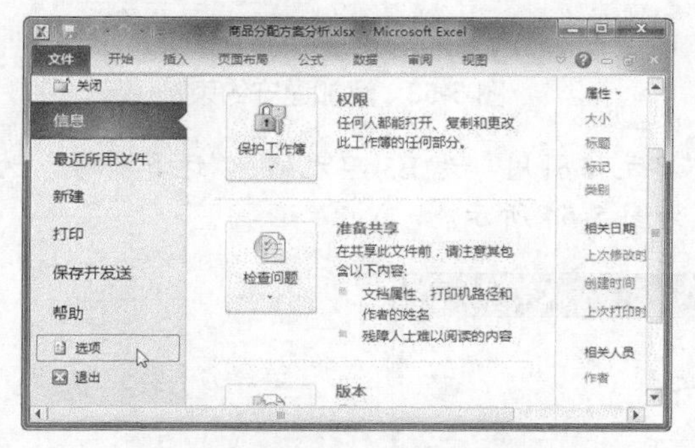

图 5-48　单击“选项”按钮

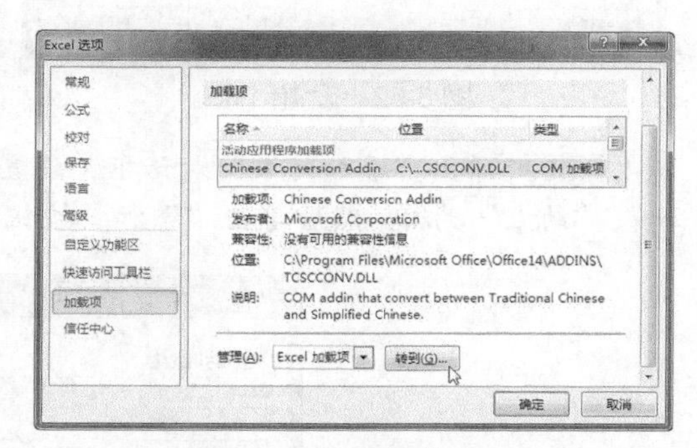

图 5-49　设置加载项

Step 05 弹出“加载宏”对话框，选中“规划求解加载项”复选框，然后单击“确定”按钮，如图 5-50 所示。

Step 06 选择“数据”选项卡，在“分析”组中单击“规划求解”按钮，如图 5-51 所示。

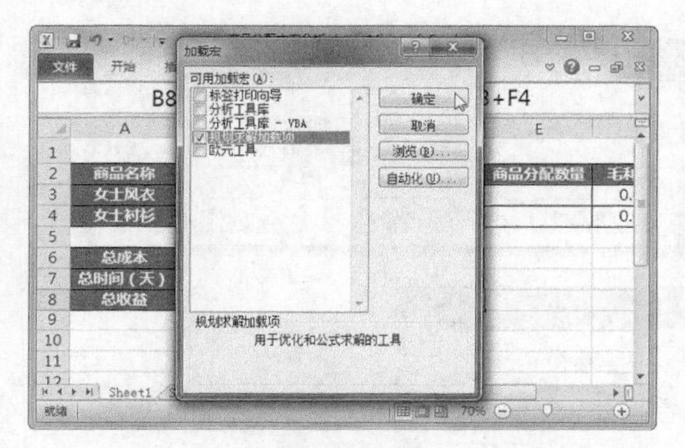

图 5-50　加载宏

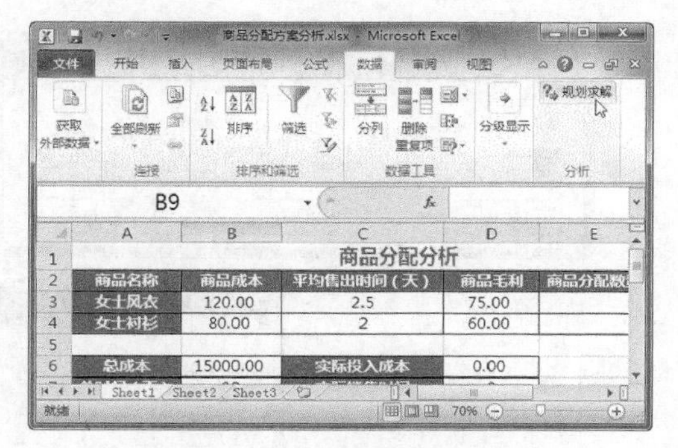

图 5-51　单击“规划求解”按钮

Step 07 弹出“规划求解参数”对话框，设置“设置目标”参数为 B8 单元格，选中“最大值”单选按钮，然后单击“通过更改可变单元格”选项右侧的折叠按钮，如图 5-52 所示。

Step 08 在工作表中选择 E3:E4 单元格区域，单击展开按钮，返回“规划求解参数”对话框，单击“添加”按钮，如图 5-53 所示。

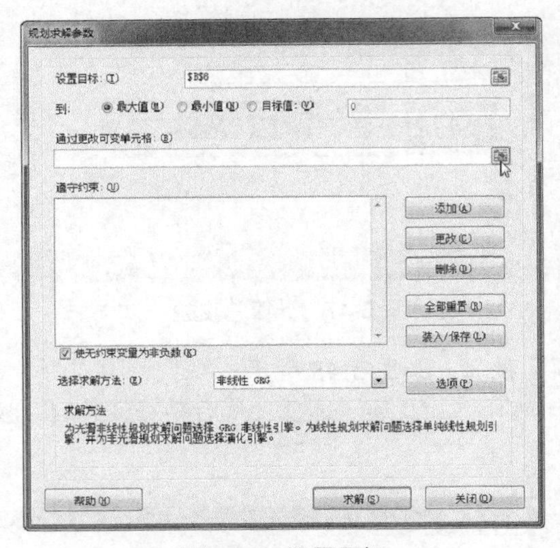

图 5-52　设置目标

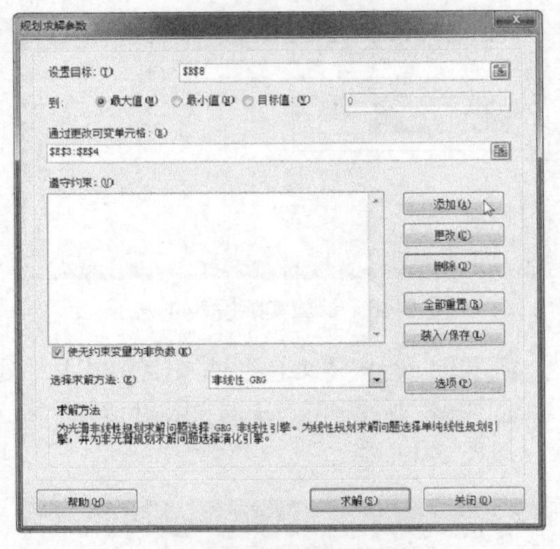

图 5-53　添加遵守约束

Step 09 弹出“添加约束”对话框，设置“单元格引用”为 E3 单元格、“运算符号”为“>=”、“约束”为 0，然后单击“添加”按钮，如图 5-54 所示。

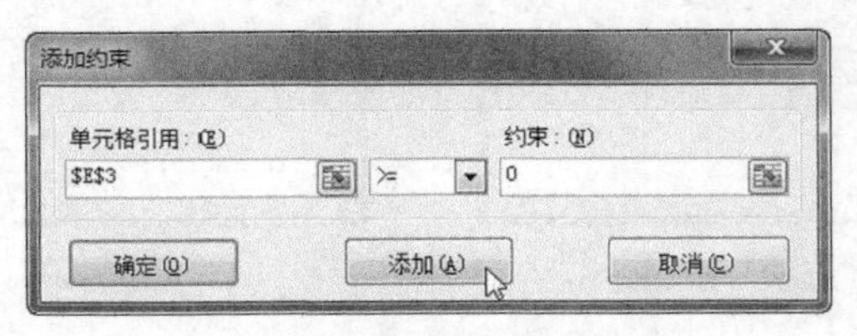

图 5-54　设置约束条件

Step 10 采用同样的方法添加其他约束条件，在添加最后一个约束条件的对话框中单击“确定”按钮，如图 5-55 所示。

图 5-55　设置其他约束条件

Step 11 返回“规划求解参数”对话框，单击“求解”按钮，如图 5-56 所示。

Step 12 弹出“规划求解结果”对话框，选中“保留规划求解的解”单选按钮，然后单击“确定”按钮，如图 5-57 所示。

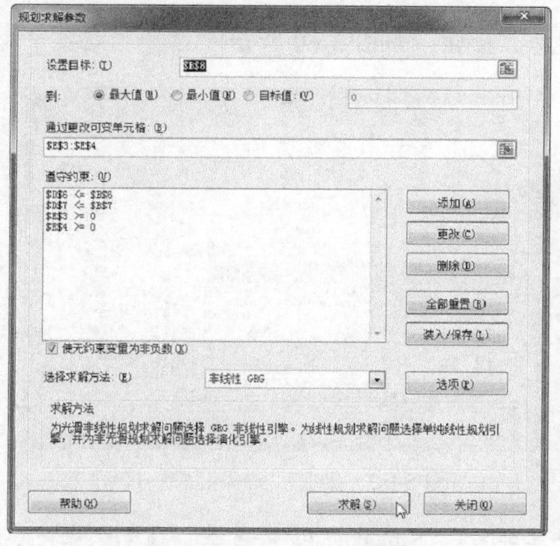

图 5-56 针对遵守约束求解

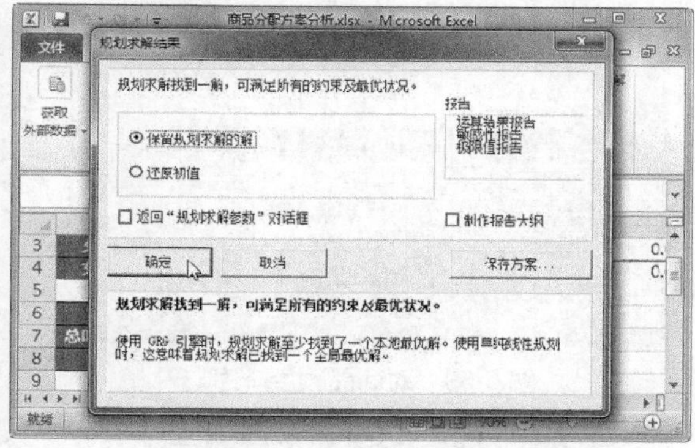

图 5-57 规划求解

Step 13 此时，卖家即可查看按照设定的规划求解参数得出的“商品分配数量”“毛利合计”“实际投入成本”“实际销售时间”和“总收益”结果，如图 5-58 所示。

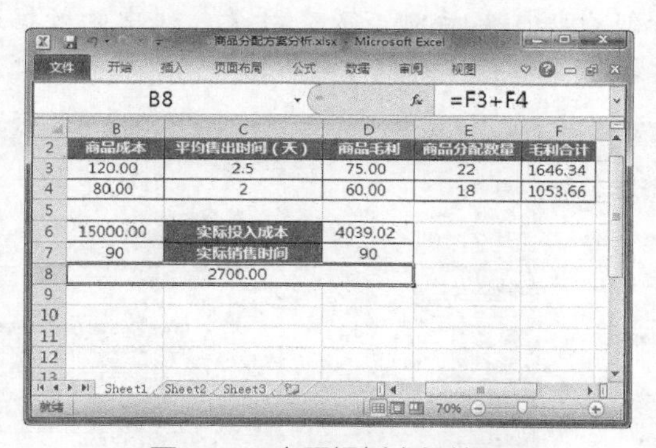

	B	C	D	E	F
2	商品成本	平均售出时间（天）	商品毛利	商品分配数量	毛利合计
3	120.00	2.5	75.00	22	1646.34
4	80.00	2	60.00	18	1053.66
5					
6	15000.00	实际投入成本	4039.02		
7	90	实际销售时间	90		
8	2700.00				

图 5-58 查看规划求解结果

任务三 同类商品销售情况统计与分析

任务概述

对于同类商品而言，不同颜色、尺寸的商品销售情况可能会有所不同甚至差距很大，此时就需要卖家对不同属性商品的销售情况进行统计和分析，然后做出正确的采购和销售策略。

任务重点与实施

一、不同颜色的同类商品销售情况统计与分析

下面将详细介绍如何对不同颜色的商品销售情况进行统计与分析，具体操作方法如下。

Step 01 打开“素材文件\项目五\同类商品销售统计.xlsx”，选择 B2 单元格，选择“数据”选项卡，在“排序和筛选”组中单击“升序”按钮，对“颜色”列数据进行排序，如图 5-59 所示。

Step 02 在“分级显示”组中单击“分类汇总”按钮，如图 5-60 所示。

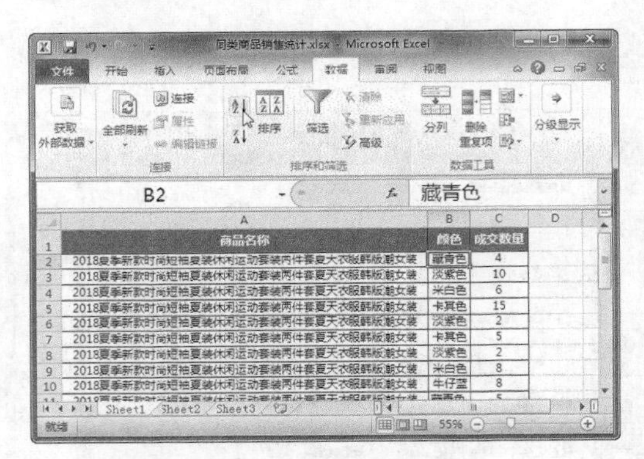

图 5-59　对商品颜色排序

图 5-60　单击“分类汇总”按钮

Step 03 弹出“分类汇总”对话框，在“分类字段”下拉列表框中选择“颜色”选项，在“选定汇总项”列表框中选中“成交数量”复选框，然后单击“确定”按钮，如图 5-61 所示。

Step 04 此时系统自动按照不同的颜色对商品成交数量进行求和汇总。单击左上方的分级按钮，显示 2 级分级数据，然后对“成交数量”列中的数据进行升序排序，结果如图 5-62 所示。此时，卖家即可对不同颜色的商品销售情况进行分析。

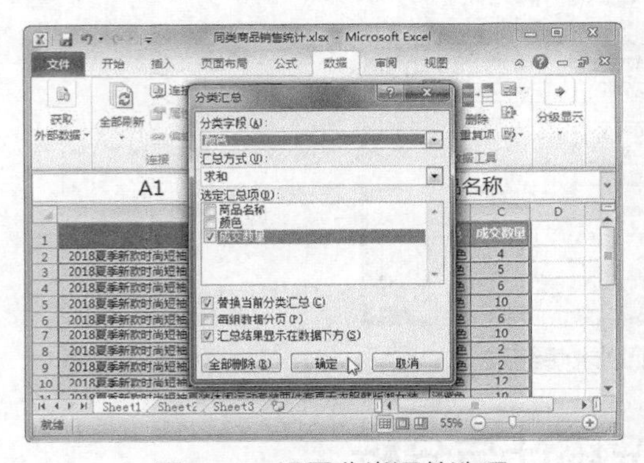

图 5-61　设置分类汇总选项

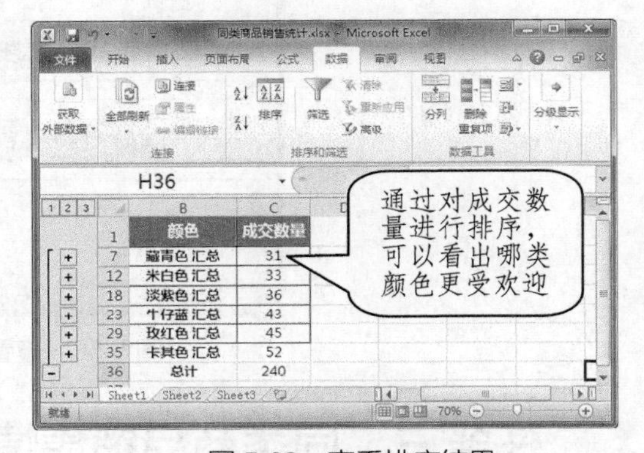

图 5-62　查看排序结果

二、不同尺寸的同类商品销售情况统计与分析

下面将详细介绍如何对不同尺寸的同类商品销售情况进行统计与分析，具体操作方法如下。

Step 01 打开“素材文件\项目五\同类商品销售统计 1.xlsx”，选择 C7 单元格，选择“插入”选项卡，在“表格”组中单击“数据透视表”下拉按钮，选择“数据透视表”选项，如图 5-63 所示。

Step 02 弹出“创建数据透视表”对话框，选中“现有工作表”单选按钮，设置“位置”为 E2 单元格，然后单击“确定”按钮，如图 5-64 所示。

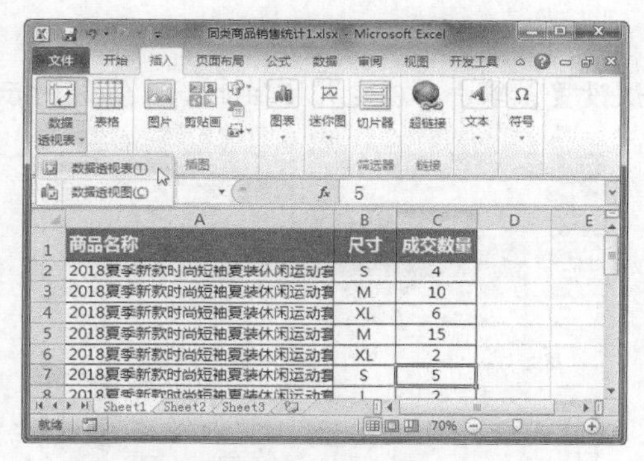

图 5-63　插入数据透视表

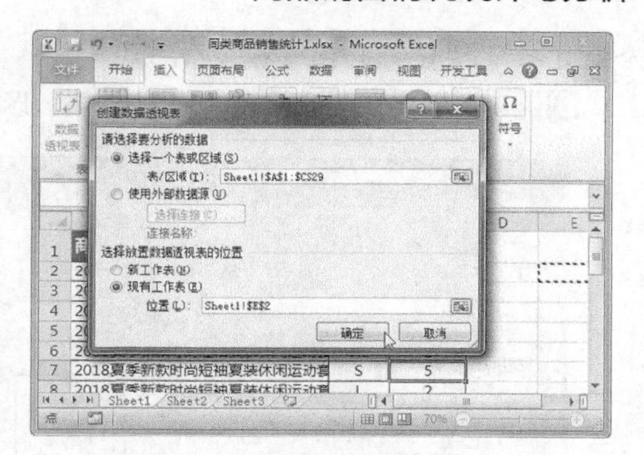

图 5-64　设置数据透视表

Step 03 打开“数据透视表字段列表”窗格，将“尺寸”字段拖至“行标签”区域，将“成交数量”字段拖至“数值”区域，如图 5-65 所示。

Step 04 选择 F3 单元格，选择“选项”选项卡，在“排序和筛选”组中单击“降序”按钮，对成交数量进行排序，结果如图 5-66 所示。此时，卖家即可对不同尺寸的商品销售情况进行分析。

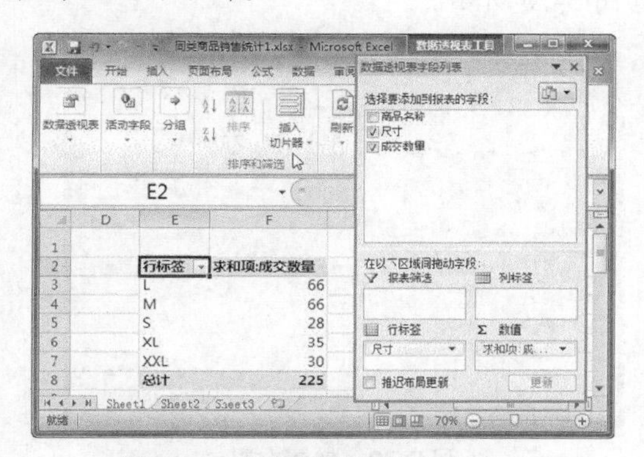

图 5-65　添加数据透视表字段

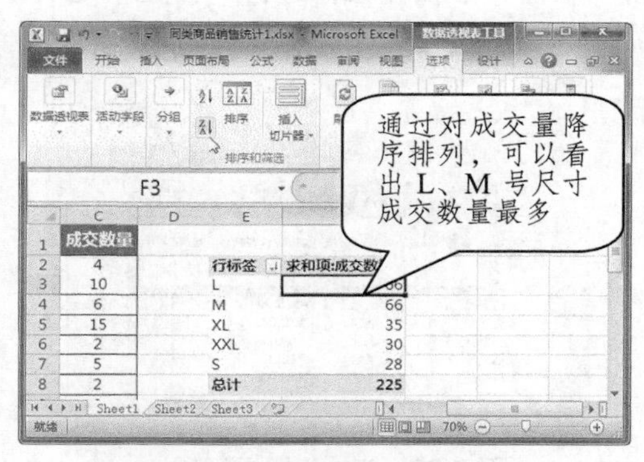

图 5-66　降序排序成交数量

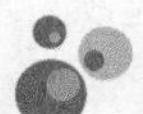

任务四　商品退货、退款情况统计与分析

任务概述

对于卖家来说，退货与退款是最不希望看到的情况，因为退换货不仅会增加时间成本，而且会直接造成收益损失。卖家通过对退货、退款情况进行统计与分析，能够更好地减少退货、退款数量，提高经营水平与店铺口碑。

任务重点与实施

一、商品退货、退款原因统计

对于卖家来说，退货、退款既是对消费者的郑重承诺，也是发现店铺自身问题的有效时机。下面将详细介绍如何对退货、退款的原因进行统计，具体操作方法如下。

Step 01 打开“素材文件\项目五\退货、退款原因分析.xlsx”，复制 E2:E14 单元格区域数据，并将其粘贴到 I2:I14 单元格区域中。选择“数据”选项卡，在“数据工具”组中单击“删除重复项”按钮，如图 5-67 所示。

Step 02 弹出“删除重复项”对话框，保持默认设置，单击“确定”按钮，如图 5-68 所示。

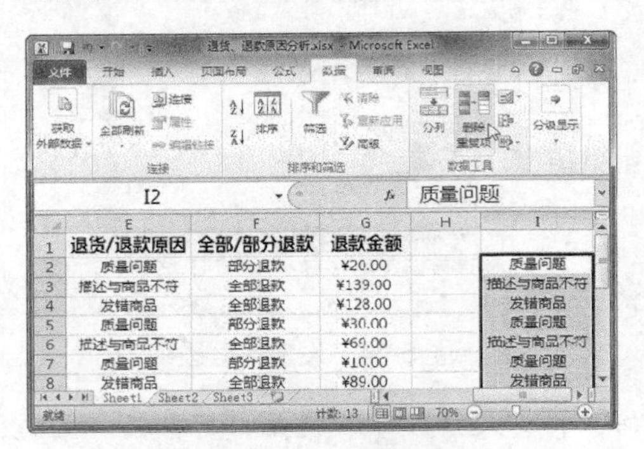

图 5-67 单击“删除重复项”按钮

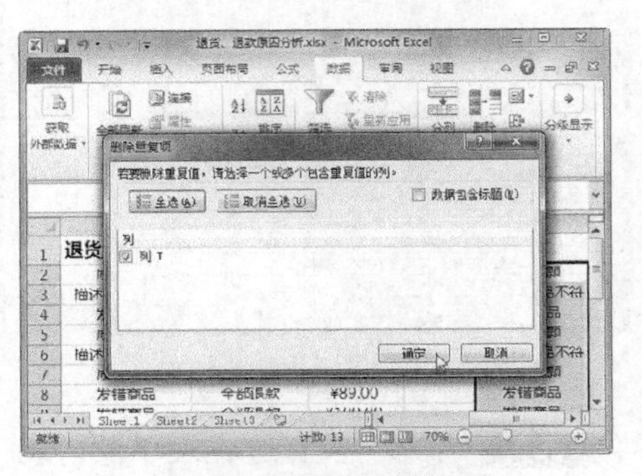

图 5-68 设置删除重复项

Step 03 弹出提示信息框，单击“确定”按钮，如图 5-69 所示。

Step 04 选择 I2:I6 单元格区域并复制数据，选择 K2 单元格，选择“开始”选项卡，单击“粘贴”下拉按钮，选择“转置”选项，如图 5-70 所示。

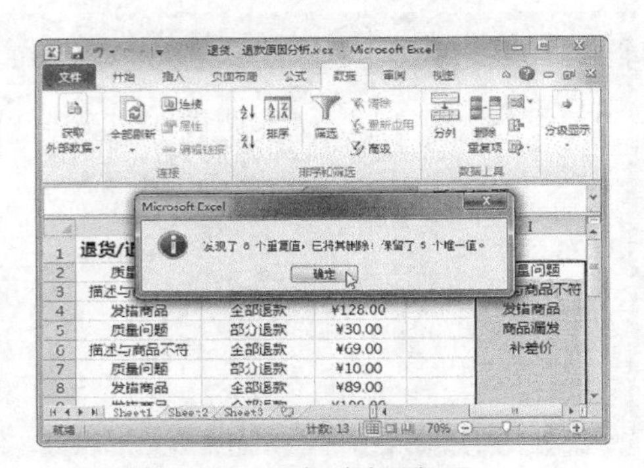

图 5-69 完成删除重复项

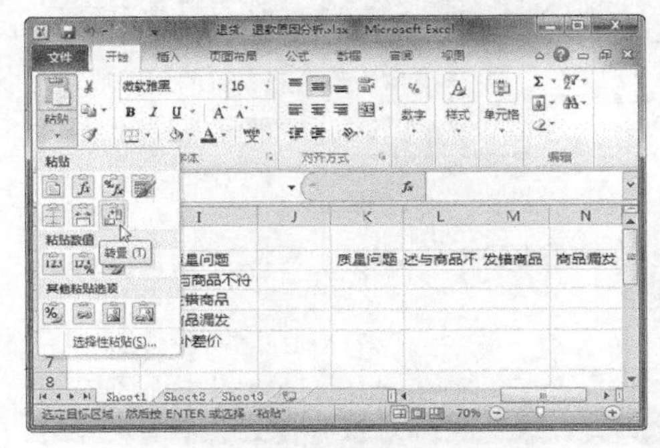

图 5-70 转置粘贴

Step 05 选择 I2:I6 单元格区域，单击“清除”下拉按钮，选择“全部清除”选项，如图 5-71 所示。

Step 06 选择 K3 单元格，在编辑栏中输入公式“=COUNTIF($E$2:$E$14,K2)”，并按【Enter】键确认，对退货与退款原因进行统计。使用填充柄将 K3 单元格中的公式填充到右侧的单元格中，如图 5-72 所示。

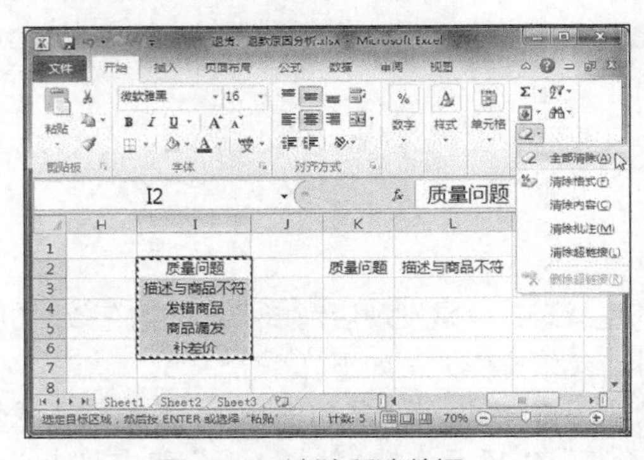

图 5-71 清除所选数据

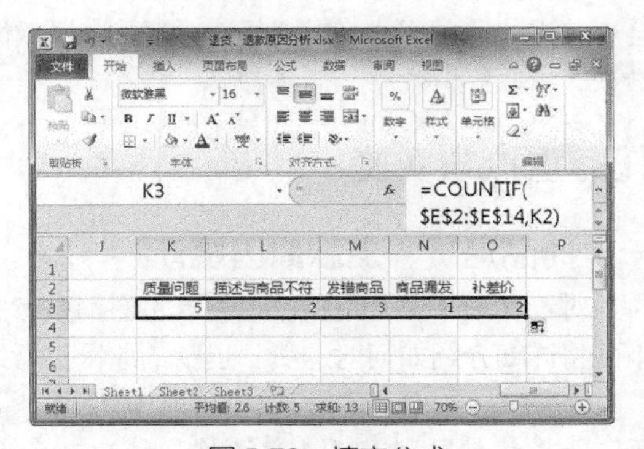

图 5-72 填充公式

Step 07 选择 K2:O3 单元格区域，选择“插入”选项卡，在“图表”组中选择“饼图”选项，如图 5-73 所示。

Step 08 此时即可插入饼图，根据需要对图表进行美化设置，效果如图 5-74 所示。此时，卖家即可清晰地查看退货、退款原因的占比情况。

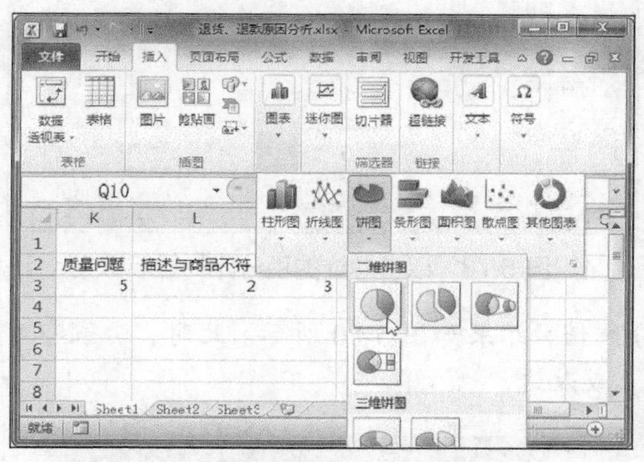

图 5-73 插入饼图

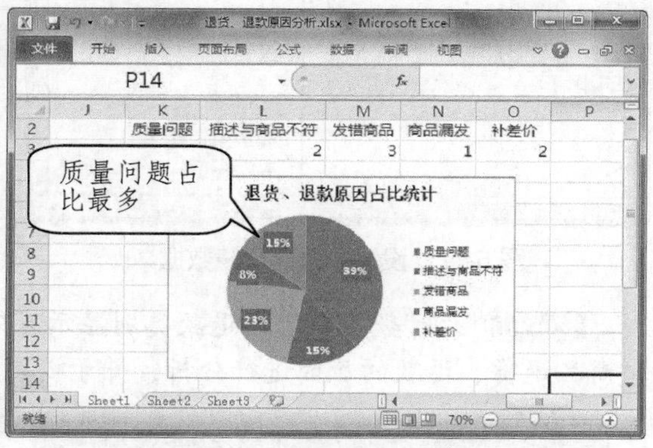

图 5-74 美化图表

二、商品退货、退款原因分析

通过对商品退货、退款的原因进行分析，卖家可以找出自身的问题，从而不断改善和提高店铺的服务质量和销售策略等，具体操作方法如下。

Step 01 打开“素材文件\项目五\退货、退款原因分析 1.xlsx”，选择“退货/退款原因”“全部/部分退款”和“退款金额”等列的单元格区域，选择“插入”选项卡，在“表格”组中单击“数据透视表”下拉按钮，选择“数据透视表”选项，如图 5-75 所示。

Step 02 弹出“创建数据透视表”对话框，单击“确定”按钮，如图 5-76 所示。

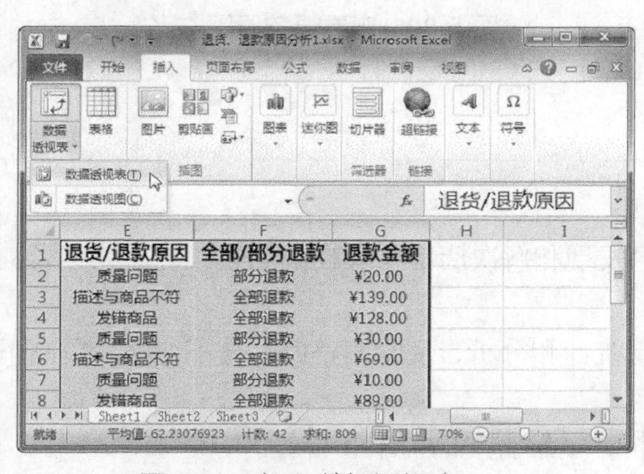

图 5-75 插入数据透视表

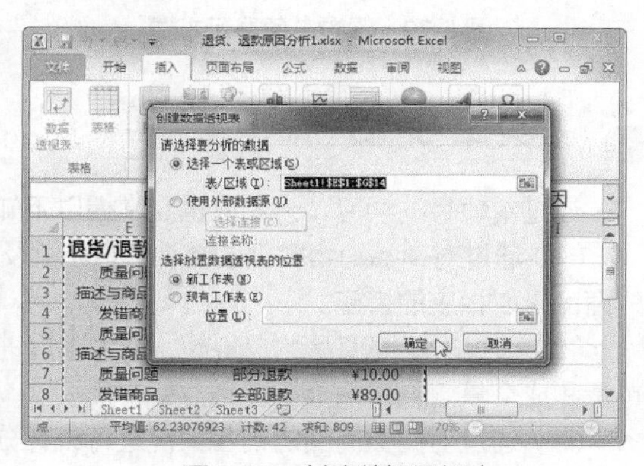

图 5-76 创建数据透视表

Step 03 打开“数据透视表字段列表”窗格，将“全部/部分退款”和“退货/退款原因”字段拖至“行标签”区域，将“退款金额”字段拖至“数值”区域，如图 5-77 所示。

Step 04 在“退款金额”列的任一数据单元格上单击鼠标右键，选择“值显示方式”|“总计的百分比”命令，以“总计的百分比”显示数据，如图 5-78 所示。

Step 05 在“退款金额”列的任一数据单元格上单击鼠标右键，选择“值显示方式”|“父行汇总的百分比”命令，如图 5-79 所示。

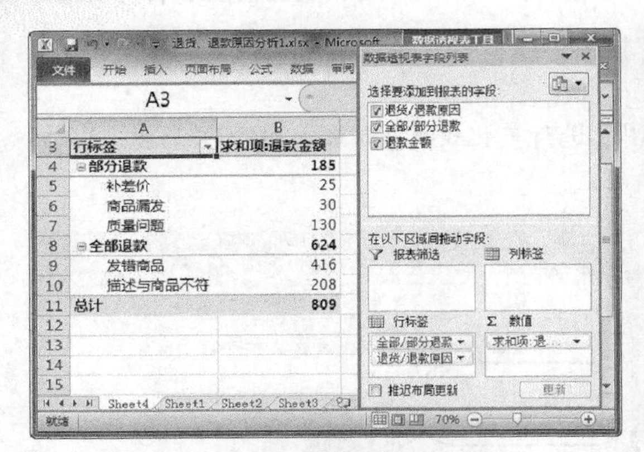

图 5-77　设置数据透视表数据

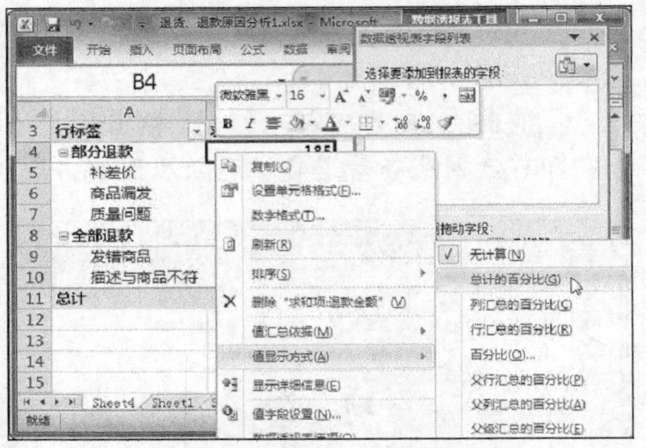

图 5-78　以“总计的百分比”显示数据

Step 06 此时数据即可按退款类别显示百分比值，结果如图 5-80 所示。此时，卖家即可对商品退货、退款的原因进行分析，并予以纠正或改进。

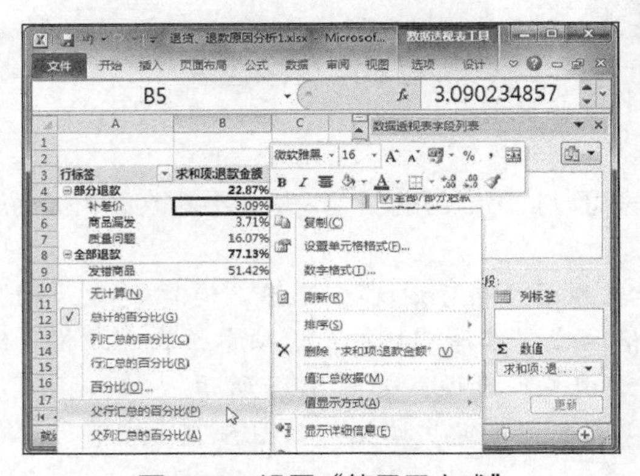

图 5-79　设置“值显示方式”

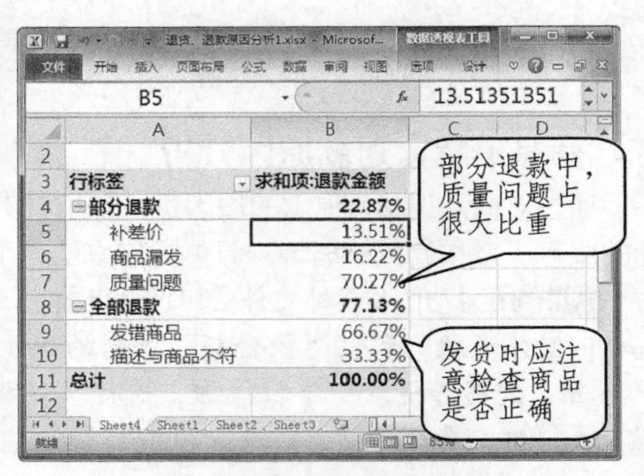

图 5-80　查看退款原因占比

项目小结

通过本项目的学习，读者应重点掌握以下知识。

（1）通过对商品销售数据的统计和分析，及时发现和解决店铺中存在的问题，对畅销和滞销的商品采取相应的措施。

（2）通过对不同商品的销售额、销售比重进行统计和分析，及时调整商品分配方案，提高下单量和成交量。

（3）通过对同类商品的销售情况进行统计分析，了解客户的需求和喜好。

（4）通过对商品退货、退款情况进行统计与分析，进一步了解退货原因和退款数量，提高经营水平与店铺口碑。

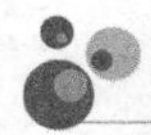

项目习题

打开“素材文件\项目五\商品分配方案分析 1.xlsx”，如图 5-81 所示。使用“规划求解”工具对商品数量进行合理分配，以求得最大利益。

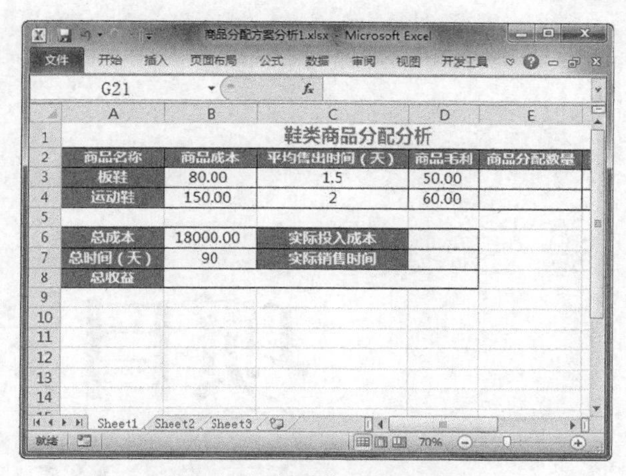

鞋类商品分配分析				
商品名称	商品成本	平均售出时间（天）	商品毛利	商品分配数量
板鞋	80.00	1.5	50.00	
运动鞋	150.00	2	60.00	
总成本	18000.00	实际投入成本		
总时间（天）	90	实际销售时间		
总收益				

图 5-81　商品分配方案分析

关键提示：

（1）分别使用公式计算出毛利合计、实际投入成本和实际销售时间。

（2）添加“规划求解”加载项。

（3）设置规划求解参数，计算结果。

项目六

商品采购成本分析与控制

项目概述

商品采购成本是店铺经营成本中的关键内容，对采购成本进行分析与控制，是店铺持续发展和增加利润的重要保障，在店铺经营过程中发挥着重要的作用。商品采购成本直接影响着店铺投入成本、盈利水平及采购渠道的选择等，卖家可以通过对商品采购成本进行分析，得出科学的依据，为制定经营策略提供数据支持。

项目重点

- 掌握采购成本分析的方法。
- 掌握采购时间分析的方法。
- 掌握采购成本控制的方法。

项目目标

- 学会分析采购成本。
- 学会分析采购时间。
- 学会控制采购成本。

任务一　商品采购成本分析

任务概述

采购作为卖家的生命源泉，对其利润的影响是至关重要的。采购节约 1%的成本接近于销售商品所带来 5%的利润的效果。有效的采购计划可以使店铺资金得到有效利用，减少资金的流出，所以对采购成本进行分析至关重要。本任务将学习如何通过 Excel 来分析商品的采购成本。

任务重点与实施

一、商品成本价格分析

商品价格会受到很多因素的影响，如供求关系、气候、交通和消费方式等，因此在商品采购过程中要注意采购的时机，以便节省采购成本。下面将详细介绍如何分析商品成本价格，具体操作方法如下。

Step 01 打开“素材文件\项目六\商品成本趋势图.xlsx”，选择“公式”选项卡，在“定义的名称”组中单击“定义名称”按钮，如图 6-1 所示。

Step 02 弹出“编辑名称”对话框，在“名称”文本框中输入“成本价格”，在“引用位置”文本框中输入公式“=OFFSET(成本走势分析!$C$2,COUNT(成本走势分析!$C:$C)-10,,10)”，然后单击“确定”按钮，如图 6-2 所示。

Step 03 再次打开“编辑名称”对话框，在“名称”文本框中输入“日期”，在“引用位置”文本框中输入“=OFFSET(成本价格,,-1)”，然后单击“确定”按钮，如图 6-3 所示。

Step 04 选择 B2:C11 单元格区域，选择“插入”选项卡，在“图表”组中单击“折线图”下拉按钮，选择“折线图”选项，如图 6-4 所示。

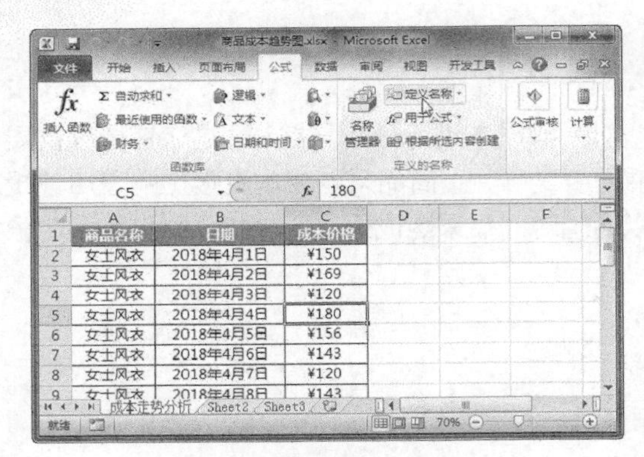

图 6-1　定义名称

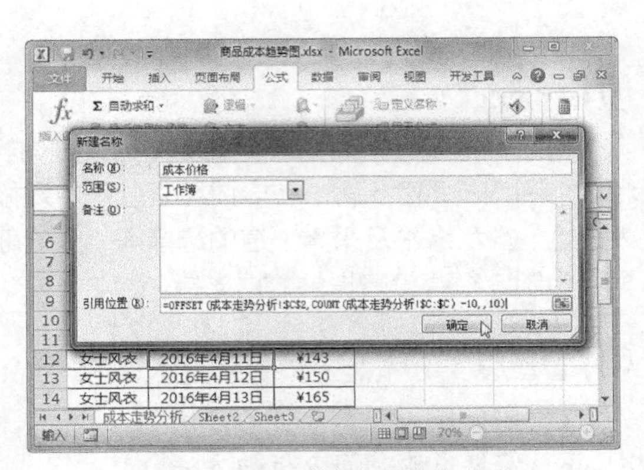

图 6-2　编辑“成本价格”名称

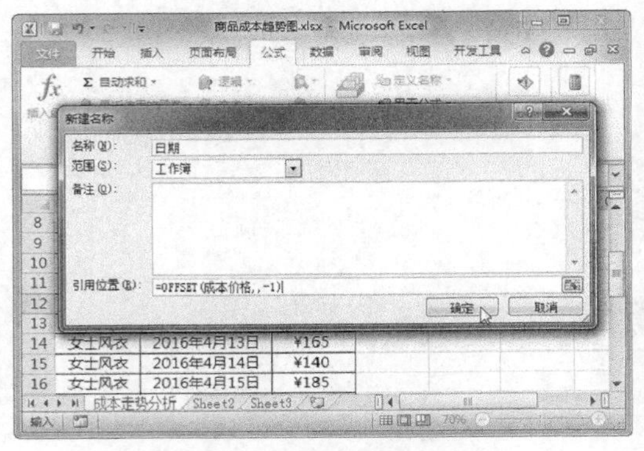

图 6-3　编辑“日期”名称

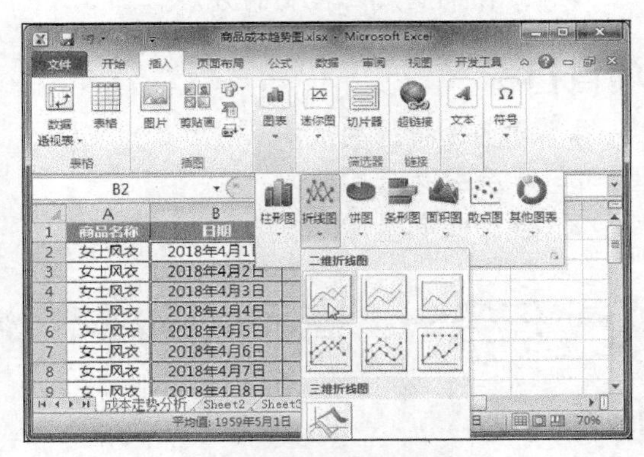

图 6-4　插入折线图

Step 05 将图表移到合适位置，添加图表标题并美化图表，如图 6-5 所示。

Step 06 右击图表，选择“选择数据”命令，如图 6-6 所示。

图 6-5　添加图表标题并美化图表

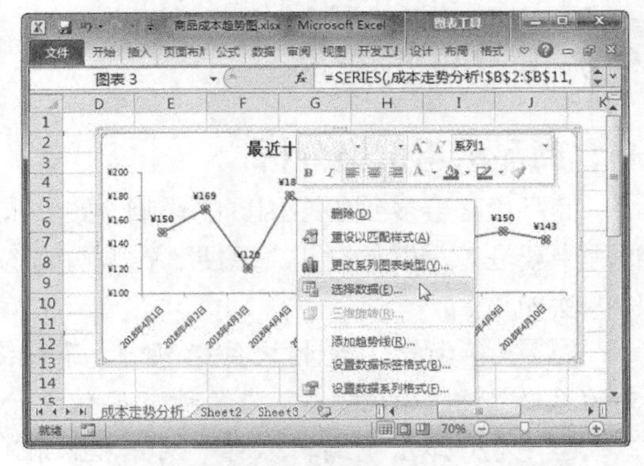

图 6-6　选择“选择数据”命令

Step 07 弹出“选择数据源”对话框，选择“系列 1”选项，然后单击“编辑”按钮，如图 6-7 所示。

Step 08 弹出“编辑数据系列”对话框，删除“系列名称”文本框中原有的数据，然后在工作表中选择 C2 单元格。选中“系列值”文本框中引用的单元格区域，然后按【F3】键，如图 6-8 所示。

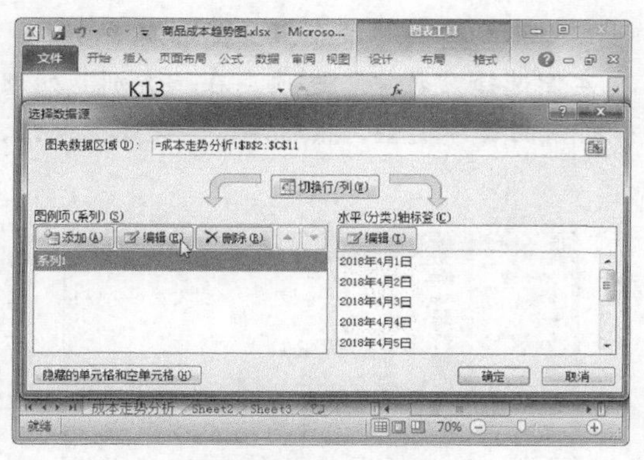

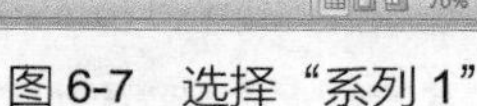
图 6-7　选择“系列 1”

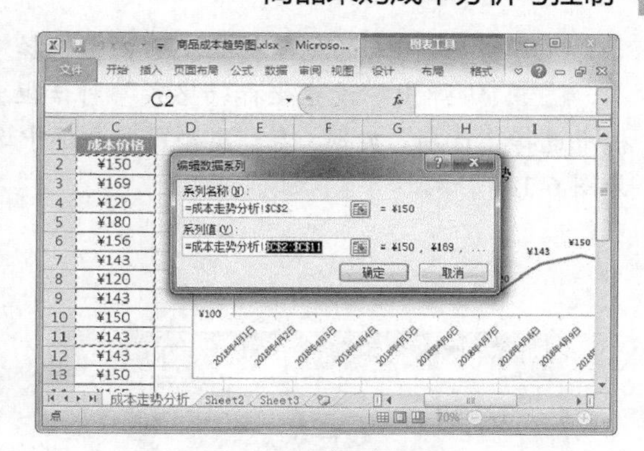

图 6-8　编辑数据系列

Step 09 弹出“粘贴名称”对话框，选择“成本价格”选项，然后依次单击“确定”按钮，如图 6-9 所示。

Step 10 返回“选择数据源”对话框，在“水平（分类）轴标签”选项区中单击“编辑”按钮，如图 6-10 所示。

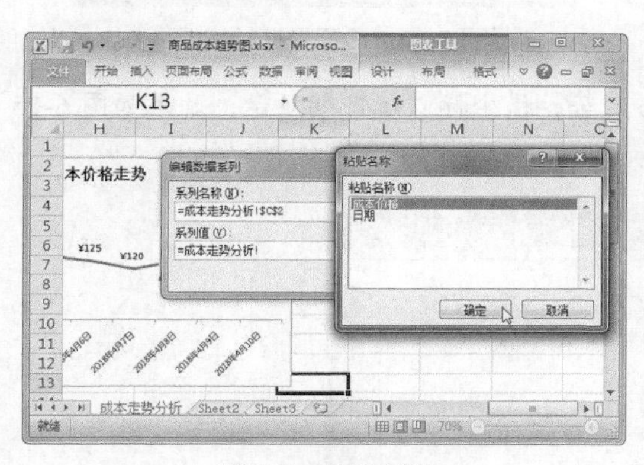

图 6-9　粘贴名称

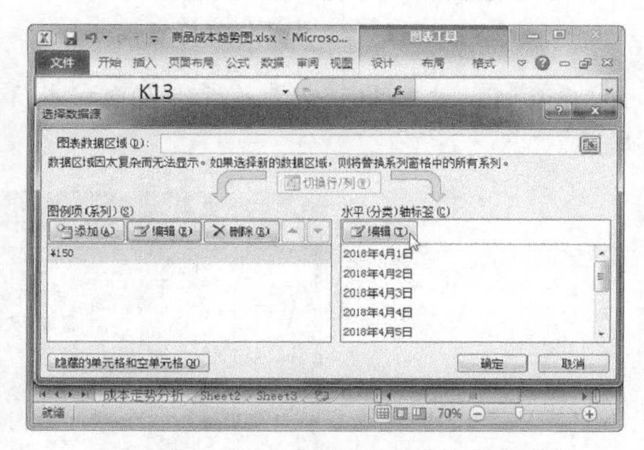

图 6-10　编辑“水平（分类）轴标签”

Step 11 弹出“轴标签”对话框，在“轴标签区域”文本框中选中引用的单元格区域，按【Delete】键将其删除，然后按【F3】键，如图 6-11 所示。

Step 12 弹出“粘贴名称”对话框，选择“日期”选项，然后依次单击“确定”按钮，如图 6-12 所示。

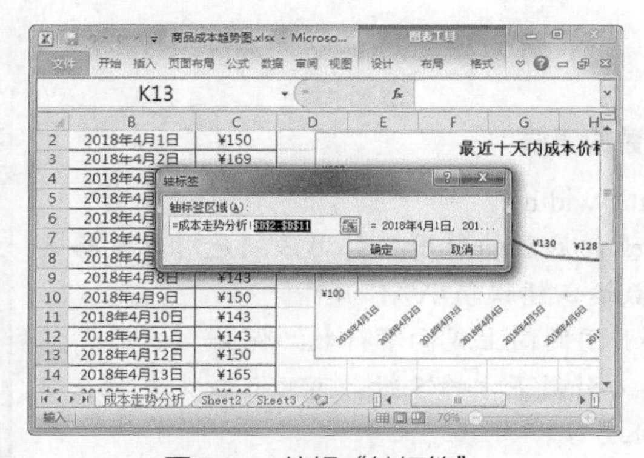

图 6-11　编辑“轴标签”

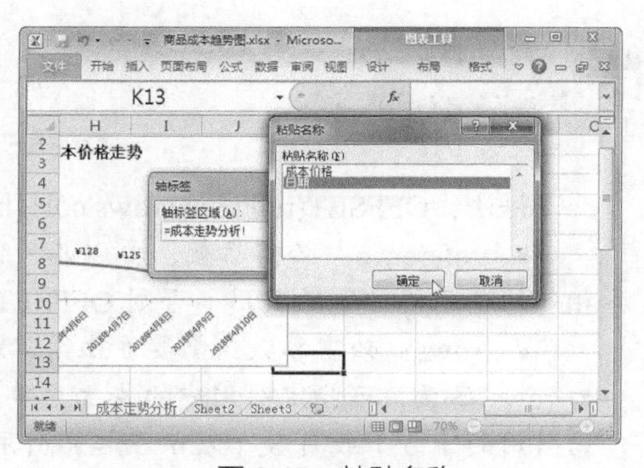

图 6-12　粘贴名称

Step 13 在图表的横坐标轴上右击，选择“设置坐标轴格式”命令，如图 6-13 所示。

Step 14 弹出“设置坐标轴格式”对话框，在左侧选择“数字”选项，在“类别”列表框中选择“日期”类别，在“类型”列表框中选择所需的日期类型，然后单击“关闭”按钮，如图 6-14 所示。

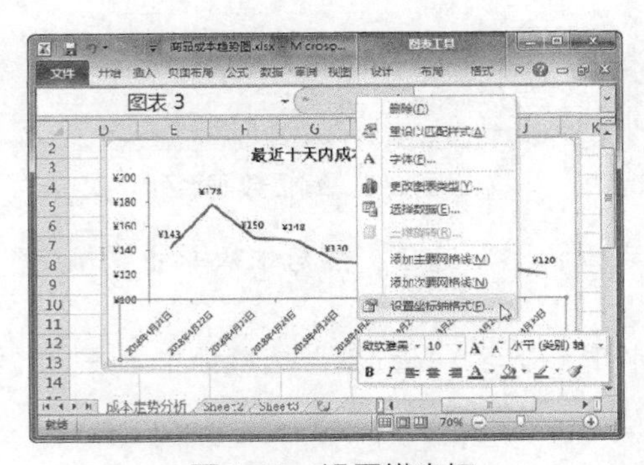

图 6-13　设置横坐标

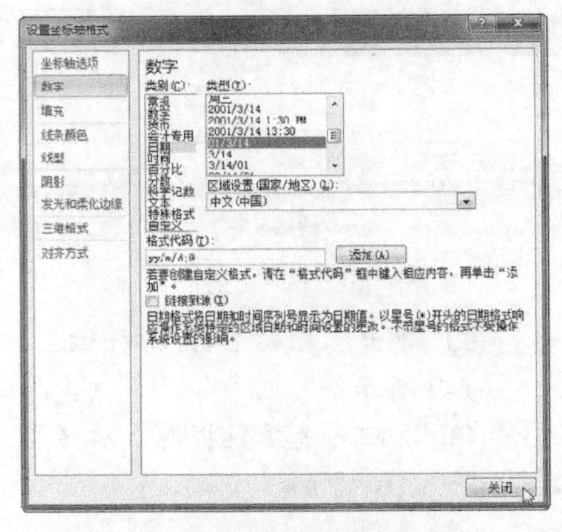

图 6-14　设置坐标轴格式

Step 15 此时即可查看最近十天内成本价格走势，横坐标以短日期显示，效果如图 6-15 所示。

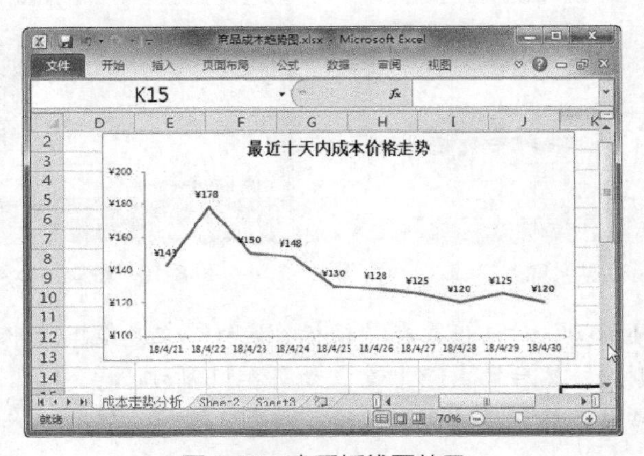

图 6-15　查看折线图效果

课堂解疑

OFFSET 函数的语法

语法：OFFSET(reference,rows,cols,[height],[width])

- reference：必需参数，要以其为偏移量的底数的引用。引用必须是对单元格或相邻的单元格区域的引用，否则 OFFSET 函数返回错误值#VALUE!。
- rows：必需参数，需要左上角单元格引用的向上或向下行数。例如，使用 5 作为 rows 参数，可指定引用中的左上角单元格为引用下方的 5 行，可为正数（表示在起始引用的下方）或负数（表示在起始引用的上方）。

- cols：必需参数，需要结果的左上角单元格引用的从左到右的列数。例如，使用 5 作为 cols 参数，可指定引用中的左上角单元格为引用右方的 5 列，可为正数（表示在起始引用的右侧）或负数（表示在起始引用的左侧）。
- height：可选参数，需要返回的引用的行高，必须为正数。
- width：可选参数，需要返回的引用的列宽，必须为正数。

二、商品采购金额统计

在采购商品时，卖家一般会按照几个大类进行采购，同类商品可能包括不同的类型，用分类汇总的方式可以对同类商品的采购金额进行统计，具体操作方法如下。

Step 01 打开“素材文件\项目六\货物采购明细.xlsx”，选择任一数据单元格，选择“数据”选项卡，在“排序和筛选”组中单击“排序”按钮，如图 6-16 所示。

Step 02 弹出“排序”对话框，在“主要关键字”下拉列表框中选择“货物名称”选项，然后单击“添加条件”按钮，如图 6-17 所示。

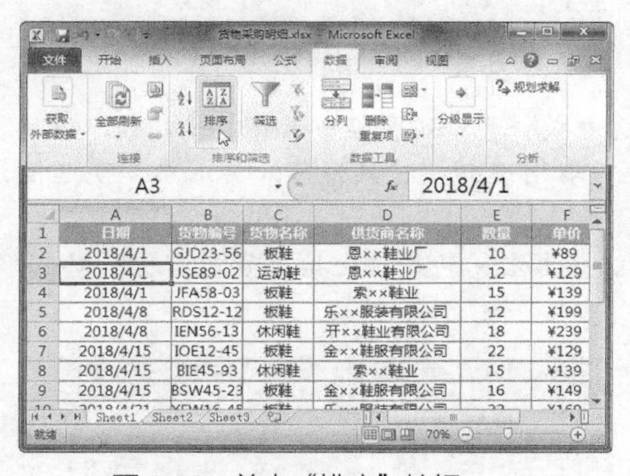

图 6-16　单击“排序”按钮

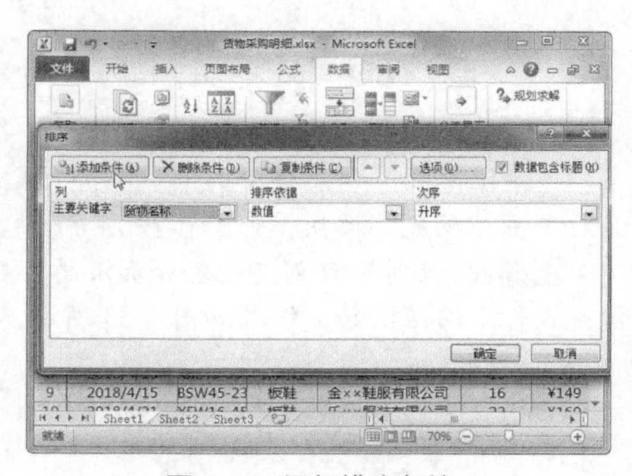

图 6-17　添加排序条件

Step 03 在“次要关键字”下拉列表框中选择“进货成本”选项，然后单击“确定”按钮，如图 6-18 所示。

Step 04 此时，即可查看排序结果。选择“数据”选项卡，在“分级显示”组中单击“分类汇总”按钮，如图 6-19 所示。

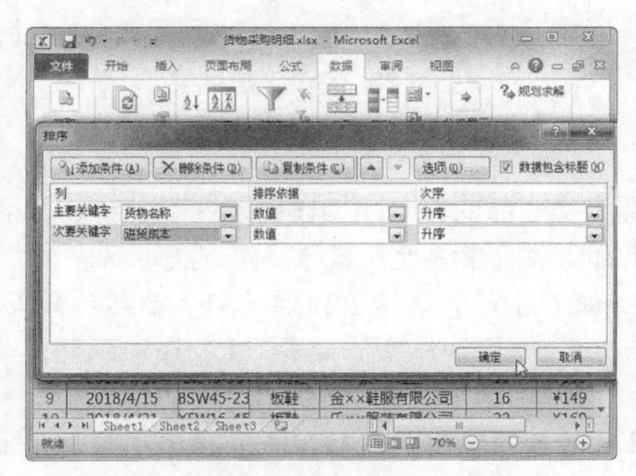

图 6-18　设置次要关键字

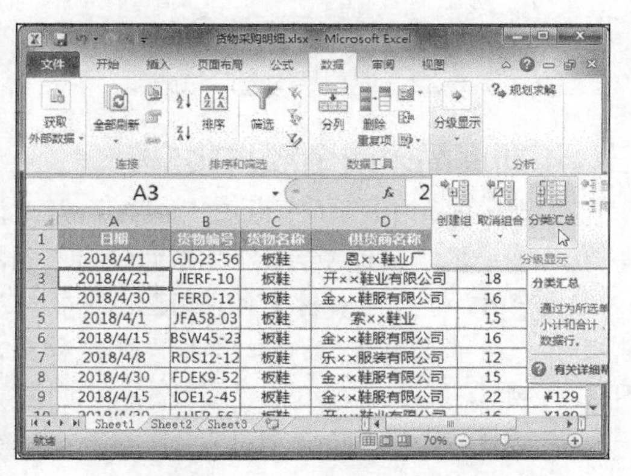

图 6-19　单击“分类汇总”按钮

Step 05 弹出“分类汇总”对话框，在“分类字段”下拉列表框中选择“货物名称”选项，在“选定汇总项”列表框中选中“进货成本”复选框，然后单击“确定”按钮，如图 6-20 所示。

Step 06 此时即可创建分类汇总，按“货物名称”对“进货成本”进行求和汇总，再次单击“分类汇总”按钮，如图 6-21 所示。

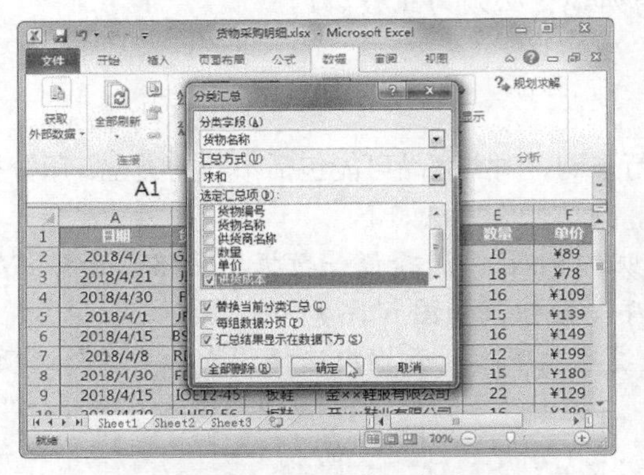

图 6-20 设置分类汇总选项

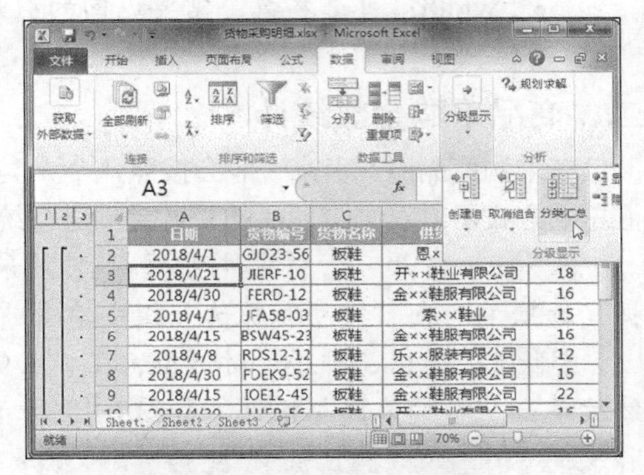

图 6-21 创建分类汇总

Step 07 弹出“分类汇总”对话框，在“汇总方式”下拉列表框中选择“平均值”选项，在“选定汇总项”列表框中选中“单价”复选框，取消选择“替换当前分类汇总”复选框，然后单击“确定”按钮，如图 6-22 所示。

Step 08 此时即可创建嵌套分类汇总，在当前分类汇总的基础上按“货物名称”对“单价”进行平均值汇总，结果如图 6-23 所示。

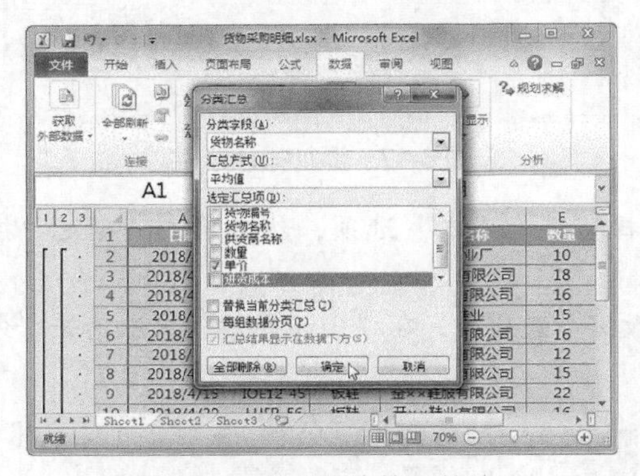

图 6-22 设置平均值汇总选项

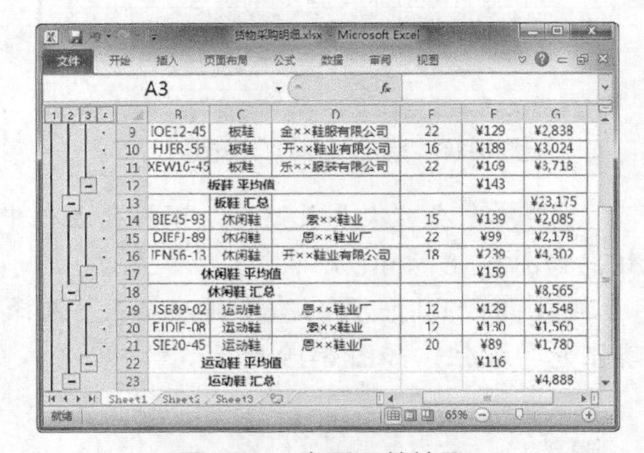

图 6-23 查看汇总结果

三、不同商品采购金额占比分析

卖家还可以根据不同商品的销售情况及时调整各类商品的占比，优化店铺的商品结构，以获得更多的利润。下面将详细介绍如何分析不同商品的采购金额占比，具体操作方法如下。

Step 01 打开“素材文件\项目六\货物采购明细 1.xlsx”，选择 B21 单元格，选择“公式”选项卡，在“函数库”组中单击“数学和三角函数”下拉按钮，选择 SUMIFS 函数，如图 6-24 所示。

Step 02 弹出“函数参数”对话框，设置函数的各项参数，然后单击“确定”按钮，如图 6-25 所示。

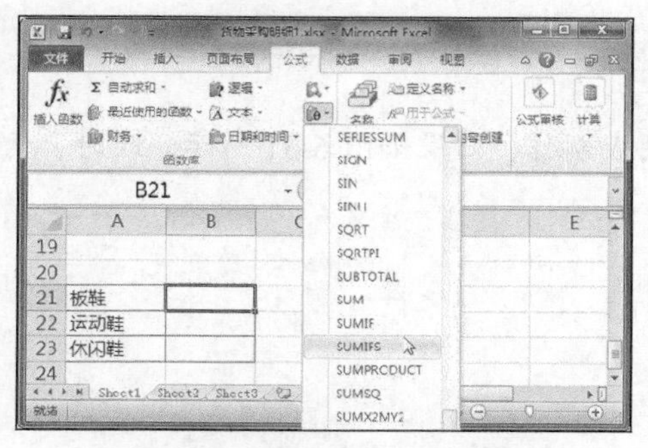

图 6-24　插入 SUMIFS 函数

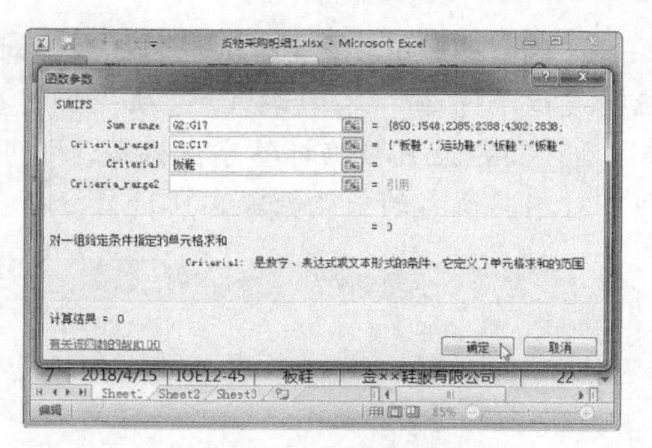

图 6-25　设置函数参数

Step 03 此时，即可对“板鞋”成本进行求和。选择 B21 单元格，在编辑栏中复制函数公式“=SUMIFS(G2:G17,C2:C17,"板鞋")”，然后选择 B22 单元格，在编辑栏中粘贴函数公式，并将函数公式更改为“=SUMIFS(G2:G17,C2:C17,"运动鞋")”，并按【Enter】键确认，对“运动鞋”成本进行求和，如图 6-26 所示。

Step 04 采用同样的方法，对“休闲鞋”成本进行求和。选择 A21:B23 单元格区域，选择“插入”选项卡，在“图表”组中单击“饼图”下拉按钮，选择“三维饼图”选项，如图 6-27 所示。

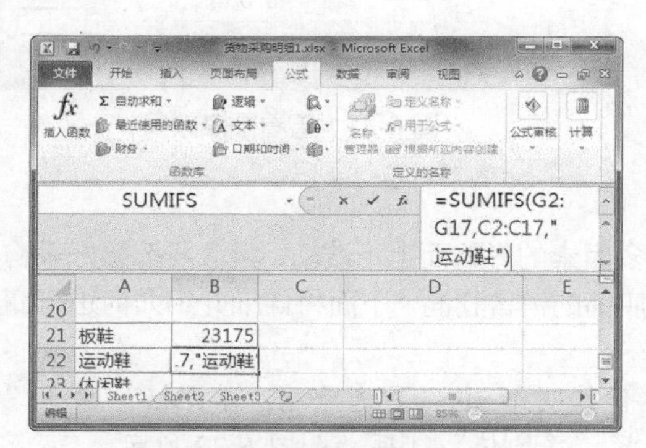

图 6-26　复制函数公式

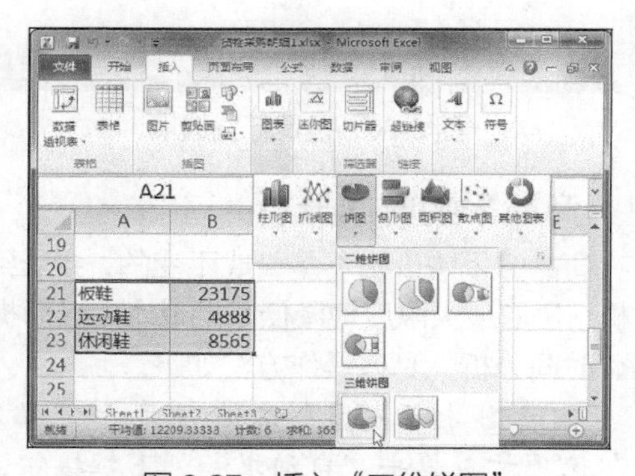

图 6-27　插入“三维饼图”

Step 05 移动图表位置，添加图表标题并设置图表格式。选中饼图扇区并右击，选择“添加数据标签”命令，如图 6-28 所示。

Step 06 选中数据标签并右击，选择“设置数据标签格式”命令，如图 6-29 所示。

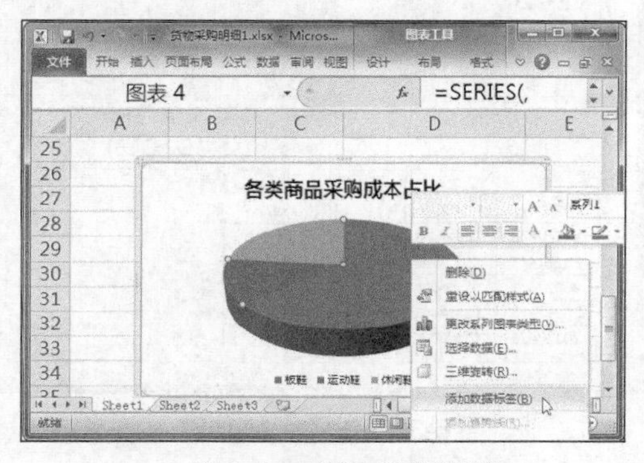

图 6-28　添加数据标签

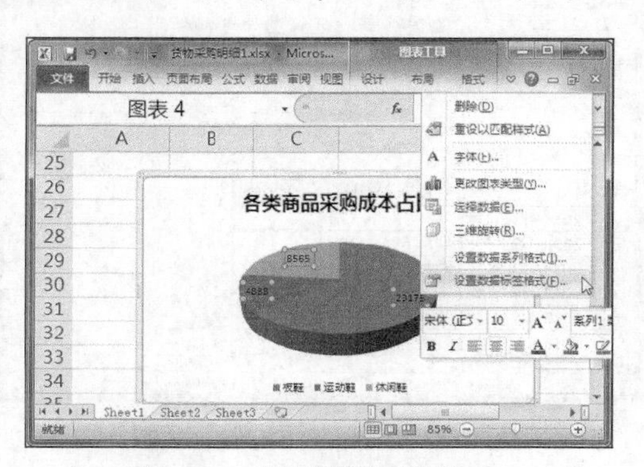

图 6-29　设置数据标签格式

Step 07 弹出“设置数据标签格式”对话框，选中“百分比”复选框，在“分隔符”下拉列表框中选择“(分行符)”选项，如图 6-30 所示。

Step 08 设置数据标签字体格式，即可完成图表制作，效果如图 6-31 所示。此时，卖家即可对不同商品的采购金额占比进行分析。

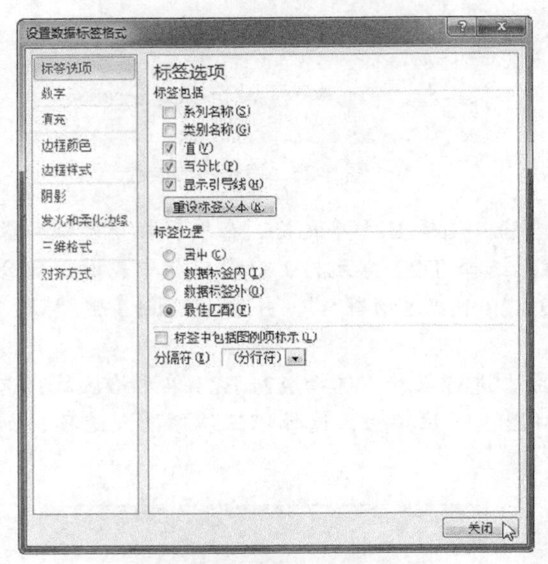

图 6-30 设置标签选项

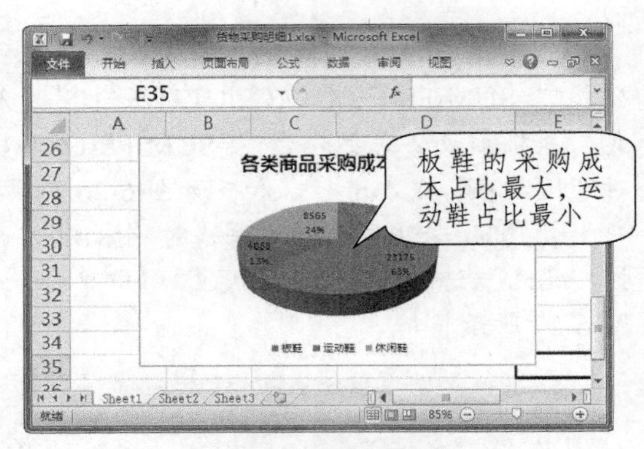

图 6-31 查看图表效果

四、商品采购时间分析

商品的采购价格不是一成不变的，会受到很多因素的影响而上下波动，卖家要把握好采购的时机，争取最大限度地降低采购成本，进而提升店铺的销售利润。下面将详细介绍如何进行商品采购时间分析，具体操作方法如下。

Step 01 打开“素材文件\项目六\商品采购价格明细.xlsx”，选择 E2 单元格，选择“公式”选项卡，单击“自动求和”下拉按钮，选择“平均值”选项，如图 6-32 所示。

Step 02 在编辑栏中将 AVERAGE 函数的参数设置为 D2:D16 单元格区域，如图 6-33 所示。

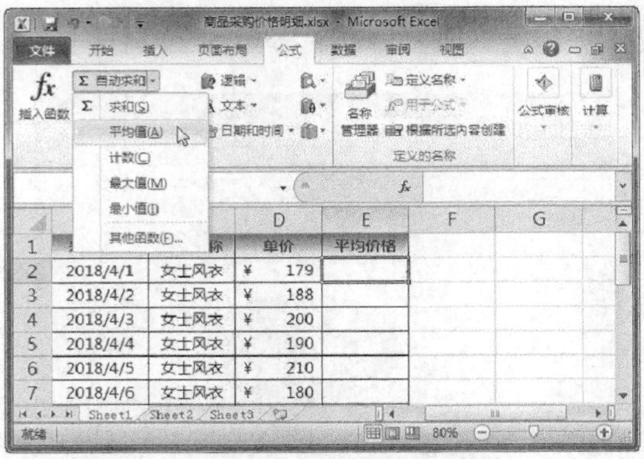

图 6-32 选择“平均值”函数

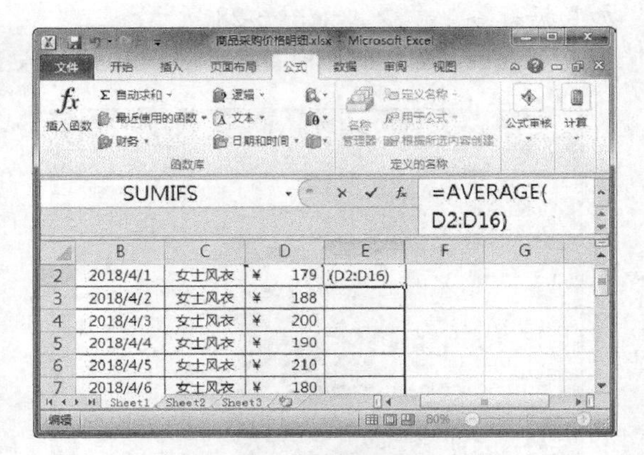

图 6-33 设置函数参数

Step 03 在编辑栏中将 AVERAGE 函数参数设置为 D2:D16，按【F4】键将其转换为绝对引用，并按【Enter】键确认，如图 6-34 所示。

Step 04 将鼠标指针置于 E2 单元格右下角，双击填充柄，系统会自动将公式填充到该列其他单元格中，如图 6-35 所示。

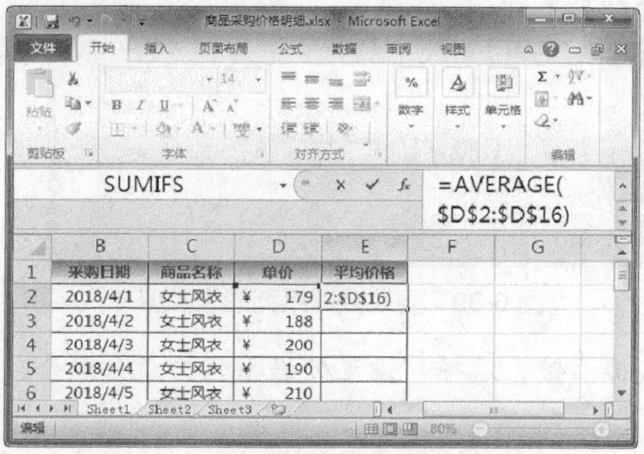

图 6-34　计算平均价格

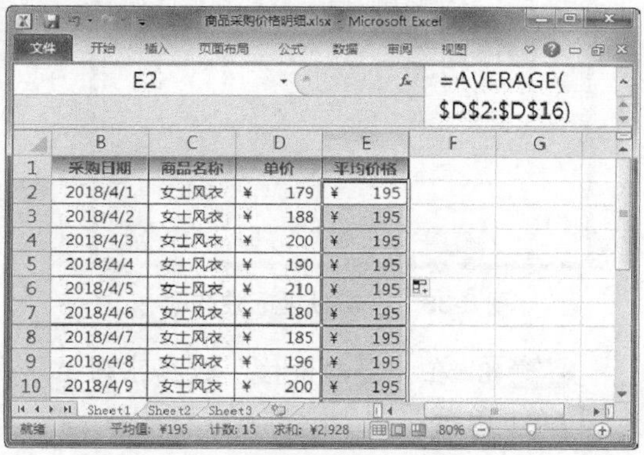

图 6-35　填充数据

Step 05 按住【Ctrl】键的同时选择 B1:B16、D1:D16 和 E1:E16 单元格区域，选择“插入”选项卡，在“图表”组中单击“折线图”下拉按钮，选择“带数据标记的折线图”选项，如图 6-36 所示。

Step 06 将图表移到合适的位置，添加图表标题并设置格式。在纵坐标轴上右击，选择“设置坐标轴格式”命令，如图 6-37 所示。

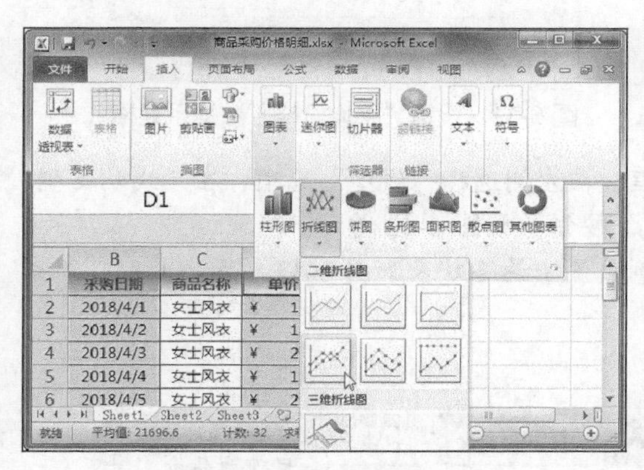

图 6-36　插入折线图

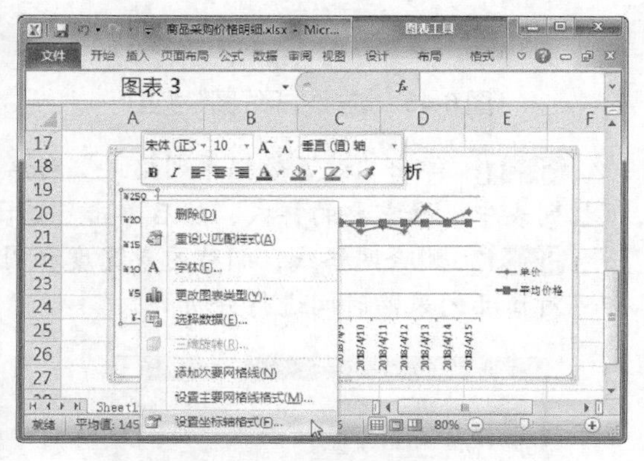

图 6-37　设置纵坐标轴

Step 07 弹出“设置坐标轴格式”对话框，在“最小值”选项区中选中“固定”单选按钮，设置值为 150；在“最大值”选项区中选中“固定”单选按钮，设置值为 250；在“主要刻度单位”选项区中选中“固定”单选按钮，设置值为 20，然后单击“关闭”按钮，如图 6-38 所示。

Step 08 此时，即可查看设置后的纵坐标轴效果。选中“平均价格”数据系列并右击，选择“更改系列图表类型”命令，如图 6-39 所示。

Step 09 弹出“更改图表类型”对话框，选择“折线图”选项，然后单击“确定”按钮，如图 6-40 所示。

图 6-38　设置纵坐标轴选项

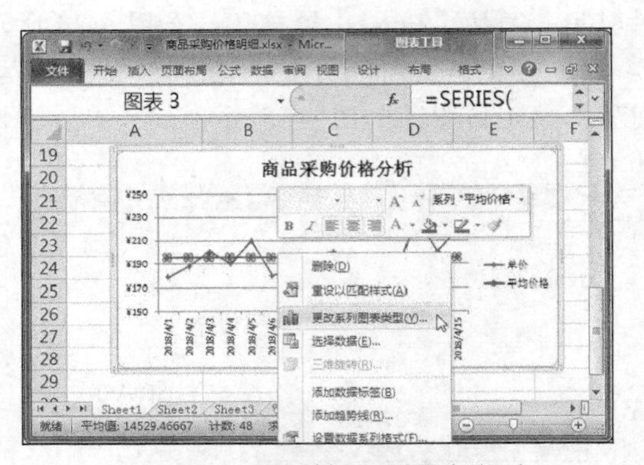

图 6-39　更改数据系列图表类型

Step 10　在“平均价格”数据系列上单击鼠标右键，选择“设置数据系列格式”命令，如图 6-41 所示。

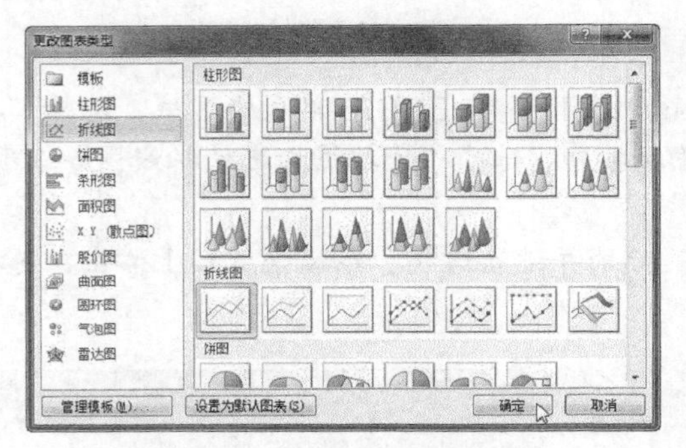

图 6-40　选择“折线图”类型

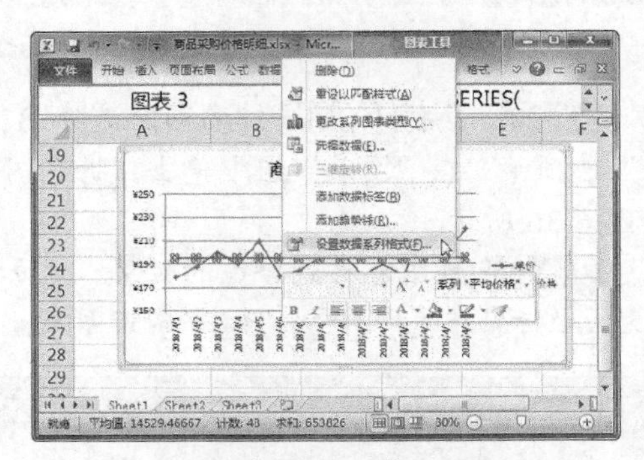

图 6-41　设置“平均价格”数据系列格式

Step 11　弹出“设置数据系列格式”对话框，在左侧选择“线型”选项，在“线端类型”下拉列表中选择需要的样式，然后单击“关闭”按钮，如图 6-42 所示。

Step 12　删除网格线，调整图表宽度和图例位置，最终效果如图 6-43 所示。此时，商家即可对商品的采购时间进行分析。

图 6-42　设置线型

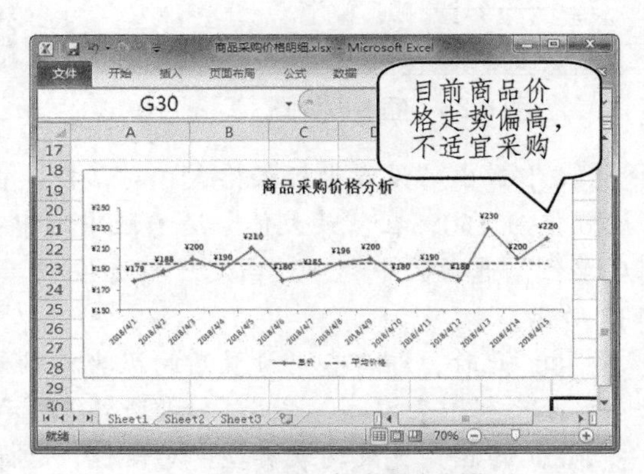

图 6-43　完成图表制作

AVERAGE 函数的语法

语法：AVERAGE(number1,[number2],...)

- number1：必需参数。要计算平均值的第一个数字、单元格引用或单元格区域。
- number2：可选参数。要计算平均值的其他数字、单元格引用或单元格区域，最多可包含 255 个。

五、对采购金额进行预测

卖家可以使用移动平均法对未来一段时间内的采购金额进行预测或推算，如明年、下个月采购金额的预测推算，以便进行采购资金的准备和规划。移动平均法是一种简单平滑预测技术，它是根据时间序列资料、逐项推移，依次计算包含一定项数的序时平均值，以反映长期趋势的方法。

下面将详细介绍如何使用移动平均法对采购金额进行预测，具体操作方法如下。

Step 01 打开“素材文件\项目六\采购金额预测.xlsx”，选择 C3 单元格，在编辑栏中输入公式“=(B3-B2)/B2”，并按【Enter】键确认，计算成本增减率，如图 6-44 所示。

Step 02 利用填充柄将 C3 单元格中的公式填充到该列其他单元格中，如图 6-45 所示。

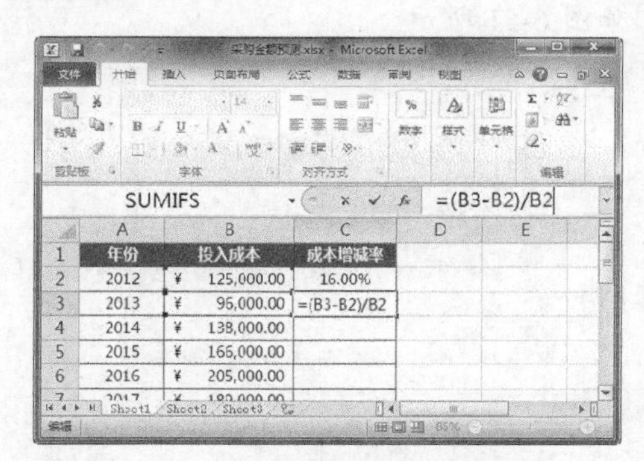

图 6-44　计算成本增减率

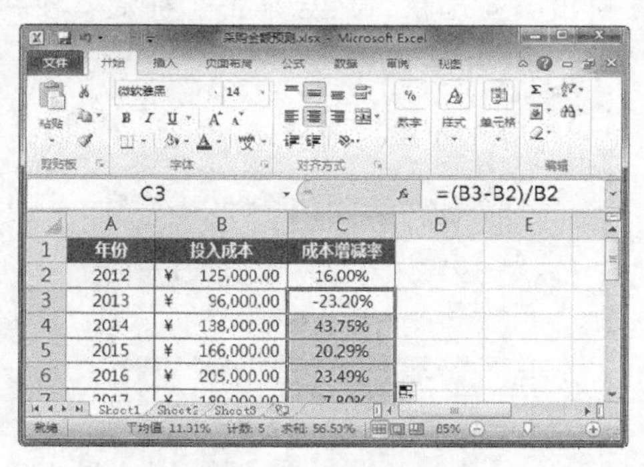

图 6-45　填充公式

Step 03 选择“文件”选项卡，在左侧单击“选项”按钮，如图 6-46 所示。

Step 04 弹出“Excel 选项”对话框，在左侧选择“加载项”选项，单击“转到”按钮，如图 6-47 所示。

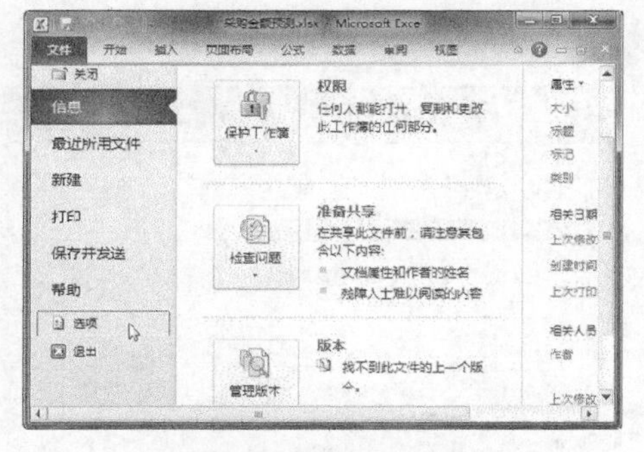

图 6-46　打开 Excel 选项

图 6-47　管理 Excel 加载项

Step 05 弹出“加载宏”对话框，选中“分析工具库”复选框，然后单击“确定”按钮，如图 6-48 所示。

Step06 选择“数据”选项卡，在“分析”组中单击“数据分析”按钮，如图 6-49 所示。

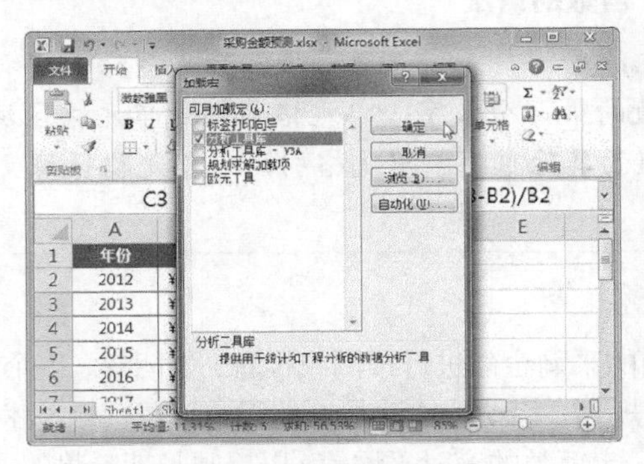

图 6-48　选择“加载宏”

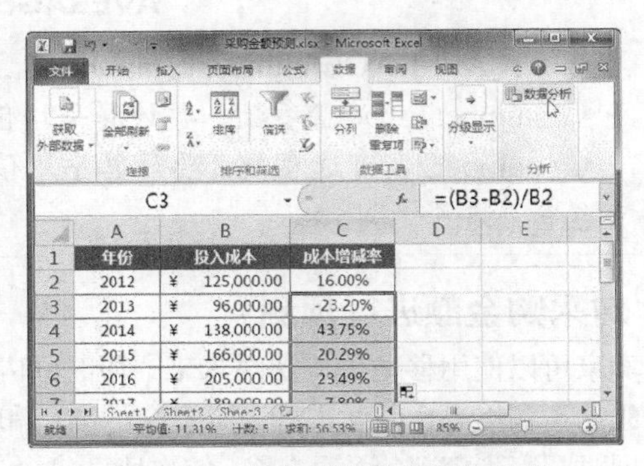

图 6-49　单击“数据分析”按钮

Step07 弹出“数据分析”对话框，选择“移动平均”选项，然后单击“确定”按钮，如图 6-50 所示。

Step08 弹出“移动平均”对话框，分别设置“输入区域”和“输出区域”参数，选中“图表输出”复选框，然后单击“确定”按钮，如图 6-51 所示。

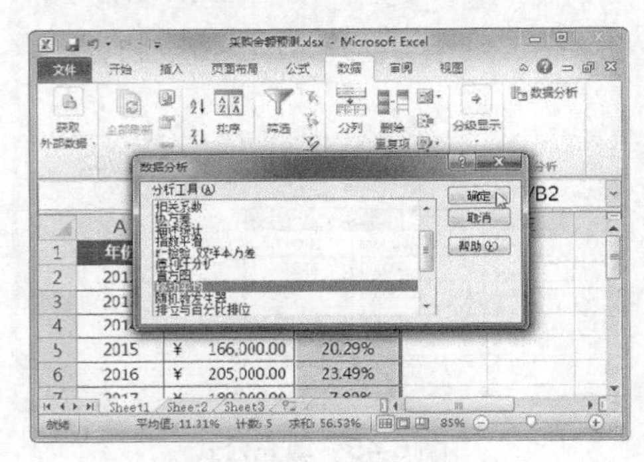

图 6-50　选择分析工具

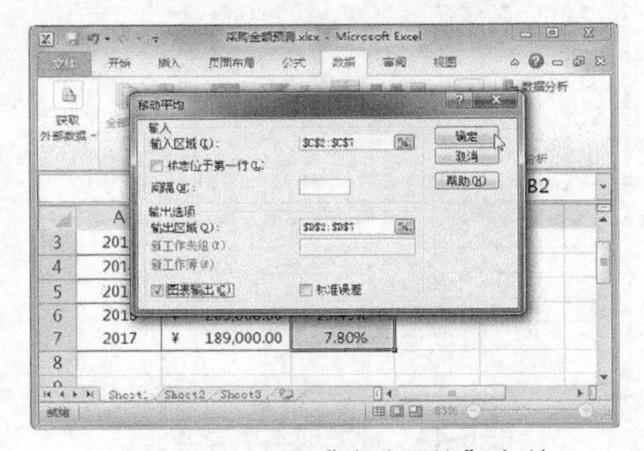

图 6-51　设置“移动平均”参数

Step09 此时即可查看生成的图表，添加数据标签并设置格式。从图表中可以查看商品未来采购金额的平均走势及相应的数据，如图 6-52 所示。

Step10 选择 C10 单元格，在编辑栏中输入公式“=B7*D7”，并按【Enter】键确认，计算出预测结果，如图 6-53 所示。

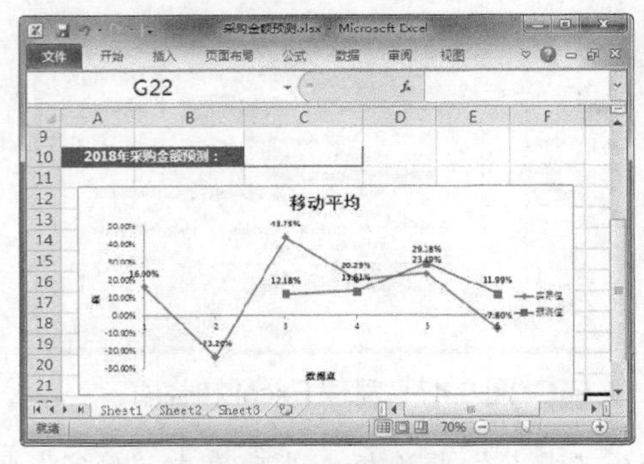

图 6-52　设置图表格式

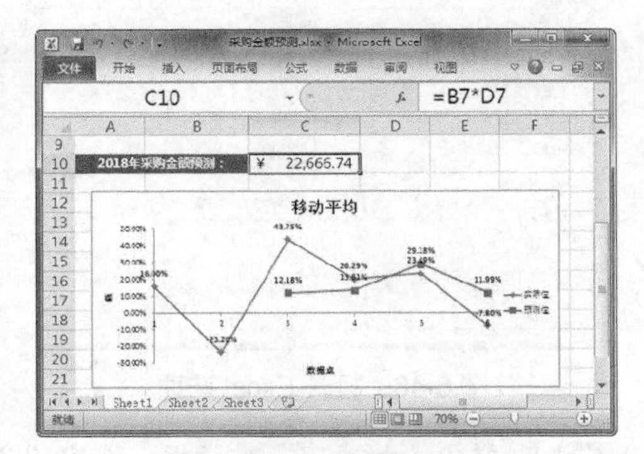

图 6-53　计算预测结果

六、不同供货商商品报价分析

卖家通过对多家供应商的商品报价进行比较，可以选择更有优势的供应商进行合作，从而降低商品采购成本。下面将详细介绍如何分析不同供货商的商品报价，具体操作方法如下。

Step 01 打开“素材文件\项目六\供货商商品报价.xlsx”，选择 C2:C7 单元格区域，按【Ctrl+C】组合键进行复制，如图 6-54 所示。

Step 02 选择 B23 单元格，单击“粘贴”下拉按钮，选择“转置”选项，如图 6-55 所示。

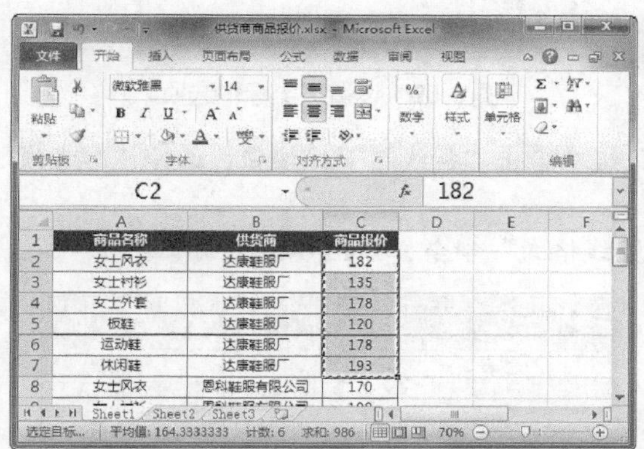

图 6-54　复制数据

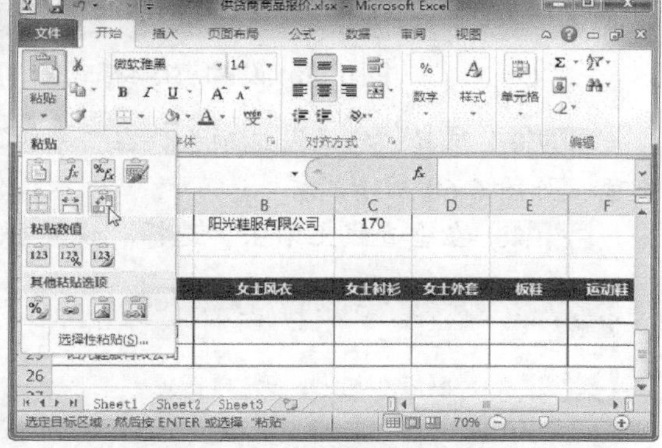

图 6-55　转置粘贴

Step 03 采用同样的方法，粘贴“恩科鞋服有限公司”和“阳光鞋服有限公司”供货商所对应的商品报价数据，如图 6-56 所示。

Step 04 选择 A22:G25 单元格区域，选择“插入”选项卡，在“图表”组中单击“折线图”下拉按钮，选择“折线图”选项，如图 6-57 所示。

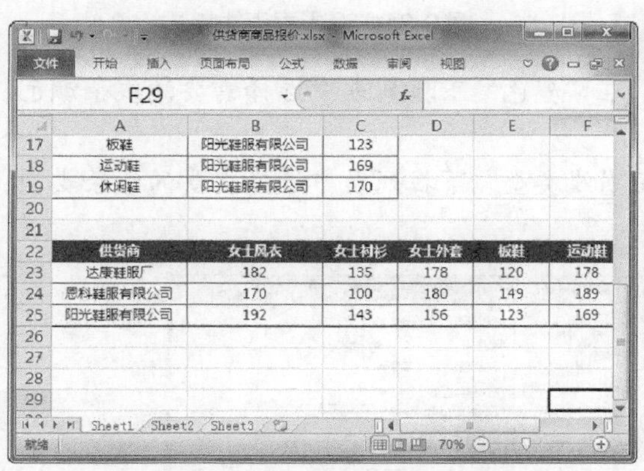

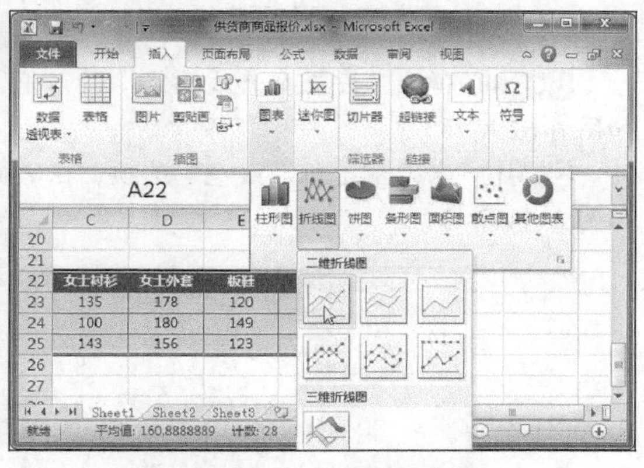

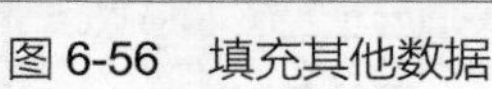

图 6-56　填充其他数据

图 6-57　插入折线图

Step 05 在图表中选中纵坐标轴并单击鼠标右键，选择“设置坐标轴格式”命令，如图 6-58 所示。

Step 06 弹出“设置坐标轴格式”对话框，在“最小值”选项区中选中“固定”单选按钮，设置值为 100；在“最大值”选项区中选中“固定”单选按钮，设置值为 200；在“主要刻度单位”选项区中选中“固定”单选按钮，设置值为 20，然后单击“关闭”按钮，如图 6-59 所示。

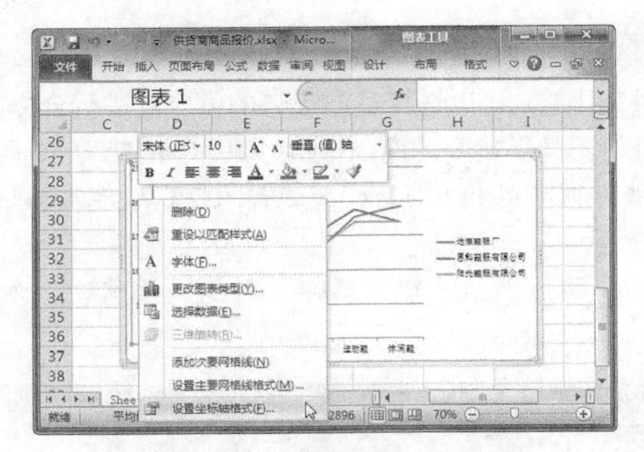

图 6-58　设置纵坐标格式

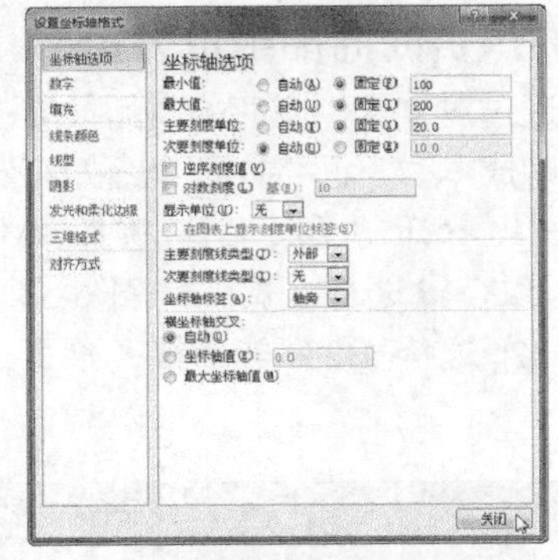

图 6-59　设置纵坐标轴选项

Step 07 选择“布局”选项卡，在“分析”组中单击“折线”下拉按钮，选择“垂直线”选项，如图 6-60 所示。

Step 08 在垂直线上右击，选择“设置垂直线格式”命令，如图 6-61 所示。

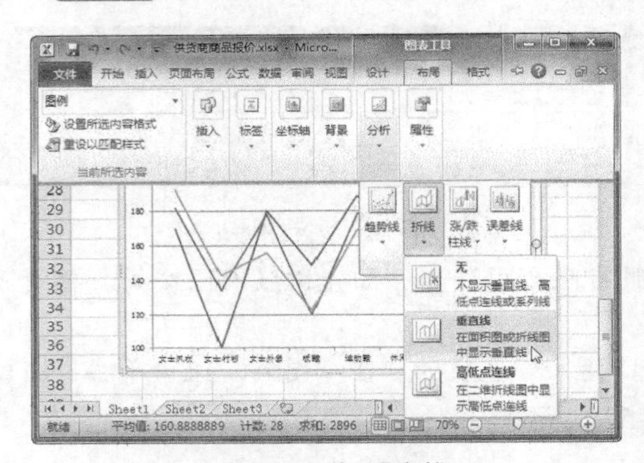

图 6-60　添加垂直线

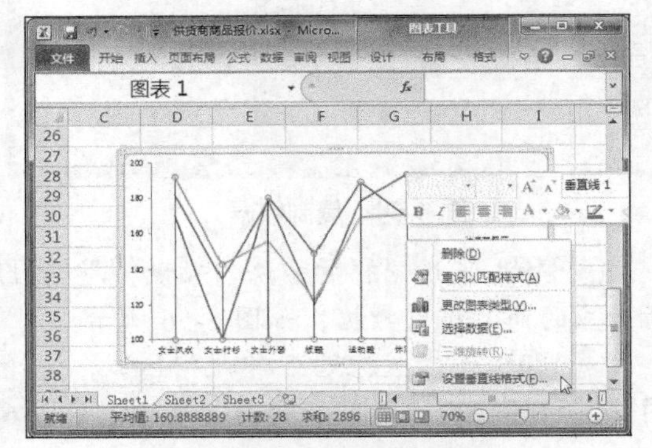

图 6-61　设置垂直线格式

Step 09 弹出“设置垂直线格式”对话框，在“颜色”下拉列表中选择需要的线条颜色，如图 6-62 所示。

Step 10 在左侧选择“线型”选项，在“短划线类型”下拉列表中选择需要的线条类型，如图 6-63 所示。

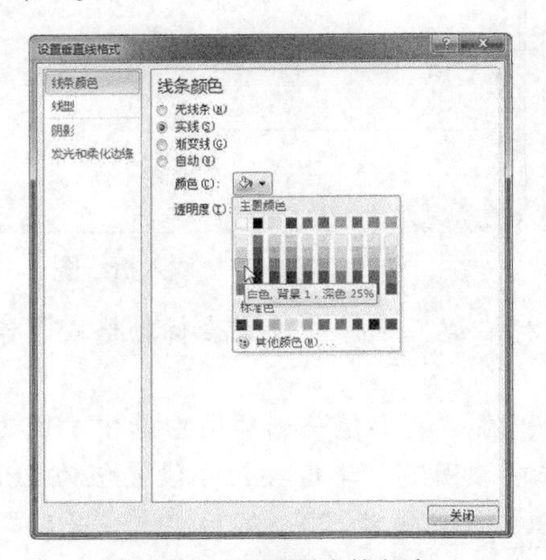

图 6-62　设置垂直线颜色

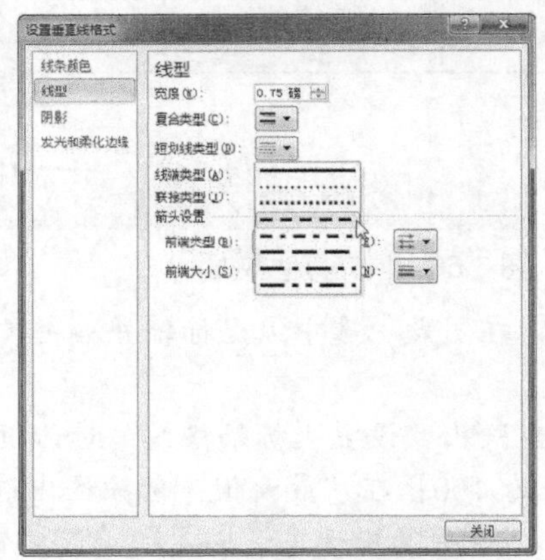

图 6-63　设置垂直线线型

Step 11 插入图表标题和数据标签，并设置标题、数据标签、坐标轴和图例字体等格式，将图例移至图表下方，即可完成图表制作，最终效果如图 6-64 所示。此时，商家即可对不同供货商的商品报价进行分析。

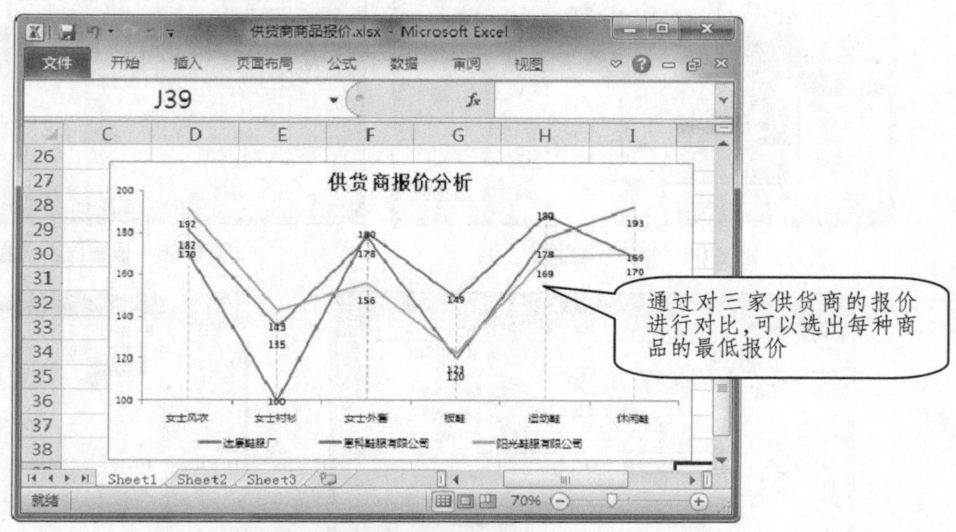

图 6-64 美化图表

任务二 根据商品生命周期控制采购商品

任务概述

商品生命周期是指商品的市场寿命。一种商品进入市场后，其销量和利润都会随着时间的推移而发生改变，呈现出一个由少到多、由多到少的过程。商品生命周期一般分为四个阶段，即导入/培育期、成长期、成熟期和衰退期。在培育期、成长期和成熟期可以增大采购数量，在衰退期减少采购数量甚至不采购，以减少不合理的采购投入。本任务将学习如何在 Excel 中根据商品生命周期来控制采购商品。

任务重点与实施

一、根据成交量分析商品生命周期

下面将详细介绍如何根据成交量分析商品生命周期，具体操作方法如下。

Step 01 打开“素材文件\项目六\商品生命周期.xlsx”，选择 B1:D31 单元格区域，选择“插入”选项卡，在“图表”组中单击“折线图”下拉按钮，选择“折线图”选项，如图 6-65 所示。

Step 02 选中图表，选择“布局”选项卡，在“标签”组中单击“图例”下拉按钮，选择“在底部显示图例”选项，如图 6-66 所示。

Step 03 选中“成交量”数据系列并单击鼠标右键，选择“设置数据系列格式”命令，如图 6-67 所示。

Step 04 弹出“设置数据系列格式”对话框，选中“次坐标轴”单选按钮，如图 6-68 所示。

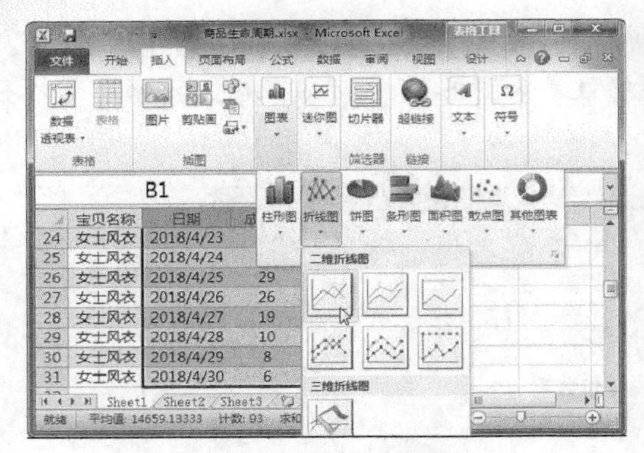

图 6-65　插入折线图

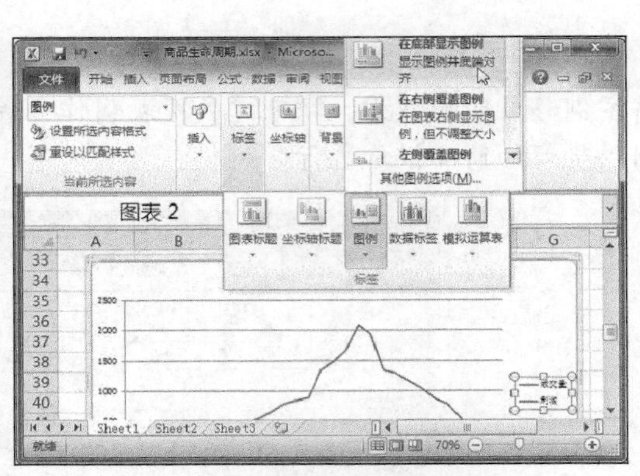

图 6-66　设置图例位置

图 6-67　设置数据系列格式

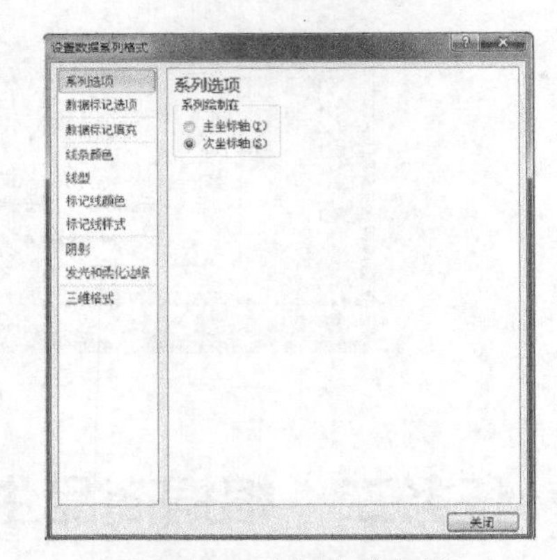

图 6-68　选择次坐标轴

Step 05 保持“设置坐标轴格式”对话框为打开状态，在图表中选中次坐标轴，在“最小值”选项区中选中“固定”单选按钮，设置值为 0；在“最大值”选项区中选中“固定”单选按钮，设置值为 200；在“主要刻度单位”选项区中选中“固定”单选按钮，设置值为 20，如图 6-69 所示。

Step 06 在图表中选中“成交量”数据系列，在“设置数据系列格式”对话框左侧选择“线型”选项，选中“平滑线”复选框，如图 6-70 所示。采用同样的方法，设置“利润”数据系列。

图 6-69　设置次坐标轴选项

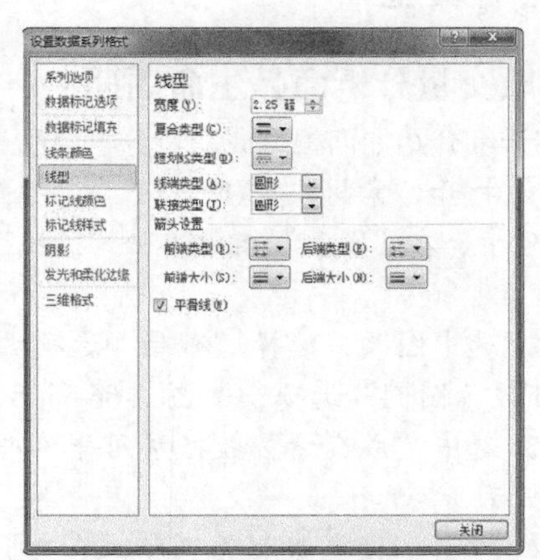

图 6-70　设置线型

Step 07 在图表中选中纵坐标轴，在“最小值”选项区中选中“固定”单选按钮，设置值为 0，然后单击“关闭”按钮，如图 6-71 所示。

Step 08 选择“插入”选项卡，在“插图”组中单击“形状”下拉按钮，选择“直线”形状，如图 6-72 所示。

图 6-71 设置纵坐标轴选项

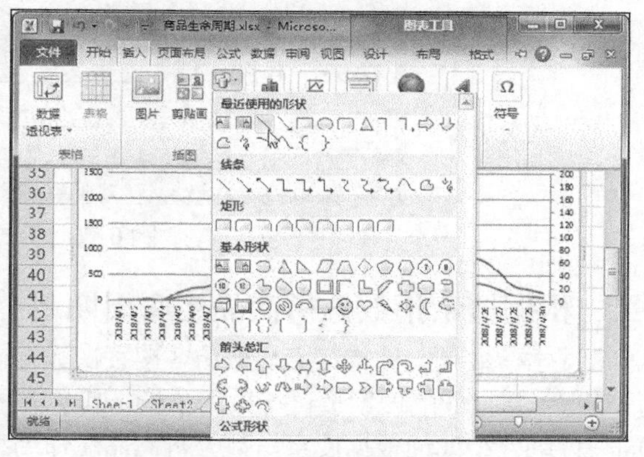

图 6-72 插入直线形状

Step 09 在“利润”数据系列与横坐标之间绘制直线，在合适的位置将“利润”数据系列分为四个阶段。在“文本”组中单击“文本框”下拉按钮，选择“横排文本框”选项，如图 6-73 所示。

Step 10 在文本框中输入文本“导入期”，并设置字体格式，将其移到合适的位置。选中文本框，选择“格式”选项卡，在“形状样式”组中单击“形状填充”下拉按钮，选择“无填充颜色”选项，如图 6-74 所示。

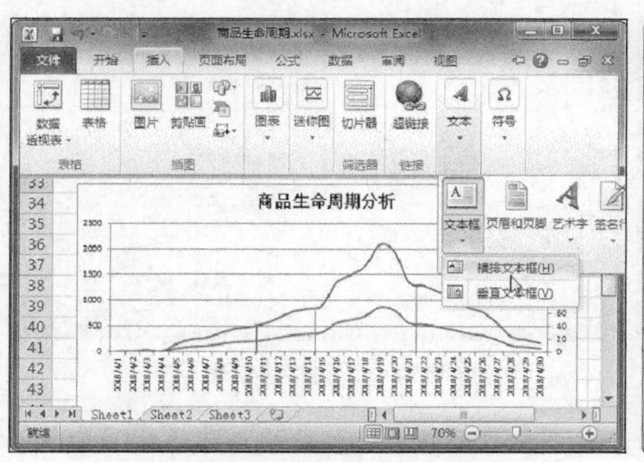

图 6-73 插入文本框

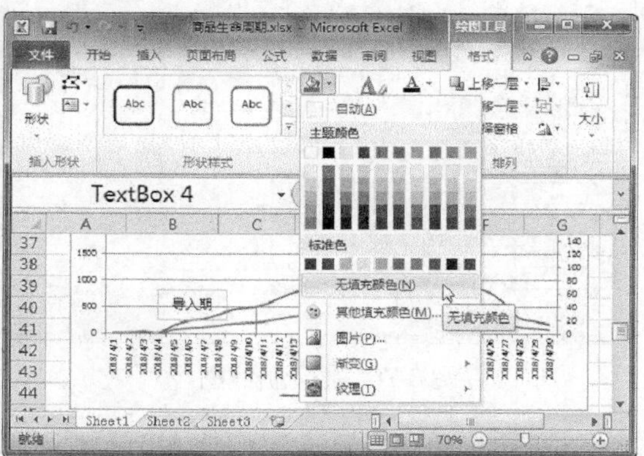

图 6-74 设置文本框格式

Step 11 采用同样的方法，插入其他阶段的文本框，在图表中删除网格线，即可完成图表制作，最终效果如图 6-75 所示。此时，卖家即可根据成交量来分析商品生命周期。

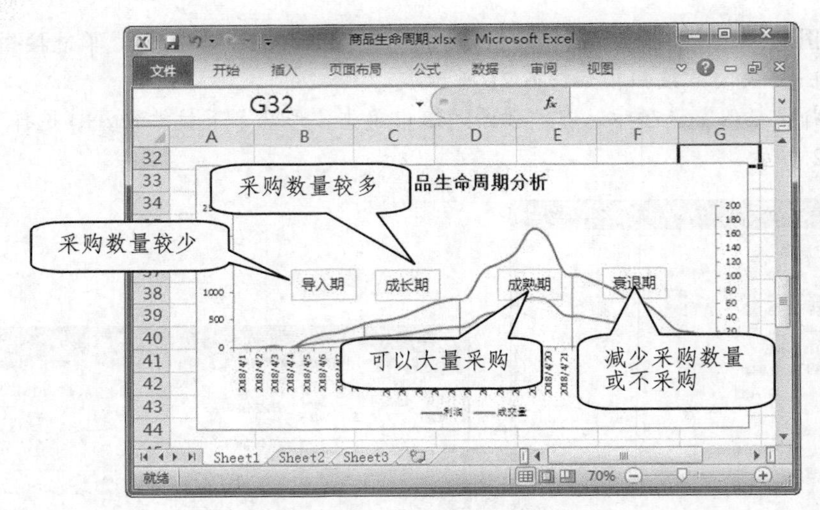

图 6-75　完成图表制作

二、根据搜索指数分析商品生命周期

搜索指数是一种特定商品被访客搜索次数的一个指标，它能反映这个商品的竞争程度和冷热门情况。从行业的搜索量进行数据分析，其实就是分析消费者对商品关心或关注程度的走势。下面将详细介绍如何根据搜索指数分析商品生命周期，具体操作方法如下。

Step 01 打开"素材文件\项目六\商品搜索指数.xlsx"，选择 B1:C63 单元格区域，选择"插入"选项卡，在"图表"组中单击"折线图"下拉按钮，选择"折线图"选项，如图 6-76 所示。

Step 02 添加图表标题，选中横坐标轴并单击鼠标右键，选择"设置坐标轴格式"命令，如图 6-77 所示。

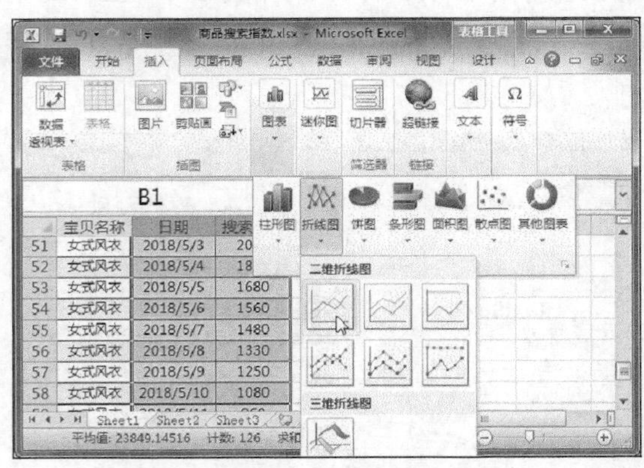

图 6-76　插入折线图

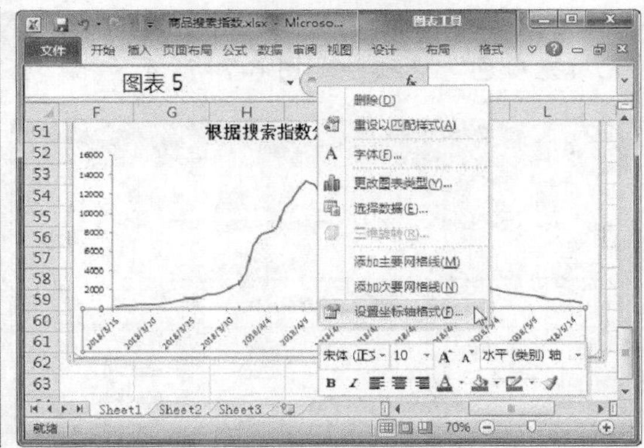

图 6-77　设置横坐标轴格式

Step 03 弹出"设置坐标轴格式"对话框，在"主要刻度单位"选项区中选中"固定"单选按钮，设置值为 15 天，然后单击"关闭"按钮，如图 6-78 所示。

Step 04 此时图表横坐标轴会以 15 天为间隔时间显示，在合适的位置添加生命周期分界线。选择"插入"选项卡，在"文本"组中单击"文本框"下拉按钮，选择"横排文本框"选项，如图 6-79 所示。

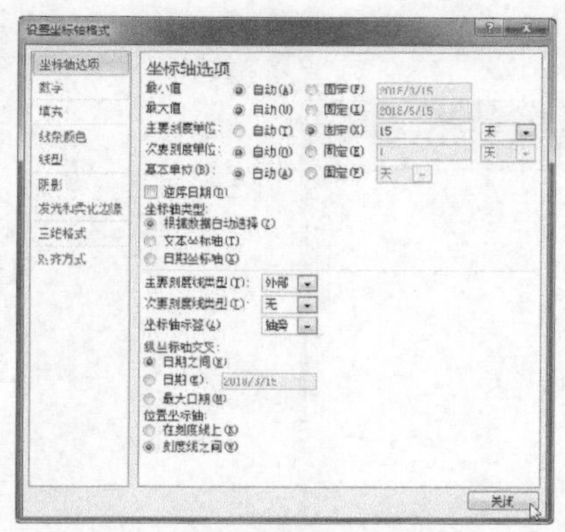

图 6-78　设置坐标轴选项

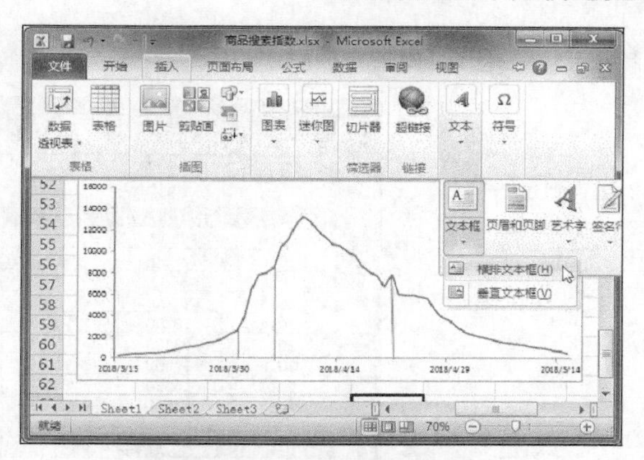

图 6-79　添加生命周期分界线

Step 05 在文本框中输入文本，并设置字体格式。采用同样的方法，插入其他阶段的说明文本，即可完成图表制作，最终效果如图 6-80 所示。此时，卖家即可根据搜索指数分析商品生命周期。

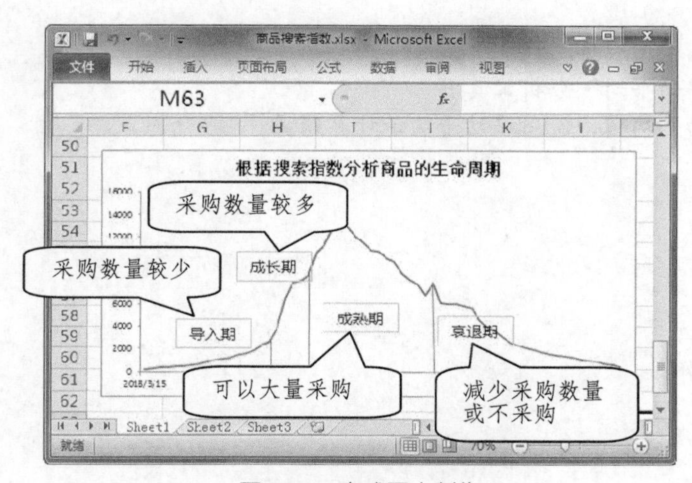

图 6-80　完成图表制作

项目小结

通过本项目的学习，读者应重点掌握以下知识。

（1）通过对商品成本价格进行分析，寻找合适的采购时机，以节约采购成本。

（2）通过对不同的商品采购金额占比进行分析，根据不同商品的销售情况适当调整各类商品的占比，优化店铺的商品结构。

（3）通过对不同供货商的报价进行对比分析，选择最合适的供货商，降低采购成本。

（4）通过分析商品生命周期，合理控制商品采购数量，避免造成缺货和库存积压。

项目习题

打开“素材文件\项目六\2018 年销量预测.xlsx”，如图 6-81 所示。根据近几年销量数据，使用移动平均法预测 2018 年销量。

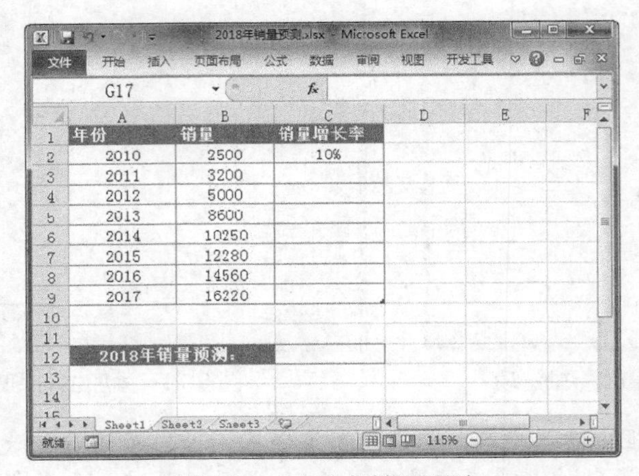

年份	销量	销量增长率
2010	2500	10%
2011	3200	
2012	5000	
2013	8600	
2014	10250	
2015	12280	
2016	14560	
2017	16220	

2018年销量预测：

图 6-81　2018 年销量预测

关键提示：

（1）计算“销量增长率”。

（2）加载“移动平均”分析工具。

（3）输出移动平均值，使用移动平均值计算销量。

项目七

商品库存数据管理与分析

项目概述

库存是电商运营中采购与销售的中转站，用于商品存取、周转和调度。它能保证商品的及时供应，防止供货短缺或中断。如果做不好库存管理工作，就可能会出现占用大量资金、加大库存成本等情况的发生，所以卖家需要定期对库存数据进行认真分析，制定出合理的库存管理策略，以保证商品供应的平衡。

项目重点

- 掌握商品库存数据分析的方法。
- 掌握单一商品查询和分析的方法。
- 掌握库存商品动态查询的方法。
- 掌握库存周转率分析的方法。

项目目标

- 学会分析商品库存数据。
- 学会查询和分析单一商品状态。
- 学会动态查询库存商品。
- 学会分析库存周转率。

任务一　商品库存数据分析

任务概述

商品库存数据分析的意义不仅仅是数量对错这样简单的问题，而是通过数据分析了解商品库存的情况，从而判断商品结构是否完善或商品数据是否需要进行补货等。本任务将学习如何在 Excel 中进行商品库存数据的分析。

任务重点与实施

一、库存各类商品占比统计

卖家通过分析库存商品占比情况，可以了解商品结构是否符合市场需求，及时调整销售策略。下面将详细介绍如何统计库存各类商品的占比情况，具体操作方法如下。

Step 01 打开“素材文件\项目七\商品库存数量.xlsx”，选择任意数据单元格，选择“插入”选项卡，在“图表”组中单击“饼图”下拉按钮，选择“三维饼图”选项，如图 7-1 所示。

Step 02 右击图表，选择“选择数据”命令，如图 7-2 所示。

Step 03 弹出“选择数据源”对话框，单击“切换行/列”按钮，然后单击“确定”按钮，如图 7-3 所示。

Step 04 设置图表标题为“1-5 月库存商品数量”，设置图例字体格式。右击图表数据系列，选择“设置数据系列格式”命令，如图 7-4 所示。

Step 05 弹出“设置数据系列格式”对话框，在“饼图分离程度”选项区中的文本框中输入 20%，如图 7-5 所示。

Step 06 不关闭“设置数据系列格式”对话框，在图表中选中图表区，然后选中“渐变填充”单选按钮，设置“渐变光圈”中的颜色，单击“关闭”按钮，如图 7-6 所示。

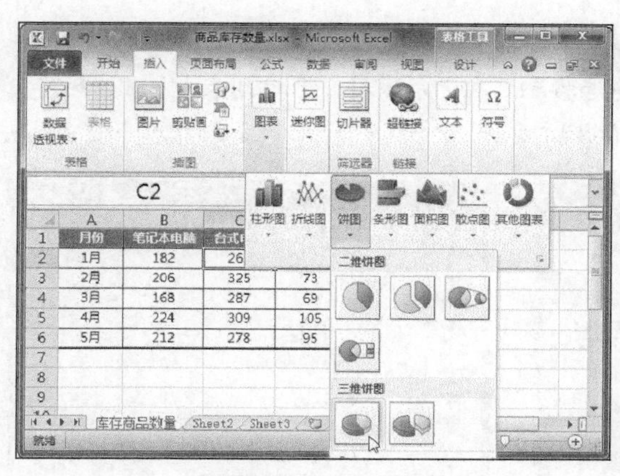

图 7-1　插入三维饼图

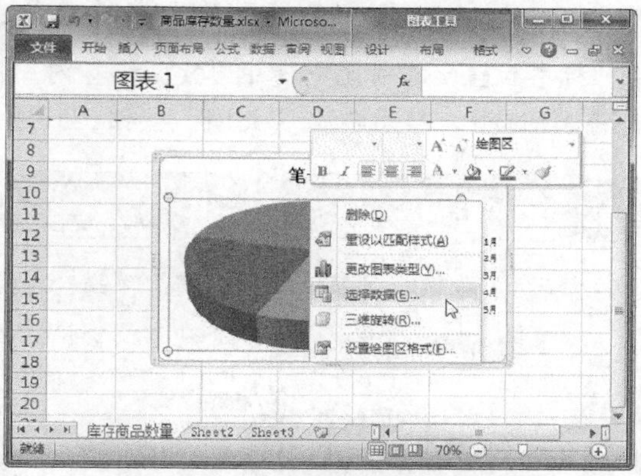

图 7-2　选择“选择数据”命令

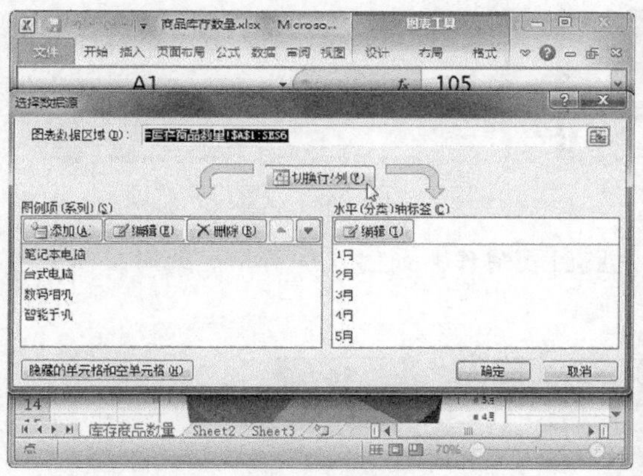

图 7-3　切换行/列

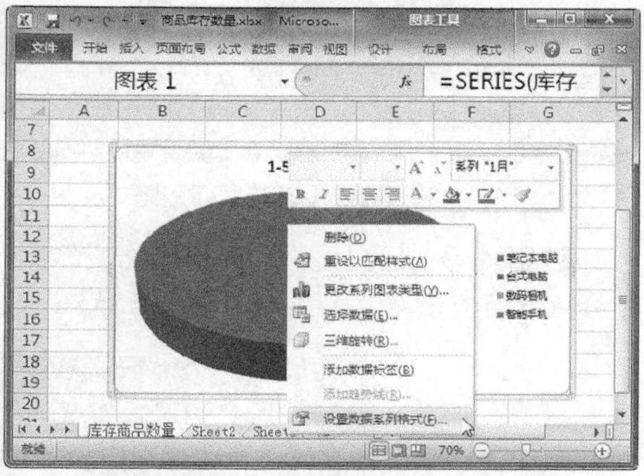

图 7-4　设置数据系列格式

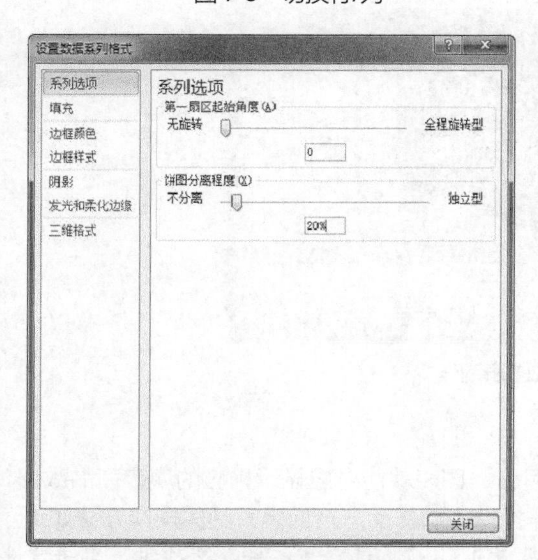

图 7-5　设置饼图分离程度

图 7-6　设置图表区填充颜色

Step 07 为图表添加数据标签，选中数据标签并单击鼠标右键，选择“设置数据标签格式”命令，如图 7-7 所示。

Step 08 弹出“设置数据标签格式”对话框，选中“类别名称”和“百分比”复选框，在“标签位置”选项区中选中“数据标签内”单选按钮，在“分隔符”下拉列表框中选择“(分行符)”选项，然后单击“关闭”按钮，如图 7-8 所示。

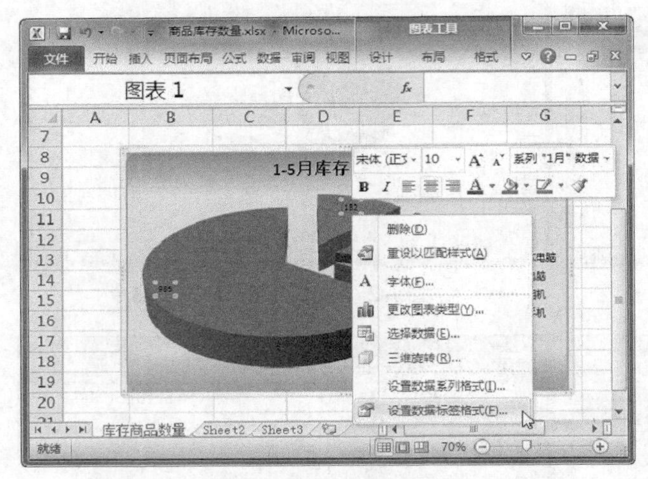

图 7-7　设置数据标签格式

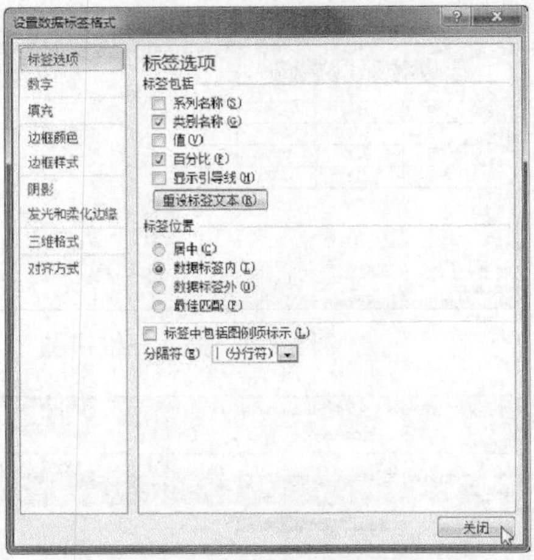

图 7-8　设置标签选项

Step 09 为数据标签设置字体格式，即可完成图表制作，如图 7-9 所示。此时，卖家可十分直观地查看库存各类商品的占比情况。

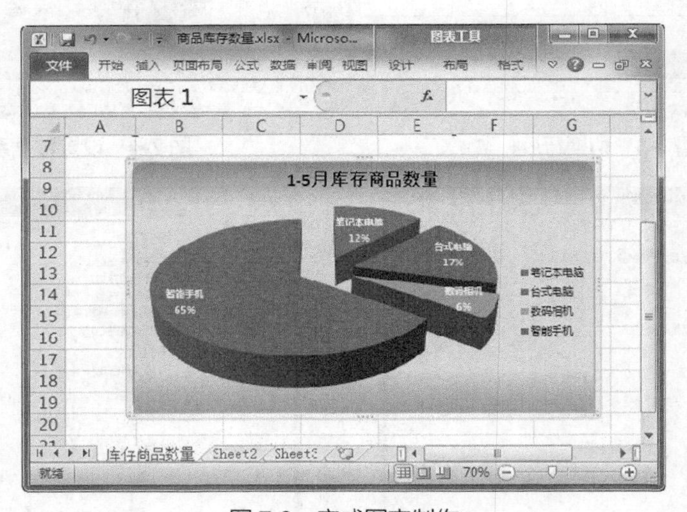

图 7-9　完成图表制作

二、制作库存商品动态查询表

库存商品动态查询表即在表格中选择不同的月份，图表就能对应显示相应的库存商品数据，达到动态查询的效果。在 Excel 中，可以使用窗体控件来制作动态查询表，具体操作方法如下。

Step 01 打开“素材文件\项目七\商品库存数量 1.xlsx”，选择“文件”选项卡，单击“选项”按钮，如图 7-10 所示。

Step 02 弹出“Excel 选项”对话框，在左侧选择“自定义功能区”选项，选中“开发工具”复选框，然后单击“确定”按钮，如图 7-11 所示。

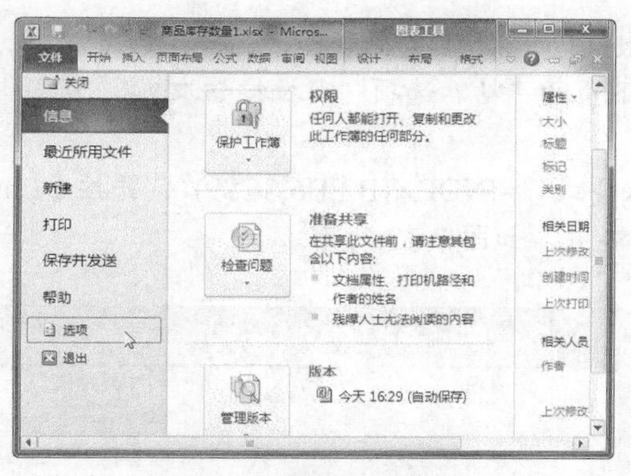

图 7-10　设置 Excel 选项

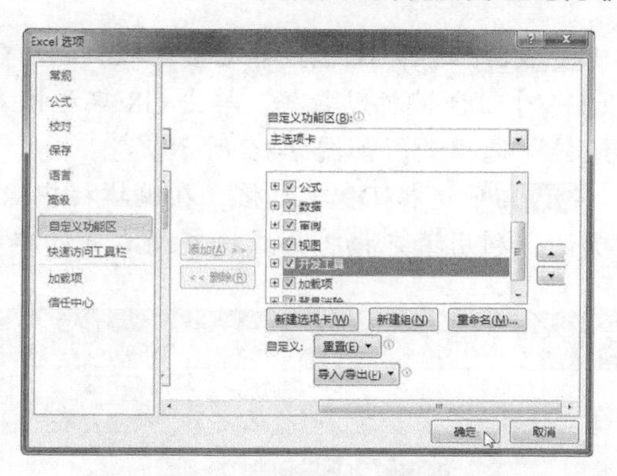

图 7-11　自定义功能区

Step 03 选择“开发工具”选项卡，在“控制”组中单击“插入”下拉按钮，在“表单控件”选项区中单击“组合框（窗体控件）”按钮，如图 7-12 所示。

Step 04 在合适的位置拖动鼠标绘制组合框，然后右键单击组合框控件，选择“设置控件格式”命令，如图 7-13 所示。

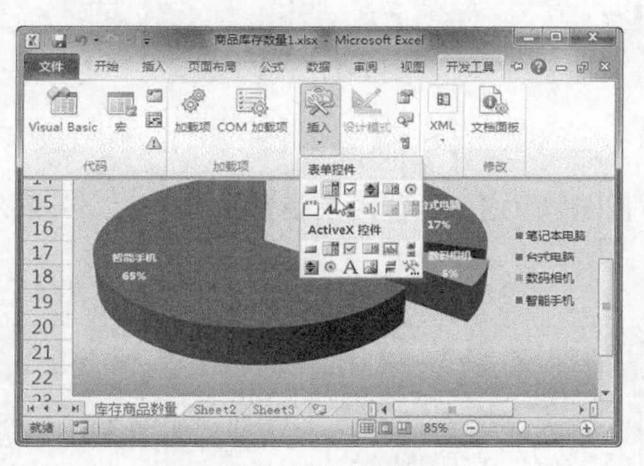

图 7-12　插入表单控件

图 7-13　设置控件格式

Step 05 弹出“设置对象格式”对话框，选择“控制”选项卡，设置“数据源区域”“单元格链接”等参数，然后单击“确定”按钮，如图 7-14 所示。

Step 06 单击组合框右侧的下拉按钮，根据需要选择相应的选项，此时在 C9 单元格中显示相应选项的序号，如图 7-15 所示。

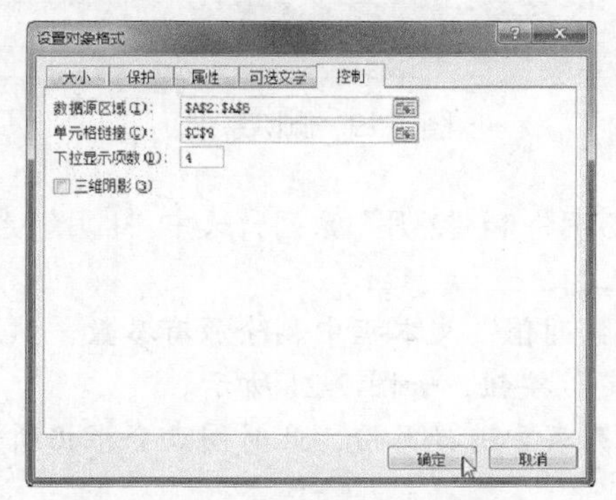

图 7-14　设置控制参数

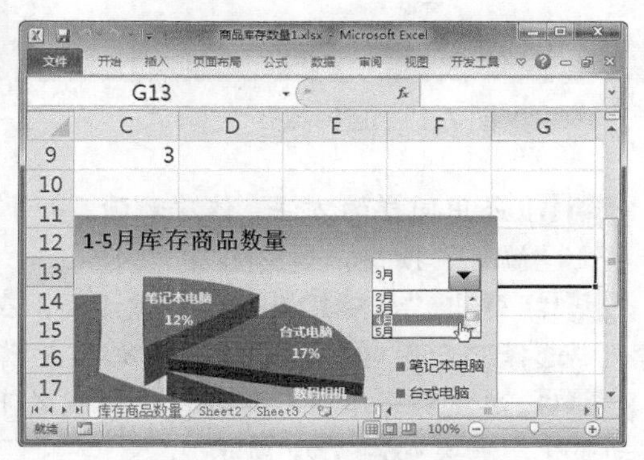

图 7-15　选择月份

Step 07 选择 B1:E1 单元格区域，按【Ctrl+C】组合键复制数据；选择 D8 单元格，按【Ctrl+V】组合键粘贴数据。单击 G8 单元格右下角的“粘贴选项”下拉按钮 (Ctrl)，选择“粘贴链接”选项，如图 7-16 所示。

Step 08 选择 D9 单元格，在编辑栏中输入公式“=INDEX(B2:B6,$C$9)”，并按【Enter】键确认，利用填充柄将公式填充到右侧的单元格中，如图 7-17 所示。

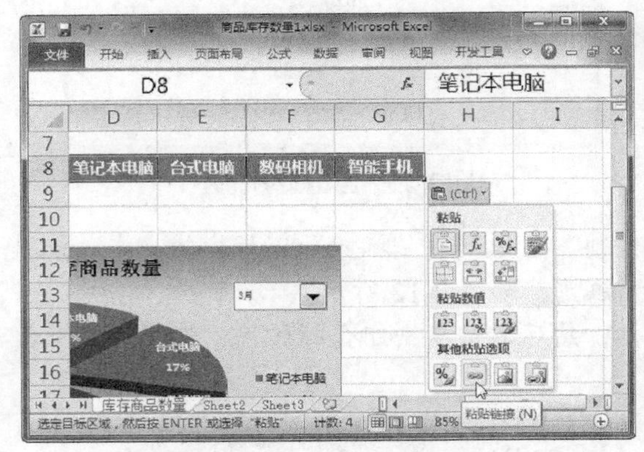

图 7-16 粘贴链接

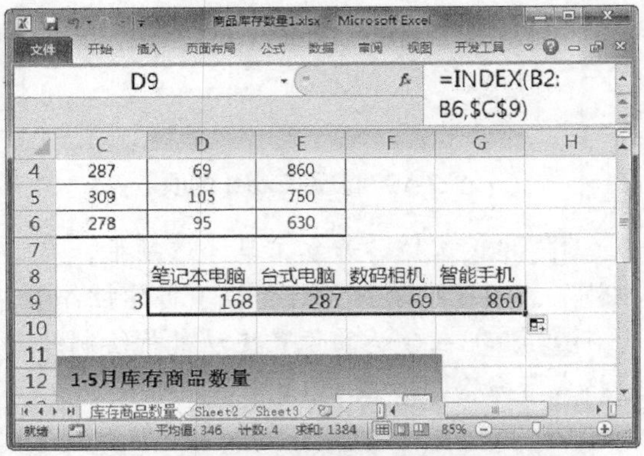

图 7-17 填充数据

Step 09 在图表上右击，选择“选择数据”命令，如图 7-18 所示。

Step 10 弹出“选择数据源”对话框，在“图例项（系列）”列表框中选中“5 月”系列，然后单击“删除”按钮，如图 7-19 所示。

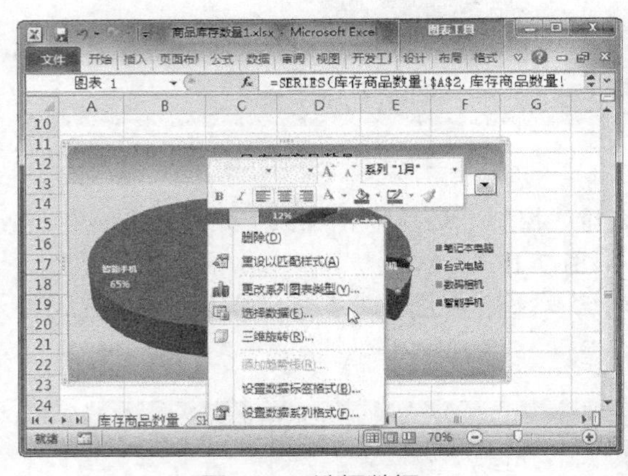

图 7-18 选择数据

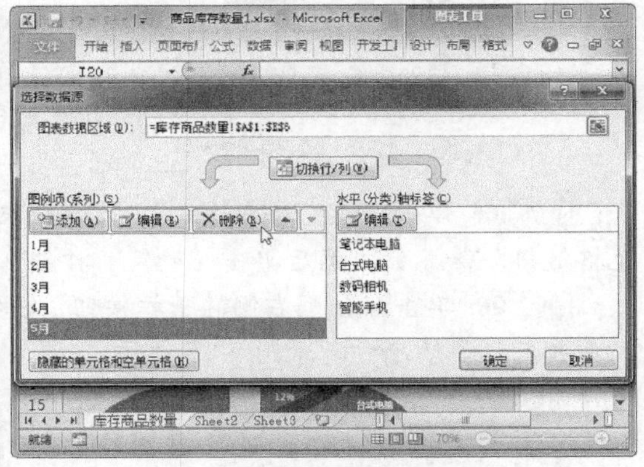

图 7-19 删除系列

Step 11 采用同样的方法，依次删除“4 月”“3 月”和“2 月”系列，选中“1 月”系列，然后单击“编辑”按钮，如图 7-20 所示。

Step 12 弹出“编辑数据系列”对话框，在“系列值”文本框中删除原有参数，然后在工作表中选择 D9:G9 单元格区域，依次单击“确定”按钮，如图 7-21 所示。

Step 13 单击组合框下拉按钮，在弹出的下拉列表中选择月份，此时图表会根据所选月份自动变化，效果如图 7-22 所示。

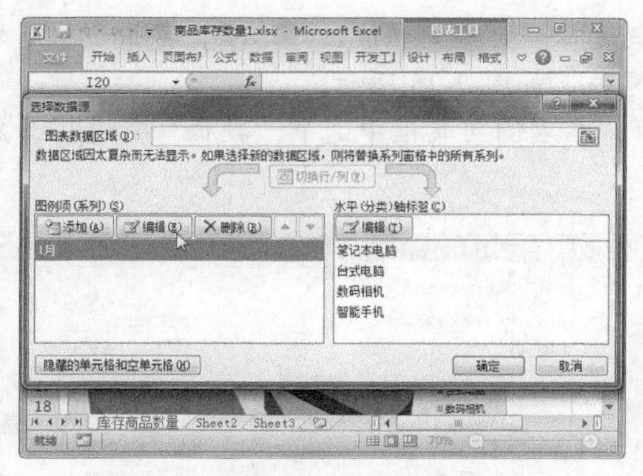

图 7-20　编辑“1 月”系列

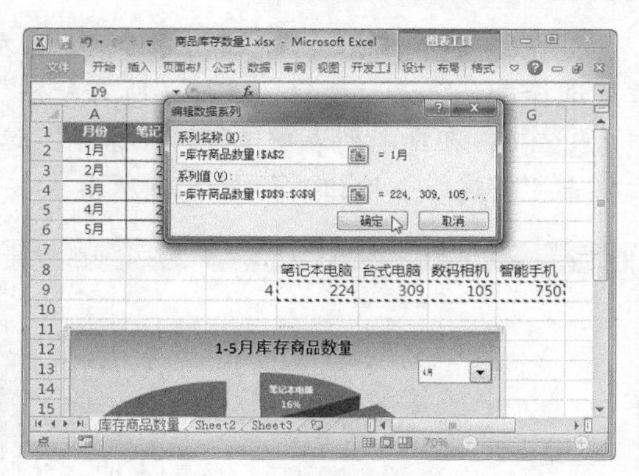

图 7-21　编辑系列值

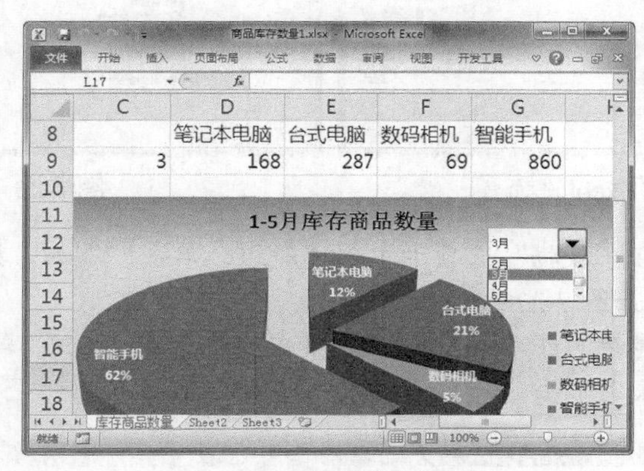

图 7-22　查看图表效果

三、使用记录单登记商品数据

当大批库存商品信息数据需要输入时，可以使用记录单登记商品数据，这样不仅可以避免遗漏数据，还可以在记录单中检查数据信息。下面将详细介绍如何使用记录单登记商品数据，具体操作方法如下。

Step 01 新建一个 Excel 工作簿，将其保存为“产品库存记录.xlsx”。将 Sheet1 工作表重命名为“库存商品信息”，在表格中输入相关数据，如图 7-23 所示。

Step 02 选择“文件”选项卡，在左侧单击“选项”按钮，如图 7-24 所示。

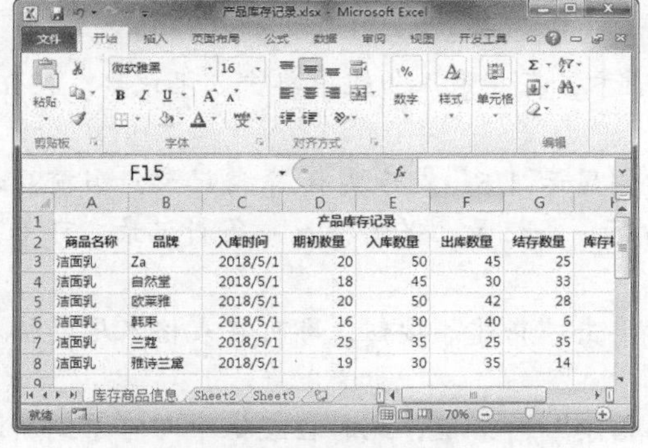

图 7-23　输入数据信息

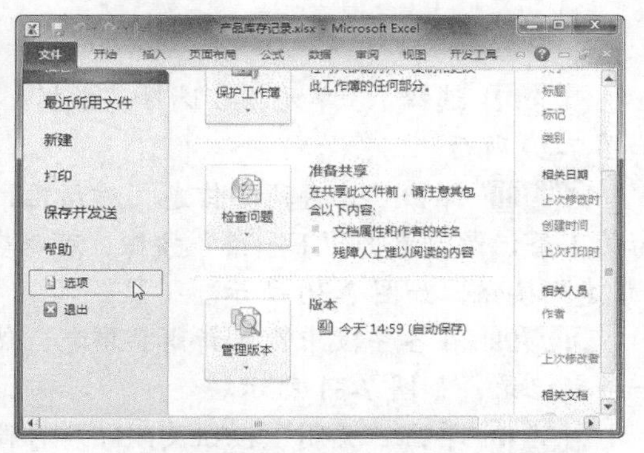

图 7-24　单击“选项”按钮

Step03 弹出“Excel 选项”对话框，在左侧选择“自定义功能区”选项，单击“从下列位置选择命令”下拉按钮，选择“所有命令”选项，如图 7-25 所示。

Step04 在命令列表中选择“记录单”选项，在右侧列表框中选中“数据”复选框，然后单击“新建组”按钮，如图 7-26 所示。

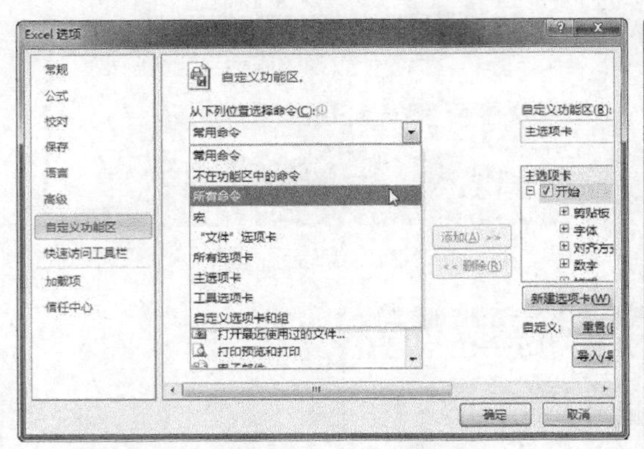

图 7-25 设置 Excel 选项

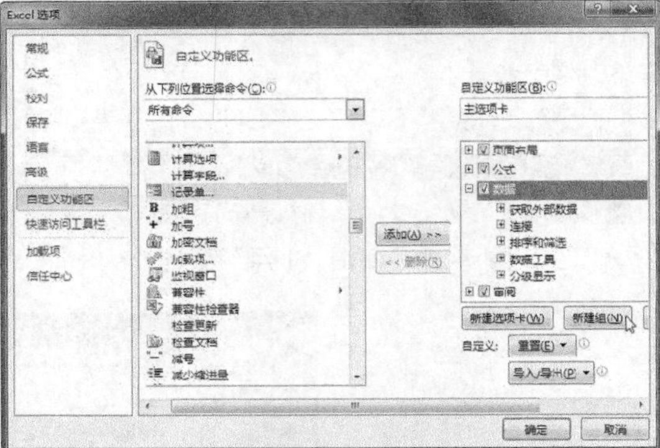

图 7-26 新建组

Step05 此时就会在“数据”选项卡中创建新组，单击“添加”按钮，将“记录单”命令添加到新建的组中，如图 7-27 所示。

Step06 选择“新建组（自定义）”选项，单击“重命名”按钮，弹出“重命名”对话框，输入组名称“录入”，依次单击“确定”按钮，如图 7-28 所示。

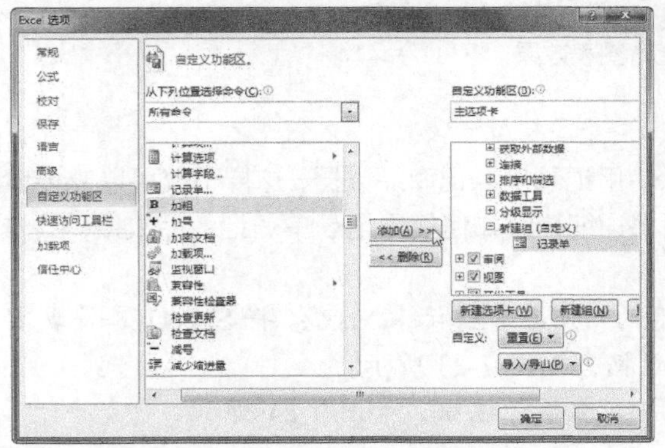

图 7-27 添加“记录单”命令

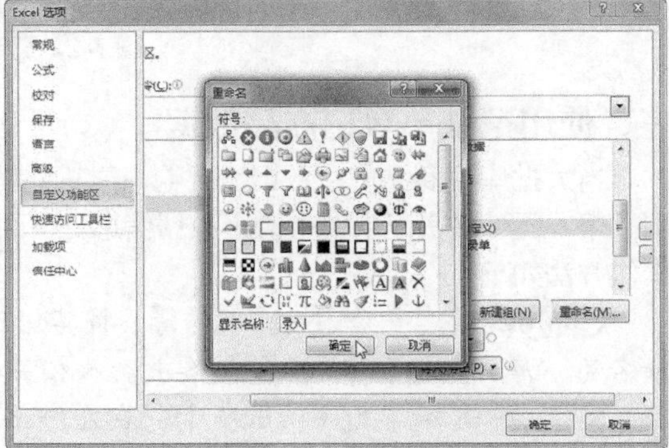

图 7-28 重命名组

Step07 选择 A3 单元格，选择“数据”选项卡，在“录入”组中单击“记录单”按钮，如图 7-29 所示。

Step08 弹出“库存商品信息”对话框，右侧显示 1/6，表示共有 6 条记录，当前显示为第 1 条记录，单击“下一条”按钮，可以查看下一条记录。若需插入一条新记录，可单击“新建”按钮，如图 7-30 所示。

Step09 在各字段中输入新商品信息，然后单击“新建”按钮，即可在表格末尾处插入一条新记录，如图 7-31 所示。

Step10 单击“关闭”按钮关闭“库存商品信息”对话框，此时在表格中即可看到新添加的记录，如图 7-32 所示。

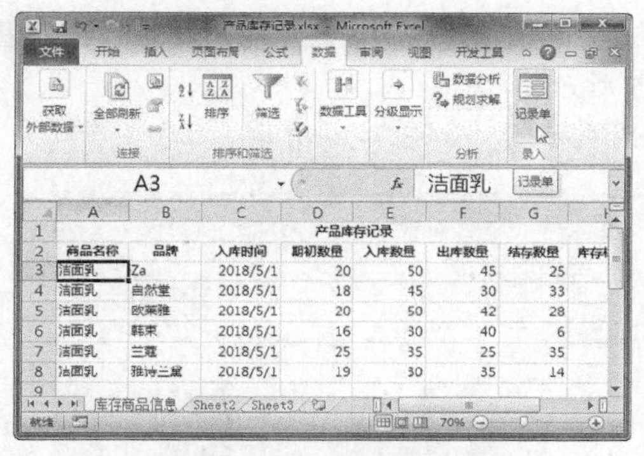

图 7-29　使用“记录单”插入记录

图 7-30　在“记录单”中查看库存商品信息

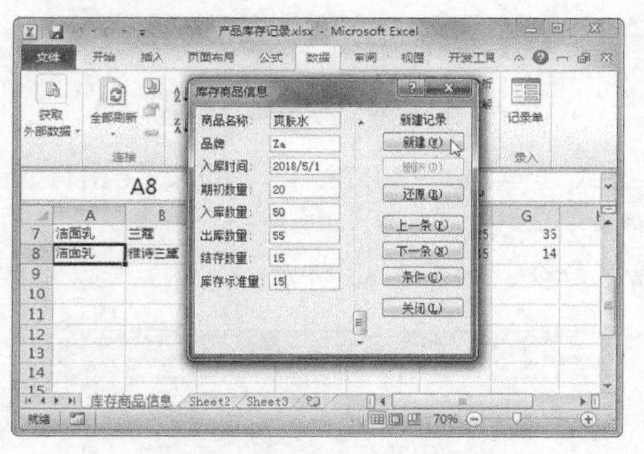

图 7-31　新建记录

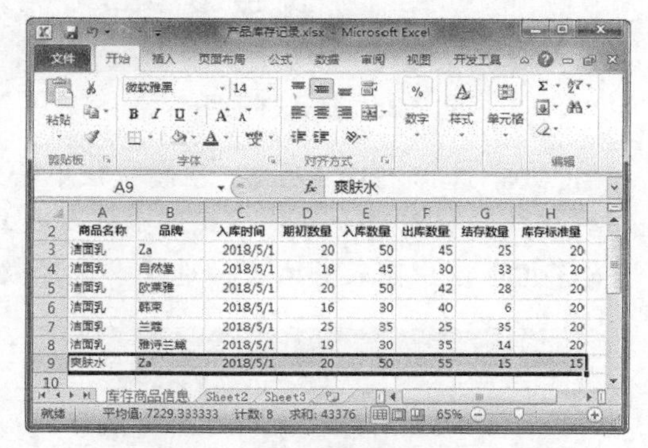

图 7-32　查看新记录

四、库存商品数量分析

在店铺运营中，商品库存数量要保持适度，既要保证商品供应充足，又不能有太多的积压。卖家可以通过对一段时间内的库存商品数量进行分析，为下次入库数量提供数据支持。下面将详细介绍如何分析库存商品数量，具体操作方法如下。

Step 01 打开“素材文件\项目七\商品库存分析.xlsx”，选择任意非空白单元格，选择“数据”选项卡，在“排序和筛选”组中单击“筛选”按钮，如图 7-33 所示。

Step 02 单击“商品名称”筛选按钮，在弹出的列表中取消选择“保湿霜”和“爽肤水”复选框，然后单击“确定”按钮，如图 7-34 所示。

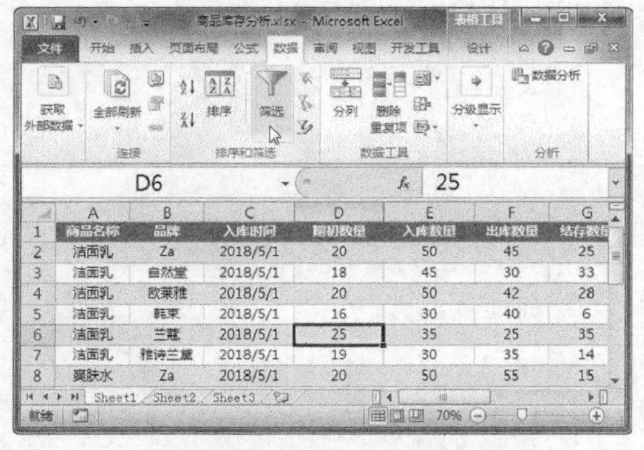

图 7-33　设置自动筛选

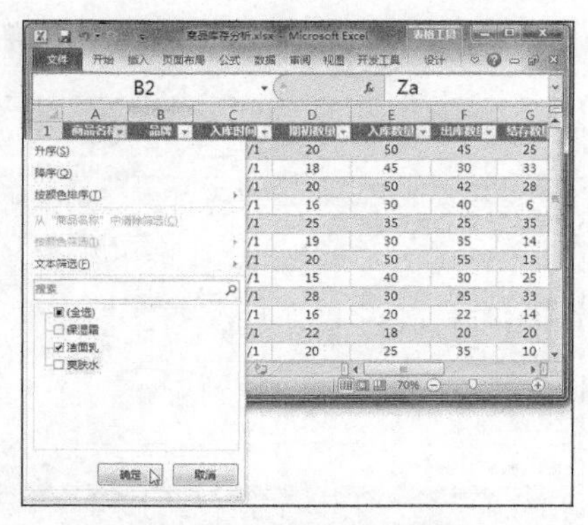

图 7-34　筛选商品名称

Step 03 选择 G1:H7 单元格区域，选择“插入”选项卡，在“图表”组中单击“柱形图”下拉按钮，选择“簇状柱形图”选项，如图 7-35 所示。

Step 04 调整图表大小，删除网格线，添加图表标题，如图 7-36 所示。

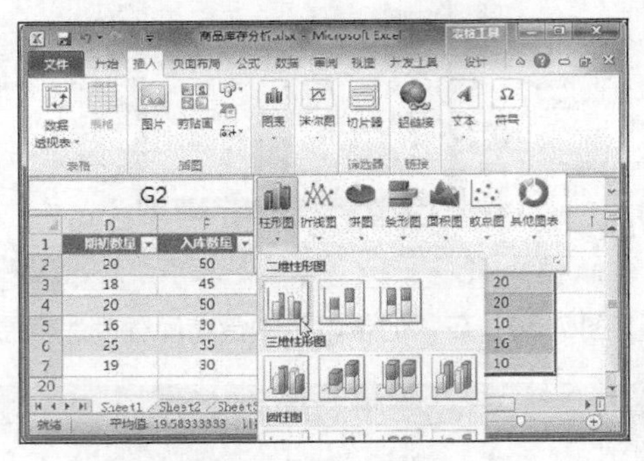

图 7-35　插入柱形图

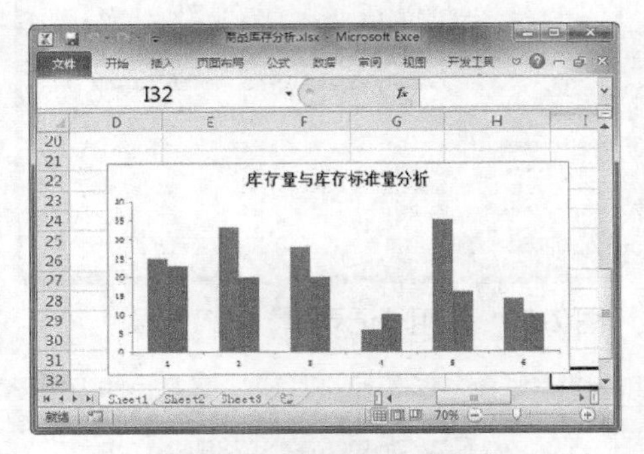

图 7-36　设置图表格式

Step 05 选择 J21 单元格，在编辑栏中输入公式“=A2&"("&B2&")"”，并按【Ctrl+Enter】组合键确认，利用填充柄将公式填充到本列其他单元格中，如图 7-37 所示。

Step 06 选中图表并右击，选择“选择数据”命令，如图 7-38 所示。

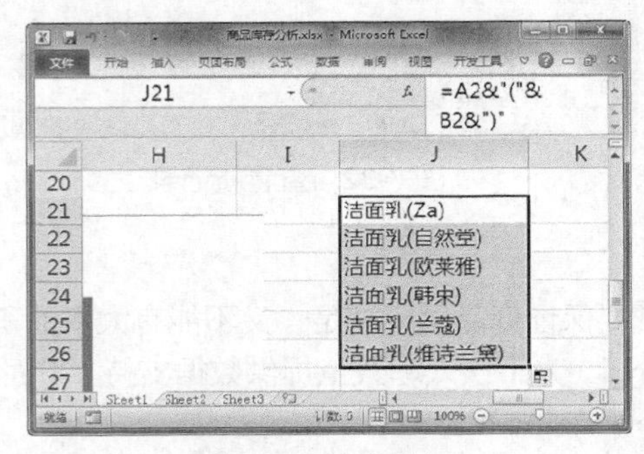

图 7-37　填充数据

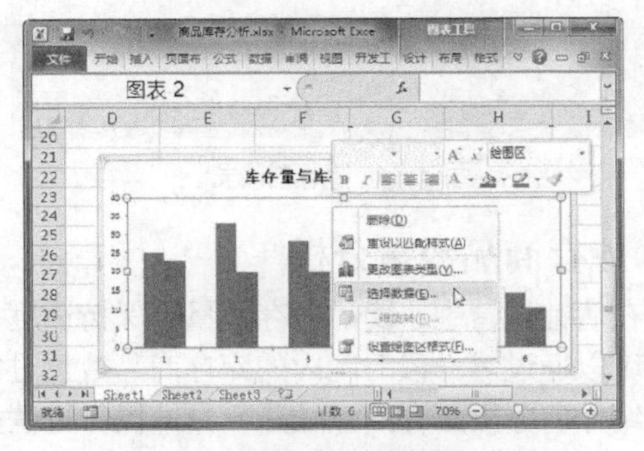

图 7-38　选择“选择数据”命令

Step 07 弹出“选择数据源”对话框，在“水平（分类）轴标签”选项区中单击“编辑”按钮，如图 7-39 所示。

Step 08 弹出“轴标签”对话框，在“轴标签区域”文本框中删除原有数据，然后在工作表中选择 J21:J26 单元格区域，依次单击“确定”按钮，如图 7-40 所示。

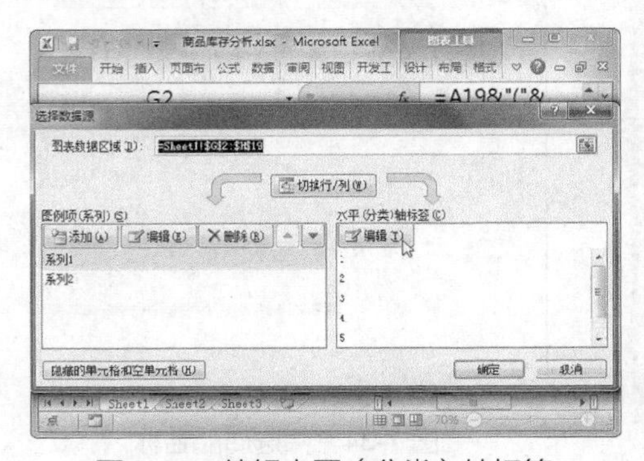

图 7-39　编辑水平（分类）轴标签

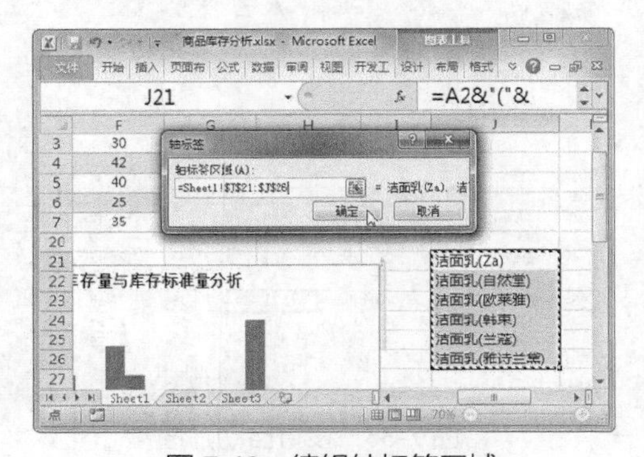

图 7-40　编辑轴标签区域

Step 09 此时，水平坐标轴标签已经改变，设置轴标签字体格式，即可完成图表制作，效果如图 7-41 所示。此时，卖家即可对库存商品的数量进行分析。

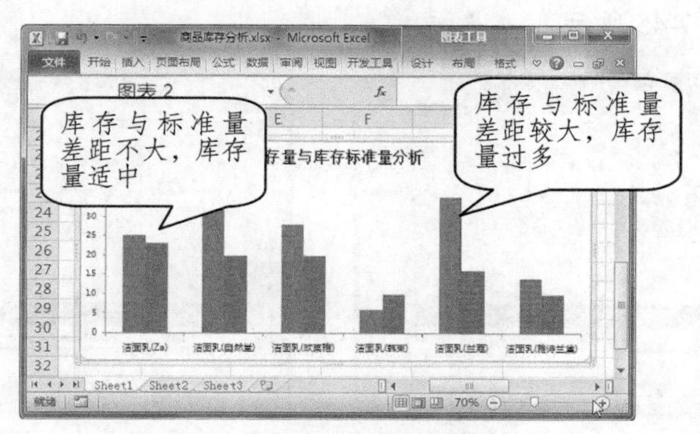

图 7-41 完成图表制作

课堂解疑

“&”的用法

将多个单元格的内容合并到一个单元格时，就可以通过“&”符号来合并，单元格之间的连接输入的格式为“=单元格&单元格&单元格”。由于使用“&”连接的是文本，需要使用双引号（半角状态下）把文本括起来。

五、库存商品破损比例和原因分析

库存商品出现破损有时是无法避免的，但必须要控制在正常的范围之内。如果破损率过高，卖家就需要找出原因，采取相应的措施加以避免。下面将详细介绍如何分析库存商品的破损比例和原因，具体操作方法如下。

Step 01 打开“素材文件\项目七\商品库存分析 1.xlsx”，选择 A24 单元格，选择“公式”选项卡，在“函数库”组中单击“自动求和”按钮，如图 7-42 所示。

Step 02 系统自动插入 SUM 函数，在工作表中选择 G2:G19 单元格区域，然后单击“输入”按钮，计算结存数量，如图 7-43 所示。

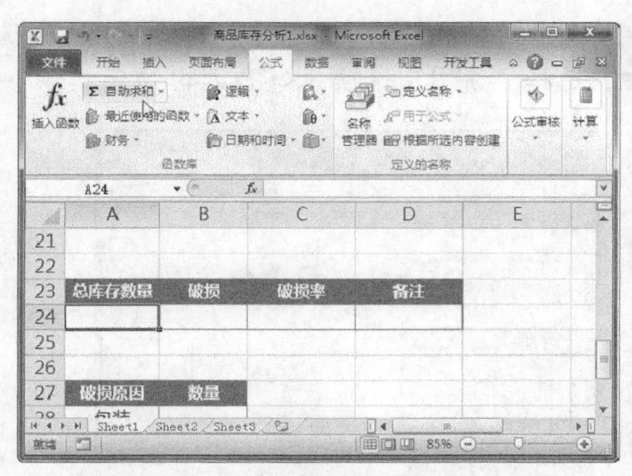

图 7-42 单击“自动求和”按钮

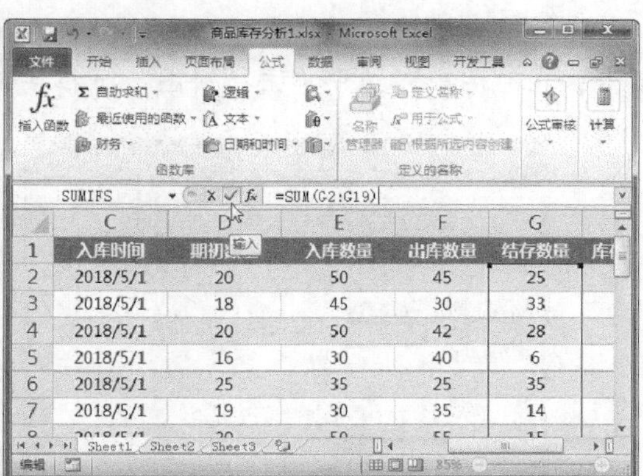

图 7-43 计算结存数量

Step 03 选择 B24 单元格，采用同样的方法计算破损数量，如图 7-44 所示。

Step 04 选择 C24 单元格，在编辑栏中输入公式“=B24/A24”，然后单击“输入”按钮✓，计算破损率，如图 7-45 所示。

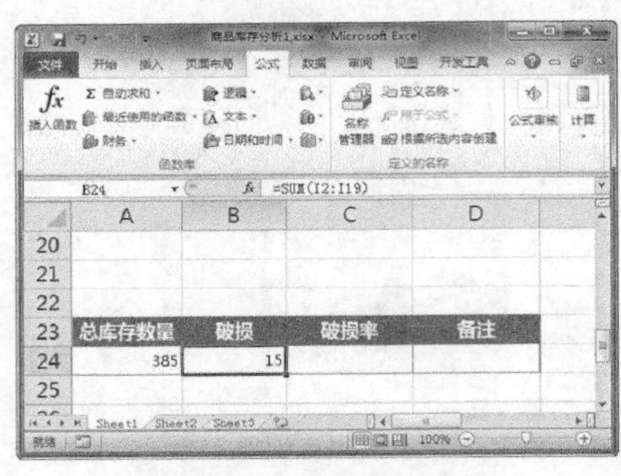
图 7-44 计算破损数量

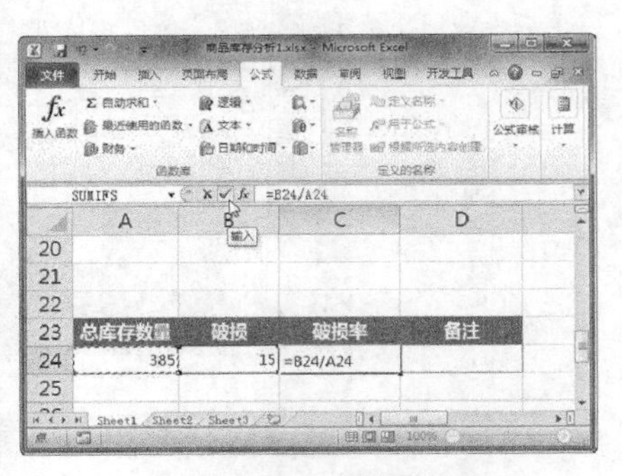
图 7-45 计算破损率

Step 05 选择 D24 单元格，单击“逻辑”下拉按钮，选择 IF 函数，如图 7-46 所示。

Step 06 弹出“函数参数”对话框，设置函数参数，然后单击“确定”按钮，如图 7-47 所示。

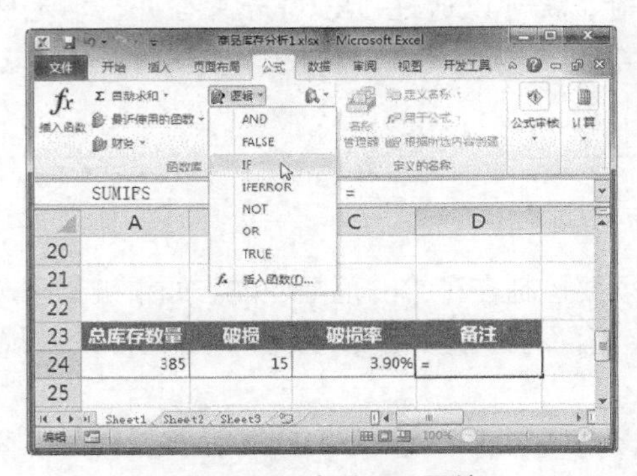
图 7-46 插入 IF 函数

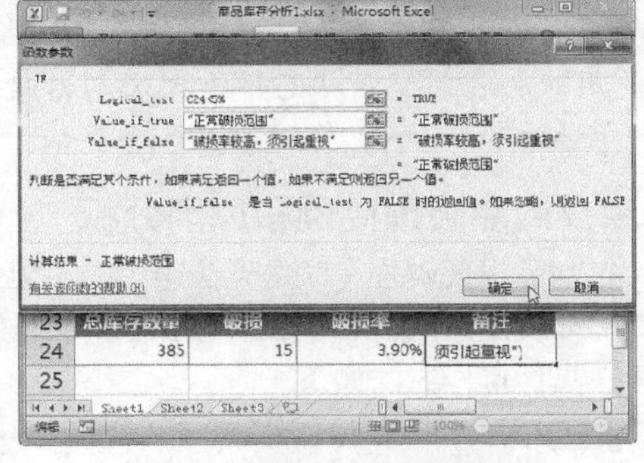
图 7-47 设置函数参数

Step 07 选择 B28 单元格，在编辑栏中输入公式“=SUMIF($J$2:$J$19,A28,$I$2:$I$19)”，并按【Enter】键确认，如图 7-48 所示。

Step 08 利用填充柄将 B28 单元格中的公式填充到本列其他单元格中。选择“插入”选项卡，在“图表”组中单击“饼图”下拉按钮，选择“饼图”选项，如图 7-49 所示。

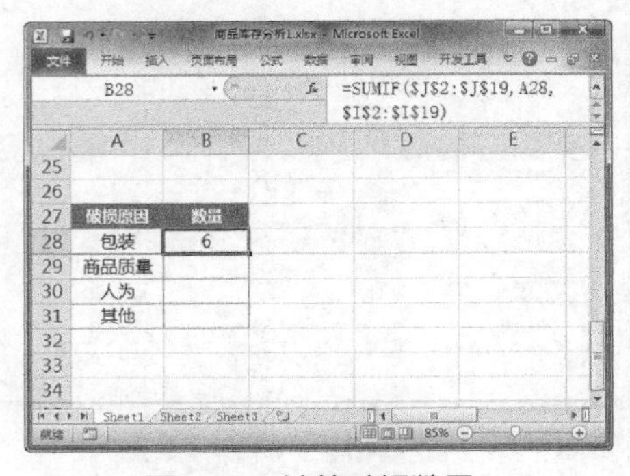
图 7-48 计算破损数量

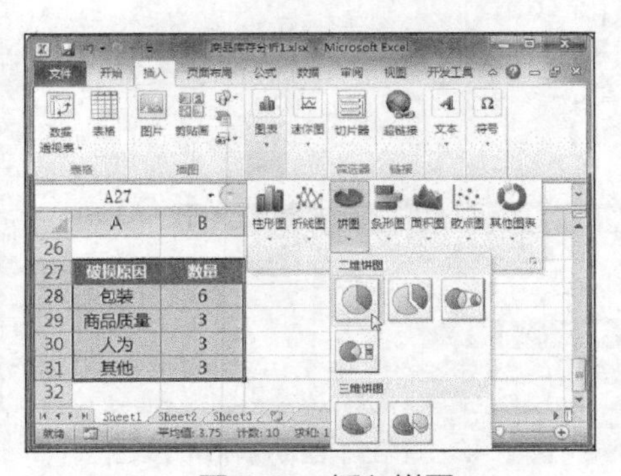
图 7-49 插入饼图

Step 09 选中图表，选择“设计”选项卡，单击“快速布局”下拉按钮，选择“布局 6”样式，如图 7-50 所示。

Step 10 输入图表标题文本，设置数据标签字体格式，即可完成图表制作，效果如图 7-51 所示。此时，卖家即可对库存商品的破损比例和原因进行分析。

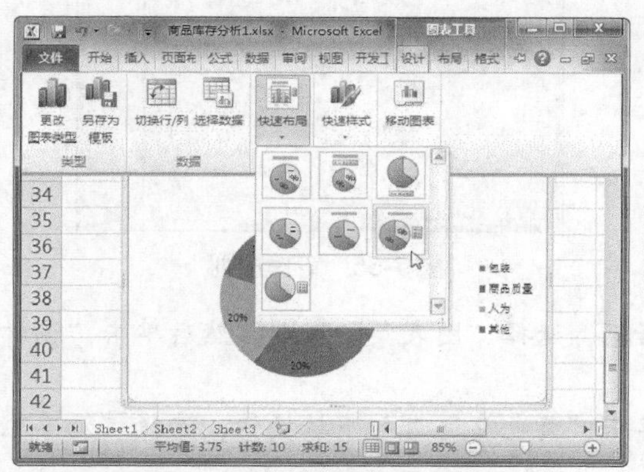

图 7-50　应用快速布局

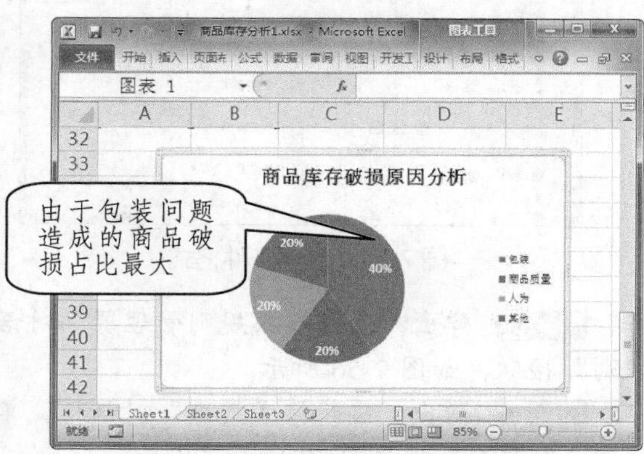

图 7-51　美化图表

六、库存商品补货情况分析

卖家在管理库存商品时，可以对固定单元格设置条件格式，通过“信号灯”的方式显示商品是否需要补货，当库存充裕时显示“绿灯”，当库存不足时显示“红灯”。下面将详细介绍如何分析库存商品补货情况，具体操作方法如下。

Step 01 打开“素材文件\项目七\商品库存分析 2.xlsx”，选择 I2 单元格，在编辑栏中输入公式“=G2-H2”，并按【Ctrl+Enter】组合键确认，如图 7-52 所示。

Step 02 向下拖动填充柄，将公式填充到该列其他单元格中。单击“自动填充选项”下拉按钮，选择“不带格式填充”选项，如图 7-53 所示。

I2　=G2-H2

	E	F	G	H	I
1	入库数量	出库数量	结存数量	库存标准量	库存差异
2	50	45	25	23	2
3	45	30	33	20	
4	50	42	28	20	
5	30	40	6	10	
6	35	25	35	16	
7	30	35	14	10	
8	50	55	15	15	
9	40	30	25	20	
10	30	25	33	20	

图 7-52　计算库存差异

I2　=G2-H2

	E	F	G	H	I
16	40	40	20	15	5
17	35	30	27	20	7
18	20	30	16	15	1
19	30	35	19	18	1

复制单元格(C)
仅填充格式(F)
不带格式填充

图 7-53　填充数据

Step 03 选择“开始”选项卡，在“样式”组中单击“条件格式”下拉按钮，选择“图标集”|“三色交通灯（无边框）”选项，如图 7-54 所示。

Step 04 单击“条件格式”下拉按钮，选择“管理规则”选项，如图 7-55 所示。

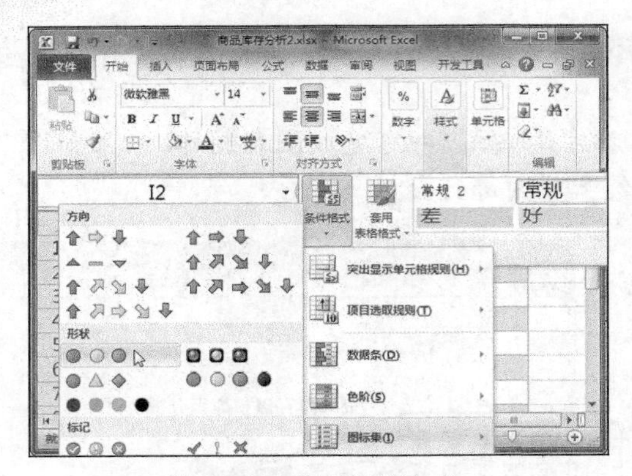
图 7-54　应用条件格式

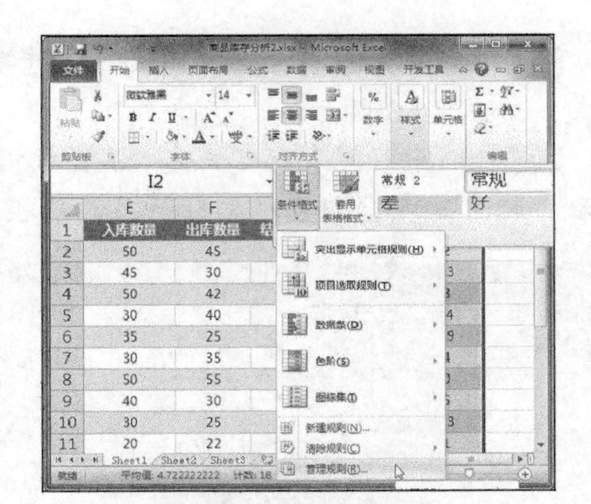
图 7-55　管理规则

Step 05 弹出“条件格式规则管理器”对话框，选择“图表集”规则，然后单击“编辑规则”按钮，如图 7-56 所示。

Step 06 弹出“编辑格式规则”对话框，单击“黄色交通灯”下拉按钮，选择“无单元格图标”选项，如图 7-57 所示。

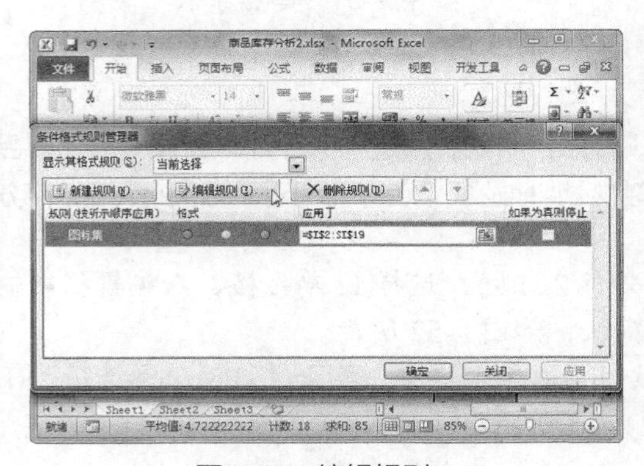
图 7-56　编辑规则

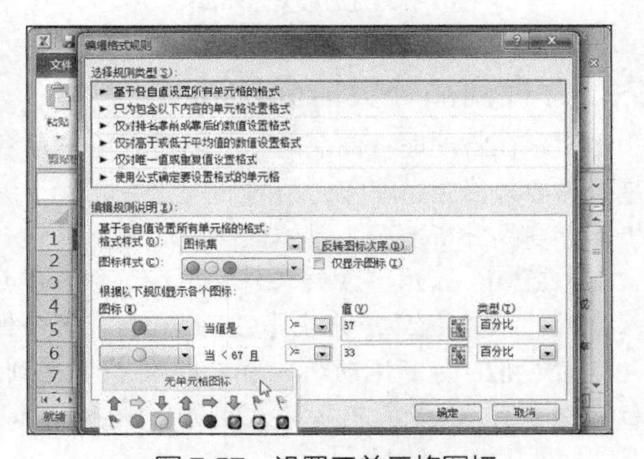
图 7-57　设置无单元格图标

Step 07 设置图标“类型”为“数字”，输入“值”，然后单击“确定”按钮，如图 7-58 所示。

Step 08 选择 K2 单元格，选择“插入”选项卡，单击“文本框”下拉按钮，选择“横排文本框”选项，如图 7-59 所示。

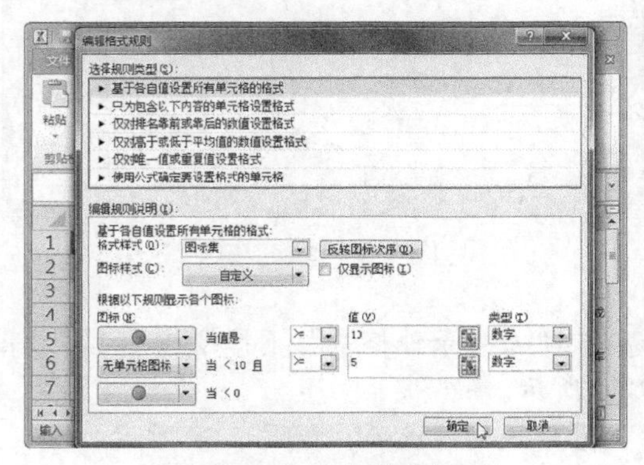
图 7-58　编辑格式规则

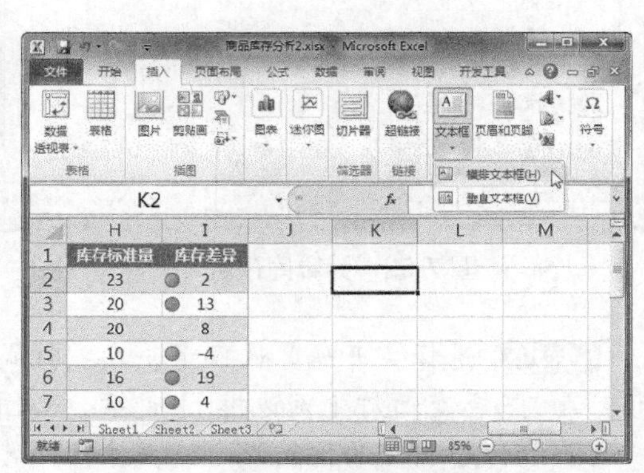
图 7-59　插入文本框

Step 09 拖动鼠标绘制文本框，在文本框中输入解释说明文本，如图 7-60 所示。

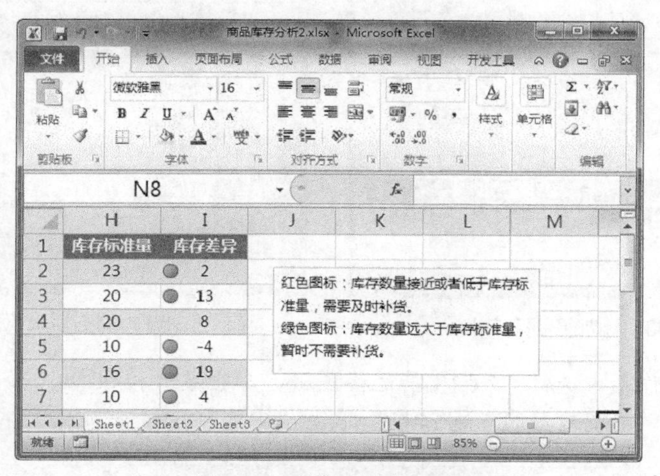

图 7-60　编辑文本框内容

七、单一商品库存状态分析

在繁杂的库存数据中，若要查看和分析单一商品的库存状态，不能逐一进行，因为这样不仅费时费力，而且很占表格空间，显得十分繁杂。这时，卖家可以通过指定商品的数据快速查找和引用，并进行数据统计和分析，然后创建普通图表进行动态展示，分析当前商品的库存数据信息。下面将详细介绍如何分析单一商品的库存状态，具体操作方法如下。

Step 01 打开"素材文件\项目七\单一商品库存状态分析.xlsx"，选择 C2 单元格，在编辑栏中输入公式"=B2&"("&A2&")""，并按【Ctrl+Enter】键确认，如图 7-61 所示。

Step 02 拖动填充柄至 C13 单元格，填充公式。单击"自动填充选项"下拉按钮，选择"不带格式填充"选项，如图 7-62 所示。

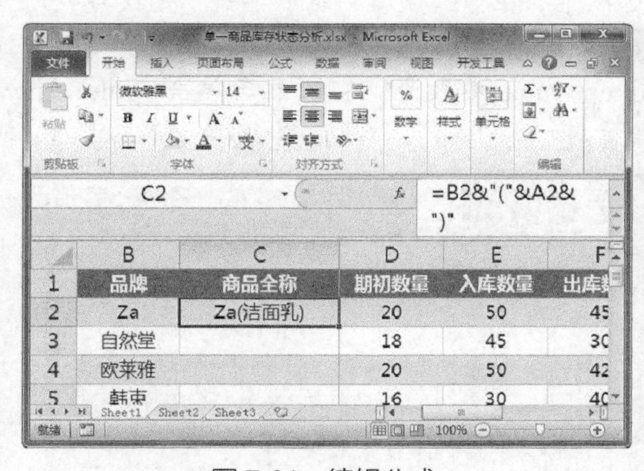

图 7-61　编辑公式

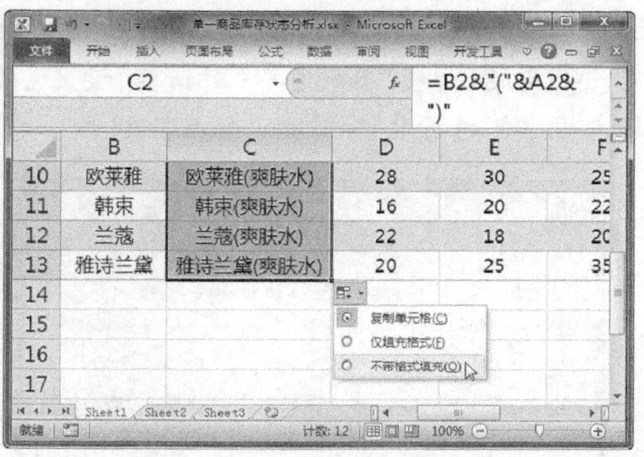

图 7-62　填充数据

Step 03 选择 B21 单元格，选择"数据"选项卡，在"数据工具"组中单击"数据有效性"下拉按钮，选择"数据有效性"选项，如图 7-63 所示。

Step 04 弹出"数据有效性"对话框，在"允许"下拉列表框中选择"序列"选项，然后单击"来源"文本框右侧的折叠按钮，如图 7-64 所示。

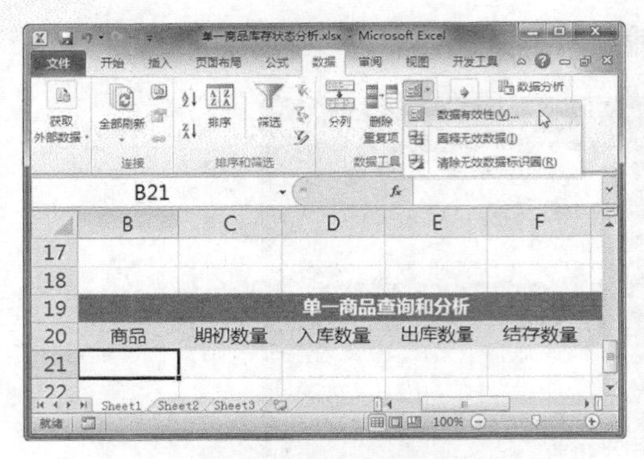

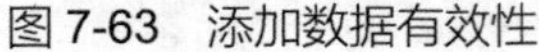

图 7-63　添加数据有效性

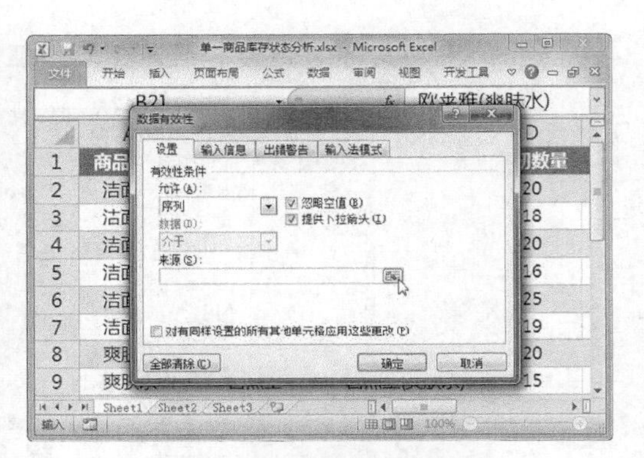

图 7-64　设置数据有效性

Step 05 在工作表中选择 C2:C13 单元格区域，单击展开按钮，如图 7-65 所示。

Step 06 返回“数据有效性”对话框，单击“确定”按钮，如图 7-66 所示。

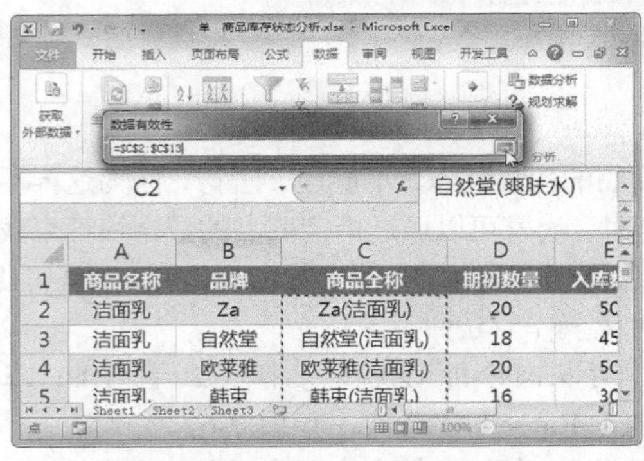

图 7-65　设置数据有效性来源

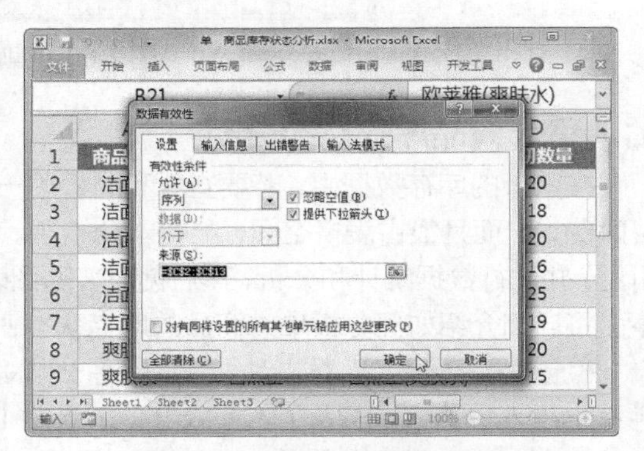

图 7-66　完成数据有效性设置

Step 07 选择 C21 单元格，选择“公式”选项卡，在“函数库”组中单击“查找与引用”下拉按钮，选择 VLOOKUP 函数，如图 7-67 所示。

Step 08 弹出“函数参数”对话框，设置 Lookup_value 参数为$B$21，然后单击 Table_array 文本框右侧的折叠按钮，如图 7-68 所示。

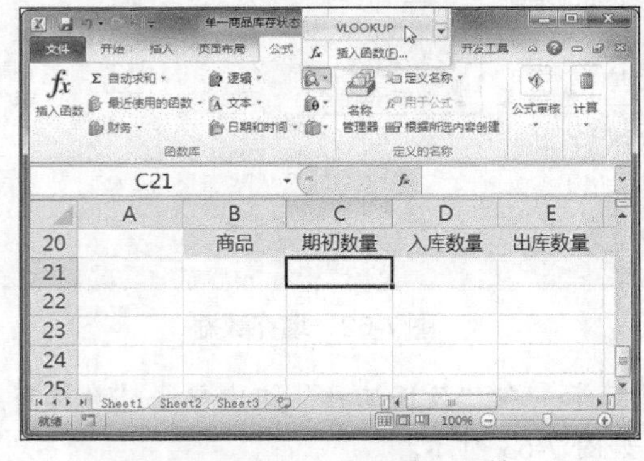

图 7-67　插入 VLOOKUP 函数

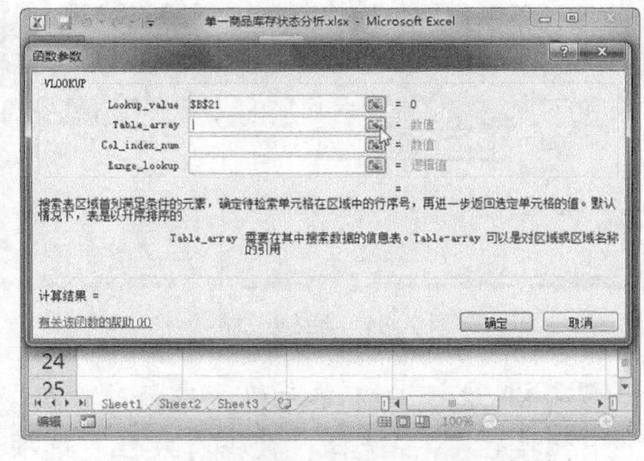

图 7-68　设置 Lookup_value 参数

Step 09 在工作表中选择 C2:H13 单元格区域，单击展开按钮，如图 7-69 所示。

Step 10 返回“函数参数”对话框，选中 Table_array 文本框中的参数，按【F4】键将单元格区域引用转换为绝对引用。设置 Col_index_num 参数值为 2，设置 Range_lookup 参数值为 0，然后单击“确定”按钮，如图 7-70 所示。

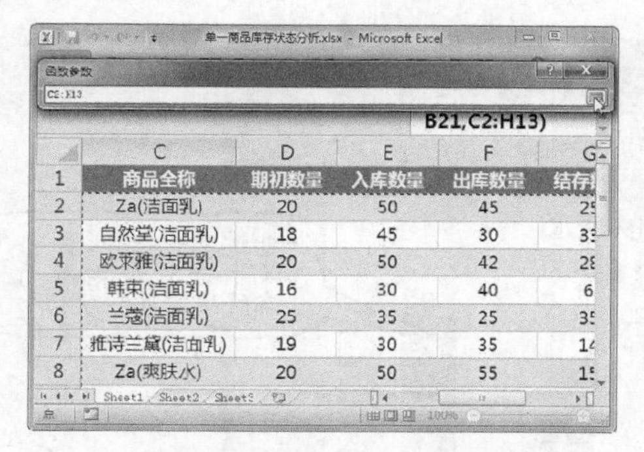

图 7-69　设置 Table_array 参数

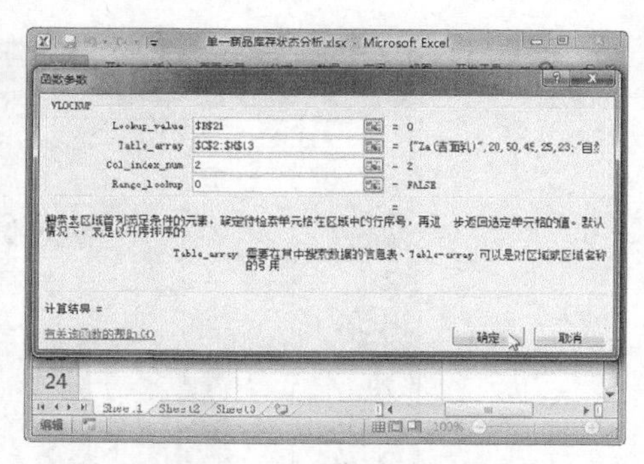

图 7-70　设置其他参数

Step 11 选择 C21 单元格，复制编辑栏中的公式。选择 D21 单元格，在编辑栏中粘贴公式，并将函数的 Col_index_num 参数值修改为 3，如图 7-71 所示。

Step 12 采用同样的方法，依次在 E21 和 F21 单元格中设置公式，将 Col_index_num 参数值分别修改为 4 和 5。选择 G21 单元格，在编辑栏中输入公式“=IF(F21<=10,"需要补货",IF(F21>=30,"库存商品积压","正常"))”，并按【Enter】键确认，如图 7-72 所示。

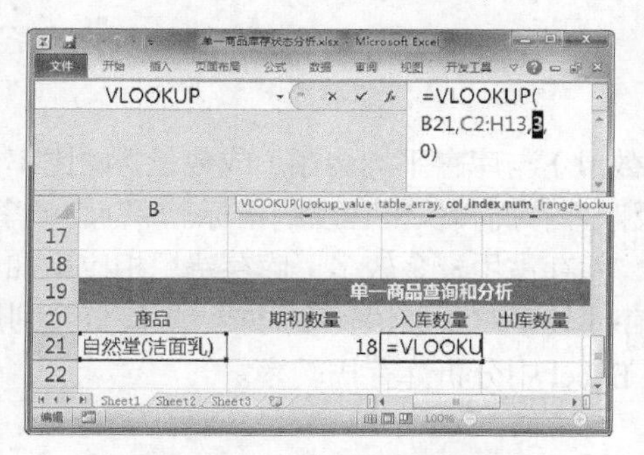

图 7-71　计算入库数量

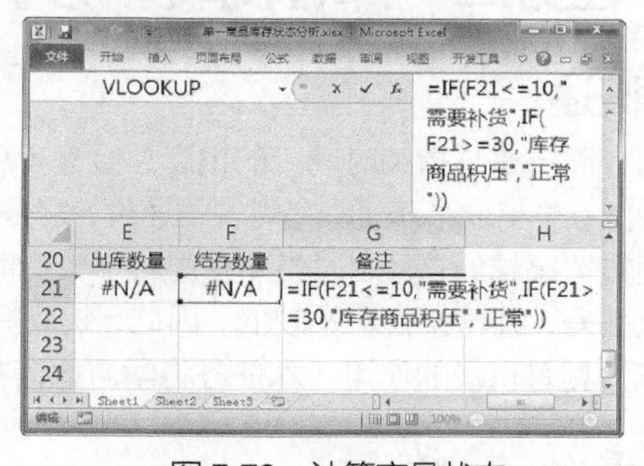

图 7-72　计算产品状态

Step 13 选择 B21 单元格，单击右侧的下拉按钮，选择商品名称，显示该商品的相关信息，在“备注”列中显示库存分析结果，如图 7-73 所示。

Step 14 选择 B20:F21 单元格区域，选择“插入”选项卡，在“图表”组中单击“柱形图”下拉按钮，选择“簇状柱形图”选项，如图 7-74 所示。

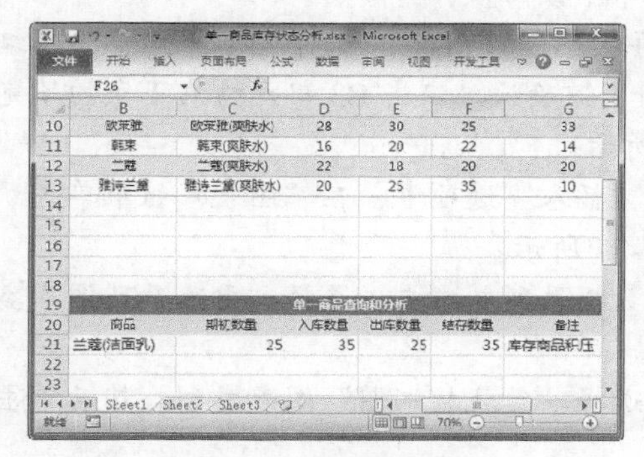

图 7-73　查询商品信息

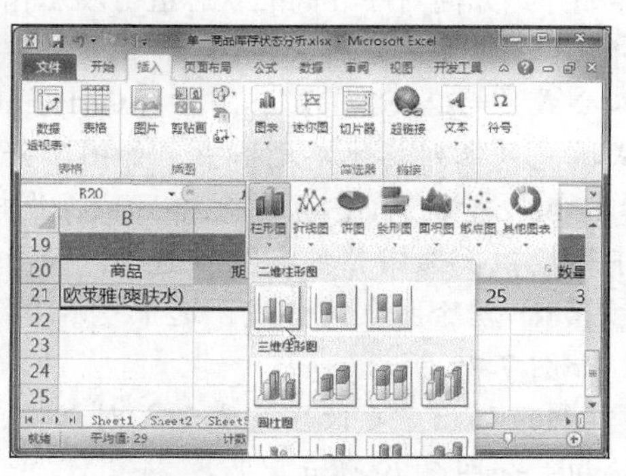

图 7-74　插入簇状柱形图

Step 15 此时即可插入簇状柱形图，调整其大小，为图表应用布局样式并美化图表，最终效果如图 7-75 所示。此时，卖家即可对单一商品的库存状态进行分析。

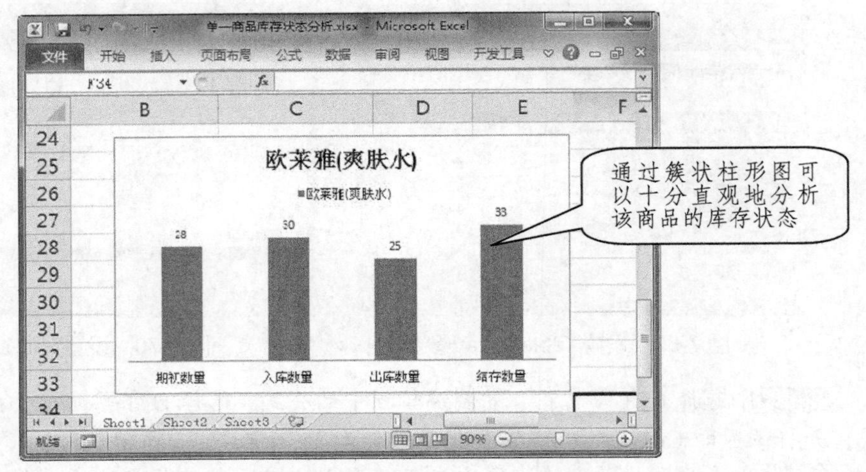

图 7-75　美化图表

任务二　库存周转率分析

任务概述

库存周转率是指某时间段的出库总金额（总数量）与库存平均金额（或数量）的比率，即在一定期间（一年或半年）库存周转的速度，它是反映库存周转快慢程度的指标。库存周转率越大，表明销售情况越好；反之，当库存周转率较低时，库存占用资金较多，库存费用相应增加，资金运用效率差，经营销售水平较低。因此，提高库存周转率对于加快资金周转、提高资金利用率和变现能力具有积极的作用。本任务将学习如何在 Excel 中分析库存周转率。

任务重点与实施

一、库存商品状态展示和分析

店铺存货的大量积压说明该商品销售不畅，预示该商品属滞销商品，长期这样就会导致卖家失去利润来源。因此，对商品状态进行分析，有利于卖家及时做出决策，预防库存出现积压。下面将详细介绍如何对库存商品状态进行展示和分析，具体操作方法如下。

Step 01 打开"素材文件\项目七\商品库存状态分析.xlsx"，选择 B3 单元格，在编辑栏中输入公式"=B2+C2-D2"，并按【Ctrl+Enter】键确认。双击 B3 单元格右下角的填充柄，将公式填充到本列其他单元格中，如图 7-76 所示。

Step 02 选择 A1:E32 单元格区域，选择"插入"选项卡，在"图表"组中单击"折线图"下拉按钮，选择"折线图"选项，如图 7-77 所示。

Step 03 删除图表网格线，选中"入库"数据系列并右击，选择"更改系列图表类型"命令，如图 7-78 所示。

Step 04 弹出"更改图表类型"对话框，选择"簇状柱形图"图表类型，然后单击"确定"按钮，如图 7-79 所示。

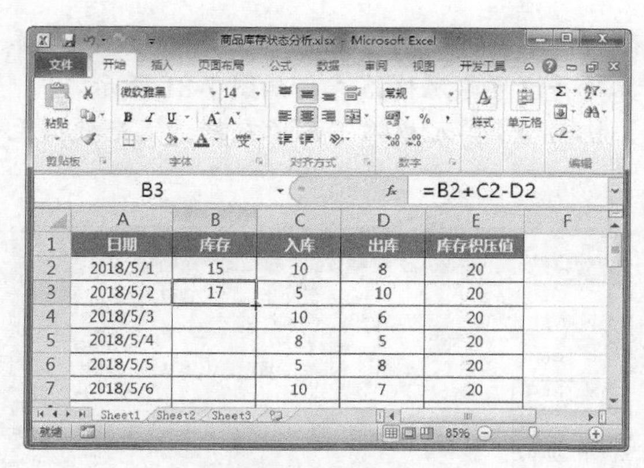

图 7-76　计算库存

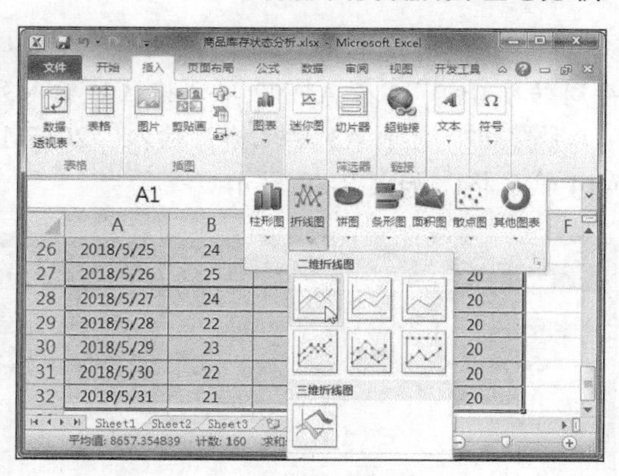

图 7-77　插入折线图

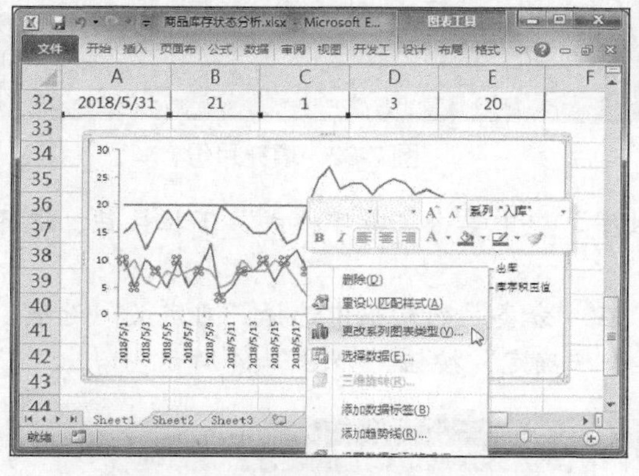

图 7-78　更改系列图表类型

图 7-79　选择图表类型

Step 05 采用同样的方法，将“出库”数据系列更改为“柱形图”图形类型，添加图表标题，即可完成图表制作，如图 7-80 所示。此时，卖家即可对库存商品状态进行分析。

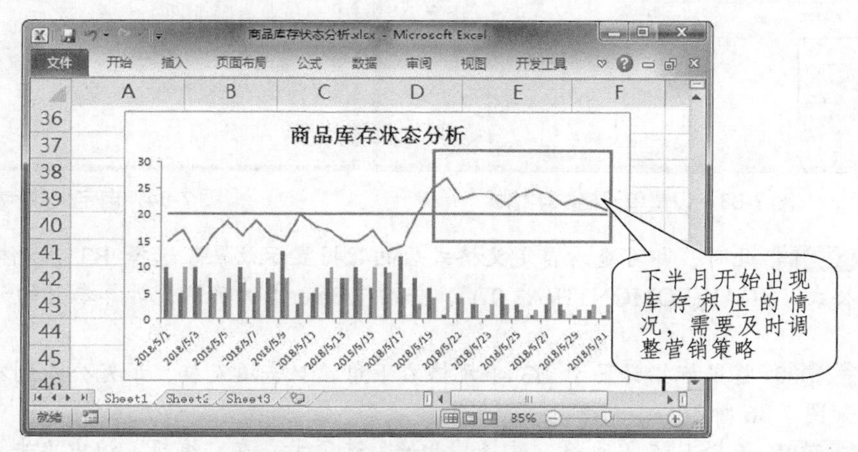

图 7-80　完成图表制作

二、库存周转率分析

下面将详细介绍如何在 Excel 中进行库存周转率分析，具体操作方法如下。

Step 01 新建 Excel 工作簿，并命名为“库存周转率分析”。将 Sheet1 工作表重命名为“库存周转率分析”，在 A1:N2 单元格区域输入列标题并设置单元格格式，如图 7-81 所示。

Step 02 选择 A3 单元格，输入“2017-1”，拖动 A3 单元格右下角填充柄，填充数据至 A14 单元格，如图 7-82 所示。

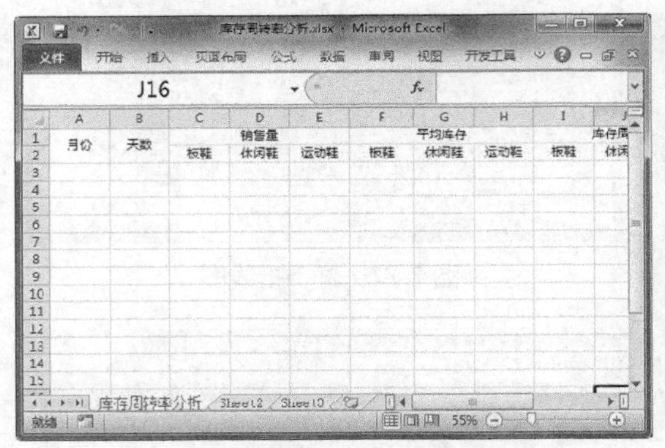

图 7-81 输入列标题

图 7-82 填充月份

Step 03 选择 A3:A14 单元格区域，在“数字”组中单击“数字格式”下拉按钮，选择“其他数字格式”选项，如图 7-83 所示。

Step 04 弹出“设置单元格格式”对话框，在“分类”列表框中选择“自定义”选项，在“类型”文本框中输入代码 yyyy-m，然后单击“确定”按钮，如图 7-84 所示。

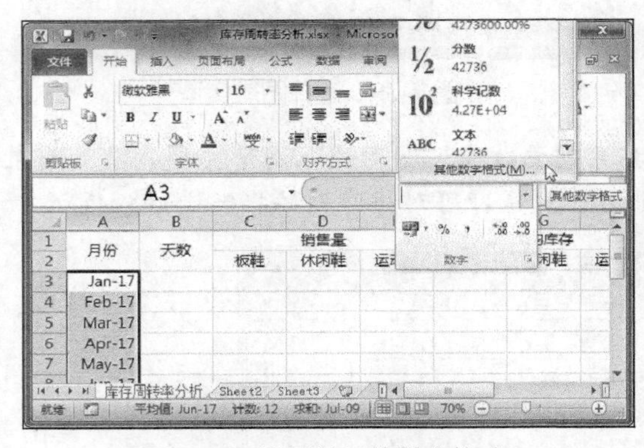

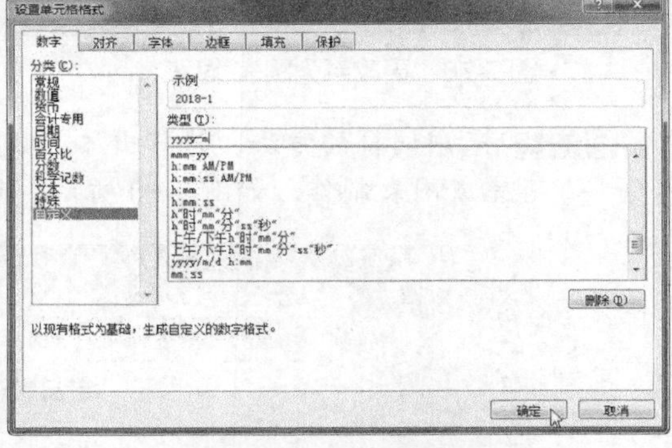

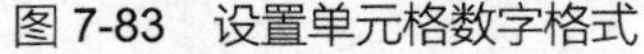

图 7-83 设置单元格数字格式

图 7-84 自定义数字格式

Step 05 此时，即可查看自定义格式后的数据显示效果。选择 B3 单元格，在编辑栏中输入公式“=DAY(EOMONTH(A3,0))”，并按【Enter】键确认，计算本月的天数，如图 7-85 所示。

Step 06 将鼠标指针置于 B3 单元格右下角，双击填充柄，填充公式到本列其他单元格中，如图 7-86 所示。

Step 07 选择 B15 单元格，选择“开始”选项卡，在“编辑”组中单击“自动求和”按钮Σ，并按【Enter】键确认，如图 7-87 所示。

Step 08 在 C3:H14 单元格区域中输入相关数据。选择 C15 单元格，在编辑栏中输入公式“=SUMPRODUCT($B$3:$B$14,C3:C14)/$B$15”，并按【Enter】键确认，如图 7-88 所示。

图 7-85　计算本月的天数

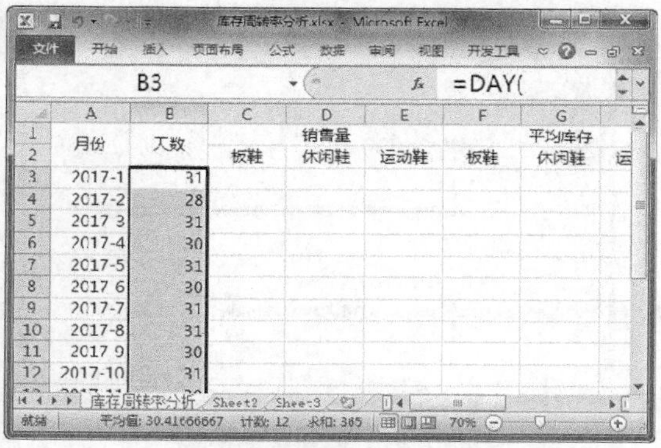

图 7-86　填充天数数据

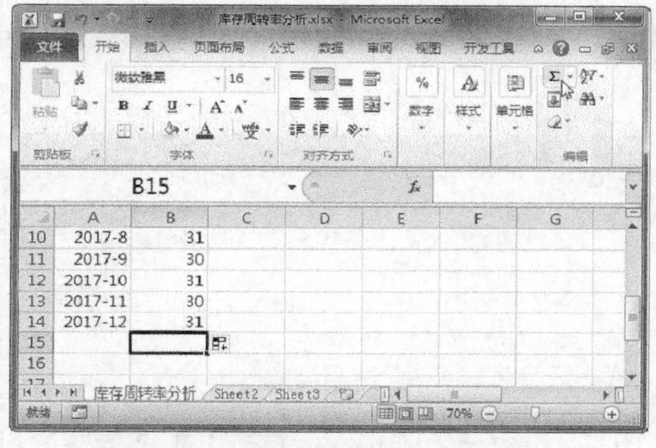

图 7-87　对本月天数进行求和

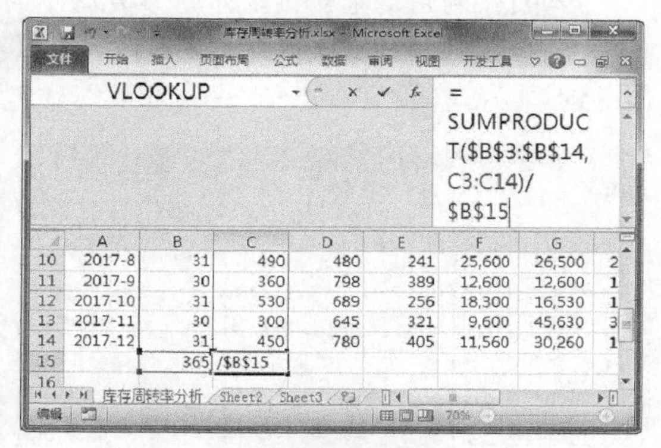

图 7-88　编辑公式

Step 09 向右拖动 C15 单元格右下角填充柄至 H15 单元格，填充数据，如图 7-89 所示。

Step 10 选择 C15:H15 单元格区域，在“数字”组中单击“数字格式”下拉按钮，选择“其他数字格式”选项，如图 7-90 所示。

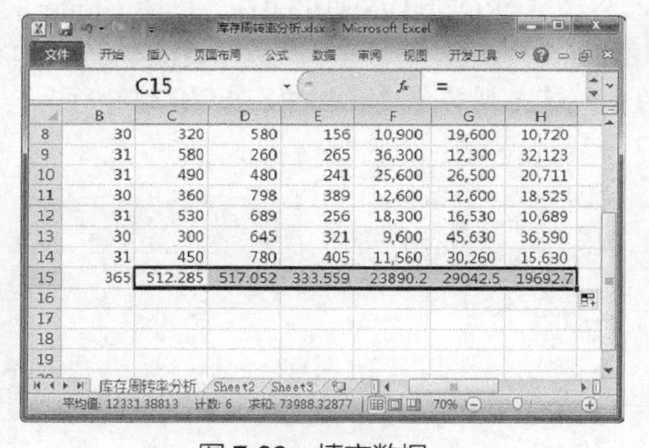

图 7-89　填充数据

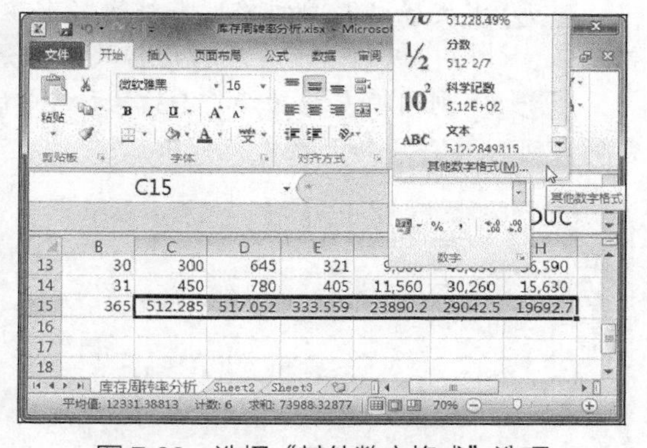

图 7-90　选择“其他数字格式”选项

Step 11 弹出“设置单元格格式”对话框，在“分类”列表框中选择“数值”选项，将“小数位数”设置为 0，选中“使用千位分隔符”复选框，然后单击“确定”按钮，如图 7-91 所示。

Step 12 选择 I3 单元格，在编辑栏中输入公式“=C3*$B3/F3”，并按【Enter】键确认，计算“板鞋”本月库存周转率，如图 7-92 所示。

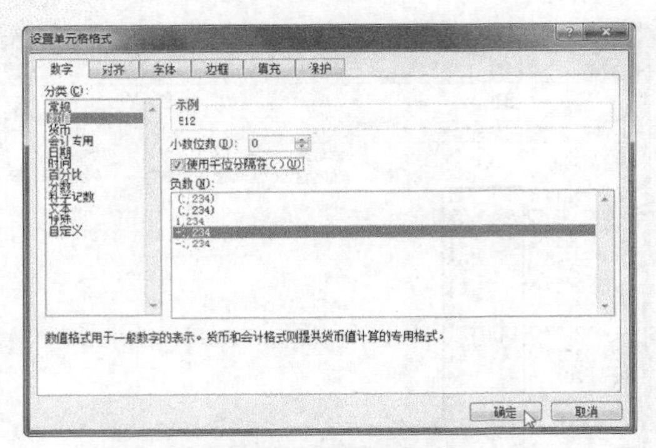

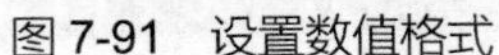

图 7-91　设置数值格式

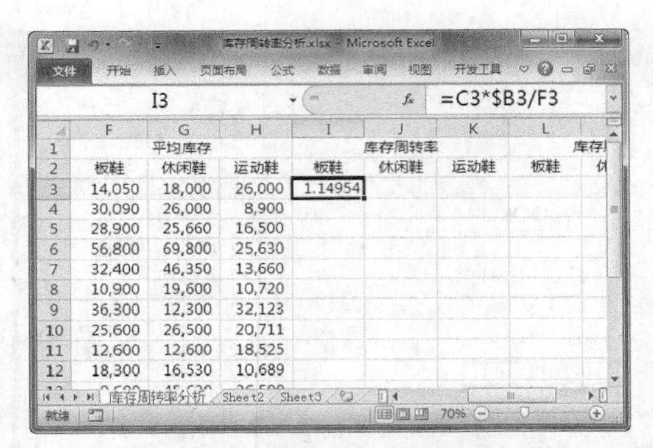

图 7-92　计算“板鞋”本月库存周转率

Step 13　利用填充柄功能将 I3 单元格中的公式填充到其他单元格中，如图 7-93 所示。

Step 14　选择 I3:K15 单元格区域，在“数字”组中单击“百分比样式”按钮%，如图 7-94 所示。

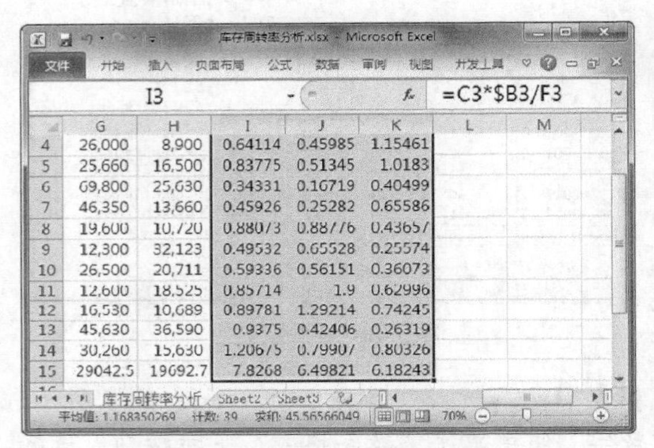

图 7-93　填充库存周转率数据

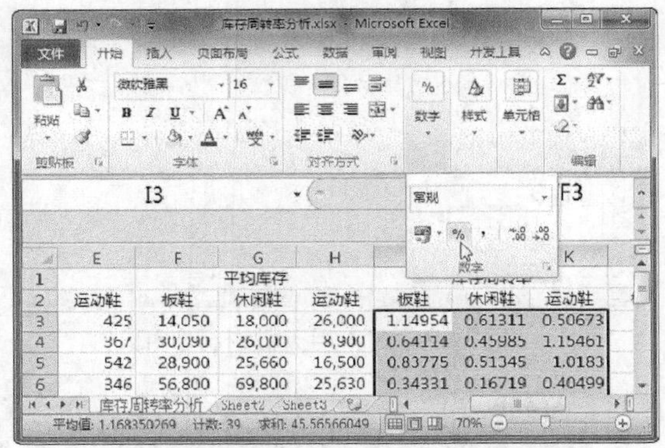

图 7-94　设置百分比样式

Step 15　选择 L3 单元格，在编辑栏中输入公式“=ROUND($B3/I3,0)”，并按【Enter】键确认，计算“板鞋”本月库存周转天数，如图 7-95 所示。

Step 16　利用填充柄功能将 L3 单元格中的公式填充到其他单元格中，如图 7-96 所示，此时即可对库存周转天数进行分析。

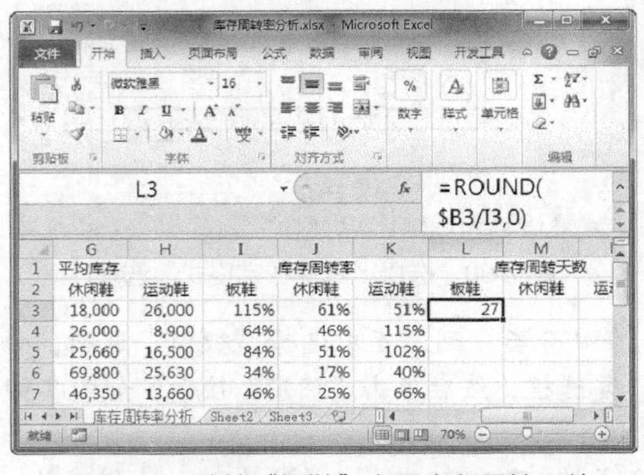

图 7-95　计算“板鞋”本月库存周转天数

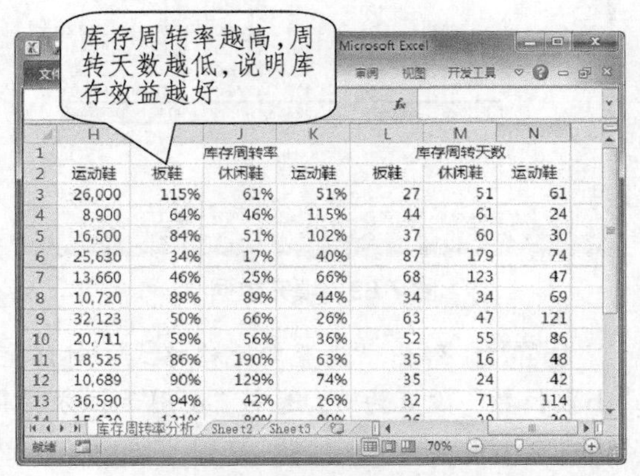

图 7-96　填充库存周转天数数据

DAY 函数的语法

语法：DAY(serial_number)

- serial_number：要查找的那一天的日期，或可计算的日期序列号，或存放日期数据的单元格引用。

EOMONTH 函数的语法

语法：EOMONTH(start_date,months)

- start_date：代表开始日期的一个日期。日期有多种输入方式：带引号的文本串（如"1998/01/30"）、系列数（例如，如果使用 1900 日期系统，则 35825 表示 1998 年 1 月 30 日），其他公式或函数的结果（如 DATEVALUE("1998/1/30")）。
- months：start_date 之前或之后的月数。正数表示未来日期，负数表示过去日期。若 start_date 为非法日期值，返回错误值#NUM!；若 months 不是整数，将截尾取整。

SUMPRODUCT 函数的语法

语法：SUMPRODUCT（array1,array2,array3,...）

- array1,array2,array3,...：为 2～3 个数组，其相应元素需要进行相乘并求和。

ROUND 函数的语法

语法：ROUND(number，num_digits)

- number：要进行四舍五入的数字。
- num_digits：进行四舍五入指定的位数。

三、设置“库存周转率”条件格式

下面将详细介绍如何为“库存周转率”应用条件格式，具体操作方法如下。

Step 01 打开“素材文件\项目七\库存周转率分析 1.xlsx”，选择 I3:K15 单元格区域，在“样式”组中单击“条件格式”下拉按钮，选择“突出显示单元格规则”|“小于”选项，如图 7-97 所示。

Step 02 弹出“小于”对话框，在“为小于以下值的单元格设置格式”文本框中输入 0.5，在“设置为”下拉列表框中选择“浅红填充色深红色文本”选项，然后单击“确定”按钮，如图 7-98 所示。

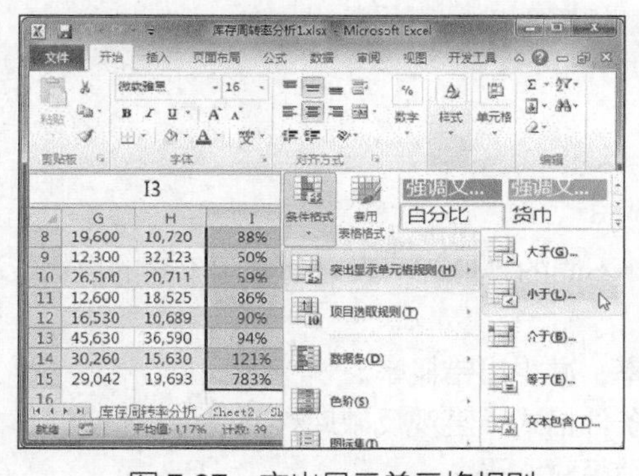

图 7-97　突出显示单元格规则

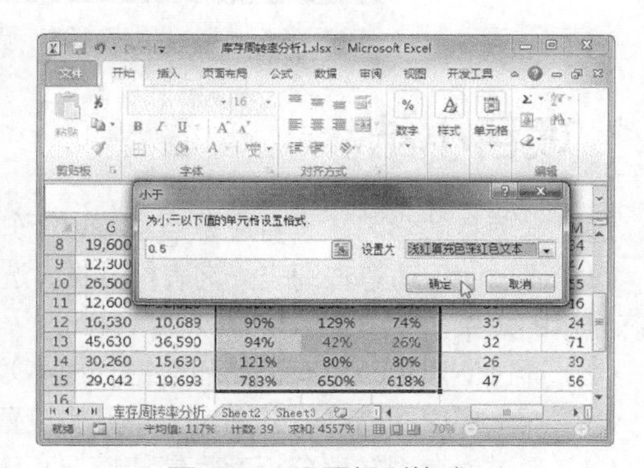

图 7-98　设置规则格式

Step 03 选择 L3:N15 单元格区域，在“样式”组中单击“条件格式”下拉按钮，选择“图标集”|“其他规则”选项，如图 7-99 所示。

Step 04 弹出“新建格式规则”对话框，在“图标”下拉列表框中分别选择所需的图标选项，在“值”文本框中分别输入 80 和 30，然后单击“确定”按钮，如图 7-100 所示。

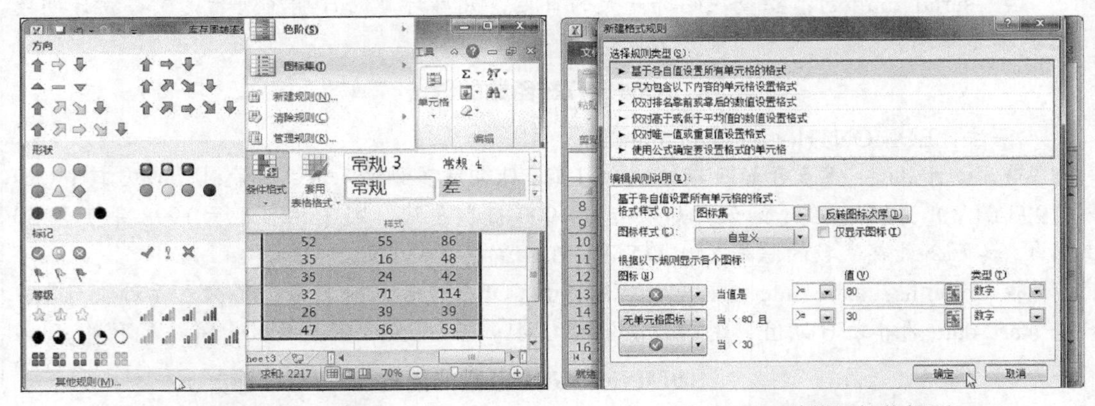

图 7-99　设置条件格式　　图 7-100　编辑图标集规则

Step 05 此时可以直观地显示出库存周转率高低及库存周转天数长短，最终效果如图 7-101 所示。

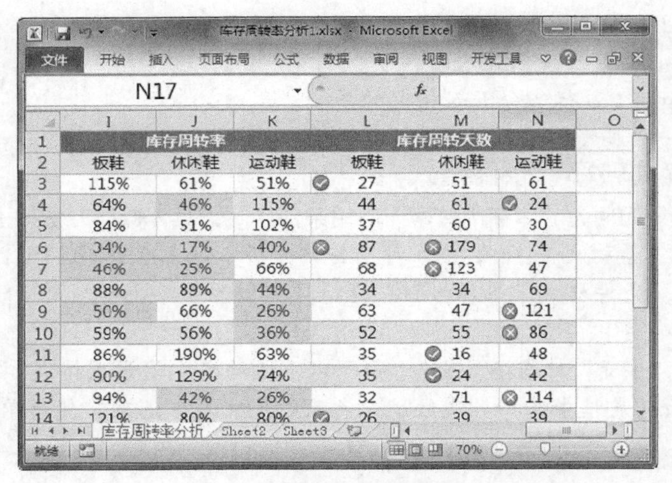

图 7-101　查看设置效果

项目小结

通过本项目的学习，读者应重点掌握以下知识。

（1）通过使用动态查询表查询表格数据，选择不同的月份，图表自动显示不同的数据，达到动态显示的效果。

（2）通过使用记录单登记商品数据，提高效率，减少出错概率。

（3）在管理库存商品时，通过为单元格设置条件格式，直观反映库存商品库存情况。

（4）通过库存周转率分析商品销售情况和店铺经营水平。

项目习题

打开“素材文件\项目七\商品销售动态查询.xlsx”，如图 7-102 所示。制作商品动态查询表，根据查询结果制作图表，查看各类商品销量占比。

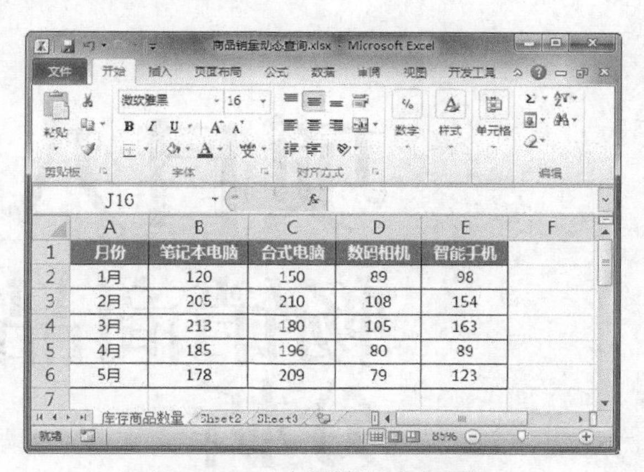

月份	笔记本电脑	台式电脑	数码相机	智能手机
1月	120	150	89	98
2月	205	210	108	154
3月	213	180	105	163
4月	185	196	80	89
5月	178	209	79	123

图 7-102　商品销量动态查询

关键提示：

（1）将“开发工具”选项卡添加到功能区中，插入组合框控件。

（2）设置控件格式，设置“数据源区域”为月份列数据。

（3）输出月份，使用 INDEX 函数查找商品销量。

（4）插入饼图，将数据标签设置为百分比格式。

项目八

畅销商品统计与分析

项目概述

卖家要清楚当前畅销的商品有哪些，以便在上架、下架时选择合适的商品。卖家可以通过对商品搜索关键词进行分析，选择最热门的关键词，提高更多的入选机会；也可以通过对商品定价的分析，制定出最为合理的价格；还可以了解流量的来源和占比，免费流量和付费流量结合使用，以达到最佳效果。本项目将从商品搜索词、商品定价和流量占比三个方面介绍如何对畅销商品进行统计与分析。

项目重点

- 掌握商品搜索关键词分析的方法。
- 掌握商品定价分析的方法。
- 掌握流量与成交量之间的关系。

项目目标

- 学会分析关键词的热度。
- 学会分析商品定价范围。
- 学会分析流量与成交量的占比。

任务一　商品搜索关键词统计与分析

任务概述

从买家的角度来说，就是根据其设想的词来找到自己想要的商品；而从卖家的角度来说，就是根据买家输入的关键词来快速帮助其找到对方想要找的商品，从而完成购买的动作。卖家在商品标题中使用合适的关键词，可以在买家搜索商品时得到更多的入选机会。

任务重点与实施

一、商品搜索关键词统计

下面将详细介绍如何统计商品搜索关键词，具体操作方法如下。

Step 01 打开“素材文件\项目八\搜索关键词统计.xlsx”，选择“插入”选项卡，在“表格”组中单击“数据透视表”下拉按钮，选择“数据透视表”选项，如图 8-1 所示。

Step 02 弹出“创建数据透视表”对话框，选中“现有工作表”单选按钮，然后单击“位置”文本框右侧的“折叠”按钮，如图 8-2 所示。

Step 03 在工作表中选择 E1 单元格，单击“展开”按钮，返回“创建数据透视表”对话框，单击“确定”按钮，如图 8-3 所示。

Step 04 打开“数据透视表字段列表”窗格，添加“关键词”和“搜索指数”字段，如图 8-4 所示。

Step 05 选择 E2:E5 单元格区域，选择“选项”选项卡，在“分组”组中选择“将所选内容分组”选项，如图 8-5 所示。

Step 06 采用同样的方法，将其他相同或相近的关键词进行分组，并更改分组名称，如图 8-6 所示。

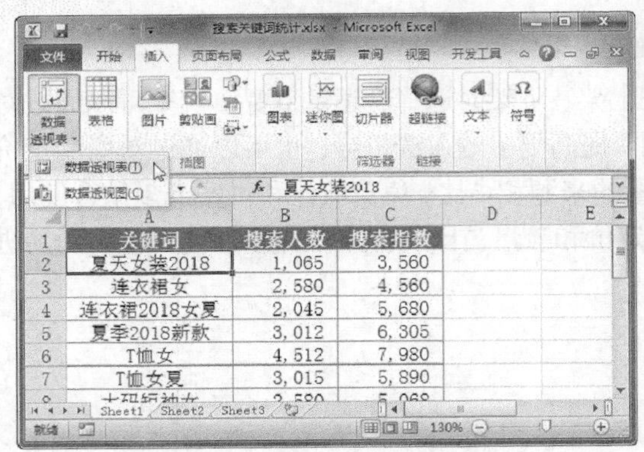

图 8-1　插入数据透视表

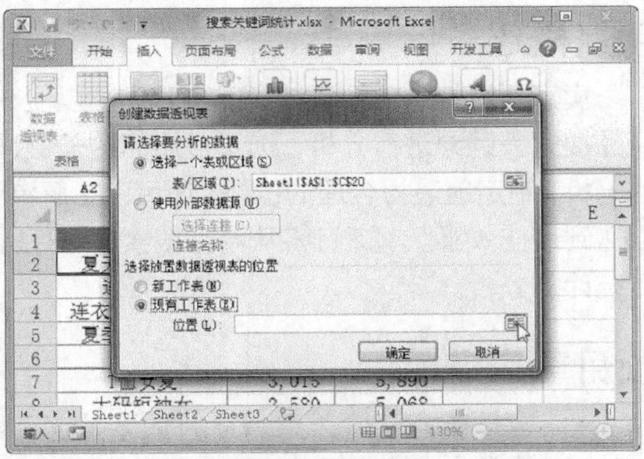

图 8-2　单击折叠按钮

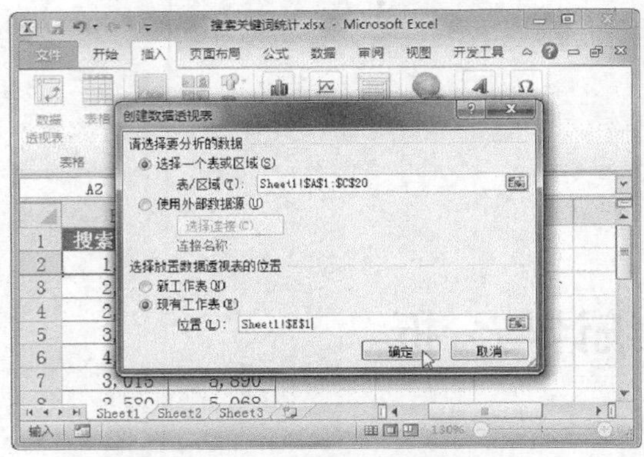

图 8-3　设置数据透视表位置

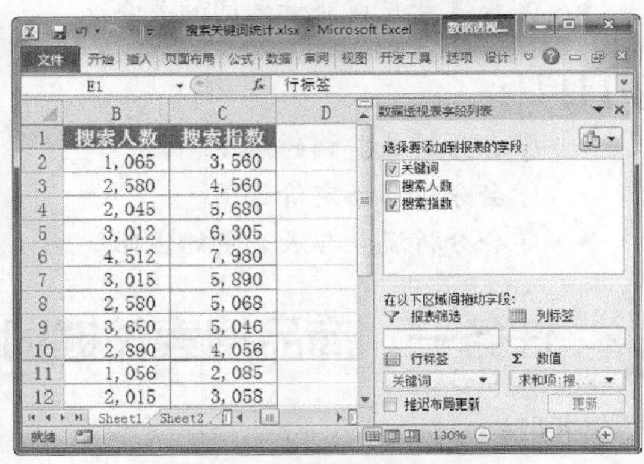

图 8-4　添加报表字段

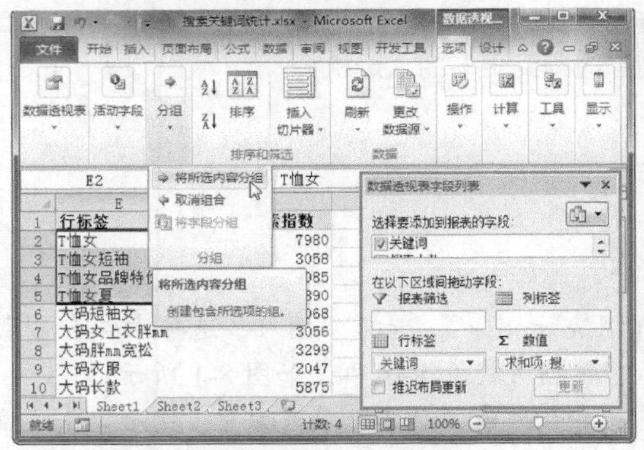

图 8-5　将所选内容分组

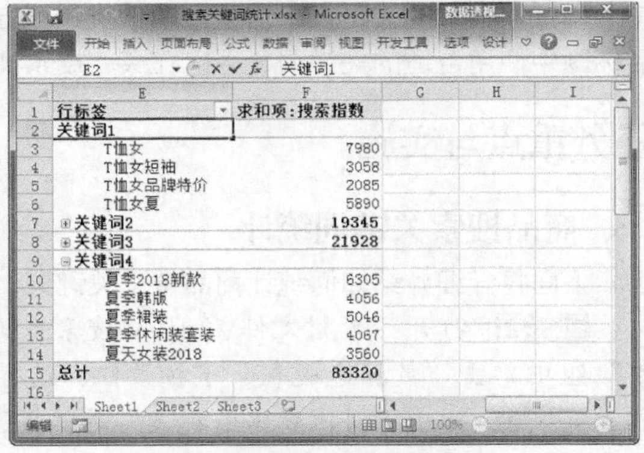

图 8-6　更改分组名称

Step 07 选择数据透视表中的任一单元格，选择“设计”选项卡，在“数据透视表样式”列表中选择需要的样式，如图 8-7 所示。

Step 08 在“布局”组中单击“报表布局”下拉按钮，选择“以大纲形式显示”选项，如图 8-8 所示。

Step 09 在“布局”组中单击“分类汇总”下拉按钮，选择“在组的底部显示所有分类汇总”选项，如图 8-9 所示。

Step 10 选择 E1 单元格，在编辑栏中更改行标签名称，并按【Enter】键确认，如图 8-10 所示。

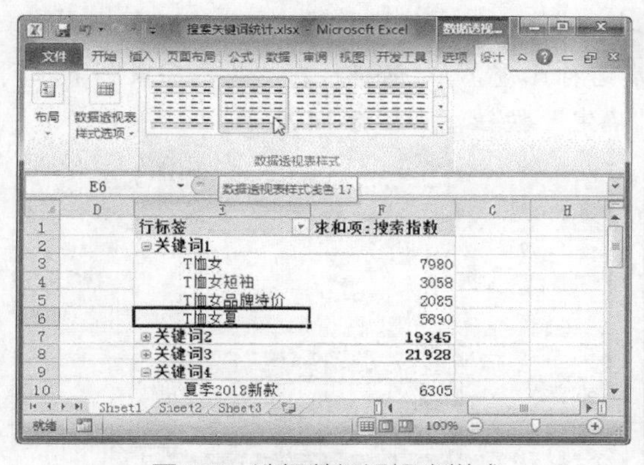

图 8-7 选择数据透视表样式

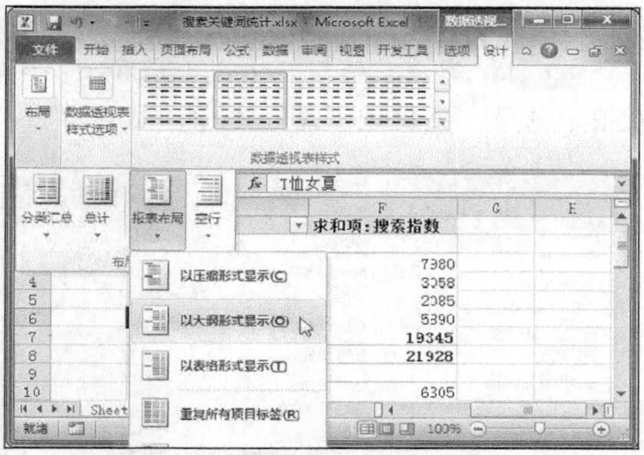

图 8-8 设置报表布局形式

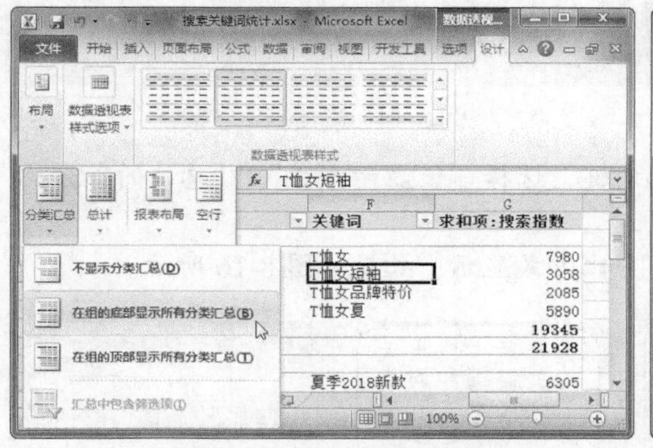

图 8-9 设置分类汇总选项

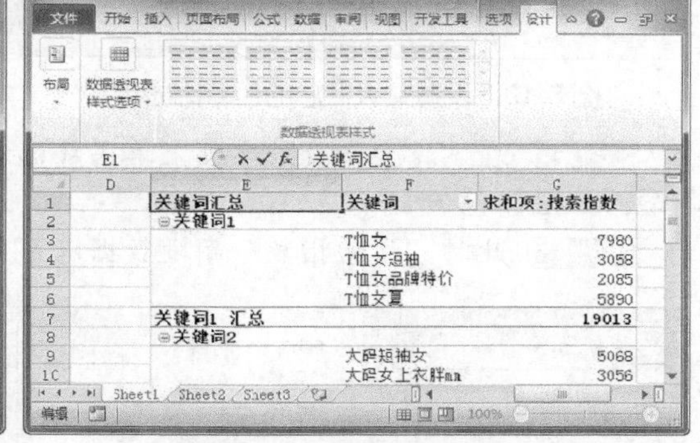

图 8-10 更改行标签名称

Step 11 选择“选项”选项卡，在“计算”组中单击“域、项目和集”下拉按钮，选择“计算字段”选项，如图 8-11 所示。

Step 12 弹出“插入计算字段”对话框，在“名称”文本框中输入“同类名称比重”，在“字段”列表中选择“搜索指数”选项，单击“插入字段”按钮，然后单击“确定”按钮，如图 8-12 所示。

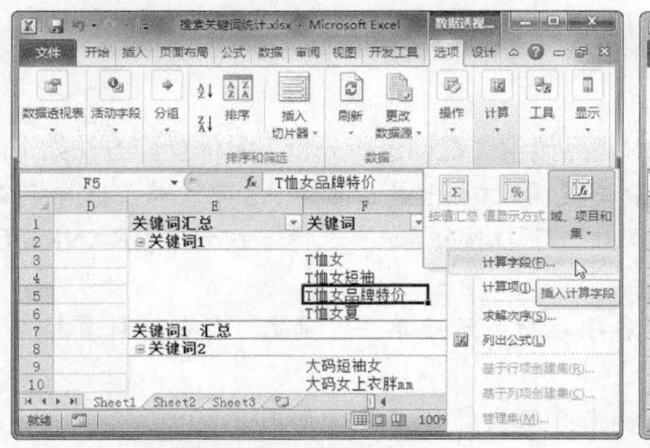

图 8-11 计算字段

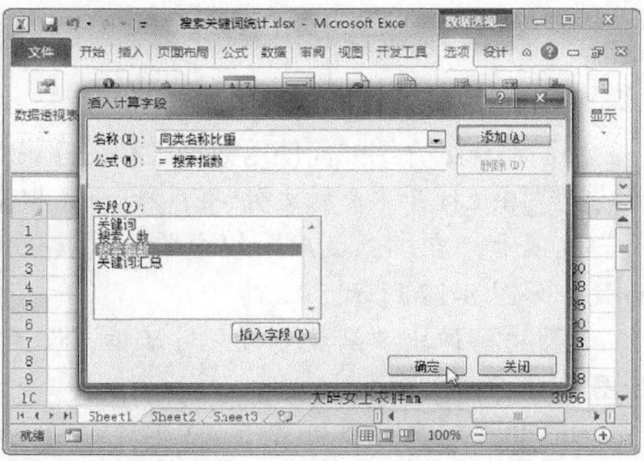

图 8-12 插入计算字段

Step 13 此时在数据透视表中插入“同类名称比重”字段，然后右键单击该字段，选择“值显示方式”|“父级汇总的百分比”命令，如图 8-13 所示。

Step 14 弹出“值显示方式（求和项：同类名称比重）”对话框，在“基本字段”下拉列表框中选择“关键词汇总”选项，然后单击“确定”按钮，如图 8-14 所示。

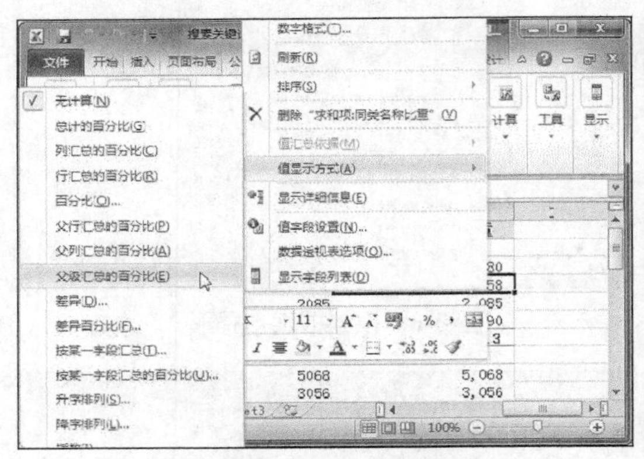

图 8-13　设置父级汇总的百分比显示

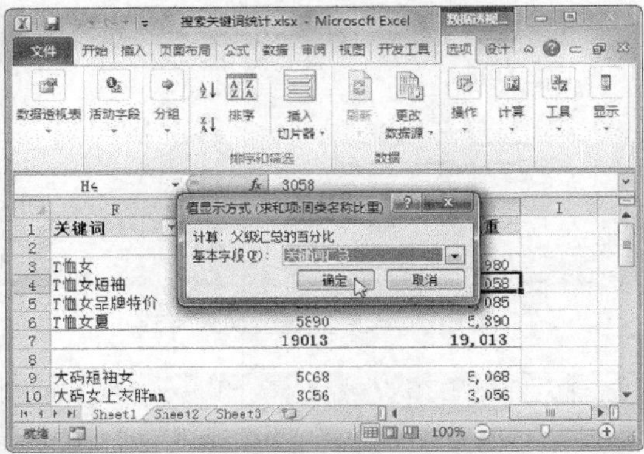

图 8-14　设置基本字段

Step 15 在“搜索指数”字段上单击鼠标右键，选择“值显示方式”|“总计的百分比”命令，如图 8-15 所示。

Step 16 此时“搜索指数”字段数据以百分比方式显示，效果如图 8-16 所示。

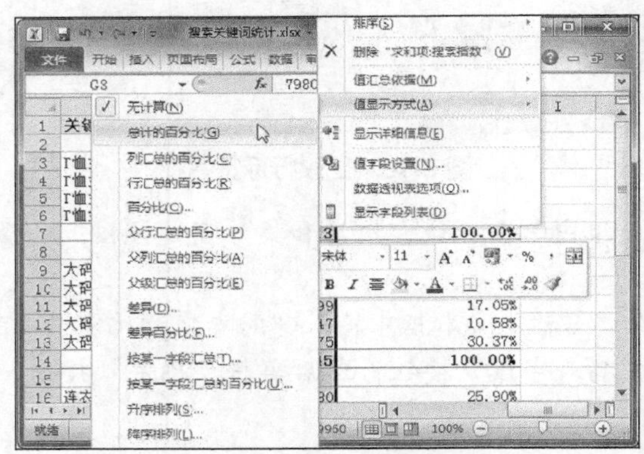

图 8-15　设置总计的百分比显示

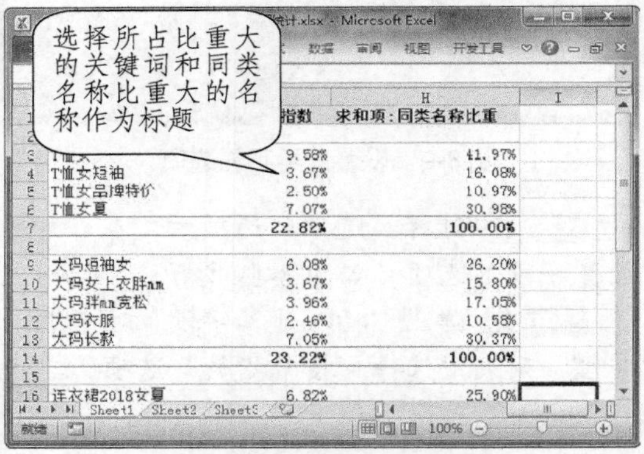

图 8-16　查看设置效果

二、商品搜索关键词分析

下面将详细介绍如何使用数据条和图标集对商品搜索关键词进行分析，具体操作方法如下。

Step 01 打开“素材文件\项目八\商品搜索关键词分析.xlsx”，选择 A3 单元格，选择“公式”选项卡，在“函数库”组中单击“其他函数”下拉按钮，选择“统计”| RANK.EQ 函数，如图 8-17 所示。

Step 02 弹出“函数参数”对话框，设置各项参数，然后单击“确定”按钮，计算排名，如图 8-18 所示。

Step 03 将鼠标指针置于 A3 单元格填充柄上并双击鼠标左键，如图 8-19 所示。

Step 04 此时系统自动将 RANK.EQ 函数填充至本列其他单元格中，得到当前的排名数据，如图 8-20 所示。

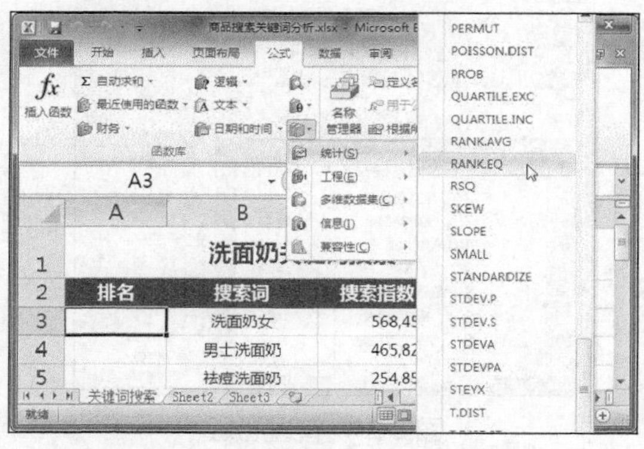

图 8-17　选择 RANK.EQ 函数

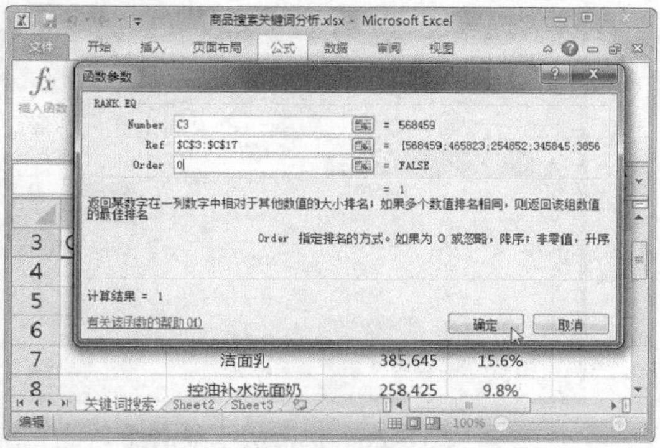

图 8-18　设置函数参数

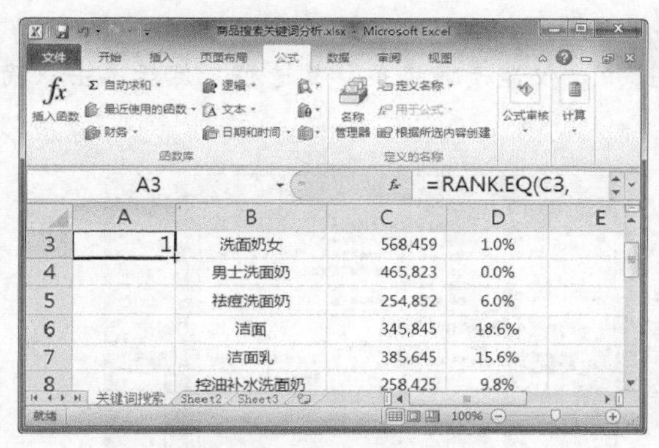

图 8-19　计算排名

图 8-20　填充排名数据

Step 05 选择 D 列并右击，选择“插入”命令，在左侧插入列，如图 8-21 所示。

Step 06 将 C3:C17 单元格区域中的数据复制到 D3:D17 单元格区域中，如图 8-22 所示。

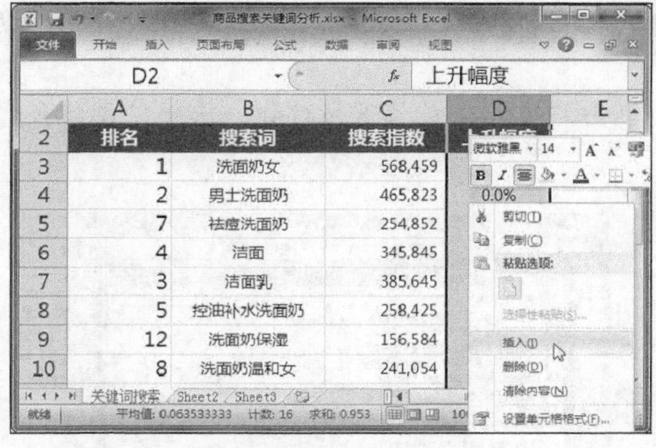

图 8-21　插入列

图 8-22　复制数据

Step 07 选择 D3:D17 单元格区域，选择“开始”选项卡，在“样式”组中单击“条件格式”下拉按钮，选择“数据条”|“红色数据条”选项，如图 8-23 所示。

Step 08 单击“条件格式”下拉按钮，选择“管理规则”选项，如图 8-24 所示。

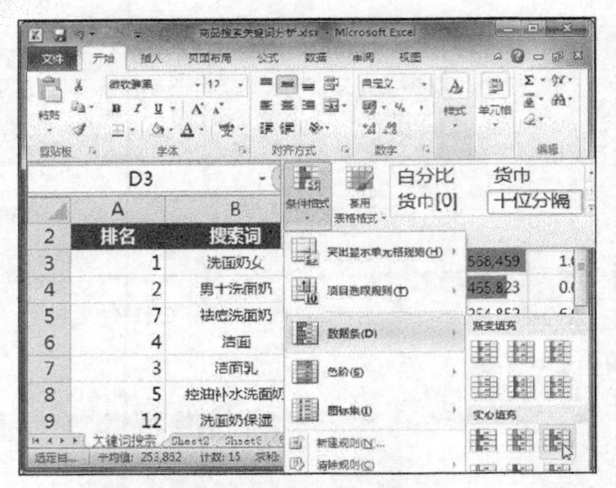

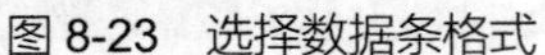

图 8-23　选择数据条格式

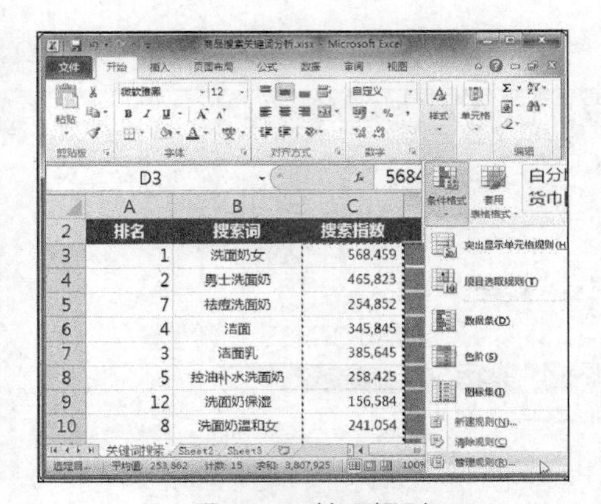

图 8-24　管理规则

Step 09　弹出“条件格式规则管理器”对话框，选择“数据条”选项，然后单击“编辑规则”按钮，如图 8-25 所示。

Step 10　弹出“编辑格式规则”对话框，选中“仅显示数据条”复选框，然后单击“确定”按钮，如图 8-26 所示。

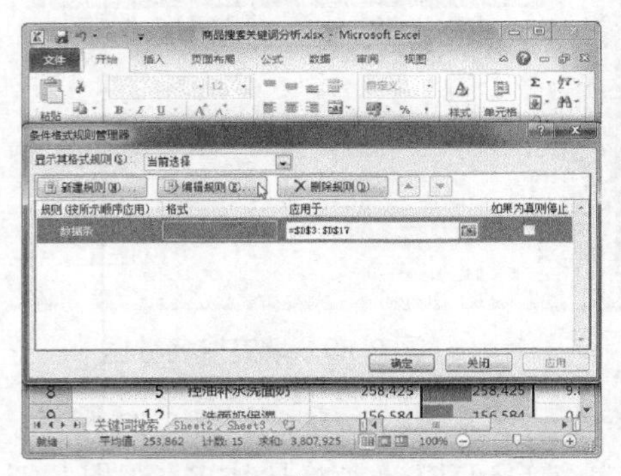

图 8-25　单击“编辑规则”按钮

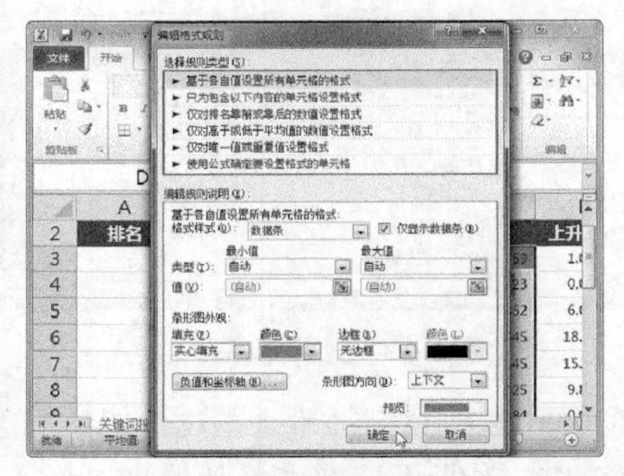

图 8-26　编辑数据条规则

Step 11　选择 E3:E17 单元格区域，在“样式”组中单击“条件格式”下拉按钮，选择“新建规则”选项，如图 8-27 所示。

Step 12　弹出“新建格式规格”对话框，单击“格式样式”下拉按钮，选择“图标集”选项，如图 8-28 所示。

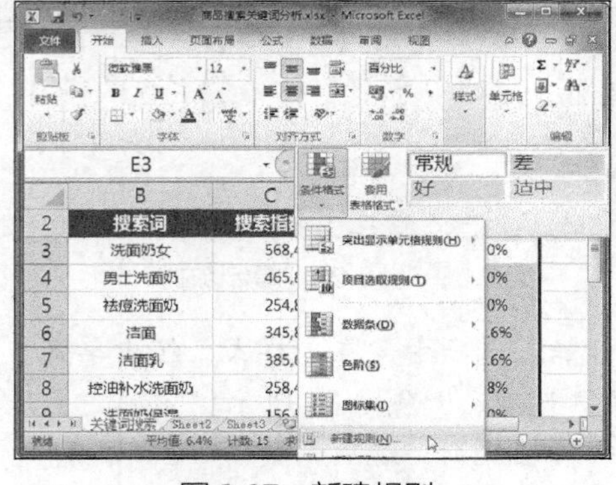

图 8-27　新建规则

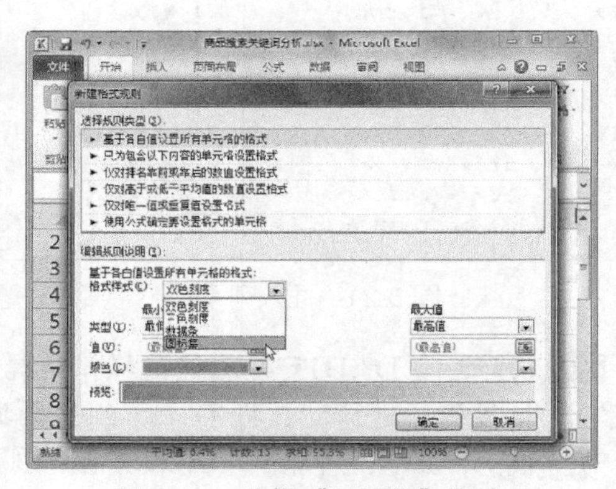

图 8-28　选择“图标集”格式

Step 13 单击“图标样式”下拉按钮，选择“3 个三角形”选项，如图 8-29 所示。

Step 14 分别在第一个图标和第二个图标对应的“值”文本框中输入 0.1 和 0.03，然后单击“确定”按钮，如图 8-30 所示。

图 8-29 设置图标样式

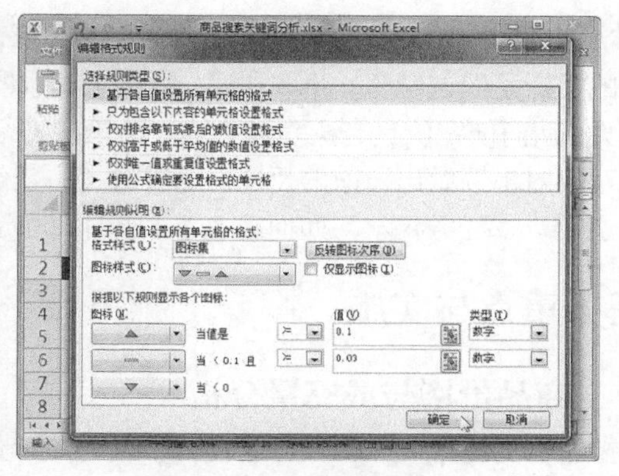

图 8-30 设置图标规则

Step 15 选择 A3:E17 单元格区域，选择“数据”选项卡，在“排序和筛选”组中单击“升序”按钮，如图 8-31 所示。

Step 16 排名按照升序的顺序排列，最终效果如图 8-32 所示。此时，卖家即可通过数据条和图标集对搜索关键词进行分析。

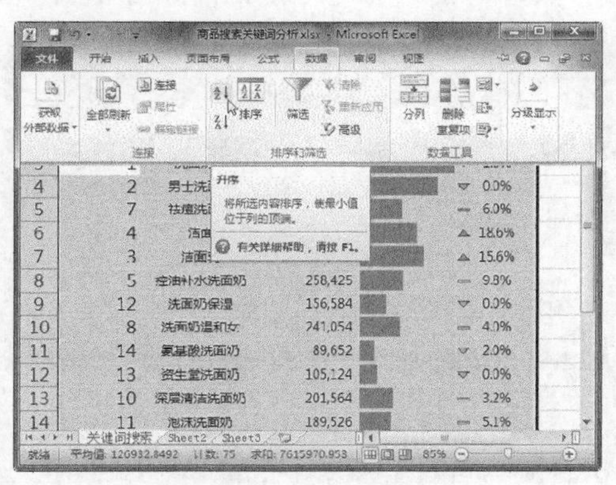

图 8-31 升序排序

图 8-32 查看排名效果

课堂解疑

RANK.EQ 函数的语法

语法：RANK.EQ(number,ref,order)

- number：表示要查找排名的数字，可以直接输入数字，也可引用单元格。
- ref：表示要在其中查找排名的数字列表，可以是数组或单元格引用，计算时忽略非数字值。
- order：表示指定排名方式的数字，如果该参数省略或为 0，则将 ref 按降序排列；如果该参数为非 0 值，则将 ref 按升序排列。

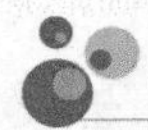

任务二　商品定价分析

任务概述

商品定价通常是影响交易成败的重要因素，同时又是电商运营中最难以确定的因素。商品定价的目标是促进销售，获取利润，这要求卖家既要考虑成本的补偿，又要考虑买家对价格的接受能力，从而使定价具有买卖双方双向决策的特征。此外，价格还是市场营销组合中最灵活的因素，它可以对市场做出灵敏的反应。通过对商品定价进行分析，确定出合理的价格，对于卖家而言至关重要。本任务将学习如何在 Excel 中对商品定价进行分析。

任务重点与实施

一、商品价格与成交量分析

下面将详细介绍如何分析商品价格与成交量之间的关系，具体操作方法如下。

Step 01 打开“素材文件\项目八\商品定价分析.xlsx”，选择 F2 单元格，选择“公式”选项卡，在“函数库”组中单击“数学和三角函数”下拉按钮，选择 SUMIF 函数，如图 8-33 所示。

Step 02 弹出“函数参数”对话框，将光标定位到 Range 文本框中，在工作表中选择 B2:B26 单元格区域；将光标定位到 Criteria 文本框中，输入“<=30”；将光标定位到 Sum_range 文本框中，在工作表中选择 C2:C26 单元格区域，然后单击“确定”按钮，如图 8-34 所示。

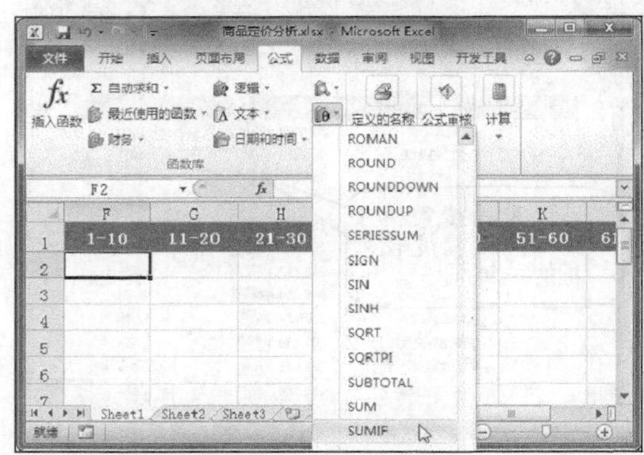

图 8-33　选择 SUMIF 函数

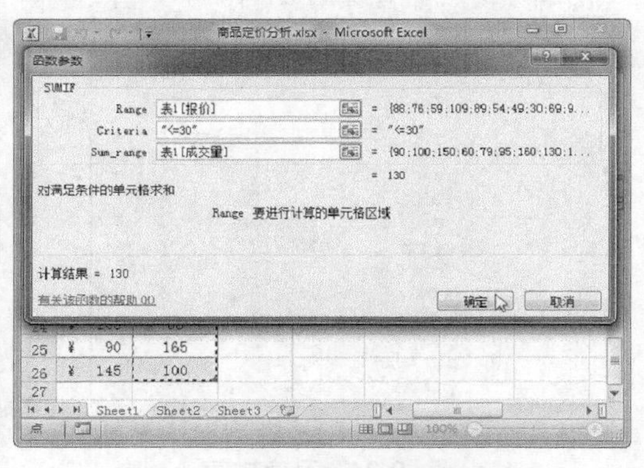

图 8-34　设置 SUMIF 函数参数

Step 03 选择 G2 单元格，单击“数学和三角函数”下拉按钮，选择 SUMIFS 函数，如图 8-35 所示。

Step 04 弹出“函数参数”对话框，设置各项参数，然后单击“确定”按钮，如图 8-36 所示。

Step 05 将 G2 单元格中的公式复制到 H2 单元格中，在编辑栏中修改 SUMIFS 函数的参数，将 Criteria1 参数修改为“>=61”，将 Criteria2 参数修改为“<=90”，并按【Enter】键确认，如图 8-37 所示。

Step 06 采用同样的方法，计算 I2:K2 单元格区域的值。将 F2 单元格中的公式复制到 L2 单元格中，在编辑栏中修改 SUMIF 函数参数，将 Criteria 参数修改为“>=181”，并按【Enter】键确认，如图 8-38 所示。

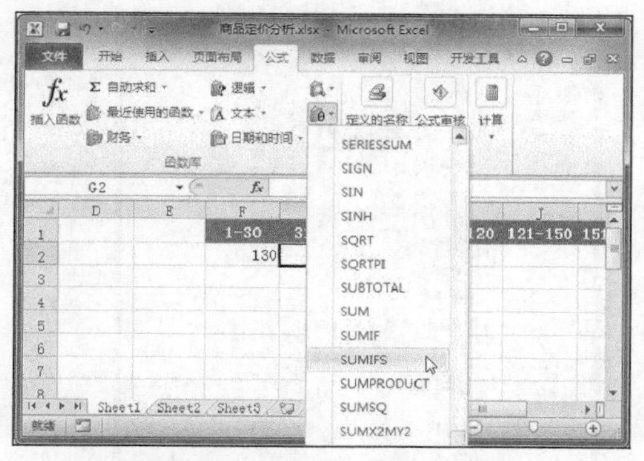

图 8-35　选择 SUMIFS 函数

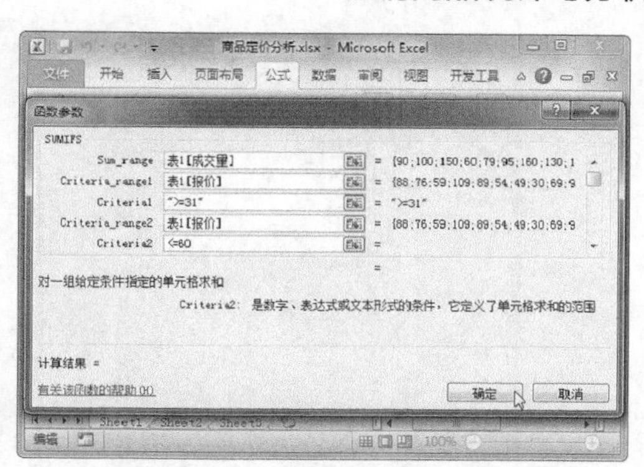

图 8-36　设置 SUMIFS 函数参数

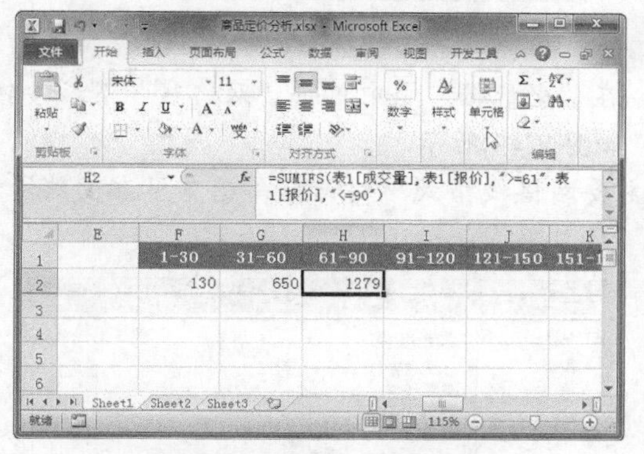

图 8-37　编辑 H2 单元格公式

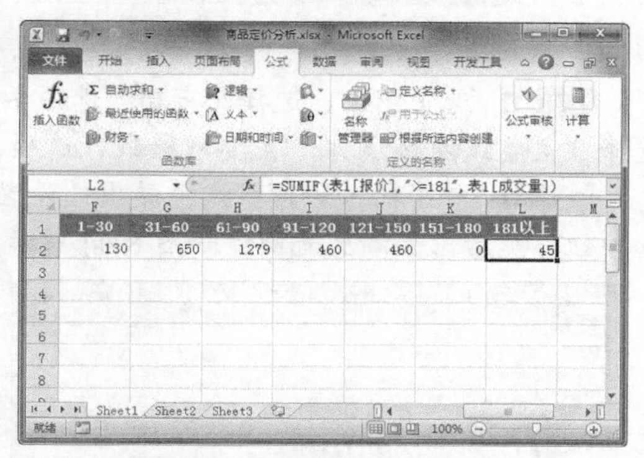

图 8-38　编辑 L2 单元格公式

Step 07 选择 F1:L2 单元格区域，选择“插入”选项卡，在“图表”组中单击“面积图”下拉按钮，选择“面积图”选项，如图 8-39 所示。

Step 08 调整图表的位置和大小，删除网格线和图例，添加图表标题，如图 8-40 所示。

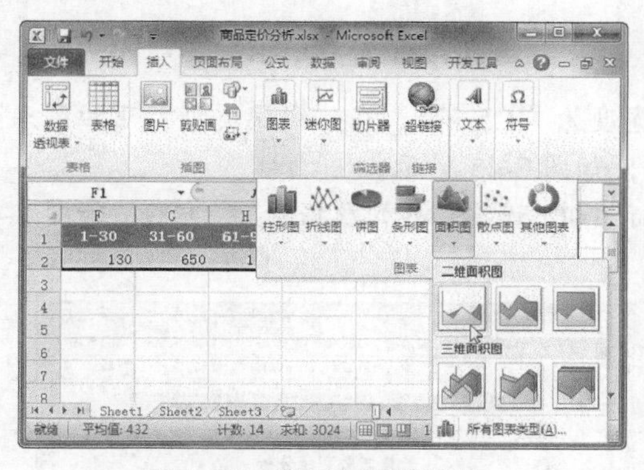

图 8-39　插入面积图图表

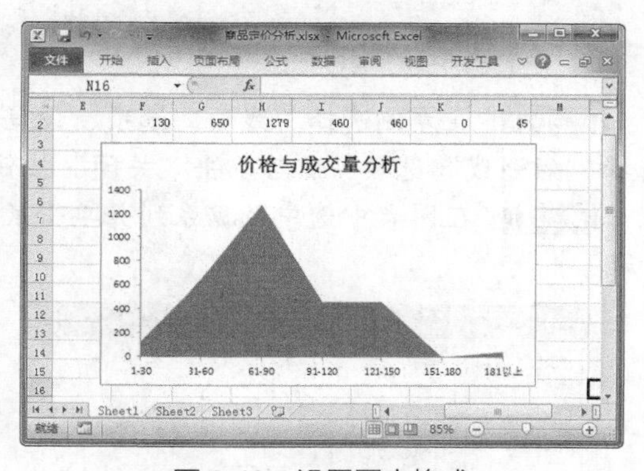

图 8-40　设置图表格式

Step 09 双击数据系列，弹出“设置数据系列格式”对话框，在左侧选择“填充”选项，选中“纯色填充”单选按钮，在“颜色”下拉列表框中选择需要的颜色，设置“透明度”为 50%，如图 8-41 所示。

Step 10 在左侧选择“三维格式”选项，在“棱台”选项区中设置“顶端”参数，然后单击“关闭”按钮，如图 8-42 所示。

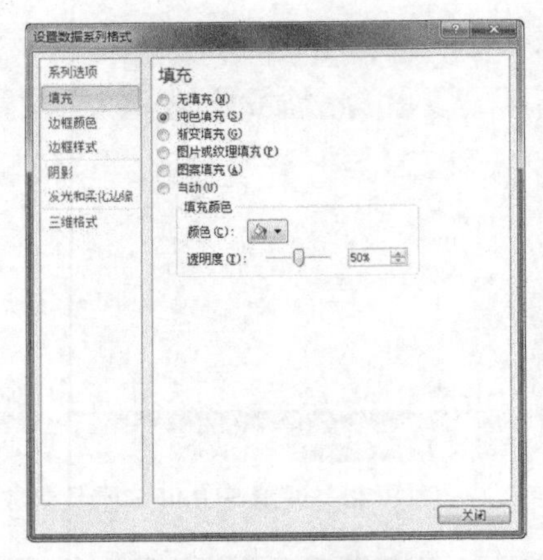

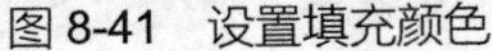
图 8-41 设置填充颜色

图 8-42 设置三维格式

Step 11 选中图表，选择“布局”选项卡，在“坐标轴”组中单击“网格线”下拉按钮，选择“主要纵网格线”|“主要网格线”选项，如图 8-43 所示。

Step 12 双击插入的网格线，弹出“设置主要网格线格式”对话框，选中“渐变线”单选按钮，然后设置渐变光圈，如图 8-44 所示。

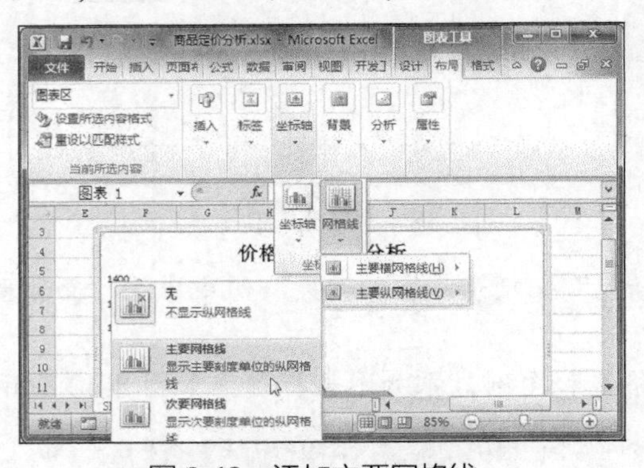

图 8-43 添加主要网格线

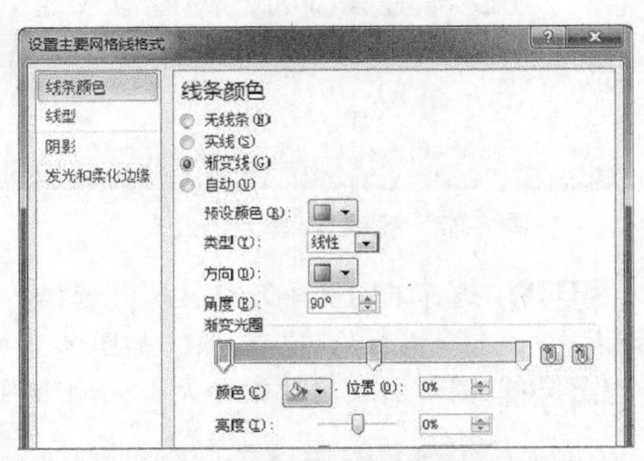

图 8-44 设置线条颜色

Step 13 在左侧选择“线型”选项，设置宽度为“1.5 磅”，在“线端类型”下拉列表中选择“短划线”选项，然后单击“关闭”按钮，如图 8-45 所示。

Step 14 在图表中选中数据系列并单击鼠标右键，选择“添加数据标签”命令，如图 8-46 所示。

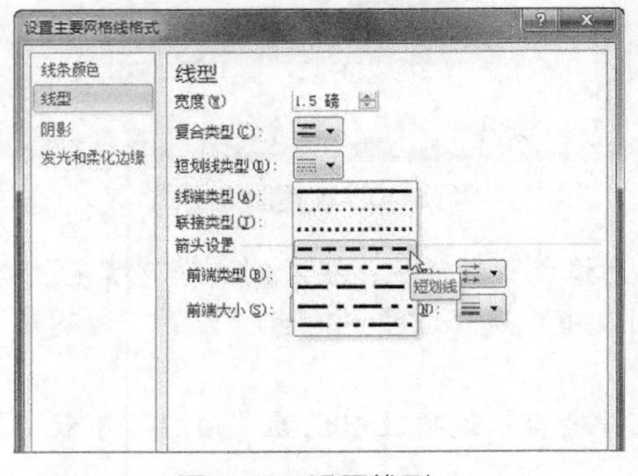

图 8-45 设置线型

图 8-46 添加数据标签

Step 15 选择 B2 单元格，选择“数据”选项卡，在“排序和筛选”组中单击“升序”按钮，如图 8-47 所示。

Step 16 选择 B1:C6 单元格区域，选择“插入”选项卡，在“图表”组中单击“面积图”下拉按钮，选择“面积图”选项，如图 8-48 所示。

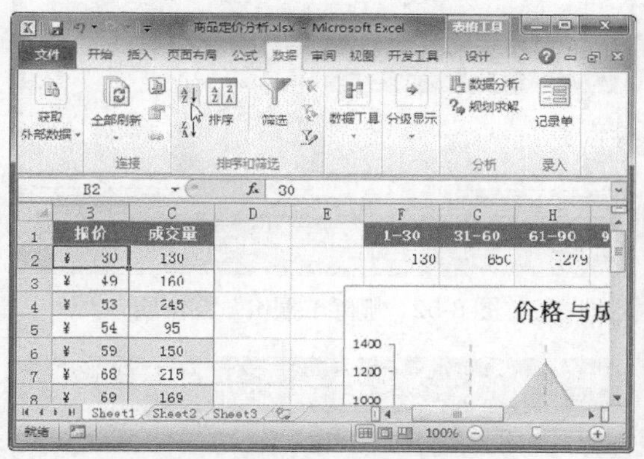

图 8-47 升序排序报价

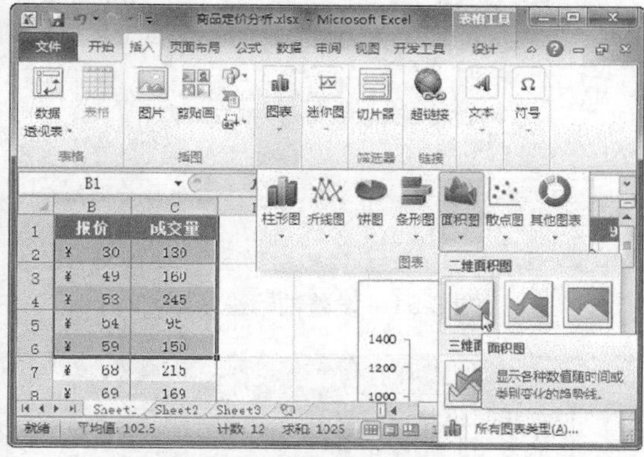

图 8-48 插入面积图图表

Step 17 调整图表的位置和大小，删除图表网格线，添加图表标题。在图表上右击，选择“选择数据”命令，如图 8-49 所示。

Step 18 弹出“选择数据源”对话框，在“水平（分类）轴标签”选项区中单击“编辑”按钮，如图 8-50 所示。

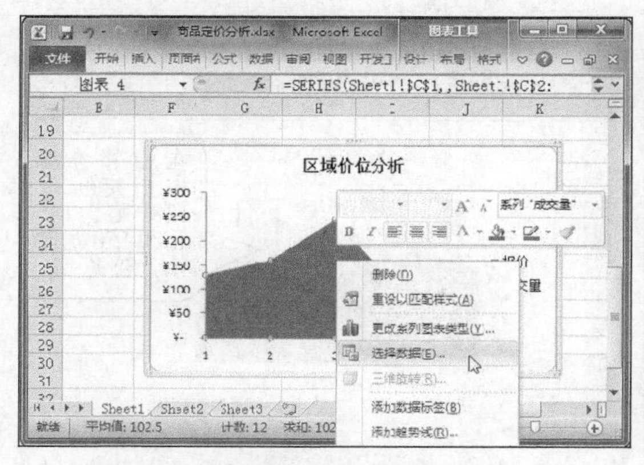

图 8-49 选择数据

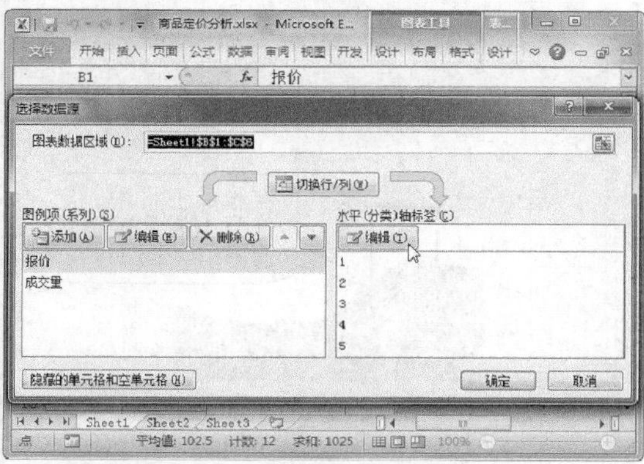

图 8-50 编辑水平轴标签

Step 19 弹出“轴标签”对话框，将光标定位到“轴标签区域”文本框中，在工作表中选择 B2:B6 单元格区域，然后单击“确定”按钮，如图 8-51 所示。

Step 20 在“图例项（系列）”列表中选择“报价”选项，单击“删除”按钮，然后单击“确定”按钮，如图 8-52 所示。

Step 21 采用同样的方法，为其他报价区域创建面积图，最终效果如图 8-53 所示。此时，卖家即可对商品区域价位进行分析。

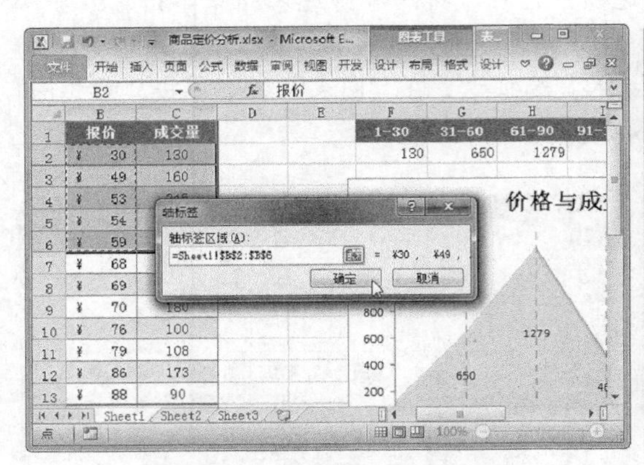

图 8-51 设置轴标签区域

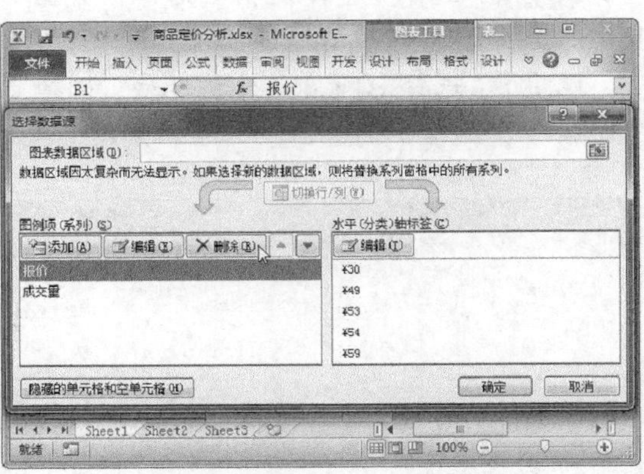

图 8-52 删除“报价”图例项

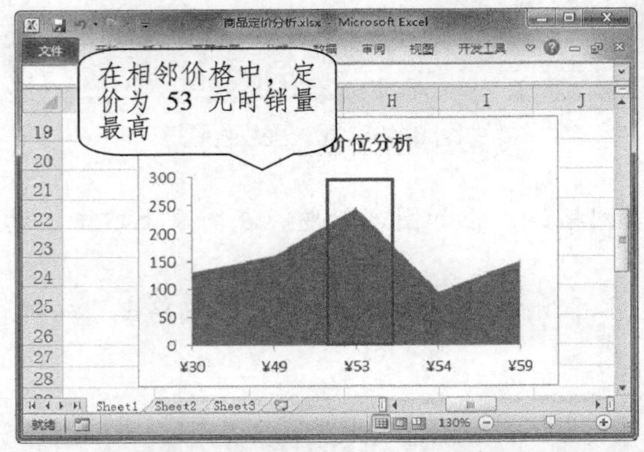

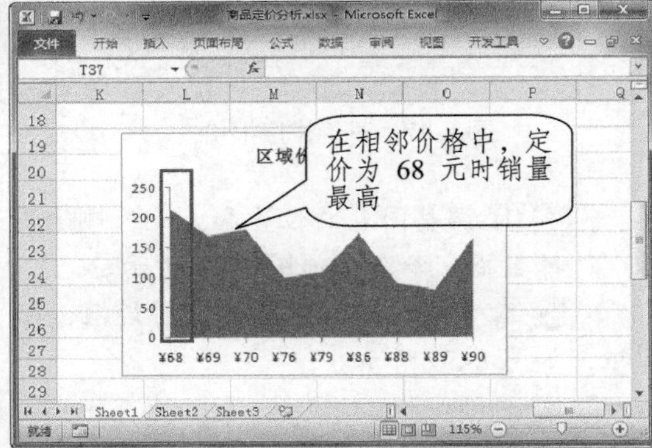

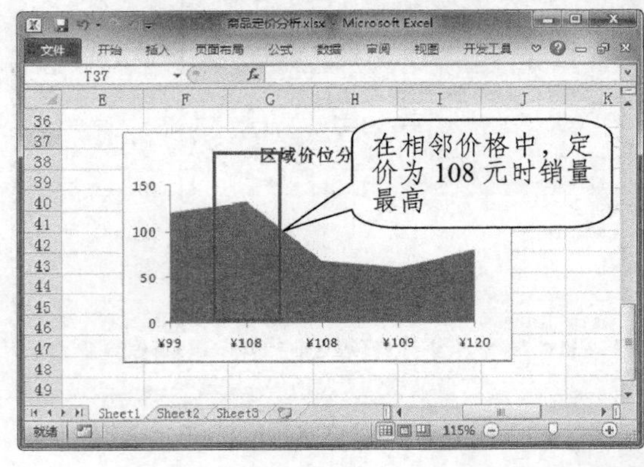

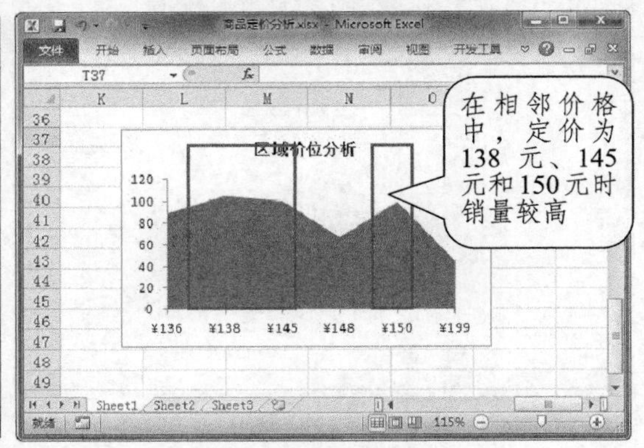

图 8-53 创建其他区域面积图

二、商品价格与销售额分析

下面将详细介绍如何分析商品价格与销售额之间的关系，具体操作方法如下。

Step 01 打开“素材文件\项目八\商品价格与销售总额关系.xlsx”，选择 D2 单元格，在编辑栏中输入公式“=B2*C2”，并按【Enter】键确认，计算销售总额，如图 8-54 所示。

Step 02 向下拖动 D2 单元格填充柄至 D24 单元格，填充公式。单击“自动填充选项”下拉按钮，选中“不带格式填充”单选按钮，如图 8-55 所示。

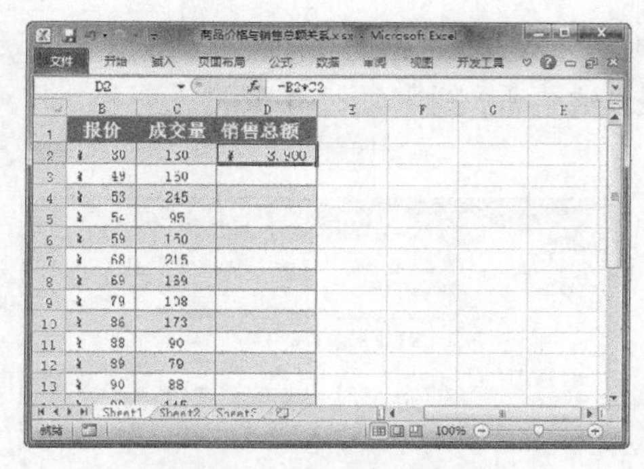
图 8-54 计算销售总额

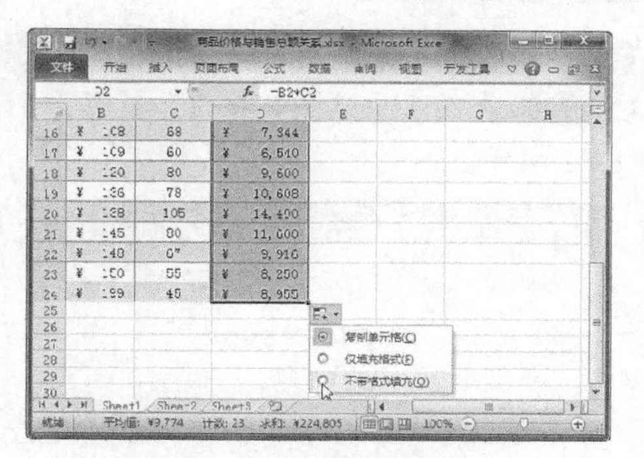
图 8-55 填充数据

Step03 选择 D2:D24 单元格区域，按【Ctrl+C】组合键复制数据，按【Ctrl+V】组合键进行粘贴。单击“粘贴选项”下拉按钮(Ctrl)，选择“粘贴数值”选项区中的“值”选项123，按【Esc】键取消选择，如图 8-56 所示。

Step04 按住【Ctrl】键的同时选择 B1:B24 和 D1:D24 单元格区域，按【Ctrl+C】组合键复制数据。选择 F1 单元格，在“剪贴板”组中单击“粘贴”下拉按钮，选择“选择性粘贴”选项，如图 8-57 所示。

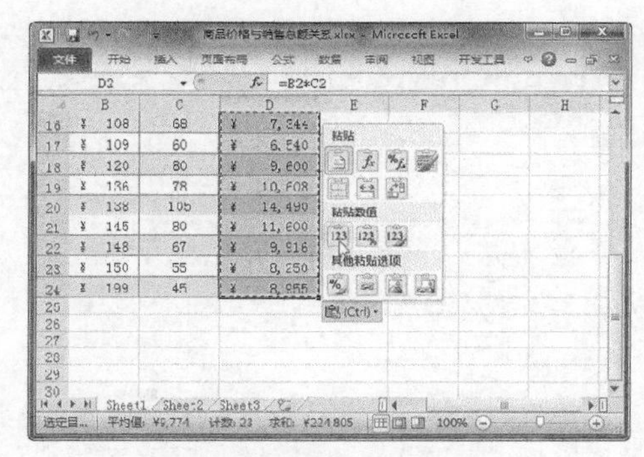
图 8-56 粘贴为值

图 8-57 选择性粘贴数据

Step05 弹出“选择性粘贴”对话框，选中“数值”单选按钮和“转置”复选框，然后单击“确定”按钮，如图 8-58 所示。

Step06 按【Esc】键取消选择，选择 F1:AC2 单元格区域，选择“插入”选项卡，在“图表”组中单击“折线图”下拉按钮，选择“带数据标记的折线图”选项，如图 8-59 所示。

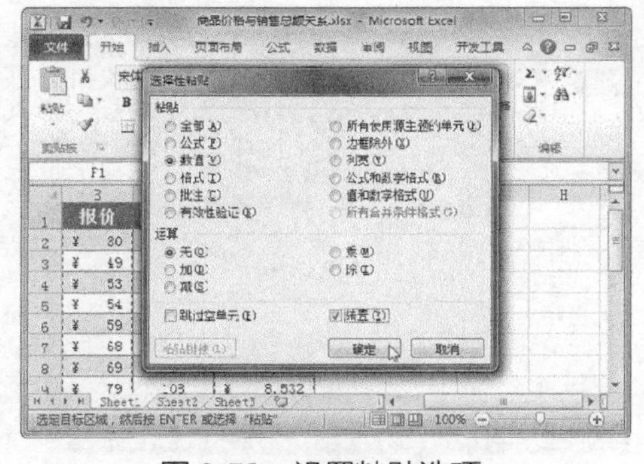
图 8-58 设置粘贴选项

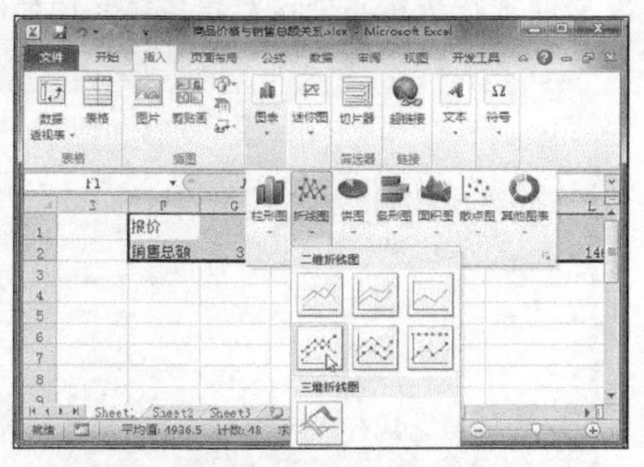
图 8-59 插入折线图

Step 07 插入图表，删除网格线，添加图表标题，设置在底部显示图例，如图 8-60 所示。

Step 08 在图表中选中“报价”数据系列并右键单击，选择“设置数据系列格式”命令，如图 8-61 所示。

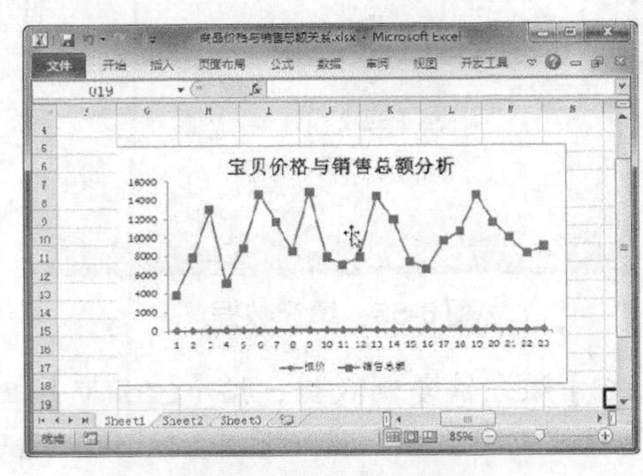

图 8-60 设置图表格式

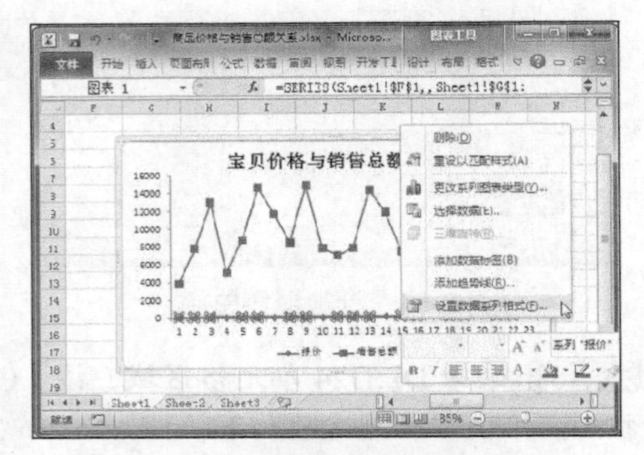

图 8-61 设置“报价”数据系列格式

Step 09 弹出“设置数据系列格式”对话框，选中“次坐标轴”单选按钮，然后单击“关闭”按钮，如图 8-62 所示。

Step 10 选择“布局”选项卡，在“标签”组中单击“坐标轴标题”下拉按钮，选择“主要纵坐标轴标题”|“竖排标题”选项，如图 8-63 所示。

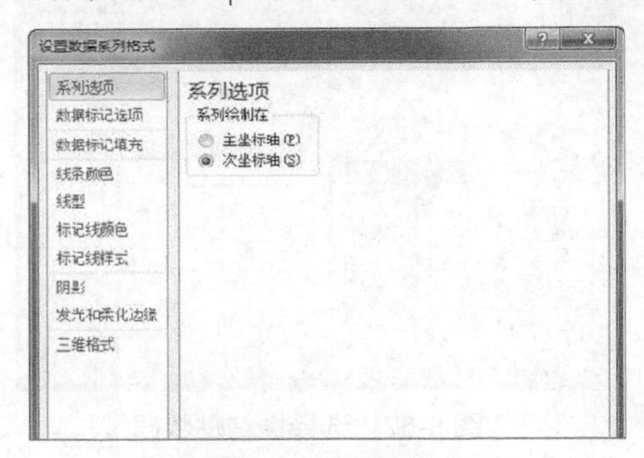

图 8-62 设置次坐标轴

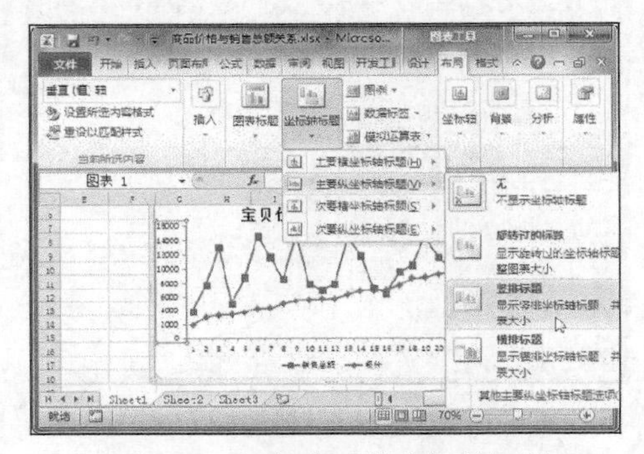

图 8-63 添加主要纵坐标轴标题

Step 11 此时添加纵坐标轴标题，输入标题文本。单击“坐标轴标题”下拉按钮，选择“次要纵坐标轴标题”|“竖排标题”选项，如图 8-64 所示。

Step 12 修改次要纵坐标轴标题文本，即可完成图表制作，最终效果如图 8-65 所示。此时，商家即可分析商品价格与销售额之间的关系。

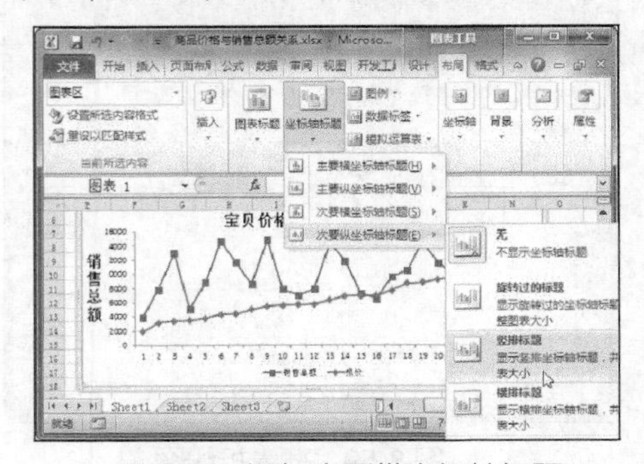

图 8-64 添加次要纵坐标轴标题

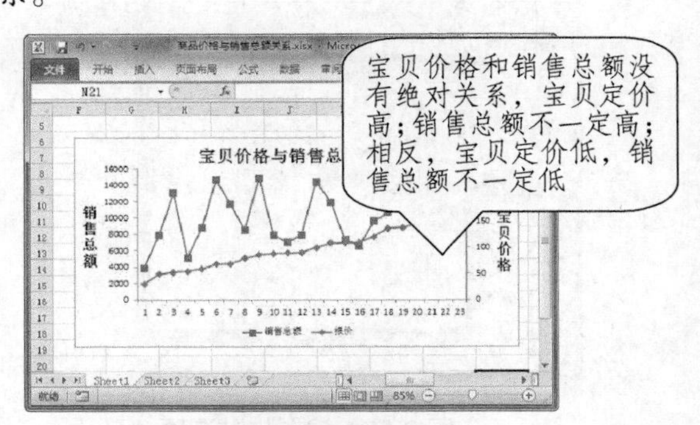

图 8-65 完成图表制作

三、利润与成本关系分析

下面将介绍如何分析利润与成本之间的关系，具体操作方法如下。

Step 01 打开“素材文件\项目八\利润与成本关系.xlsx”，选择 A1:C22 单元格区域，选择“插入”选项卡，在“图表”组中单击“柱形图”下拉按钮，选择“百分比堆积柱形图”选项，如图 8-66 所示。

Step 02 调整图表的大小和位置，删除网格线，设置在底部显示图例，添加图表标题，如图 8-67 所示。

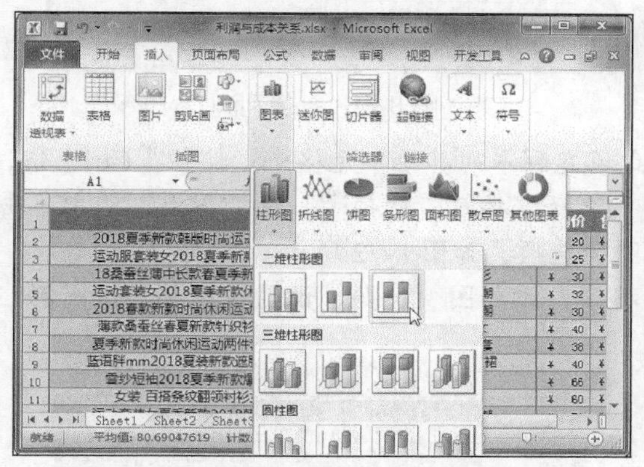

图 8-66　插入百分比堆积柱形图

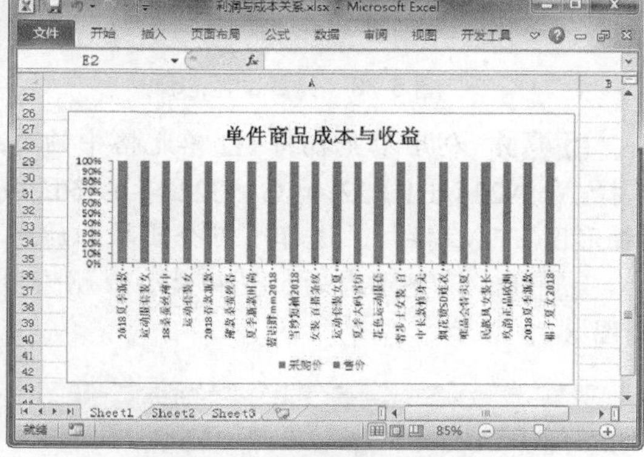

图 8-67　设置图表格式

Step 03 选择 E2 单元格，在编辑栏中输入公式“=B2*D2”，并按【Enter】键确认，计算成本，如图 8-68 所示。

Step 04 拖动 E2 单元格填充柄至 E22 单元格，填充数据。单击“自动填充选项”下拉按钮，选中“不带格式填充”单选按钮，如图 8-69 所示。

图 8-68　计算成本

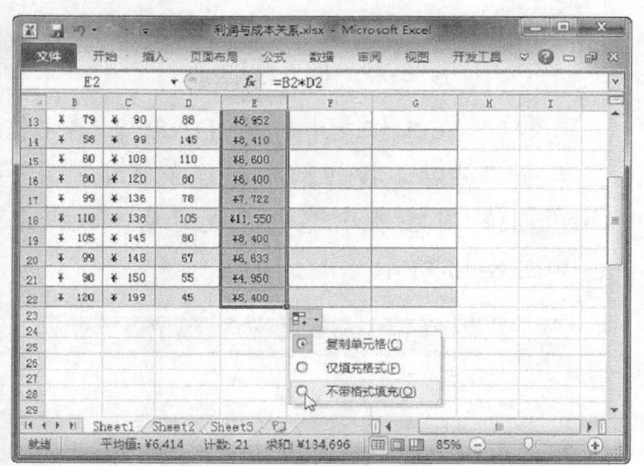

图 8-69　填充数据

Step 05 选择 F2 单元格，在编辑栏中输入公式“=C2*D2”，并按【Enter】键，计算销售总额，如图 8-70 所示。

Step 06 利用填充柄将 F2 单元格中的公式填充到本列其他单元格中。选择 G2 单元格，在编辑栏中输入公式“=F2-E2”，并按【Enter】键确认，计算利润，如图 8-71 所示。

	C	D	E	F	G
1	售价	成交量	成本	销售总额	利润
2	¥ 30	130	¥2,600	¥3,900	
3	¥ 49	160	¥4,000		
4	¥ 53	245	¥7,350		
5	¥ 54	95	¥3,040		
6	¥ 59	150	¥4,500		
7	¥ 68	215	¥8,600		
8	¥ 69	169	¥6,422		
9	¥ 79	108	¥4,320		
10	¥ 86	173	¥11,418		
11	¥ 88	90	¥5,400		
12	¥ 89	79	¥4,029		
13	¥ 90	88	¥6,952		

图 8-70　计算销售总额

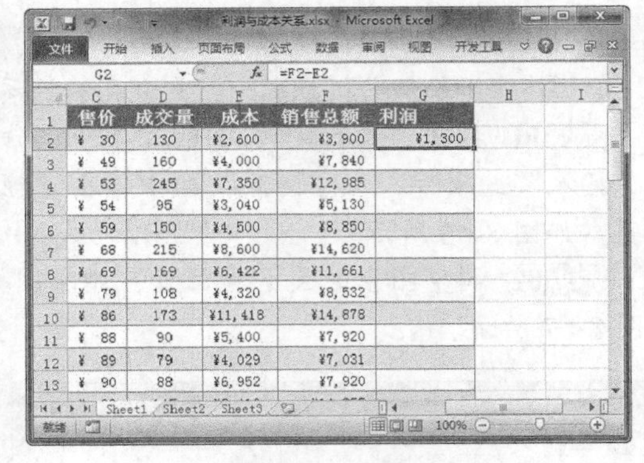

	C	D	E	F	G
1	售价	成交量	成本	销售总额	利润
2	¥ 30	130	¥2,600	¥3,900	¥1,300
3	¥ 49	160	¥4,000	¥7,840	
4	¥ 53	245	¥7,350	¥12,985	
5	¥ 54	95	¥3,040	¥5,130	
6	¥ 59	150	¥4,500	¥8,850	
7	¥ 68	215	¥8,600	¥14,620	
8	¥ 69	169	¥6,422	¥11,661	
9	¥ 79	108	¥4,320	¥8,532	
10	¥ 86	173	¥11,418	¥14,878	
11	¥ 88	90	¥5,400	¥7,920	
12	¥ 89	79	¥4,029	¥7,031	
13	¥ 90	88	¥6,952	¥7,920	

图 8-71　计算利润

Step 07 利用填充柄将 G2 单元格中的公式填充到本列其他单元格中。按住【Ctrl】键，选择 A1:A22、E1:E22 和 G1:G22 单元格区域，选择“插入”选项卡，在“图表”组中单击“柱形图”下拉按钮，选择“百分比堆积柱形图”选项，如图 8-72 所示。

Step 08 调整图表的位置和大小，删除网格线，添加图表标题，设置在底部显示图例，如图 8-73 所示。

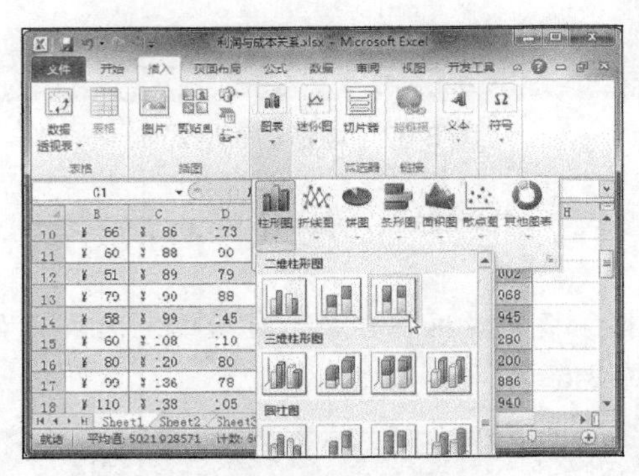

图 8-72　插入柱形图

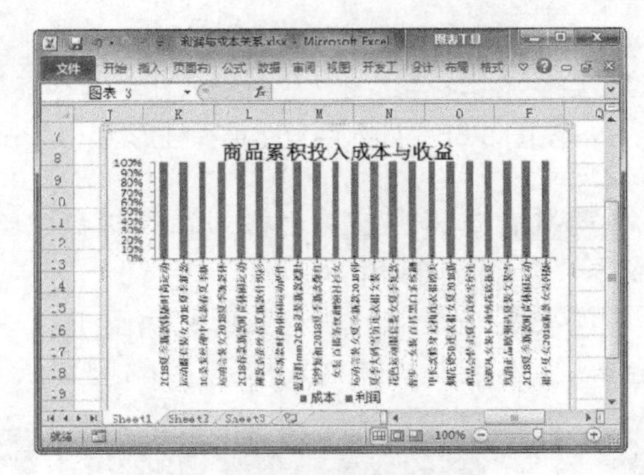

图 8-73　设置图表格式

Step 09 在工作表中选择 D1:D22 单元格区域，按【Ctrl+C】组合键复制数据。选中图表，单击“粘贴”按钮，添加“成交量”系列，如图 8-74 所示。

Step 10 在图表中选中“成交量”数据系列并右键单击，选择“更改系列图表类型”命令，如图 8-75 所示。

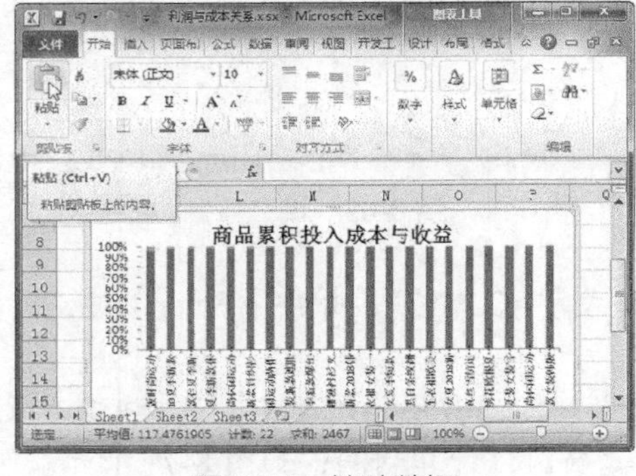

图 8-74　粘贴数据

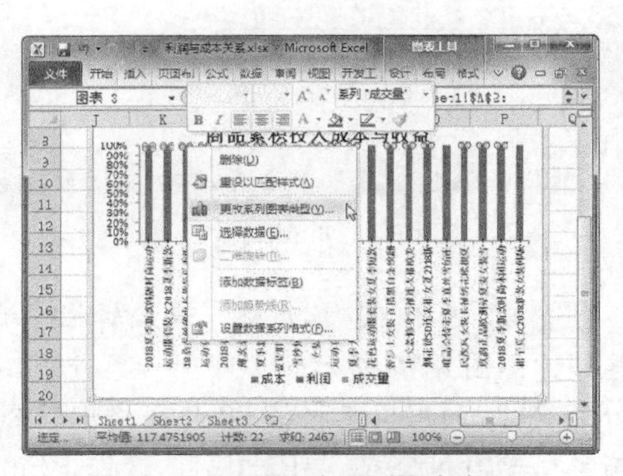

图 8-75　设置更改系列图表类型

Step 11 弹出“更改图表类型”对话框，在左侧选择“面积图”选项，在右侧选择图表类型，然后单击“确定”按钮，如图 8-76 所示。

Step 12 在图表中双击“成交量”数据系列，弹出“设置数据系列格式”对话框，选中“次坐标轴”单选按钮，然后单击“关闭”按钮，如图 8-77 所示。

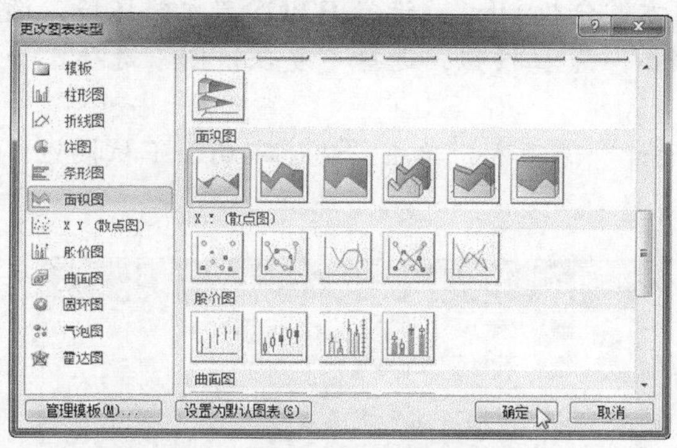

图 8-76 选择面积图类型

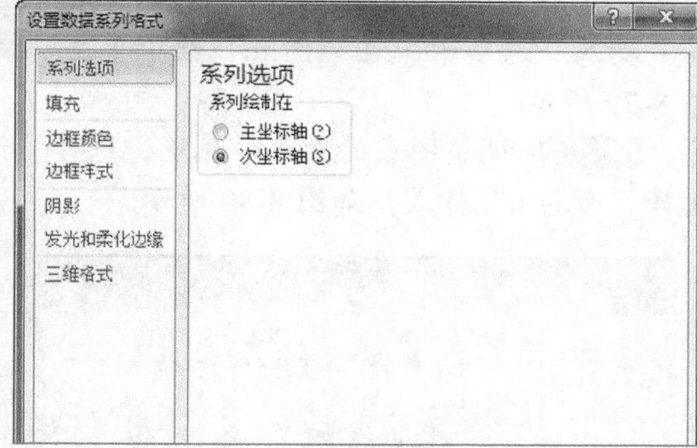

图 8-77 设置数据系列格式

Step 13 查看图表显示效果，在图表中可以查看成交量、成本与利润之间的关系，如图 8-78 所示。

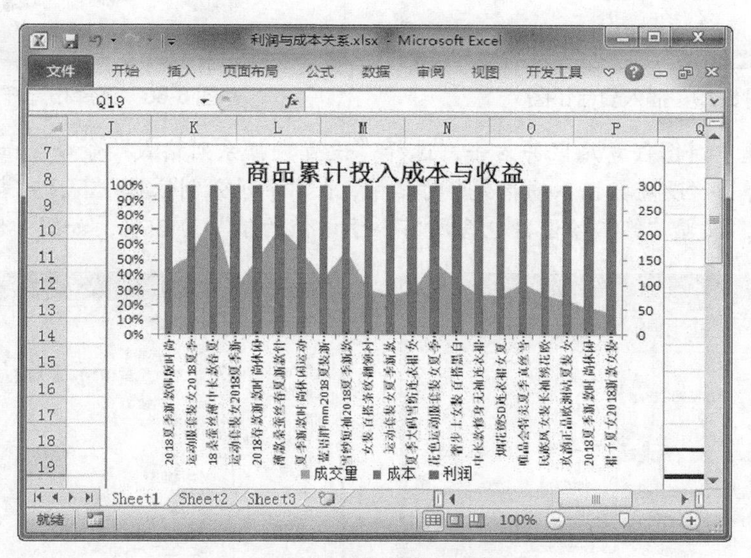

图 8-78 完成图表制作

任务三 流量与成交量占比分析

任务概述

在电商领域，流量分为付费流量和免费流量两种。付费流量需要投入一定的资金，通常被称为商品推广。卖家在经营店铺的过程中，要科学地分析付费流量带来的销量和利润之间的关系。如果付费流量的投入与利润成正比，则可以坚持做下去，否则需要重新考量是否在付费流量上继续进行投入。本任务将学习如何在 Excel 中对流量与成交量占比进行分析。

任务重点与实施

一、付费流量成交比分析

下面将详细介绍如何分析付费流量成交比，具体操作方法如下。

Step 01 打开“素材文件\项目八\产品投放方案分析.xlsx”，选择 B2:C5 单元格区域，选择“插入”选项卡，在“图表”组中单击“饼图”下拉按钮，选择“复合饼图”选项，如图 8-79 所示。

Step 02 调整图表的大小和位置，选择“设计”选项卡，单击“快速布局”下拉按钮，选择“布局 6”样式，如图 8-80 所示。

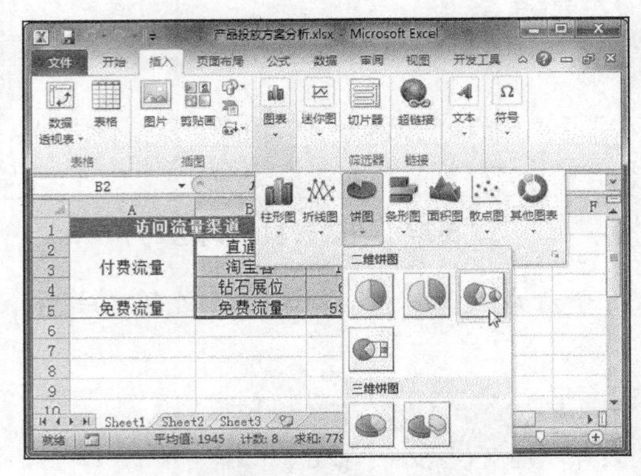

图 8-79　插入复合饼图

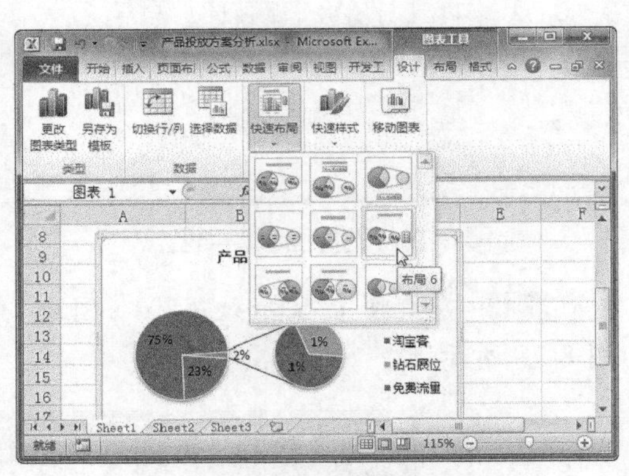

图 8-80　选择布局样式

Step 03 选中饼图任意扇区并右击，选择“设置数据系列格式”命令，如图 8-81 所示。

Step 04 弹出“设置数据系列格式”对话框，在“系列分割依据”下拉列表框中选择“百分比值”选项，设置“第二绘图区包含所有小于该值的值”为 25%，如图 8-82 所示。

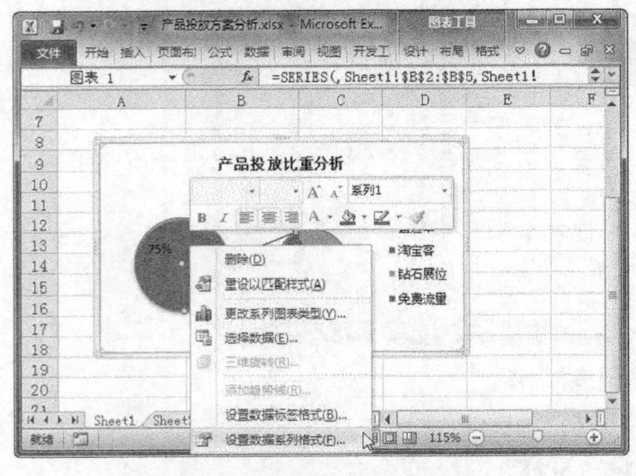

图 8-81　设置数据系列格式

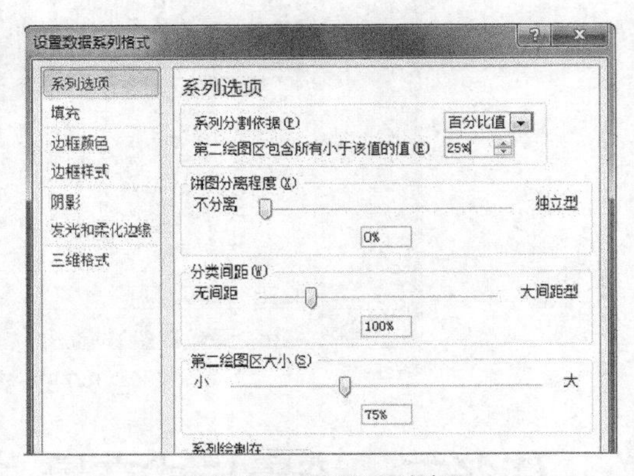

图 8-82　设置系列选项

Step 05 不关闭对话框，在图表中选中数据标签，在“标签包括”选项区中选中“类别名称”复选框，在“分隔符”下拉列表框中选择“(分行符)”选项，然后单击“关闭”按钮，如图 8-83 所示。

Step 06 调整数据标签的位置，将数据标签“其他 25%”名称修改为“付费流量 25%”，最终效果如图 8-84 所示。此时，卖家即可对付费流量成交比进行分析。

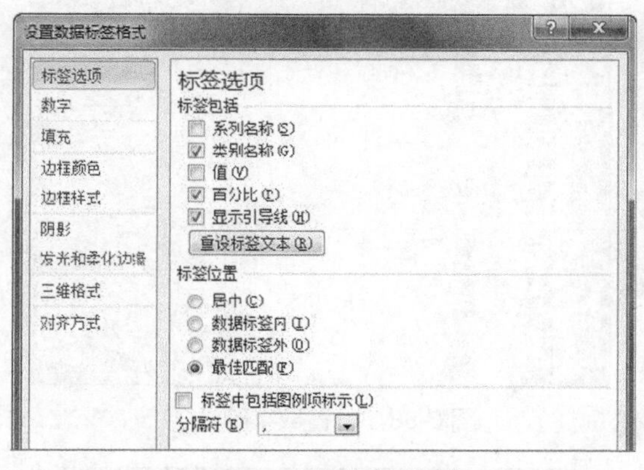

图 8-83　设置标签选项

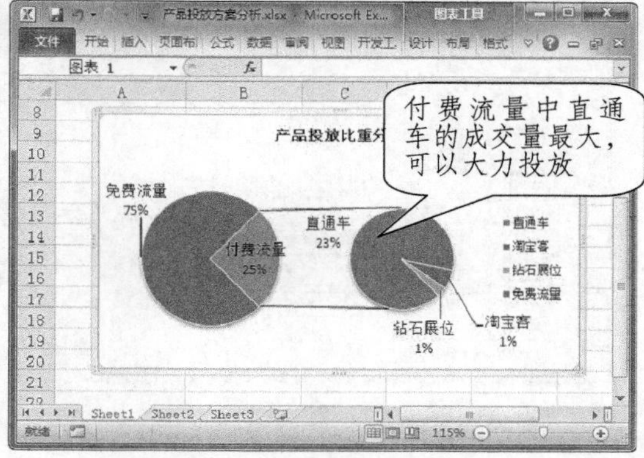

图 8-84　更改标签文本

二、免费流量成交比分析

下面将详细介绍如何分析免费流量成交比，具体操作方法如下。

Step 01 打开“素材文件\项目八\产品投放方案分析 1.xlsx”，选择 A40:C40 单元格区域并右击，选择“插入”命令，如图 8-85 所示。

Step 02 弹出“插入”对话框，选中“活动单元格下移”单选按钮，然后单击“确定”按钮，如图 8-86 所示。

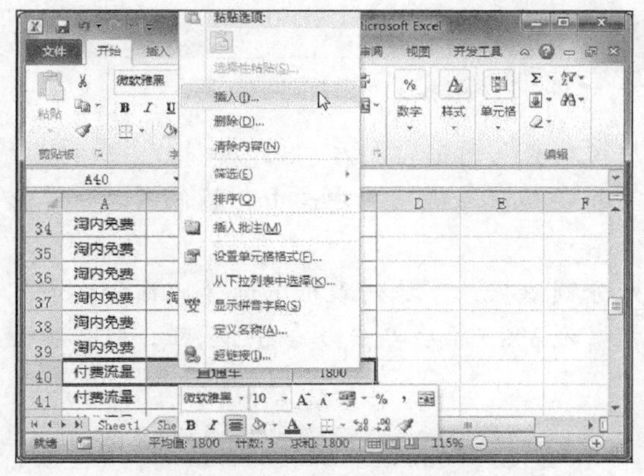

图 8-85　插入单元格

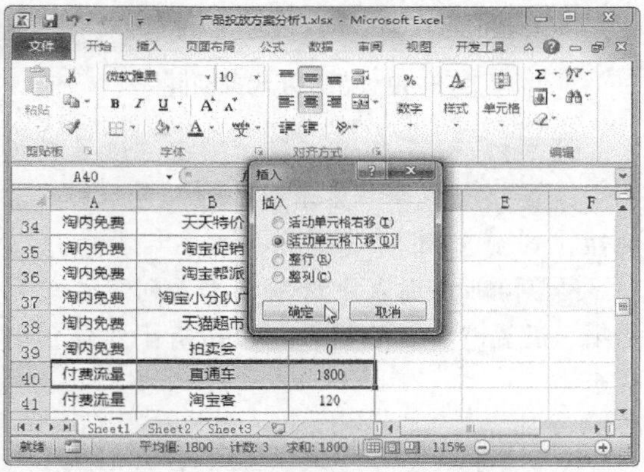

图 8-86　设置插入选项

Step 03 选择 A2 单元格，选择“数据”选项卡，在“排序和筛选”组中单击“筛选”按钮，如图 8-87 所示。

Step 04 单击“成交量”筛选按钮，选择“数字筛选”|“10 个最大的值”选项，如图 8-88 所示。

Step 05 弹出“自动筛选前 10 个”对话框，设置显示“最大 15 项”。选择 B2:C35 单元格区域，选择“插入”选项卡，在“图表”组中单击“饼图”下拉按钮，选择“复合条饼图”选项，如图 8-89 所示。

Step 06 调整图表的大小和位置，添加图表标题，设置在底部显示图例。右击图表，选择“添加数据标签”命令，如图 8-90 所示。

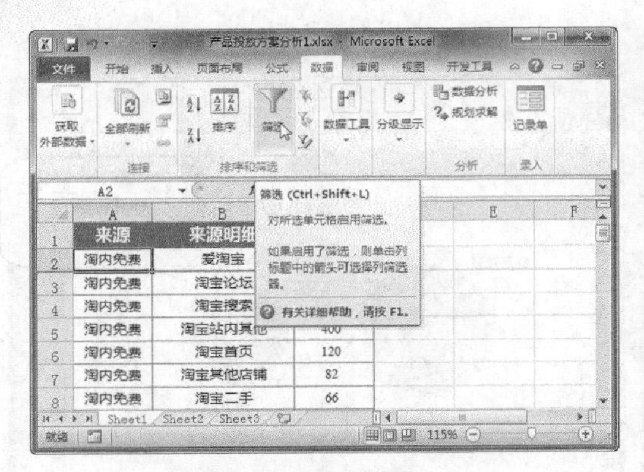

图 8-87　筛选数据

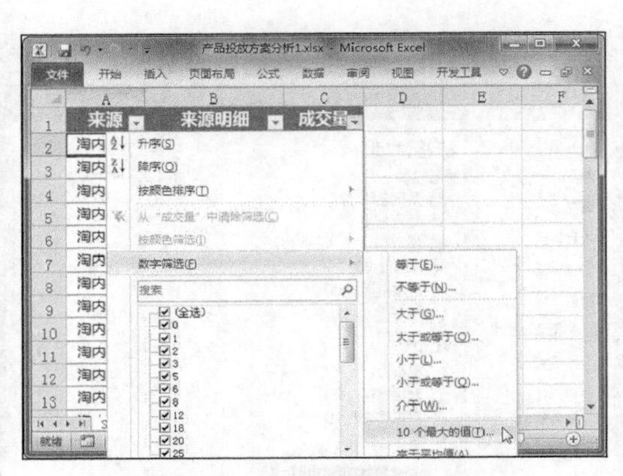

图 8-88　设置数字筛选

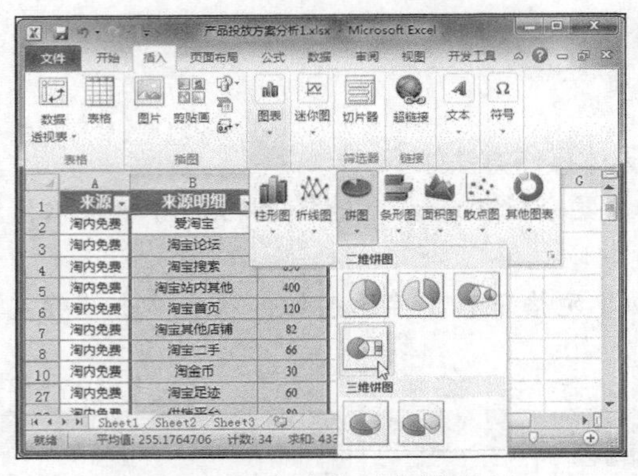

图 8-89　插入复合条饼图

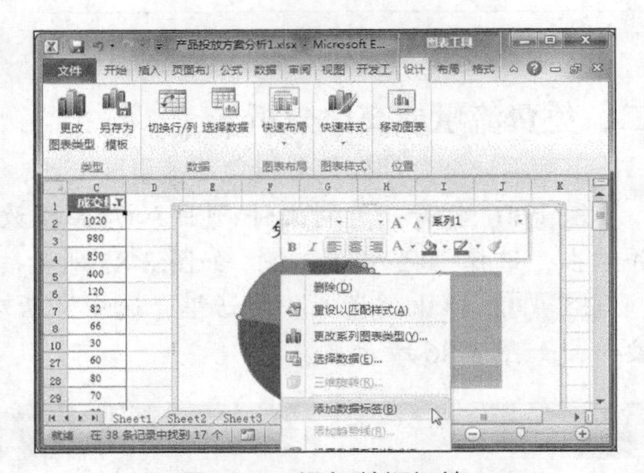

图 8-90　添加数据标签

Step 07　双击数据标签，弹出“设置数据标签格式”对话框，在“标签包括”选项区中选中“百分比”和“显示引导线”复选框，在“标签位置”选项区中选中“最佳匹配”单选按钮，如图 8-91 所示。

Step 08　在图表中选中数据系列，在“系列分割依据”下拉列表框中选择“百分比值”选项，设置“第二绘图区包含所有小于该值的值”为 3%，然后单击“关闭”按钮，如图 8-92 所示。

图 8-91　设置标签选项

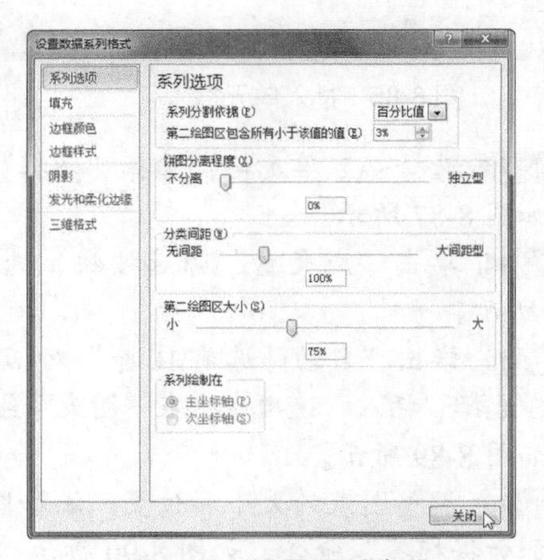

图 8-92　设置系列选项

Step 09 查看图表显示效果，此时即可对免费流量渠道产生的成交比重进行分析，如图 8-93 所示。

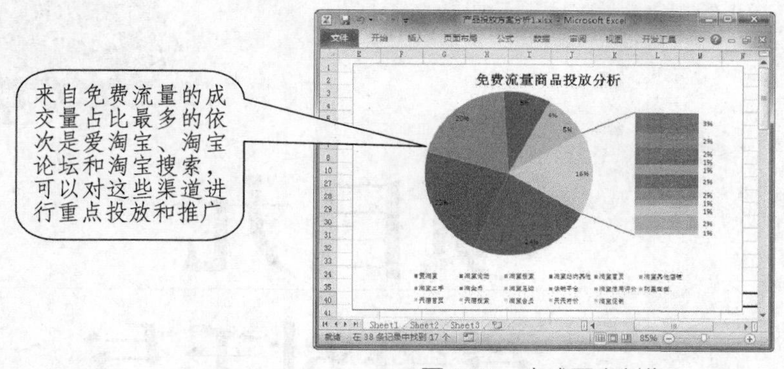

图 8-93　完成图表制作

项目小结

通过本项目的学习，读者应重点掌握以下知识。

（1）通过对商品关键词统计和分析，找出搜索热度较高和搜索涨幅较高的关键词，将其组合在一起，提高商品入选机会。

（2）商品定价是电商运营中较为灵活的因素，可以通过商品价格与成交量分析、商品价格与销售额分析、利润与成本关系分析等方法，确定最合理的价格。

（3）通过分析付费流量和免费流量的成交占比，对成交量较高的流量渠道加大投放力度。

项目习题

打开“素材文件\项目八\畅销商品销量.xlsx”，如图 8-94 所示。使用“复合饼图”查看男女装的占比和各类女装商品所占比例。

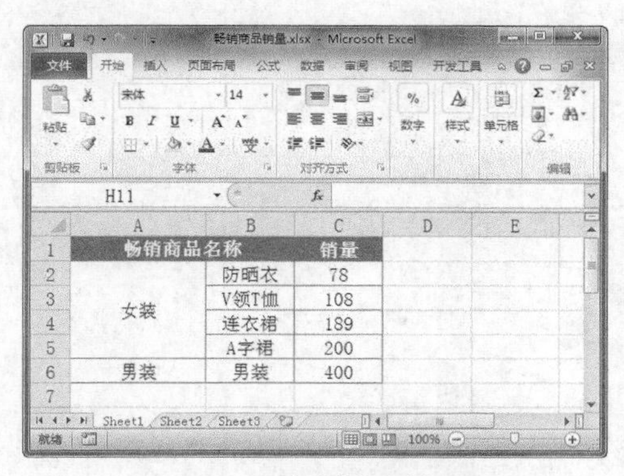

畅销商品名称		销量
女装	防晒衣	78
	V领T恤	108
	连衣裙	189
	A字裙	200
男装	男装	400

图 8-94　畅销商品销量

关键提示：

（1）插入复合饼图，插入百分比标签。

（2）按百分比值分割复合饼图，女装各类项目显示在第二绘图区。

项目九

竞争对手与行业状况分析

项目概述

在电商平台上，销售同一类商品或相似商品的卖家可能有很多，市场竞争很激烈。卖家要想使自己的店铺在竞争中生存和发展，就有必要对竞争对手进行分析，了解竞争对手的信息，获取竞争对手的营销策略等，做出合适的应对措施。因此，如果只对某个卖家进行分析，并不能全面了解其他同行业卖家的状况，只有同时对行业状况进行分析，才能保证店铺有更长远的发展。

项目重点

- 掌握竞争对手销售情况分析的方法。
- 掌握行业状况分析的方法。

项目目标

- 学会分析竞争对手的销售情况。
- 学会分析行业状况。

任务一　竞争对手分析

任务概述

古人云："知己知彼，百战不殆"。要想打败竞争对手，首先要了解对手。在电商领域，卖家了解对手最直接的方式就是分析竞争对手的销售情况，如竞争商品销量、店铺销量、客户拥有量和下单转化率等。本任务将学习如何通过 Excel 来分析竞争对手的销售情况。

任务重点与实施

一、竞争商品销量分析

卖家可以通过对同类竞争商品销量进行分析，在对比中找到自身店铺的优势和弱势。下面将详细介绍如何分析竞争商品销量，具体操作方法如下。

Step 01 打开"素材文件\项目九\本月上旬鼠标销售量分析.xlsx"，按住【Ctrl】键选择 A2:B12 和 E2:E12 单元格区域，选择"插入"选项卡，在"图表"组中单击"柱形图"下拉按钮，选择"簇状柱形图"选项，如图 9-1 所示。

Step 02 将图表移到合适的位置，删除网格线，插入图表标题，设置图例在图表下方，如图 9-2 所示。

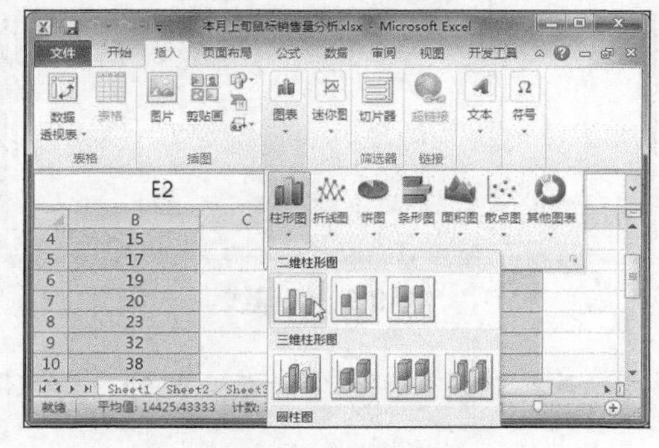

图 9-1　插入柱形图

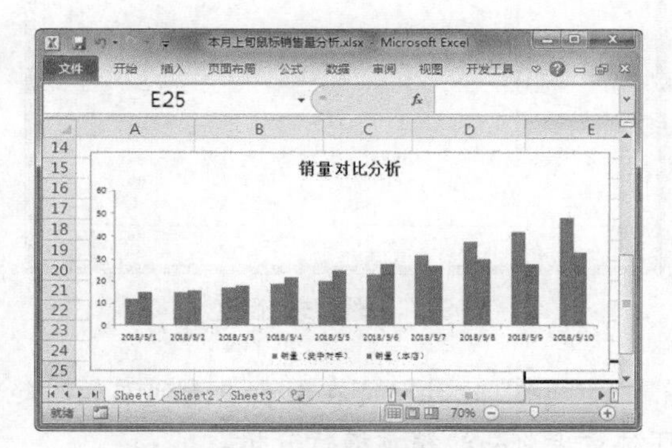

图 9-2　设置图表格式

Step 03 选中“销量（竞争对手）”数据系列并右击，选择“添加趋势线”命令，如图 9-3 所示。

Step 04 弹出“设置趋势线格式”对话框，选中“多项式”单选按钮，然后在“顺序”数值框中输入 5，如图 9-4 所示。

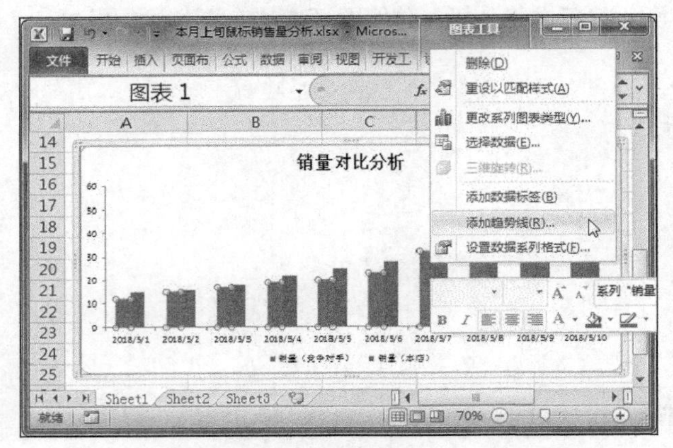

图 9-3 添加趋势线

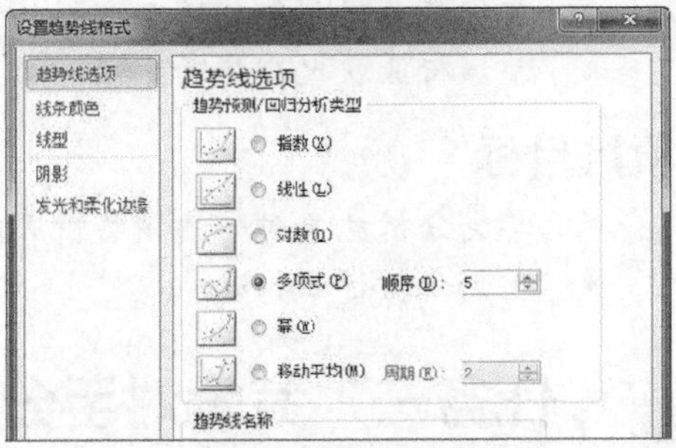

图 9-4 设置趋势线选项

Step 05 在对话框左侧选择“线条颜色”选项，选中“实线”单选按钮，然后在“颜色”下拉列表框中选择需要的颜色，如图 9-5 所示。

Step 06 在对话框左侧选择“线型”选项，在“后端类型”下拉列表中选择需要的类型，然后单击“关闭”按钮，如图 9-6 所示。

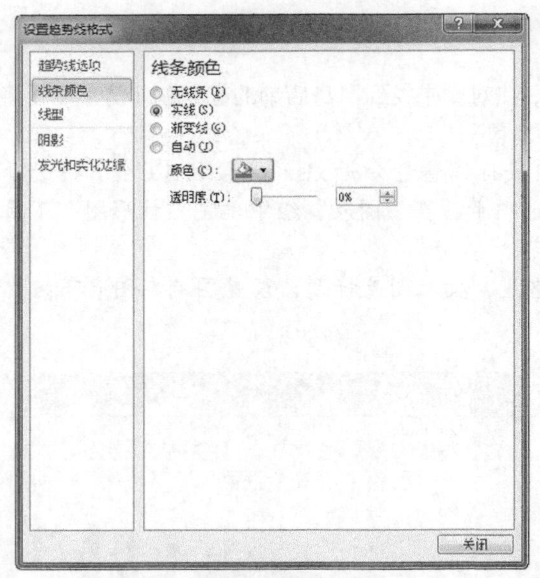

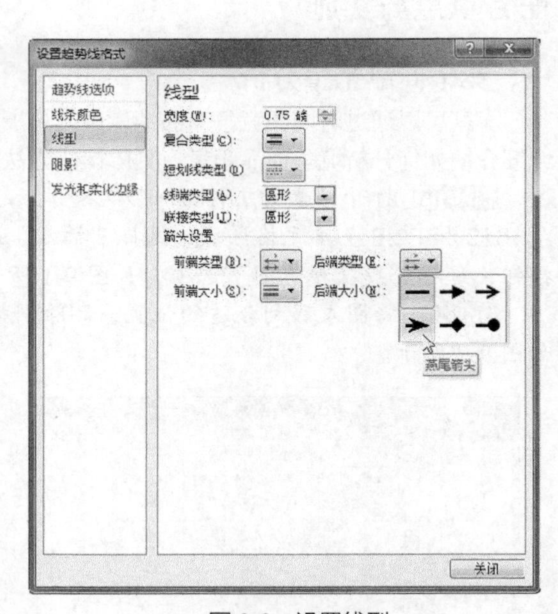

图 9-5 设置线条颜色

图 9-6 设置线型

Step 07 此时即可在图表中看到添加的趋势线，最终效果如图 9-7 所示。此时，卖家即可对竞争商品的销量进行分析。

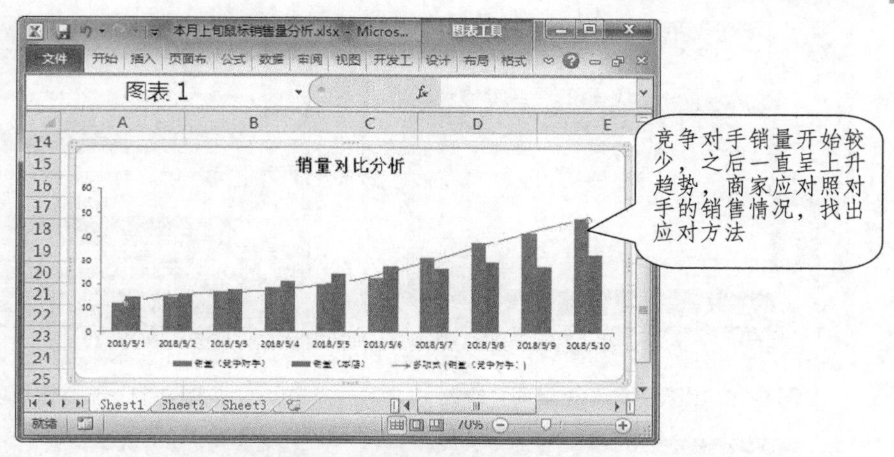

图 9-7　查看趋势线

二、竞争对手商品销售情况分析

要想了解竞争对手，卖家还要清楚竞争对手销售的商品类型，了解其经营规模和销量情况等。下面将详细介绍如何分析竞争对手商品销售情况，具体操作方法如下。

Step 01 打开“素材文件\项目九\竞争对手销售商品数据.xlsx”，选择 A2:A19 单元格区域，选择“数据”选项卡，在“数据工具”组中单击“删除重复项”按钮，如图 9-8 所示。

Step 02 弹出“删除重复项警告”对话框，选中“以当前选定区域排序”单选按钮，然后单击“删除重复项”按钮，如图 9-9 所示。

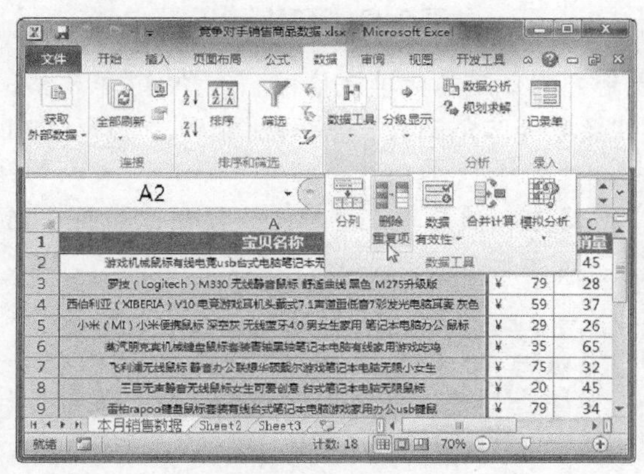

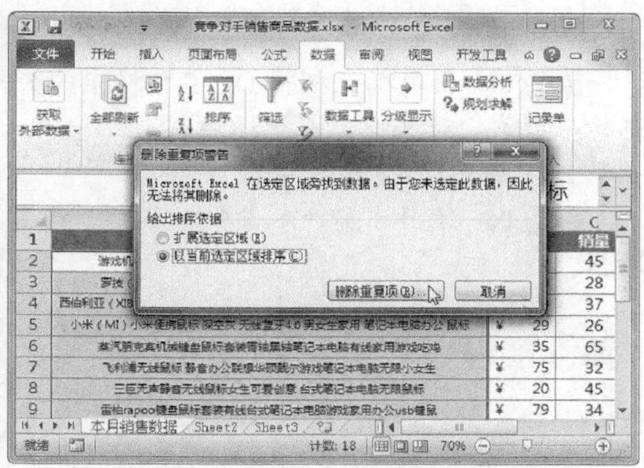

图 9-8　删除重复项

图 9-9　删除重复项警告

Step 03 弹出“删除重复项”对话框，保持默认设置，单击“确定”按钮，如图 9-10 所示。

Step 04 弹出提示信息框，此时将保留 14 个唯一值，单击“确定”按钮，如图 9-11 所示。

Step 05 单击工作表窗口左上方的“撤销”按钮，恢复删除重复项前的数据。选择 F2 单元格，输入 14（即 14 个唯一值），如图 9-12 所示。

Step 06 选择 D2 单元格，在编辑栏中输入公式“=B2*C2”，并按【Ctrl+Enter】组合键确认，计算销售额，如图 9-13 所示。

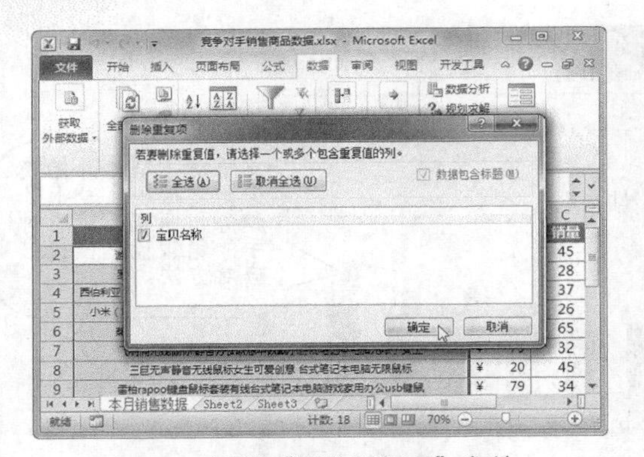

图 9-10　设置“删除重复项”参数

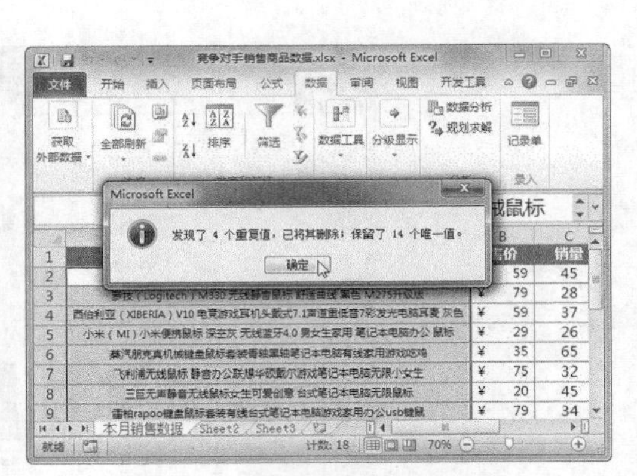

图 9-11　删除重复项完成

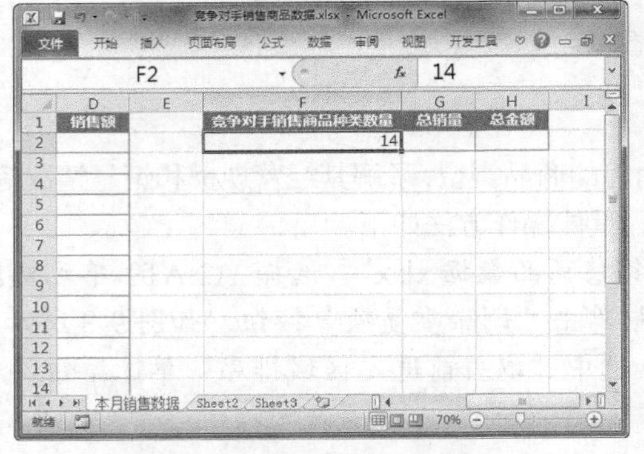

图 9-12　输入商品种类数量

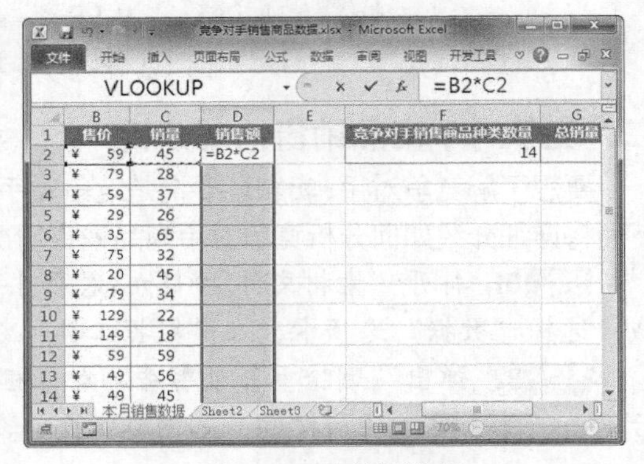

图 9-13　计算销售额

Step 07 利用填充柄将 D2 单元格中的公式填充到本列其他单元格中。选择 H2 单元格，选择“公式”选项卡，在“函数库”组中单击“数学和三角函数”下拉按钮，选择 SUM 函数，如图 9-14 所示。

Step 08 弹出“函数参数”对话框，设置各项参数，然后单击“确定”按钮，如图 9-15 所示。

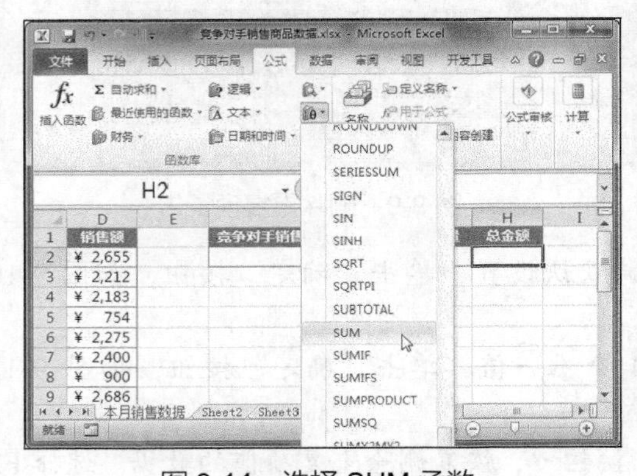

图 9-14　选择 SUM 函数

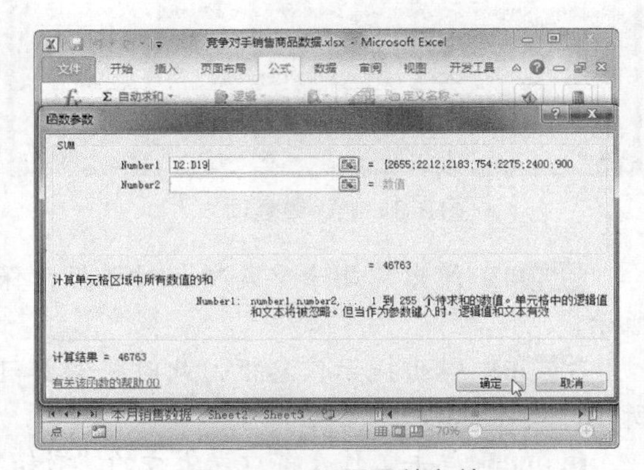

图 9-15　设置函数参数

Step 09 利用填充柄将 H2 单元格中的公式填充到 G2 单元格，计算总销量，将 G2 单元格数字格式设置为“常规”，如图 9-16 所示。

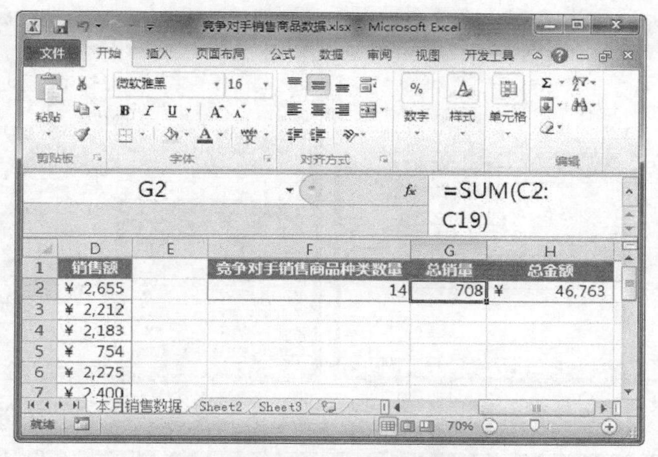

图 9-16　计算总销量

三、竞争对手客户拥有量分析

下面将详细介绍如何分析竞争对手客户拥有量，具体操作方法如下。

Step 01 打开“素材文件\项目九\竞争对手顾客分析.xlsx”，选择 D2 单元格，选择“公式”选项卡，在“函数库”组中单击“其他函数”下拉按钮，选择“统计”| COUNTA 函数，如图 9-17 所示。

Step 02 弹出“函数参数”对话框，设置各项参数，然后单击“确定”按钮，如图 9-18 所示。

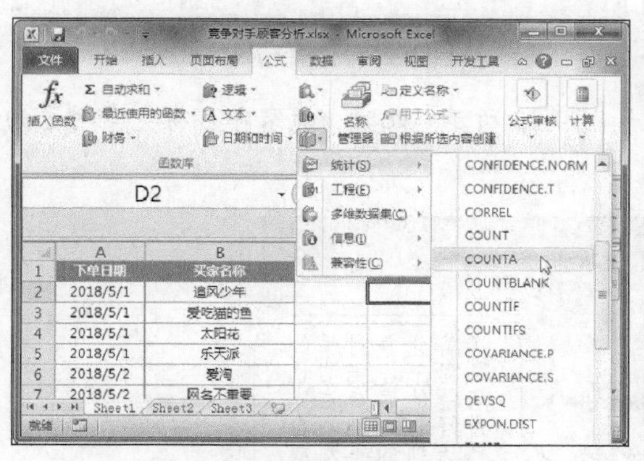

图 9-17　选择 COUNTA 函数

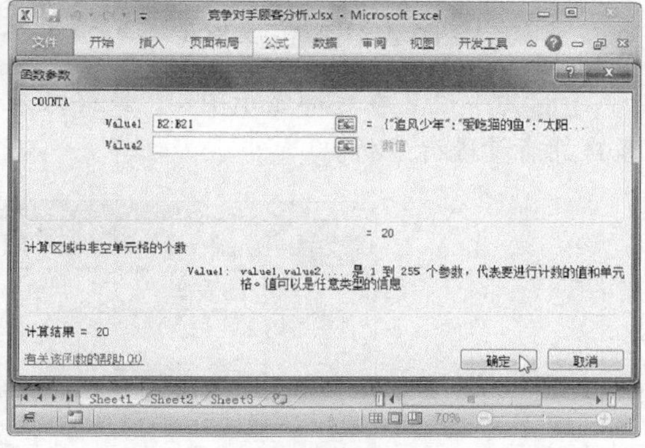

图 9-18　设置函数参数

Step 03 此时，即可计算“下单人数”数量。选择 E2 单元格，在编辑栏中输入公式“=D2-SUM(1/COUNTIF(B2:B21,B2:B21))”，并按【Ctrl+Shift+Enter】组合键确认，计算“回头客人数”，如图 9-19 所示。

Step 04 选择 D1:E2 单元格区域，选择“插入”选项卡，在“图表”组中单击“饼图”下拉按钮，选择“饼图”选项，如图 9-20 所示。

Step 05 调整图表的大小和位置，添加图表标题，并设置图表格式，如图 9-21 所示。

Step 06 选择“设计”选项卡，单击“快速布局”下拉按钮，选择所需的布局样式，如图 9-22 所示。

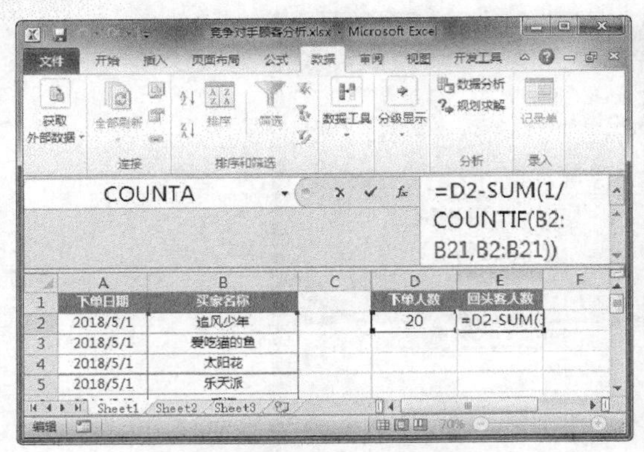

图 9-19　计算回头客人数

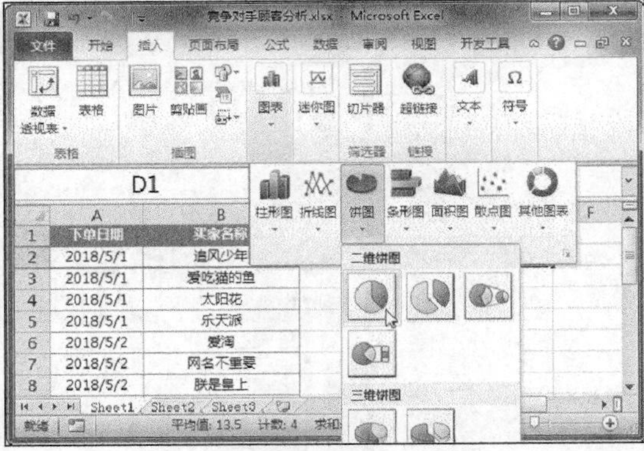

图 9-20　插入饼图

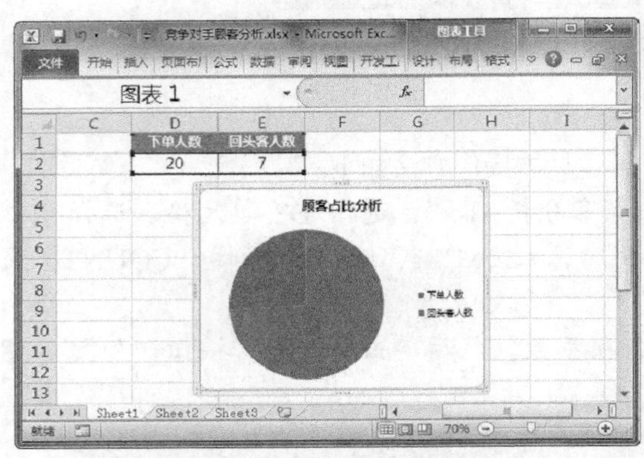

图 9-21　设置图表格式

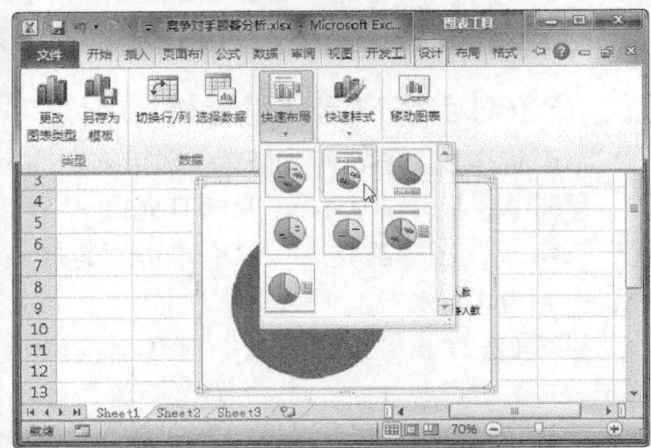

图 9-22　选择布局样式

Step 07 设置在底部显示图例，最终效果如图 9-23 所示。此时，卖家即可对竞争对手的客户拥有量进行分析。

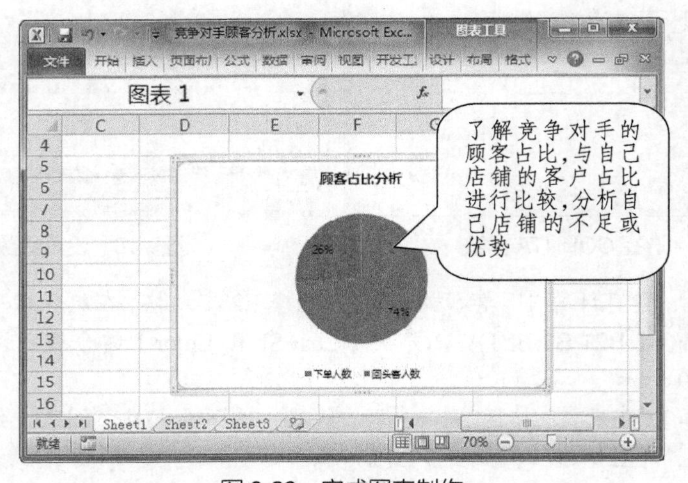

图 9-23　完成图表制作

四、竞争对手下单转化率分析

下单转化率是分析竞争对手销售情况的重要指标，也是卖家自身务必重视的重要指标，可以结合自身和竞争对手的情况进行分析和研究。下单转化率的计算方法为：下单转化率=（产生购买行为的客户人数/所有到达店铺的访客人数）×100%。下面将详细介绍如何分析竞争对手的下单转化率，具体操作方法如下。

Step 01 打开“素材文件\项目九\竞争对手下单转化率分析.xlsx”，选择 B7:C7 单元格区域，在“编辑”组中单击“自动求和”按钮Σ，如图 9-24 所示。

Step 02 选择 D2 单元格，在编辑栏中输入公式“=C2/B2”，并按【Enter】键确认，计算下单转化率，如图 9-25 所示。

图 9-24 计算“总计”数量

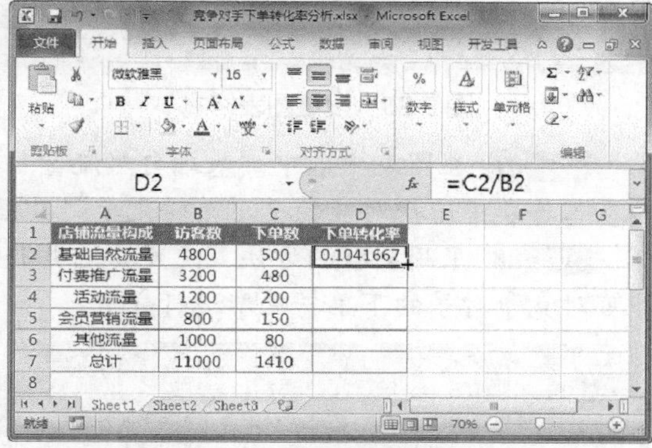

图 9-25 计算下单转化率

Step 03 在 D2 单元格右下角填充柄上双击鼠标左键，将公式填充到本列其他单元格中。选择 D2:D7 单元格区域，在“数字”组中单击“百分比样式”按钮%，如图 9-26 所示。

Step 04 选择 A1:C6 单元格区域，选择“插入”选项卡，在“图表”组中单击“柱形图”下拉按钮，选择“簇状柱形图”选项，如图 9-27 所示。

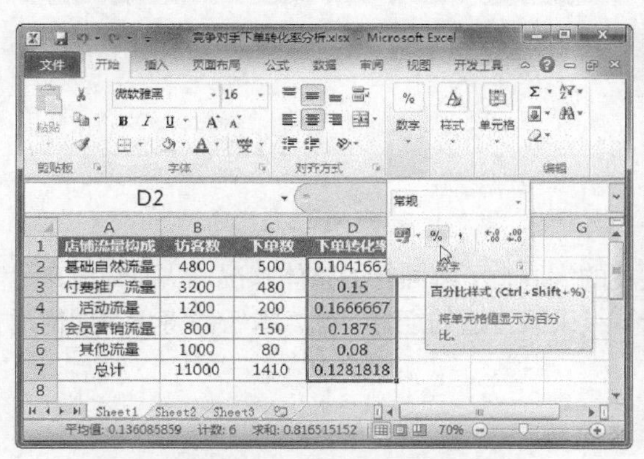

图 9-26 设置百分比数字格式

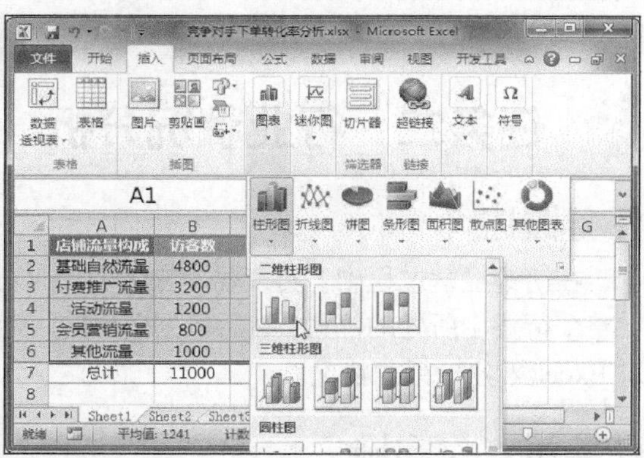

图 9-27 插入柱形图

Step 05 添加图表标题，删除网格线，设置在底部显示图例，并设置图表字体格式，如图 9-28 所示。

Step 06 在图表中选中“下单数”数据系列并右击，选择“添加数据标签”命令，如图 9-29 所示。

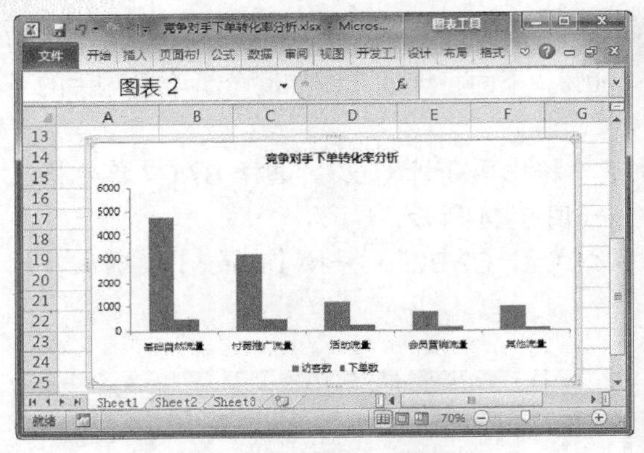

图 9-28 设置图表格式

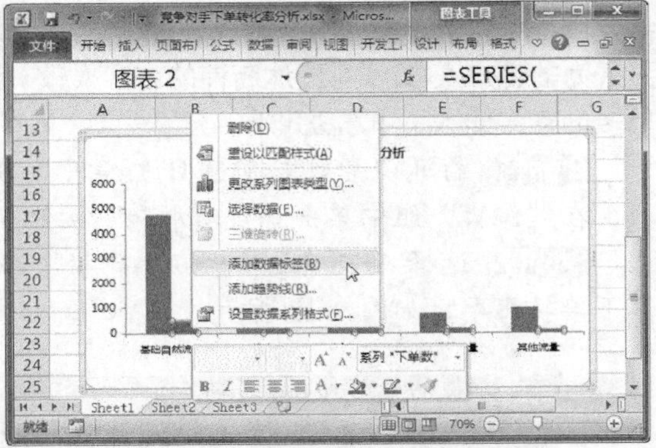

图 9-29 添加数据标签

Step 07 在图表中选中“基础自然流量”类别中的数据标签，在编辑栏中输入“=”，然后在工作表中选择对应的“下单转化率”数据，并按【Enter】键确认，如图 9-30 所示。

Step 08 采用同样的方法，设置其他类别的数据标签，效果如图 9-31 所示。此时，卖家即可对竞争对手的下单转化率进行分析。

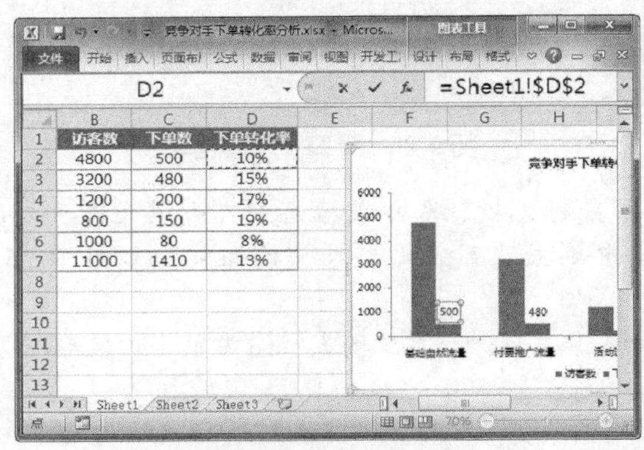

图 9-30 设置数据标签

图 9-31 完成图表制作

任务二 行业状况分析

任务概述

在店铺经营过程中，卖家要关注整个行业发展的大局，了解同行的整体状况，从而知道自己在整个行业中所处的位置，然后根据自己的店铺等级采取合适的经营方式。本任务将学习如何通过 Excel 来分析行业状况。

任务重点与实施

一、行业商品搜索量走势分析

商品搜索量可以直观地反映出商品的热度和生命力。下面将详细介绍如何分析行业商品搜索量走势，具体操作方法如下。

Step 01 打开“素材文件\项目九\商品搜索走势分析.xlsx”，选择 B1:C1 单元格区域，按【Ctrl+C】组合键复制标题。选择 E1 单元格，在“剪贴板”组中单击“粘贴”按钮粘贴标题，如图 9-32 所示。

Step 02 选择 E2:F8 单元格区域，选择“公式”选项卡，在“函数库”组中单击“查找与引用”下拉按钮，选择 OFFSET 函数，如图 9-33 所示。

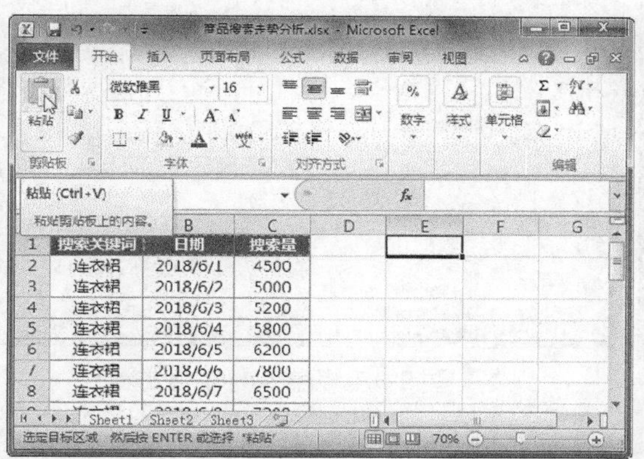

图 9-32 粘贴标题文本

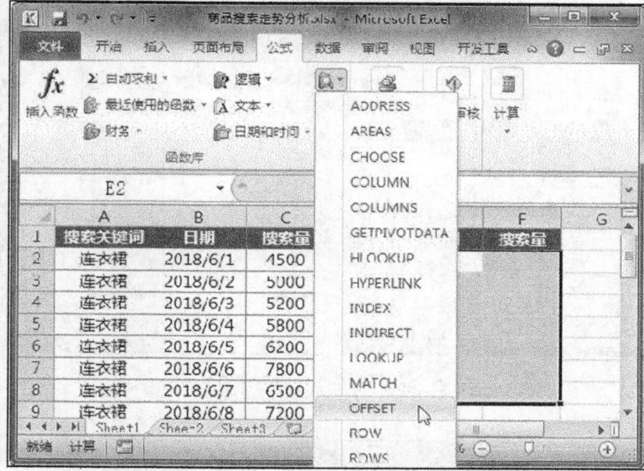

图 9-33 选择 OFFSET 函数

Step 03 弹出“函数参数”对话框，设置各项参数，并将 Reference 和 Rows 参数中的单元格引用转换为绝对引用，然后单击“确定”按钮。将光标定位到编辑栏中，按【Ctrl+Shift+Enter】组合键生成数组公式，如图 9-34 所示。

Step 04 选择 E2:E8 单元格区域，选择“开始”选项卡，在“数字”组中单击“数字格式”下拉按钮，选择“短日期”选项，如图 9-35 所示。

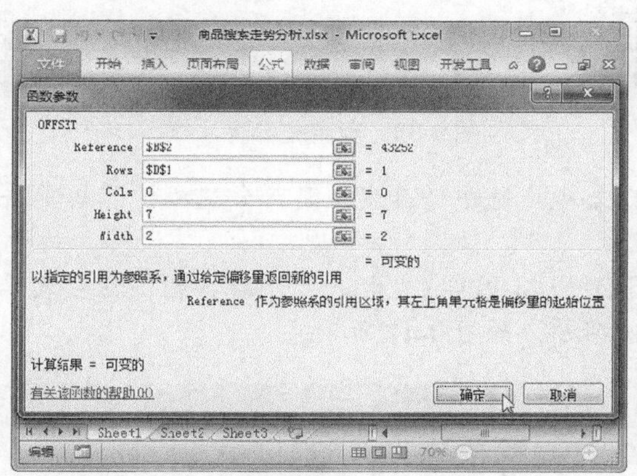

图 9-34 设置函数参数

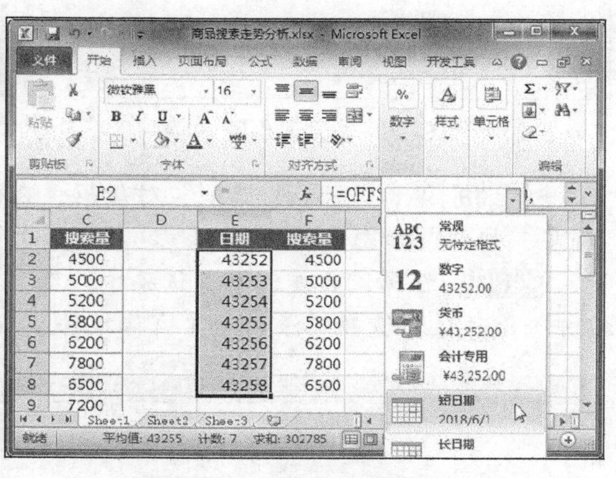

图 9-35 设置短日期格式

Step 05 选择 E1:F8 单元格区域，选择“插入”选项卡，在“图表”组中单击“折线图”下拉按钮，选择“带数据标记的折线图”选项，如图 9-36 所示。

Step 06 在图表中选中纵坐标轴并右击，选择“设置坐标轴格式”命令，如图 9-37 所示。

Step 07 弹出“设置坐标轴格式”对话框，在“最小值”选项区中选中“固定”单选按钮，设置值为 4000，然后单击“关闭”按钮，如图 9-38 所示。

Step 08 添加图表标题，删除图例并设置网格线颜色。在 Excel 窗口上方的功能区中右击，选择“自定义功能区”命令，如图 9-39 所示。

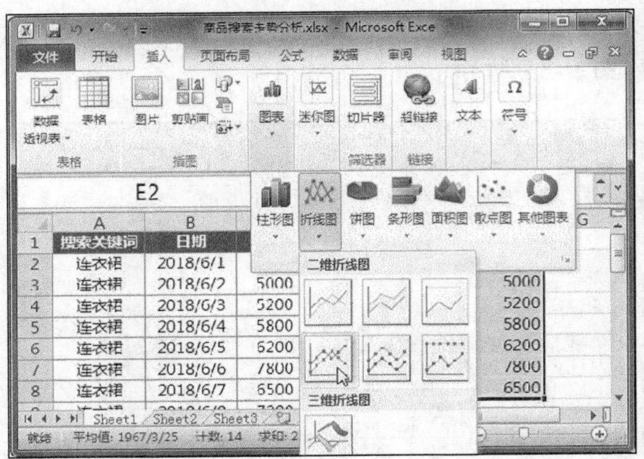

图 9-36　插入折线图

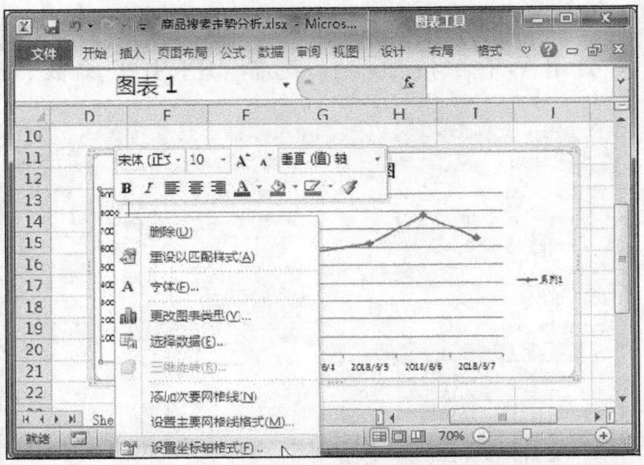

图 9-37　设置坐标轴格式

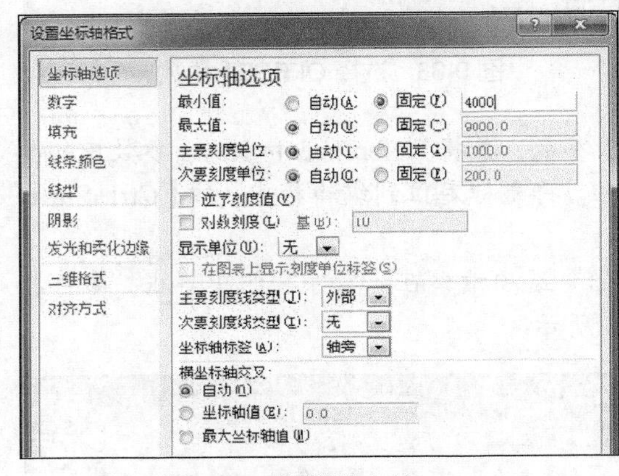

图 9-38　设置最小值

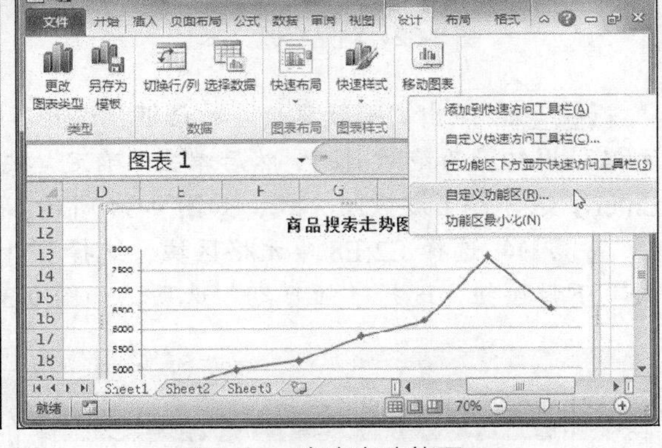

图 9-39　自定义功能区

Step 09 弹出“Excel 选项”对话框，在列表框中选中“开发工具”复选框，然后单击“确定”按钮，如图 9-40 所示。

Step 10 选择“开发工具”选项卡，在“控件”组中单击“插入”下拉按钮，在“表单控件”选项区中选择“滚动条（窗体控件）”选项，如图 9-41 所示。

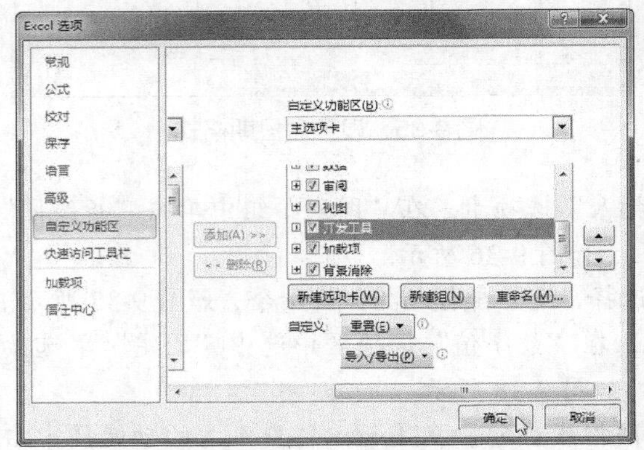

图 9-40　添加“开发工具”选项卡

图 9-41　插入“滚动条”控件

Step 11 拖动鼠标绘制滚动条，调整控件的位置和大小。右击控件，选择“设置控件格式”命令，如图 9-42 所示。

Step 12 弹出“设置控件格式”对话框，选择“控制”选项卡，设置各项参数，然后单击“确定”按钮，如图 9-43 所示。

图 9-42 绘制滚动条

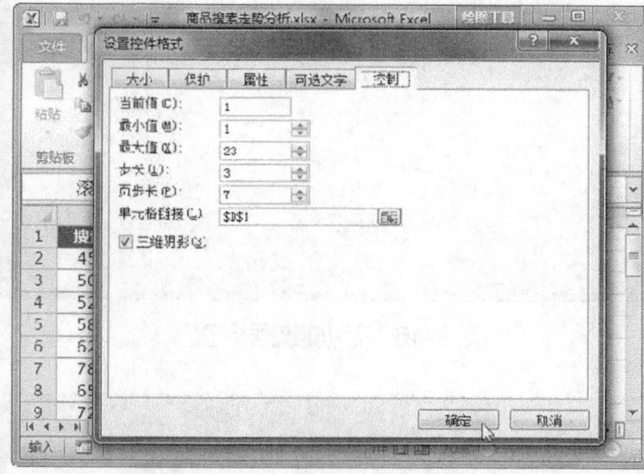

图 9-43 设置控件格式

Step 13 在图表中选中数据系列并右击，选择“设置数据系列格式”命令，如图 9-44 所示。

Step 14 弹出“设置数据系列格式”对话框，在左侧选择“线型”选项，选中“平滑线”复选框，然后单击“关闭”按钮，如图 9-45 所示。

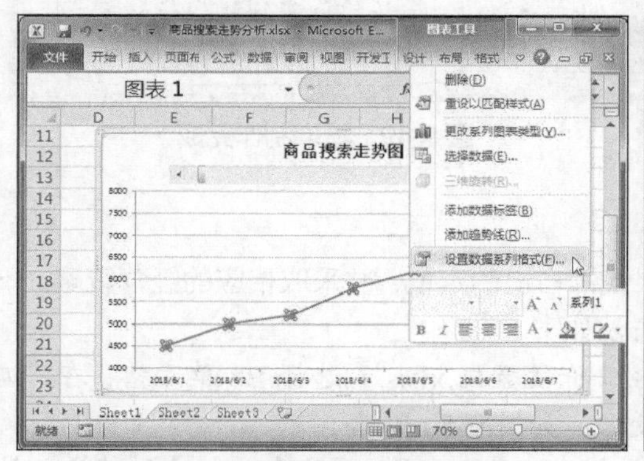

图 9-44 设置数据系列格式

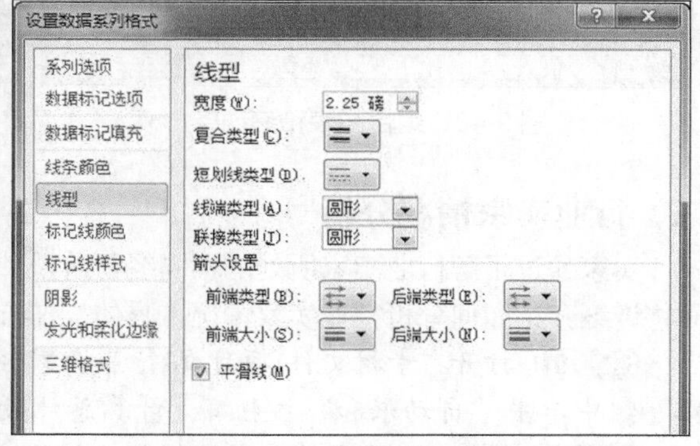

图 9-45 设置平滑线线型

Step 15 选择“布局”选项卡，在“标签”组中单击“数据标签”下拉按钮，选择“上方”选项，如图 9-46 所示。

Step 16 选中图表，在“开始”选项卡下“字体”组中设置图表字体格式。在“编辑”组中单击“选择和查找”下拉按钮，选择“选择窗格”选项，如图 9-47 所示。

Step 17 打开“选择和可见性”窗格，按住【Ctrl】键选择 Scroll Bar 4 和“图表 1”选项。选择“格式”选项卡，单击“组合”下拉按钮，选择“组合”选项，将图表和滚动条组合成一个整体，如图 9-48 所示。

Step 18 拖动滚动条中的滑块，就会动态显示图表数据，如图 9-49 所示。此时，卖家即可对行业商品搜索量走势进行分析。

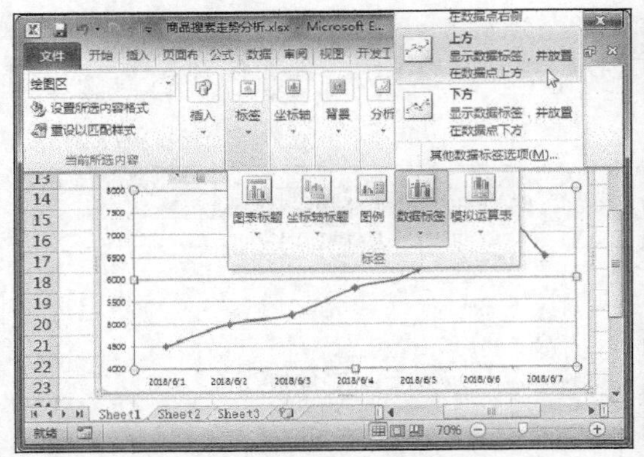

图 9-46　添加数据标签

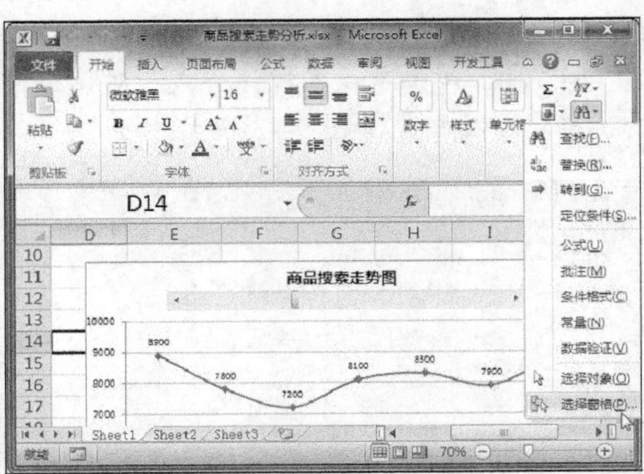

图 9-47　选择“选择窗格”选项

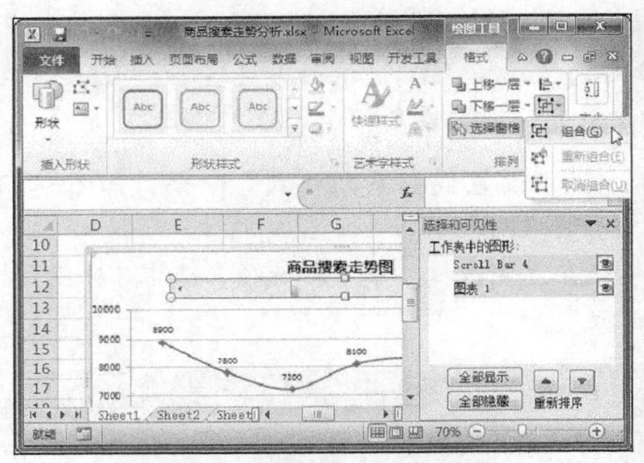

图 9-48　组合图表和滚动条

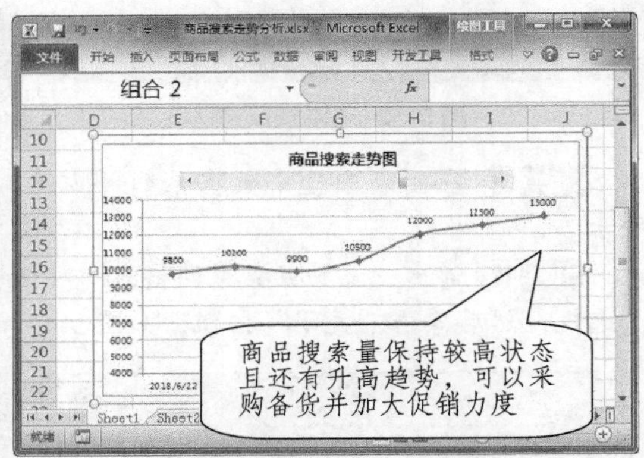

图 9-49　图表制作完成

二、行业卖家情况分析

卖家通过了解行业卖家所处的不同经营阶段，找准自己的定位，并采取相应的经营策略。下面将详细介绍如何分析行业卖家情况，具体操作方法如下。

Step 01 打开“素材文件\项目九\行业卖家经营阶段数据.xlsx”，选择 B8 单元格，在“编辑”组中单击“自动求和”按钮Σ，计算总计数据，如图 9-50 所示。

Step 02 选择 C3 单元格，在编辑栏中输入公式“=B3/$B$8”，并按【Enter】键确认，计算阶段卖家所占比例，如图 9-51 所示。

Step 03 利用填充柄将 C3 单元格中的公式填充到本列其他单元格中。选择 C3:C8 单元格区域，在“数字”组中单击“百分比样式”按钮%，如图 9-52 所示。

Step 04 选择 A3:A7 单元格区域，按【Ctrl+C】组合键复制数据，选择 D2 单元格，在“剪贴板”组中单击“粘贴”下拉按钮，选择“转置”选项，如图 9-53 所示。

Step 05 选择 D3 单元格，选择“公式”选项卡，在“函数库”组中单击“逻辑”下拉按钮，选择 IF 函数，如图 9-54 所示。

Step 06 弹出“函数参数”对话框，设置 Logical_test 参数值为$A3=D$2，设置 Value_if_true 参数值为 0.5，设置 Value_if_false 参数值为 NA()，然后单击“确定”按钮，如图 9-55 所示。

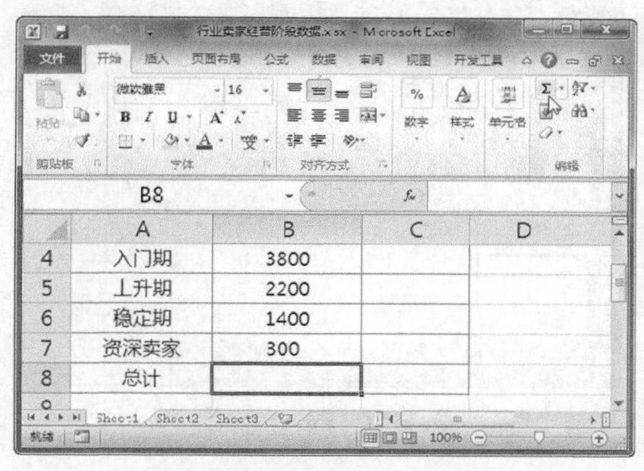

图 9-50　计算总计数据

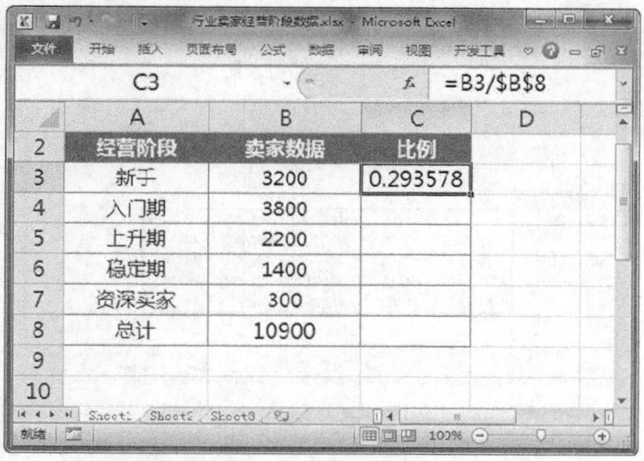

图 9-51　计算所占比例

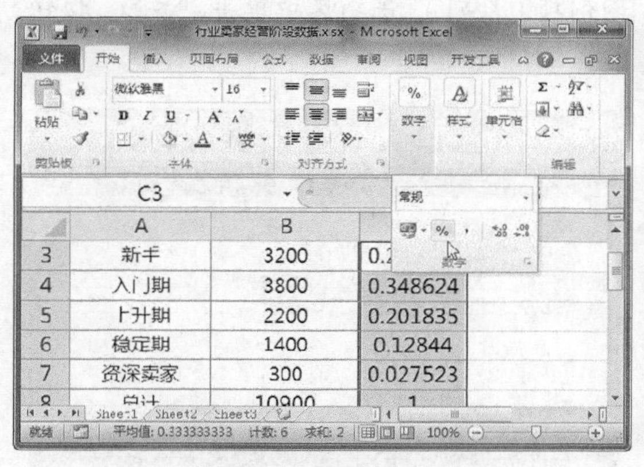

图 9-52　设置数字格式

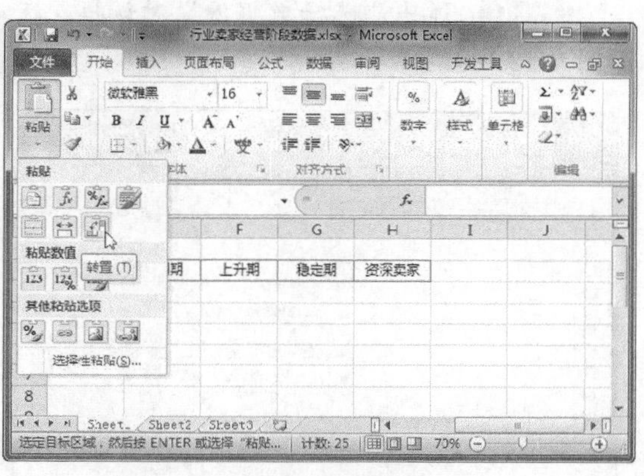

图 9-53　转置粘贴

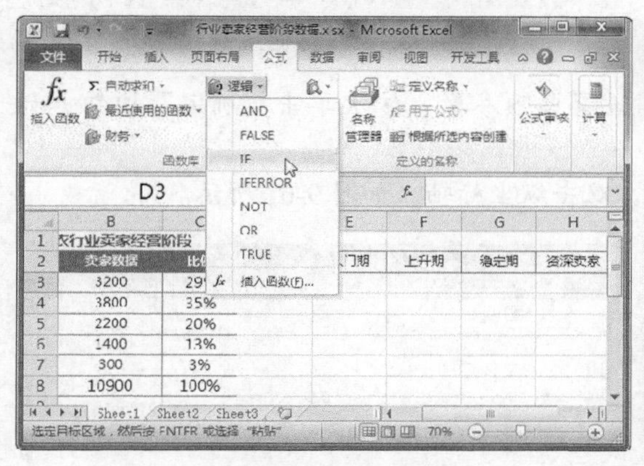

图 9-54　选择 IF 函数

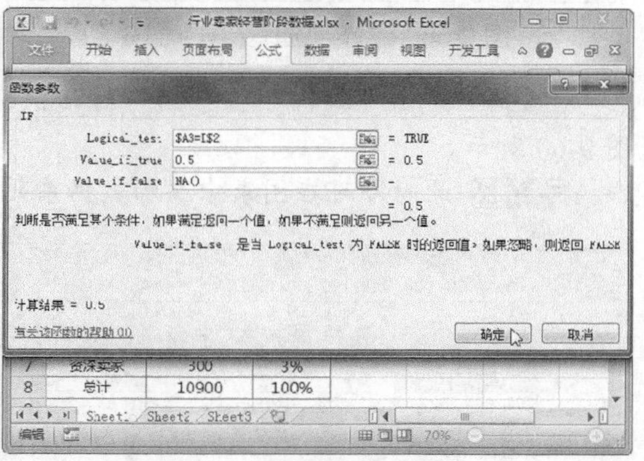

图 9-55　设置函数参数

Step 07 向右拖动 D3 单元格填充柄至 H3 单元格，然后向下拖动填充柄至 H7 单元格，填充数据，如图 9-56 所示。

Step 08 选择表格中的任一空白单元格，选择“插入”选项卡，在“图表”组中单击“散点图”下拉按钮，选择“仅带数据标记的散点图”选项，如图 9-57 所示。

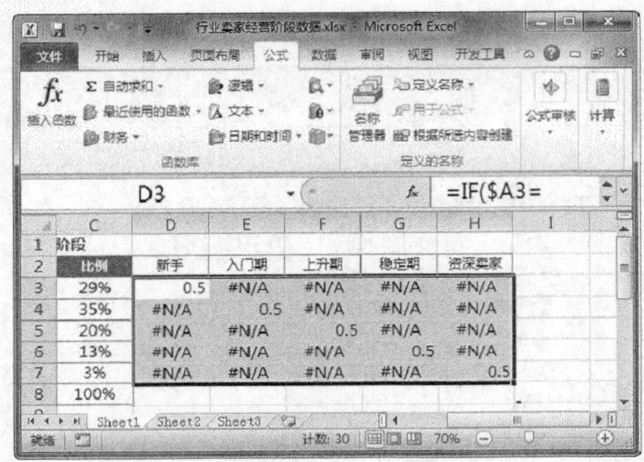

图 9-56　填充数据

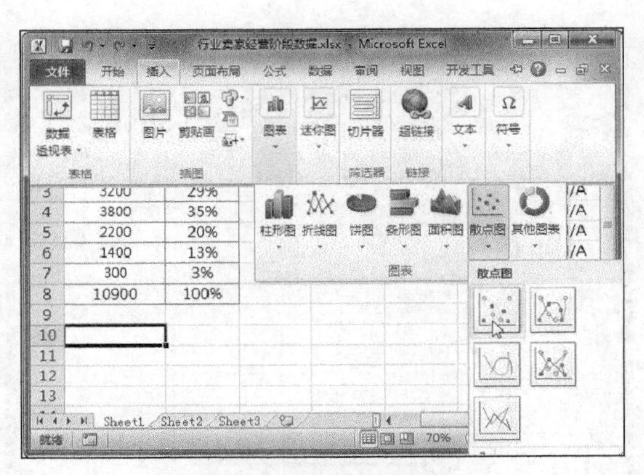

图 9-57　插入散点图

Step 09 将插入的图表移到合适的位置并右击，选择“选择数据”命令，如图 9-58 所示。

Step 10 弹出“选择数据源”对话框，在“图例项（系列）”选项区中单击“添加”按钮，如图 9-59 所示。

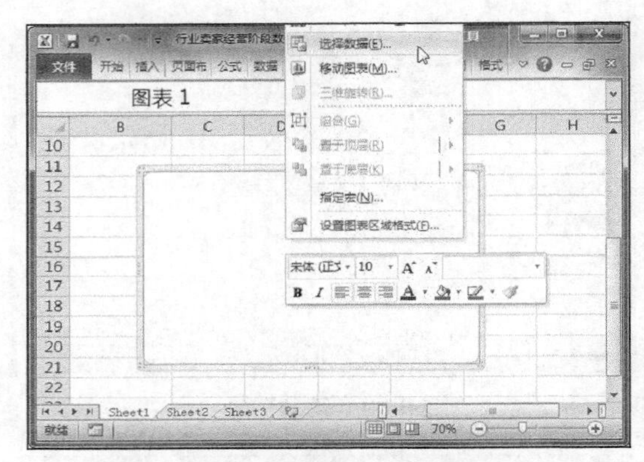

图 9-58　选择“选择数据”命令

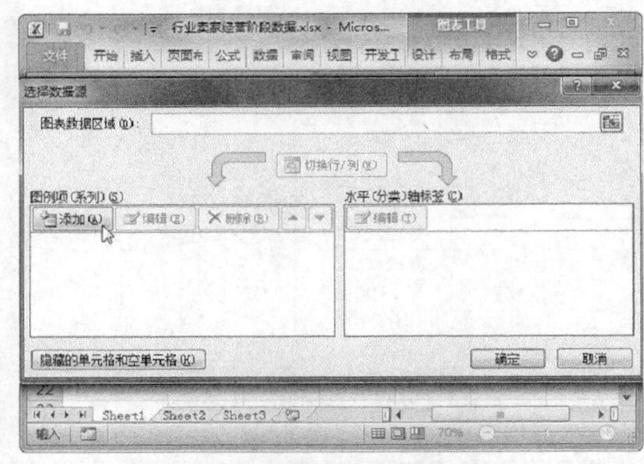

图 9-59　添加数据系列

Step 11 弹出“编辑数据系列”对话框，设置各项参数，依次单击“确定”按钮，如图 9-60 所示。

Step 12 此时即可在图表中添加数据系列，双击纵坐标轴，如图 9-61 所示。

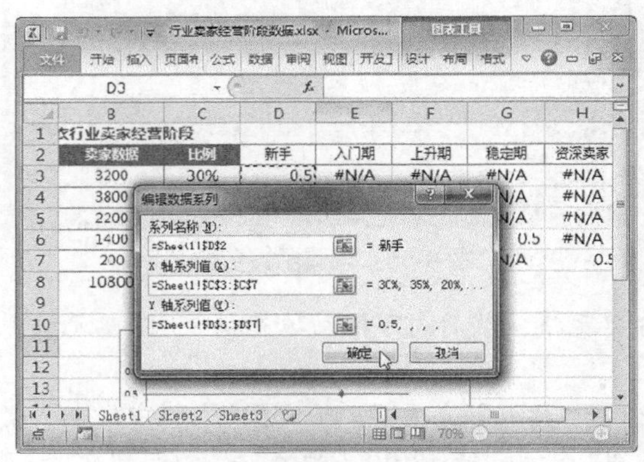

图 9-60　编辑数据系列

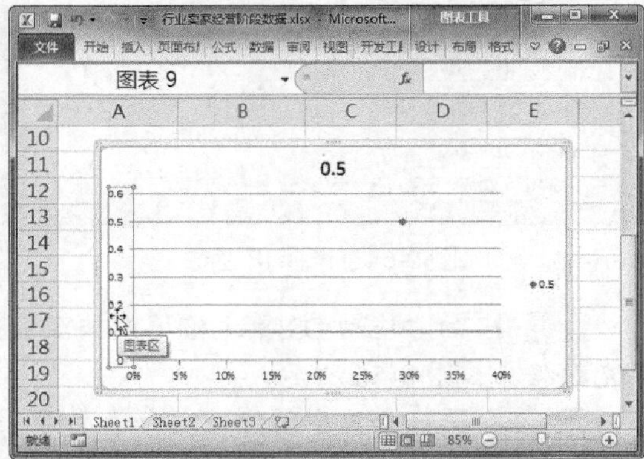

图 9-61　数据系列添加完成

Step 13 弹出“设置坐标轴格式”对话框，在“最大值”选项区中选中“固定”单选按钮，设置值为2.0；在“主要刻度单位”选项区中选中“固定”单选按钮，设置值为0.5，如图9-62所示。

Step 14 在图表中选中横坐标轴，在“设置坐标轴格式”对话框中单击“主要刻度线类型”下拉按钮，选择“无”选项，如图9-63所示。

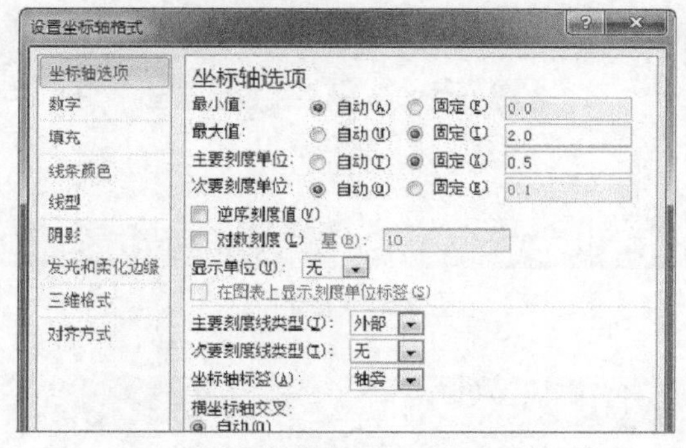

图9-62 设置坐标轴选项

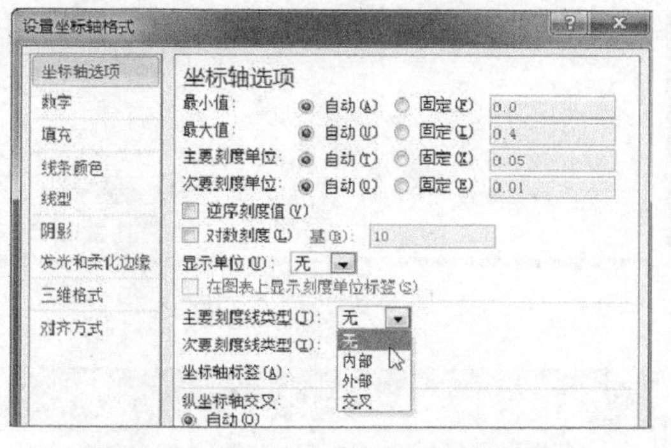

图9-63 设置坐标轴主要刻度线类型

Step 15 在图表中选中绘图区，在“设置绘图区格式”对话框中选中“纯色填充”单选按钮，并设置颜色，然后单击“关闭”按钮，如图9-64所示。

Step 16 调整图表大小，删除网格线、图例和纵坐标轴。选中图表标题，在编辑栏中输入“=”，然后在工作表中选择D2单元格，并按【Enter】键确认，为图表标题创建单元格链接。选择“插入”选项卡，在“插图”组中单击“图片”按钮，如图9-65所示。

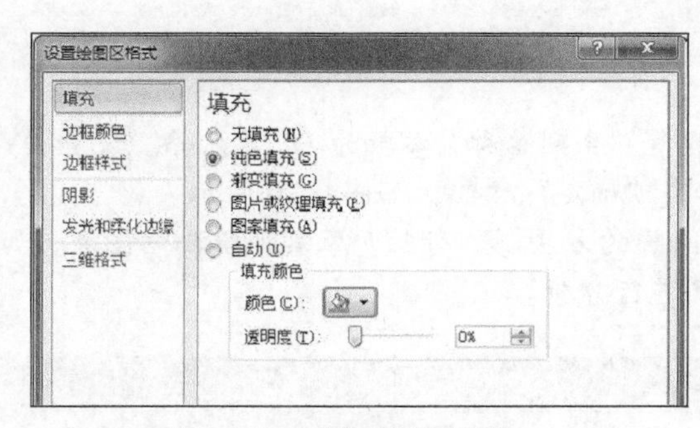

图9-64 设置绘图区格式

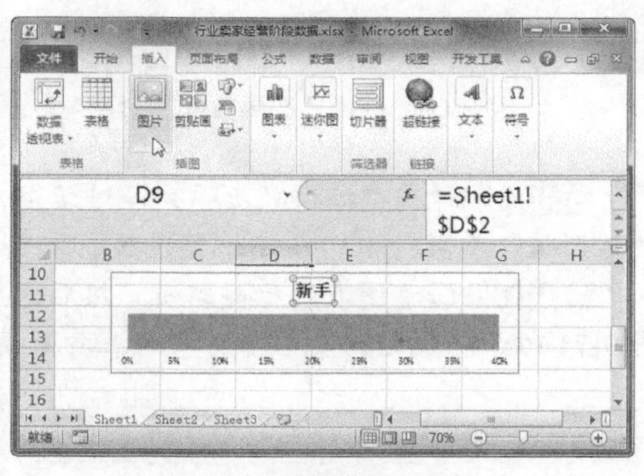

图9-65 设置图表格式

Step 17 弹出“插入图片”对话框，选择图片，然后单击“插入”按钮，如图9-66所示。

Step 18 调整图片大小，选中图片，按【Ctrl+C】组合键复制图片。选中图表中的数据点，按【Ctrl+V】组合键粘贴图片，此时数据系列格式将以图片形式显示，如图9-67所示。

Step 19 删除素材图片，并将图表复制一份。右击复制的图表，选择“选择数据”命令，如图9-68所示。

Step 20 弹出“选择数据源”对话框，选中数据系列，然后单击“编辑”按钮，如图9-69所示。

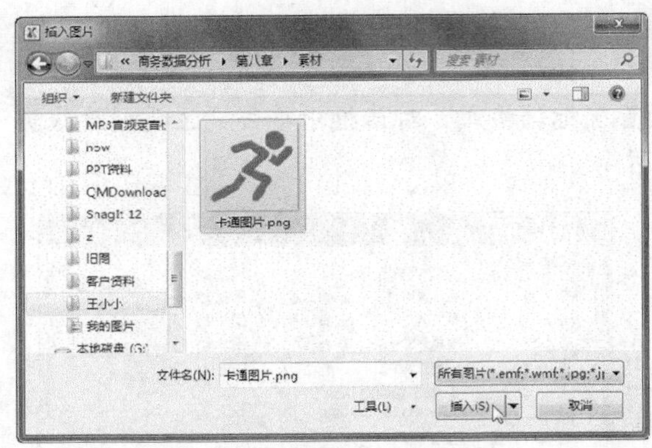

图 9-66　插入图片

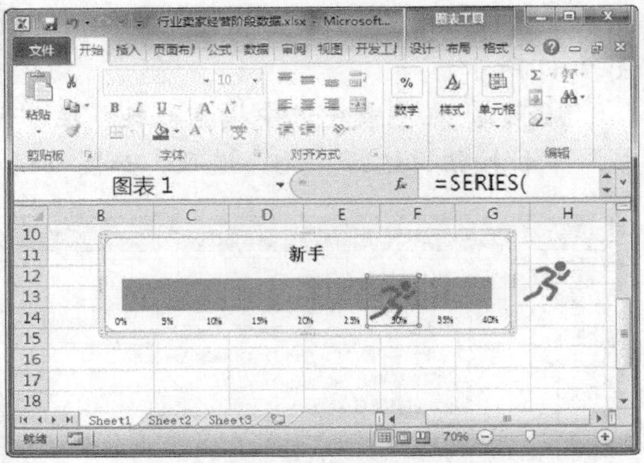

图 9-67　复制图片

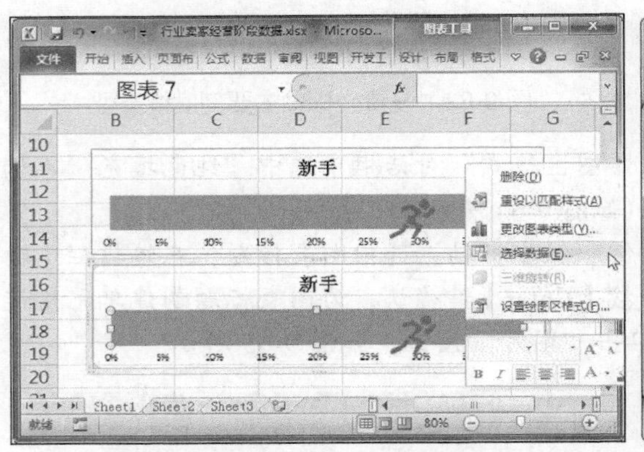

图 9-68　选择“选择数据”命令

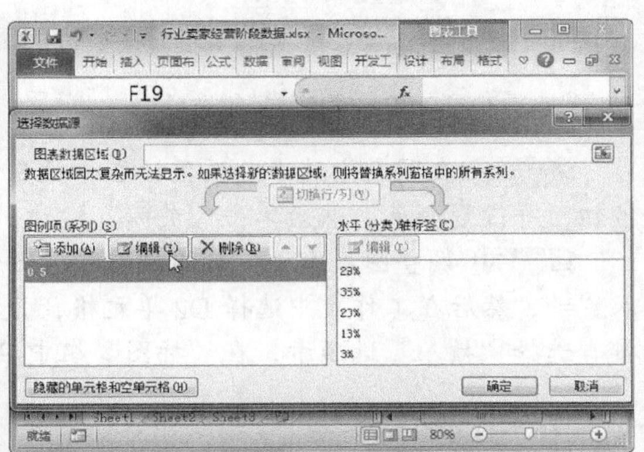

图 9-69　编辑数据系列

Step 21 弹出“编辑数据系列”对话框，设置“系列名称”参数为D3单元格，设置“Y轴系列值”参数为E3:E7单元格区域，依次单击“确定”按钮，如图9-70所示。

Step 22 修改图表的标题名称，然后采用同样的方法制作行业卖家其他阶段的图表，如图9-71所示。此时，卖家即可对行业卖家情况进行分析。

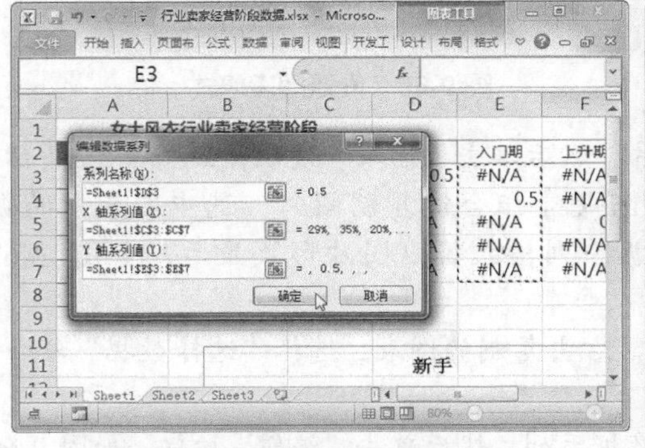

图 9-70　设置编辑数据系列参数

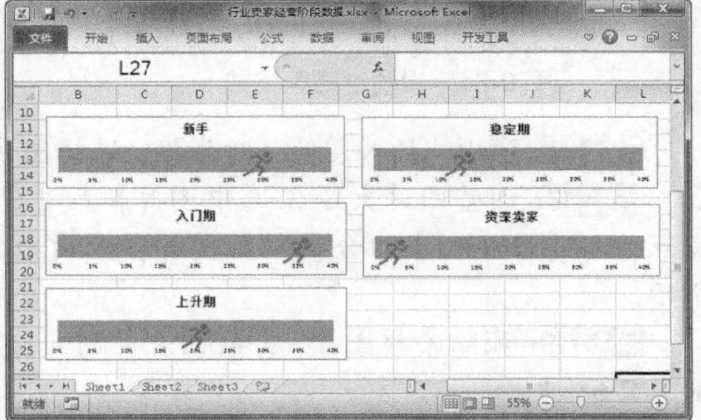

图 9-71　制作其他阶段图表

三、行业商品价格分析

下面将详细介绍如何分析行业商品价格，找出最合理的定价范围，具体操作方法如下。

Step 01 打开“素材文件\项目九\同类商品价格分析.xlsx”，在 D1:G1 单元格区域中输入价格字段范围区域划分，如图 9-72 所示。

Step 02 选择 D2 单元格，选择“公式”选项卡，单击“插入函数”按钮，如图 9-73 所示。

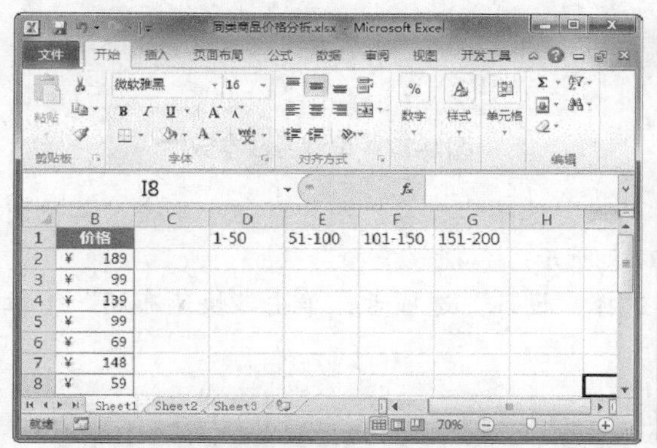

图 9-72 输入价格划分字段

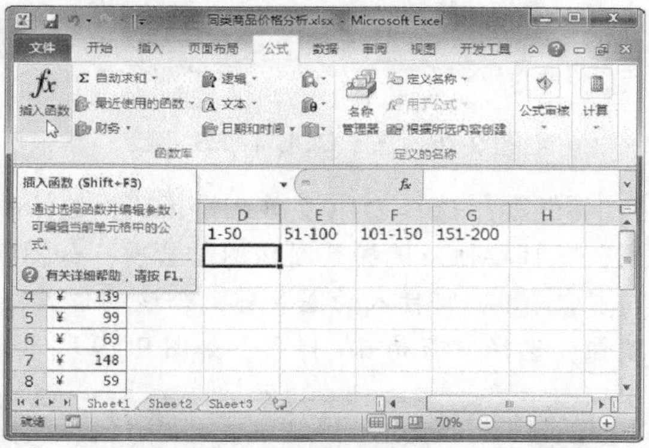

图 9-73 单击“插入函数”按钮

Step 03 弹出“插入函数”对话框，在“或选择类别”下拉列表框中选择“统计”选项，在“选择函数”列表框中选择 COUNTIF 函数，然后单击“确定”按钮，如图 9-74 所示。

Step 04 弹出“函数参数”对话框，将光标定位在 Range 文本框中，在工作表中选择 B2:B20 单元格区域，在 Criteria 文本框中输入“<=50”，然后单击“确定”按钮，如图 9-75 所示。

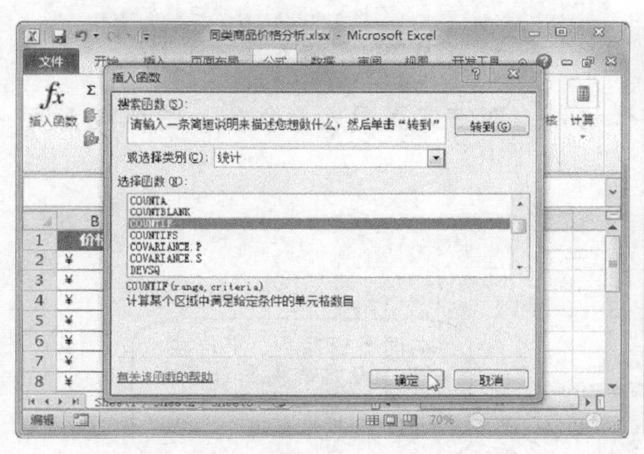

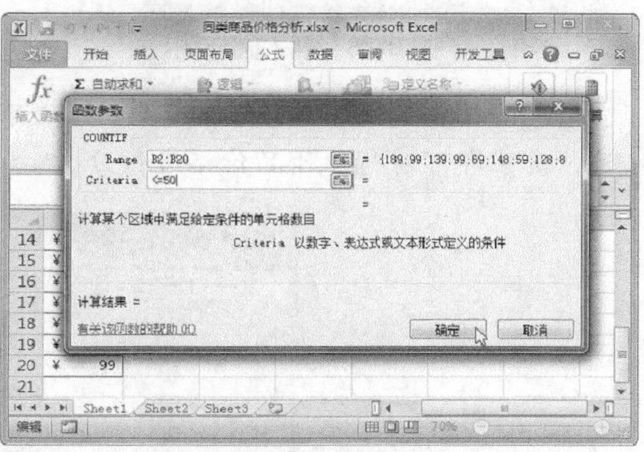

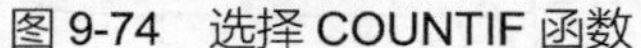

图 9-74 选择 COUNTIF 函数

图 9-75 设置函数参数

Step 05 选择 E2 单元格，选择“公式”选项卡，单击“插入函数”按钮，弹出“插入函数”对话框，选择 COUNTIFS 函数，然后单击“确定”按钮，如图 9-76 所示。

Step 06 弹出“函数参数”对话框，设置各项参数，然后单击“确定”按钮。采用同样的方法，计算 F2 和 G2 单元格数据，如图 9-77 所示。

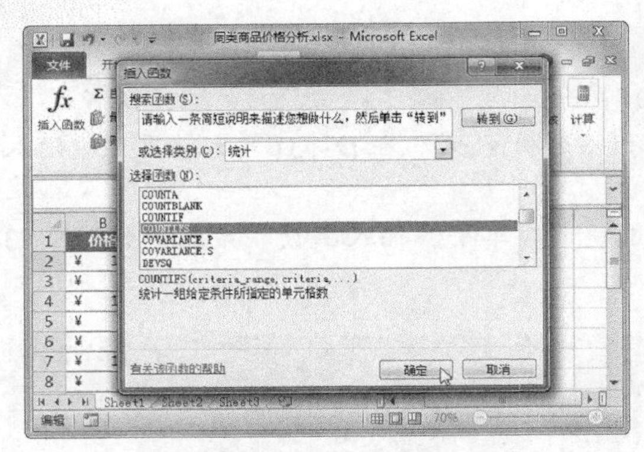

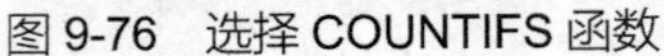

图 9-76　选择 COUNTIFS 函数

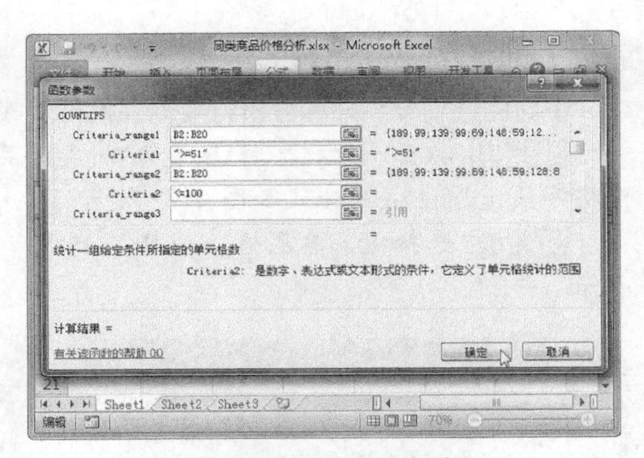

图 9-77　设置函数参数

Step 07 选择 D1:G2 单元格区域，选择“插入”选项卡，在“图表”组中单击“其他图表”下拉按钮，选择“圆环图”选项，如图 9-78 所示。

Step 08 将插入的图表移到合适的位置，选择“设计”选项卡，单击“快速布局”下拉按钮，选择“布局 6”样式，如图 9-79 所示。

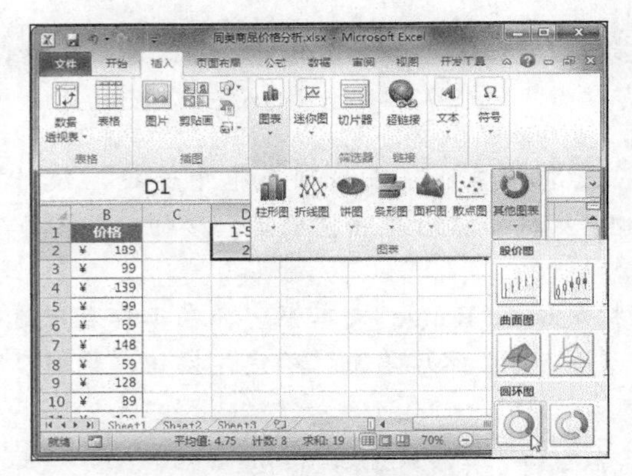

图 9-78　插入圆环图

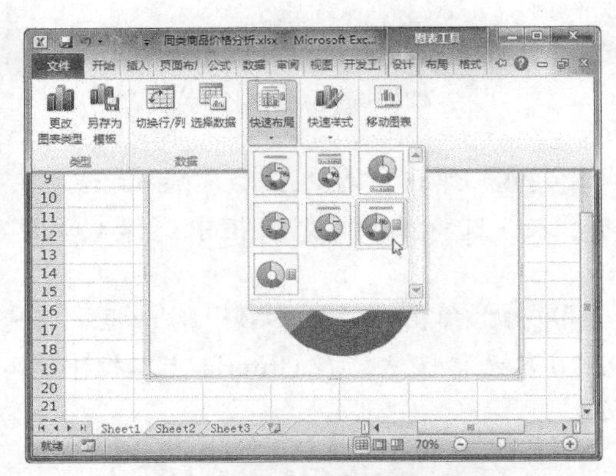

图 9-79　设置布局样式

Step 09 修改图表标题文本，设置图表字体格式，即可完成图表制作，如图 9-80 所示。此时，卖家即可对行业商品价格进行分析。

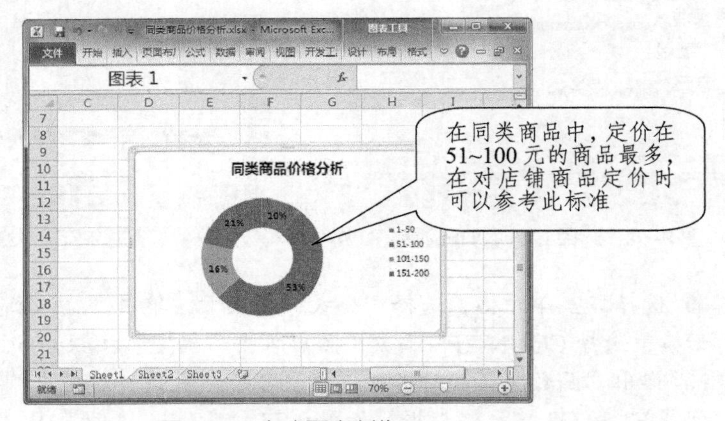

图 9-80　完成图表制作

四、行业商品销量分析

下面将详细介绍如何分析行业商品销量，具体操作方法如下。

Step 01 打开“素材文件\项目九\行业部分商品销量.xlsx”，选择 A1:G1 单元格区域，按【Ctrl+C】组合键复制数据。选择 A9:G9 单元格区域，在“剪贴板”组中单击“粘贴”下拉按钮，选择“保留源列宽”选项，如图 9-81 所示。

Step 02 选择 A10 单元格，选择“数据”选项卡，在“数据工具”组中单击“数据有效性”按钮，如图 9-82 所示。

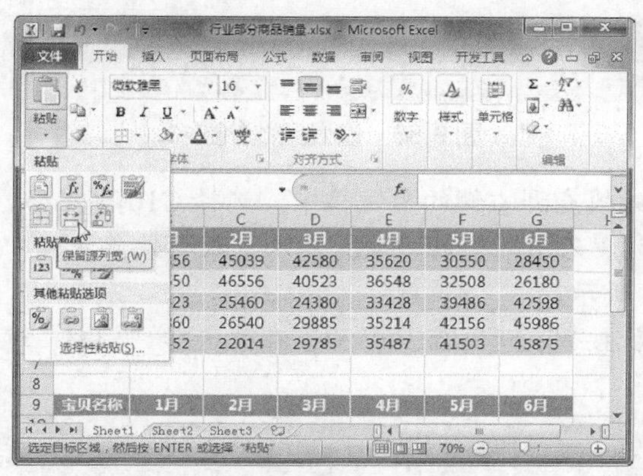

图 9-81　复制标题文本

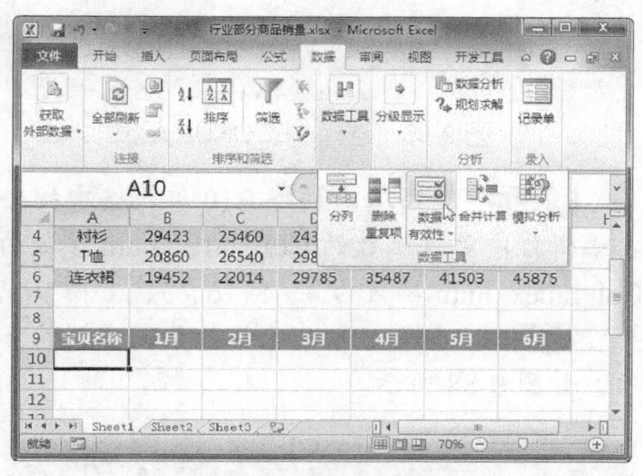

图 9-82　设置数据有效性

Step 03 弹出“数据有效性”对话框，在“允许”下拉列表框中选择“序列”选项，将光标定位到“来源”文本框中，在工作表中选择 A2:A6 单元格区域，然后单击“确定”按钮，如图 9-83 所示。

Step 04 选择 B10 单元格，单击编辑栏中的“插入函数”按钮，如图 9-84 所示。

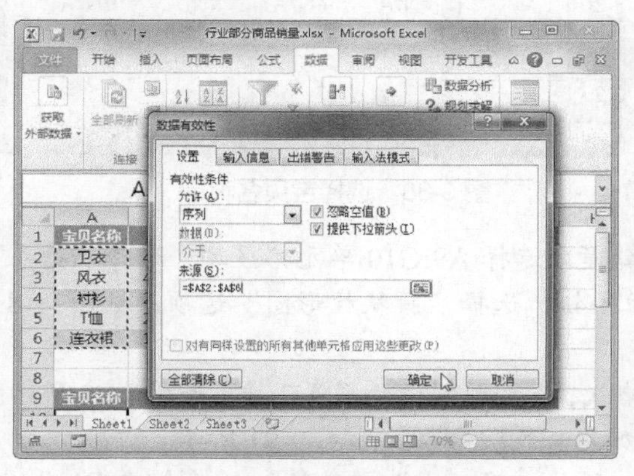

图 9-83　设置数据有效性来源

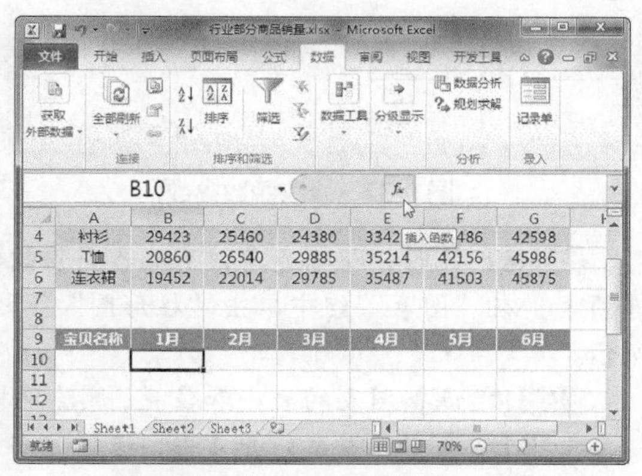

图 9-84　单击“插入函数”按钮

Step 05 弹出“插入函数”对话框，在“搜索函数”文本框中输入 VLOOKUP，单击“转到”按钮，在“选择函数”列表框中选择 VLOOKUP 选项，然后单击“确定”按钮，如图 9-85 所示。

Step 06 弹出“函数参数”对话框，设置各项参数，然后单击“确定”按钮，如图 9-86 所示。

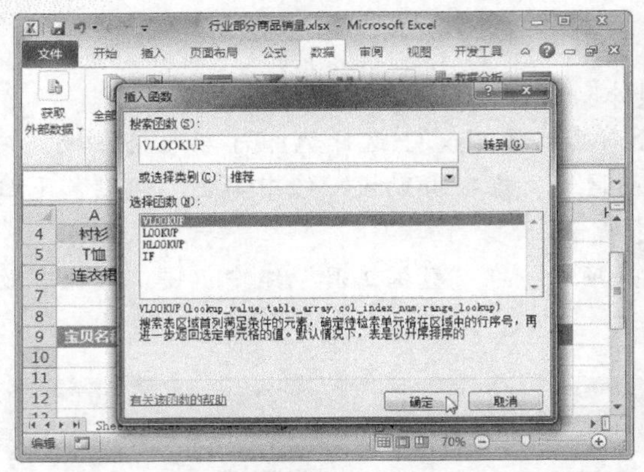

图 9-85　选择 VLOOKUP 函数

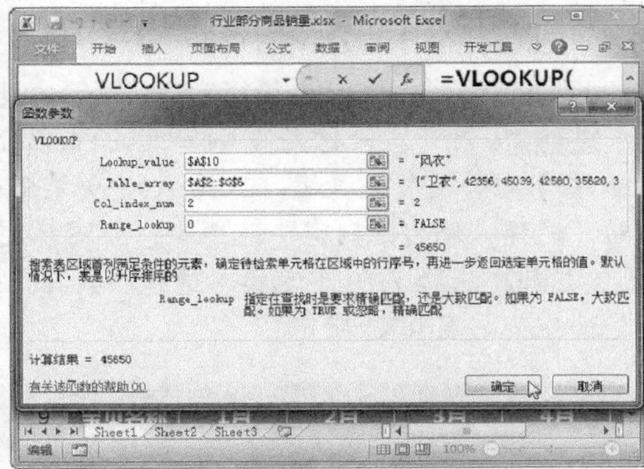

图 9-86　设置函数参数

Step 07 利用填充柄将 B10 单元格中的公式填充到右侧的单元格中。选择 C10 单元格，在编辑栏中更改函数的 Col_index_num 参数为 3。采用同样的方法，依次更改其他单元格中 Col_index_num 参数为 4、5、6、7，如图 9-87 所示。

Step 08 选择 A10 单元格，单击右侧的下拉按钮，选择宝贝名称，在此选择“衬衫”选项，如图 9-88 所示。

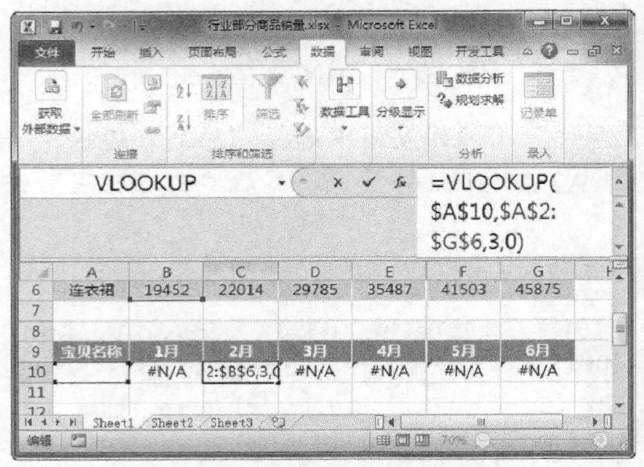

图 9-87　修改函数参数

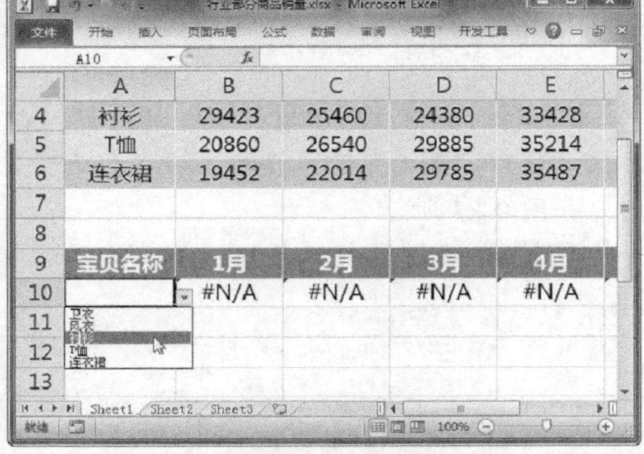

图 9-88　选择宝贝名称

Step 09 此时，即可查看该商品各月份的销量。选择 A9:G10 单元格区域，选择“插入”选项卡，在“图表”组中单击“柱形图”下拉按钮，选择“簇状柱形图”选项，如图 9-89 所示。

Step 10 调整图表的大小和位置，删除网格线，设置图例位于图表下方，如图 9-90 所示。

Step 11 选中数据系列并右击，选择“添加趋势线”命令，如图 9-91 所示。

Step 12 弹出“设置趋势线格式”对话框，选中“多项式”单选按钮，并在“顺序”数值框中输入 4，如图 9-92 所示。

Step 13 在对话框左侧选择“线条颜色”选项，选中“实线”单选按钮，并设置颜色，如图 9-93 所示。

Step 14 在图表中选中数据系列，在“设置数据系列格式”对话框左侧选择“填充”选项，选中“依数据点着色”复选框，然后单击“关闭”按钮，如图 9-94 所示。

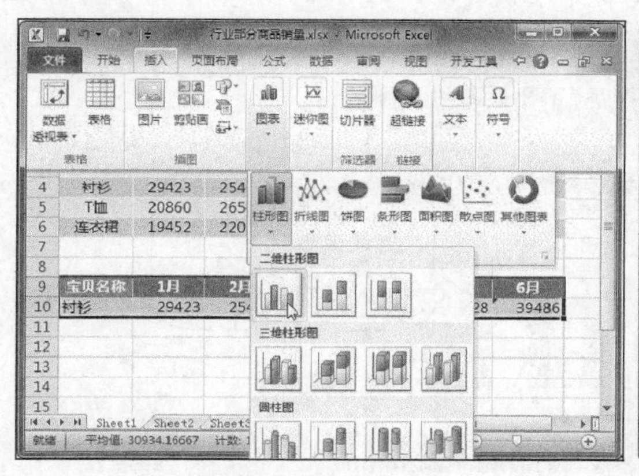

图 9-89　插入柱形图

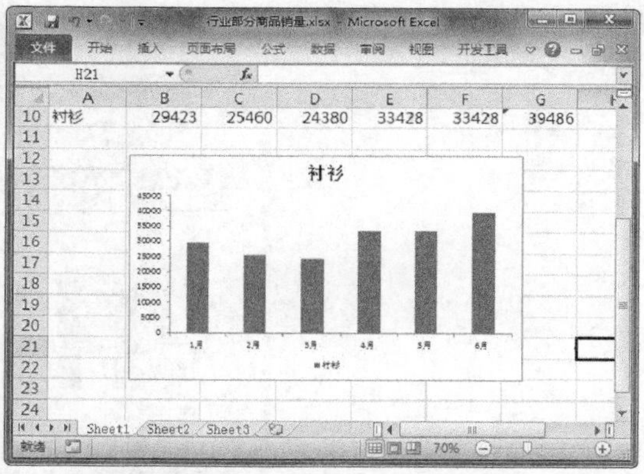

图 9-90　设置图表格式

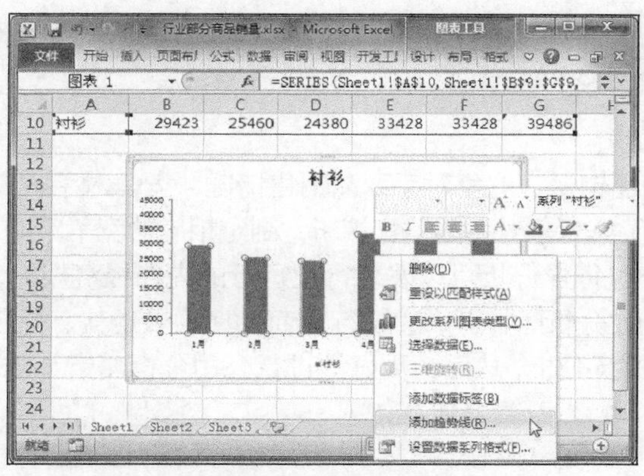

图 9-91　添加趋势线

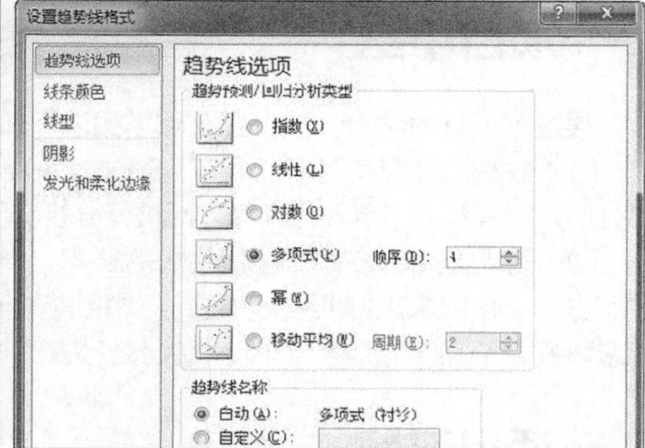

图 9-92　设置趋势线选项

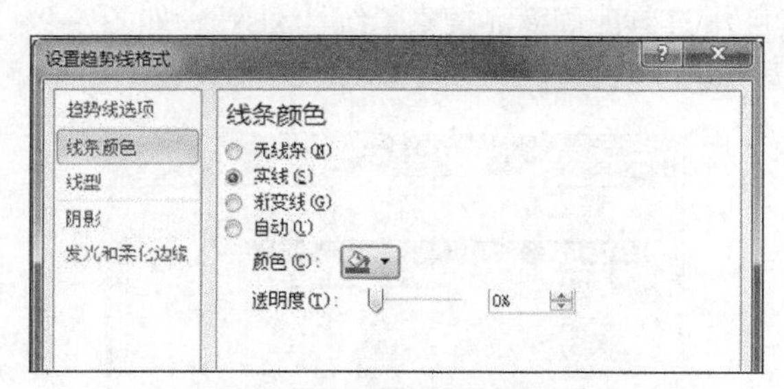

图 9-93　设置线条颜色

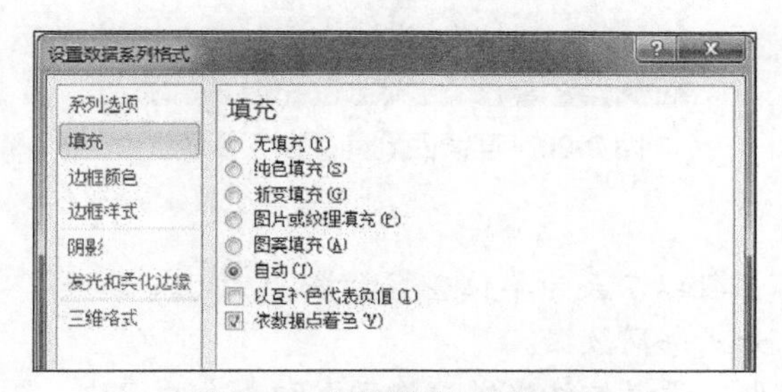

图 9-94　设置数据系列格式

Step 15 在图表中查看趋势线效果。在 A10 单元格中选择宝贝名称，如“卫衣”，在图表中能直观地显示其相应的销量情况和走势，如图 9-95 所示。

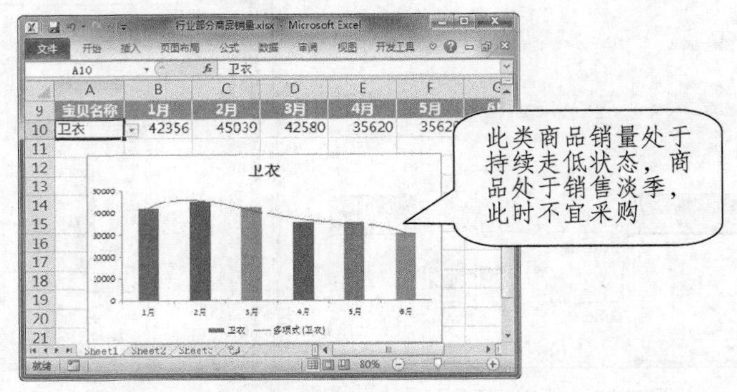

图 9-95　查看图表效果

项目小结

通过本项目的学习，读者应重点掌握以下知识。

（1）在确立了竞争对手后，可以通过竞争商品销量、竞争对手商品销售情况、竞争对手客户拥有量、竞争对手下单转化率等方面进行分析，了解竞争对手的销售策略，制定相应的竞争策略。

（2）行业是由许多同类公司构成的群体，通过行业分析可以发现行业运行的内在经济规律，进而进一步预测未来行业发展的趋势。在进行行业分析时，可以通过行业商品搜索量走势、行业卖家情况、行业商品价格、行业商品销量等方面进行分析，从而为更好地进行公司分析奠定基础。

项目习题

打开“素材文件\项目九\连续四周商品搜索量统计.xlsx”，如图 9-96 所示。使用滚动条控件查看并分析每周商品搜索量。

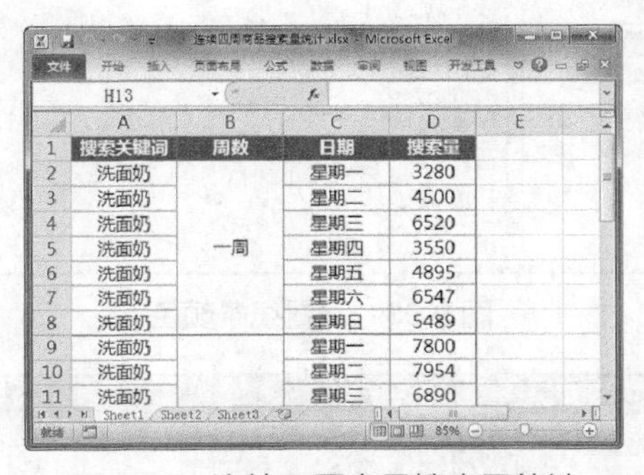

搜索关键词	周数	日期	搜索量
洗面奶		星期一	3280
洗面奶		星期二	4500
洗面奶		星期三	6520
洗面奶	一周	星期四	3550
洗面奶		星期五	4895
洗面奶		星期六	6547
洗面奶		星期日	5489
洗面奶		星期一	7800
洗面奶		星期二	7954
洗面奶		星期三	6890

图 9-96　连续四周商品搜索量统计

关键提示：

（1）使用 OFFSET 函数以 7 天为单位查找数据。

（2）插入折线图，分析每周数据。

（3）插入滚动条控件，设置控件格式，拖动滚动条上的滑块，图表数据随之更改。

项目十

销售市场预测分析

项目概述

市场预测分析是在市场调研的基础上，利用科学的方法和手段，对未来一定时期内的市场需求、发展趋势和营销影响因素的变化做出判断，进而为营销决策服务。Excel 可以很好地辅助市场预测分析，它提供了定量预测功能，如图表趋势预测法、时间序列预测法及多个相关的预测函数等；同时，还提供了一些定量的预测方法，如德尔菲法、马尔克夫法等。本项目将利用这些预测功能和方法进行销售市场预测分析。

项目重点

- 利用图表趋势预测法分析。
- 利用时间序列预测法分析。
- 利用德尔菲法预测新产品销售额。
- 利用 GROWTH 函数预测店铺销量。

项目目标

- 学会利用图表趋势预测法预测商品销量和销售额。
- 学会利用时间序列预测法预测店铺销量和利润。
- 学会利用德尔菲法预测新产品销售额。
- 学会利用 GROWTH 函数预测店铺销量。

任务一　利用图表趋势预测法分析

任务概述

在店铺经营过程中，卖家可以通过图表趋势预测法预测商品销量和销售额，根据预测值调整销售策略。图表趋势预测法的基本流程为：首先根据给出的数据制作散点图或折线图，然后观察图表形状并添加适当类型的趋势线，最后利用趋势线外推或利用回归方程计算预测值。本任务将学习如何在 Excel 中利用图表趋势预测法预测店铺销售额和销量。

任务重点与实施

一、利用线性趋势线预测店铺销售额

下面将详细介绍如何利用线性趋势线预测店铺销售额，具体操作方法如下。

Step 01 打开“素材文件\项目十\某店铺销售收入明细.xlsx”，选择 A2:H3 单元格区域，选择“插入”选项卡，在“图表”组中单击“折线图”下拉按钮，选择“带数据标记的折线图”选项，如图 10-1 所示。

Step 02 将图表移到合适的位置并右键单击，选择“选择数据”命令，如图 10-2 所示。

Step 03 弹出“选择数据源”对话框，单击“切换行/列”按钮，然后单击“确定”按钮，如图 10-3 所示。

Step 04 添加图表标题，删除网格线和图例。选择“布局”选项卡，在“分析”组中单击“趋势线”下拉按钮，选择“线性趋势线”选项，如图 10-4 所示。

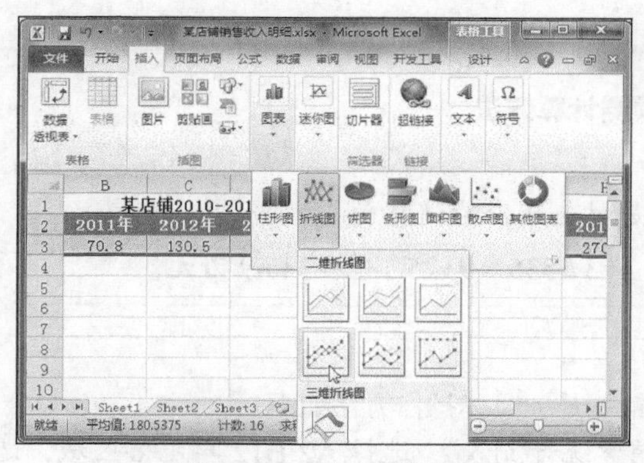

图 10-1　插入折线图

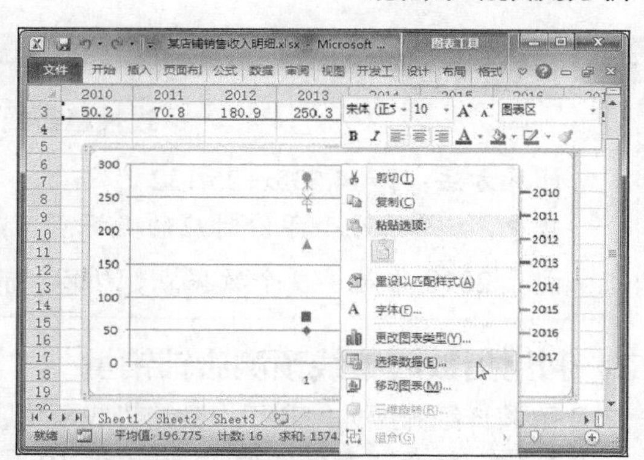

图 10-2　选择“选择数据”命令

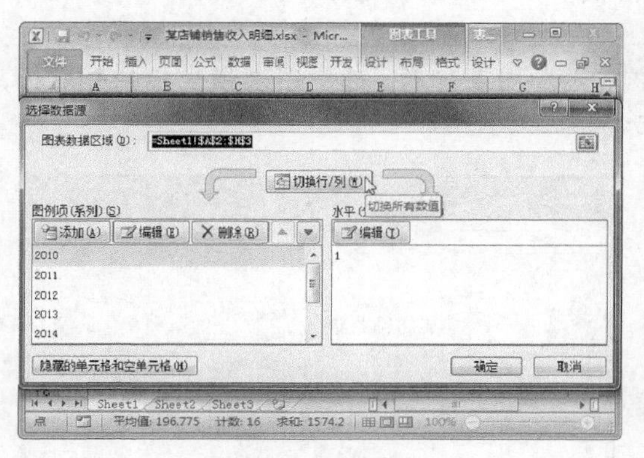

图 10-3　切换行/列

图 10-4　添加线性趋势线

Step 05　双击插入的趋势线，弹出“设置趋势线格式”对话框，在“趋势预测”选项区中的“前推”文本框中输入 1，选中“显示公式”复选框，然后单击“关闭”按钮，如图 10-5 所示。

Step 06　在图表中查看预测公式，使用公式计算“2018 年”销售额，并将结果输入 I3 单元格中，如图 10-6 所示。

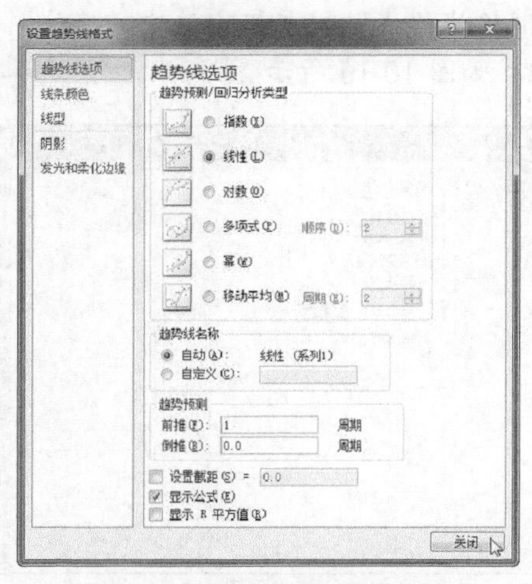

图 10-5　设置线性趋势线格式

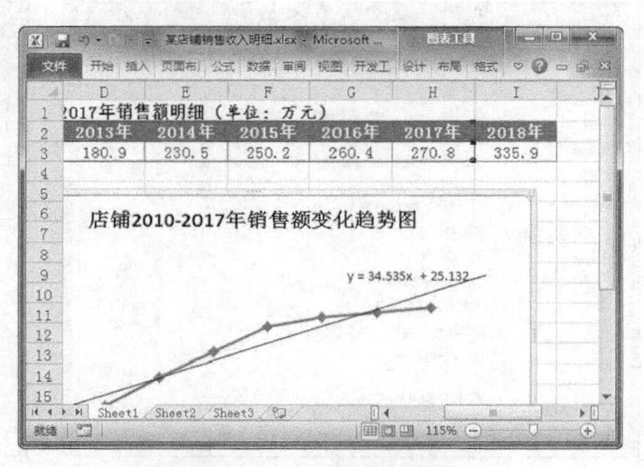

图 10-6　计算预测销售额

课堂解疑

线性趋势线预测计算方法

计算方法：$y=34.535x+25.132$

其中，x 是第几个年份对应的数据点，y 是对应年份的销售额。

由于 2018 年是第 9 个数据点，所以 $y_{2018年}=34.535\times 9+25.132\approx 335.9$ 万元。

二、利用指数趋势线预测店铺销量

下面将详细介绍如何利用指数趋势线预测店铺销量，具体操作方法如下。

Step 01 打开“素材文件\项目十\近 10 月销量统计.xlsx”，选择 A2:B12 单元格区域，选择“插入”选项卡，在“图表”组中单击“散点图”下拉按钮，选择“仅带数据标记的散点图”选项，如图 10-7 所示。

Step 02 调整图表的大小和位置，删除图例，添加图表标题。选中图表横坐标轴并右击，选择“设置坐标轴格式”命令，如图 10-8 所示。

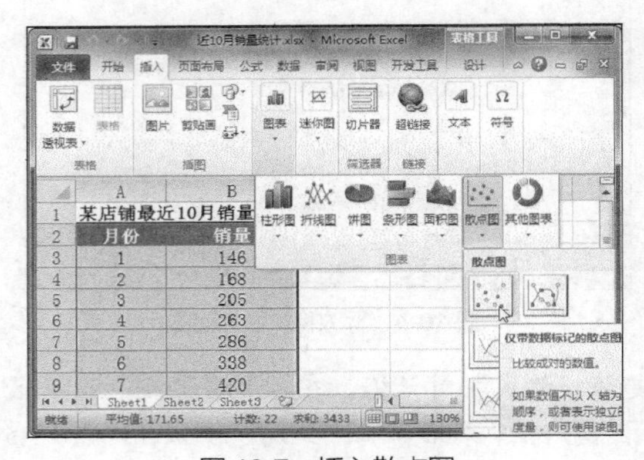

图 10-7　插入散点图

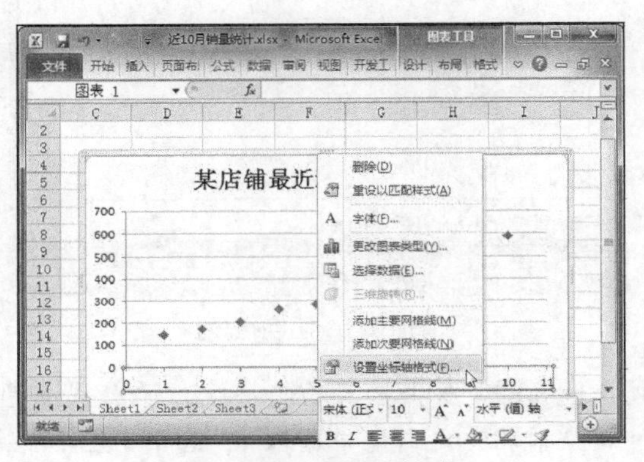

图 10-8　设置图表格式

Step 03 弹出“设置坐标轴格式”对话框，在“主要刻度单位”选项区中选中“固定”单选按钮，设置“固定”值为 1，如图 10-9 所示。

Step 04 在图表中选中网格线，在“设置主要网格线格式”对话框中选中“实线”单选按钮，设置颜色和透明度，然后单击“关闭”按钮，如图 10-10 所示。

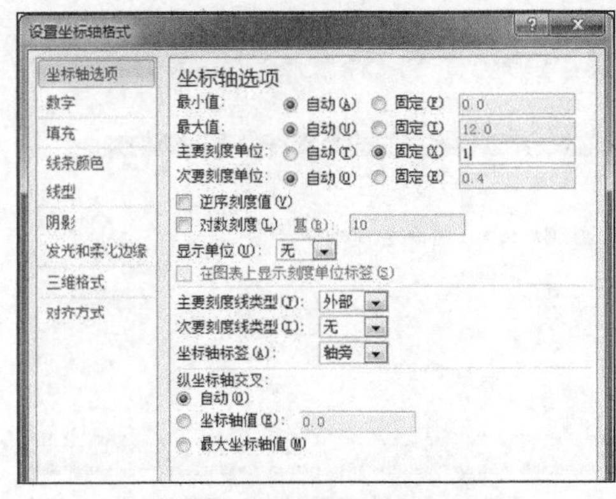

图 10-9　设置横坐标轴选项

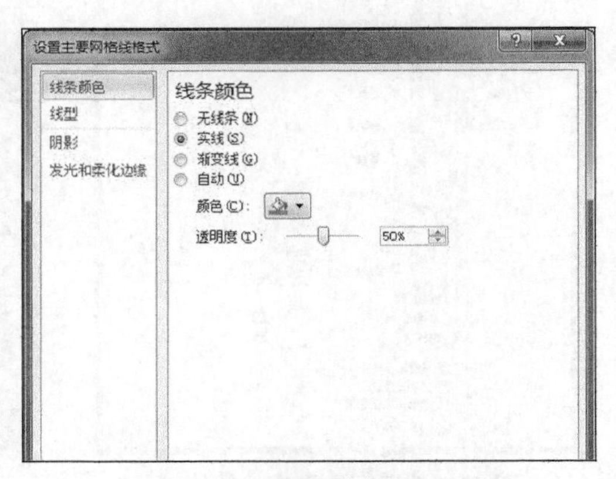

图 10-10　设置网格线线条颜色

Step 05 选择“布局”选项卡，在“分析”组中单击“趋势线”下拉按钮，选择“指数趋势线”选项，如图 10-11 所示。

Step 06 双击插入的趋势线，弹出“设置趋势线格式”对话框，在“前推”文本框中输入 2，选中“显示公式”和“显示 R 平方值”复选框，然后单击“关闭”按钮，如图 10-12 所示。

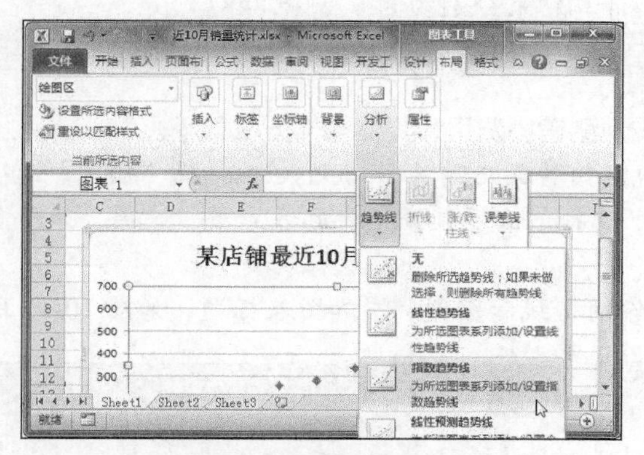

图 10-11 选择指数趋势线

图 10-12 设置指数趋势线选项

Step 07 在图表中查看插入的公式和 R 平方值，调整其位置和大小，如图 10-13 所示。

Step 08 选择“布局”选项卡，在“坐标轴”组中单击“网格线”下拉按钮，选择“主要纵网格线”|“主要网格线”选项，如图 10-14 所示。

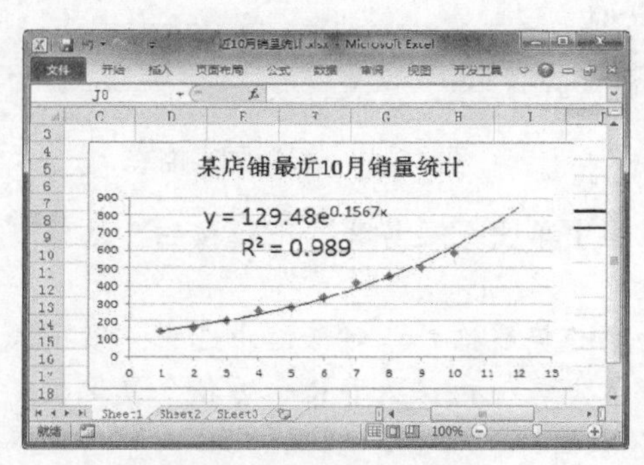

图 10-13 插入公式

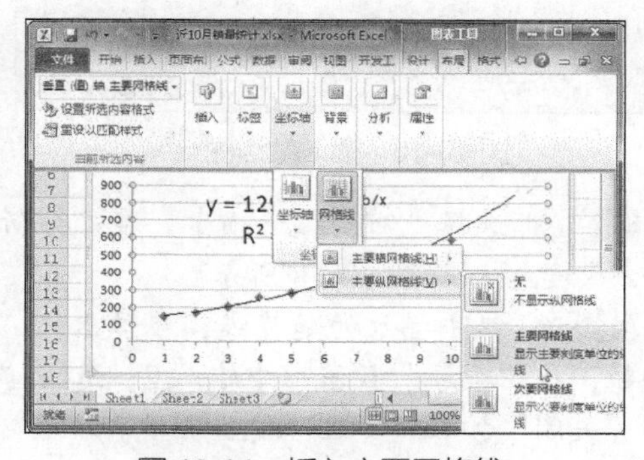

图 10-14 插入主要网格线

Step 09 此时即可根据公式或趋势线预测“11 月”和“12 月”的销量，在 B13 和 B14 单元格中输入计算结果，如图 10-15 所示。

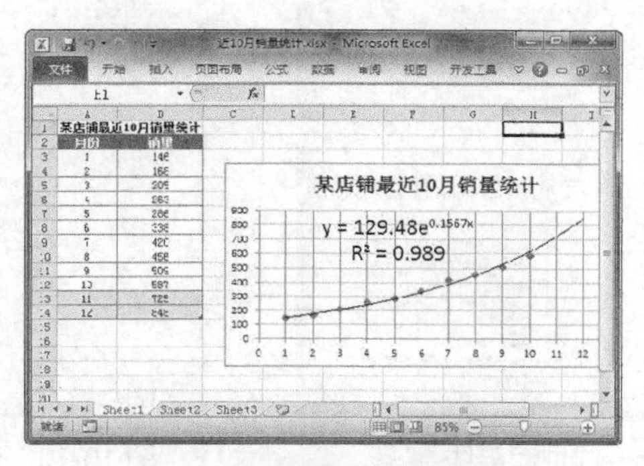

图 10-15 预算销量

课堂解疑

指数趋势线预测计算方式

计算方法：$y=129.48e^{0.1567x}$

将 $x=11$ 和 $x=12$ 代入上面方程中，计算结果分别约为 725 和 848。

三、利用多项式趋势线预测销售费用

下面将详细介绍如何利用多项式趋势线预测销售费用，具体操作方法如下。

Step 01 打开“素材文件\项目十\旗舰店销售额与销售费用.xlsx”，选择“插入”选项卡，在“图表”组中单击“散点图”下拉按钮，选择“仅带数据标记的散点图”选项，如图 10-16 所示。

Step 02 调整图表的大小和位置，删除网格线和图例，添加图表标题，如图 10-17 所示。

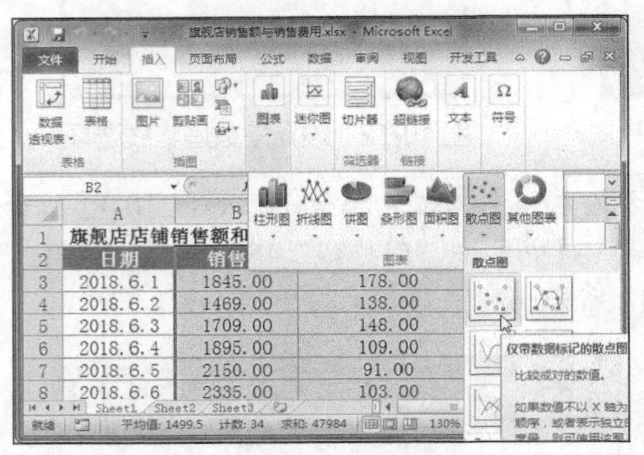

图 10-16　插入散点图

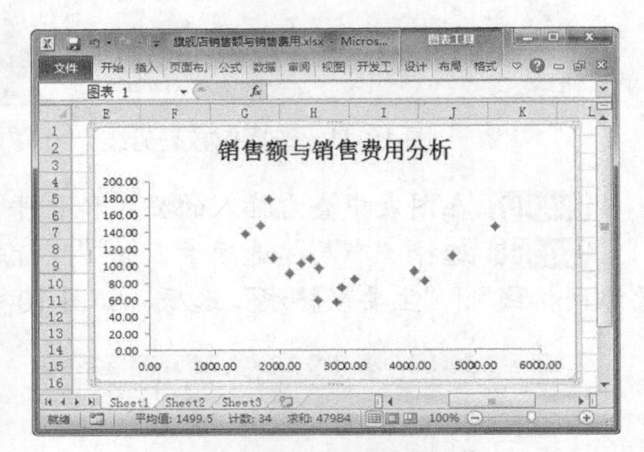

图 10-17　设置图表格式

Step 03 选择“布局”选项卡，在“分析”组中单击“趋势线”下拉按钮，选择“线性趋势线”选项，如图 10-18 所示。

Step 04 双击插入的趋势线，在弹出的“设置趋势线格式”对话框中选中“多项式”单选按钮，在“顺序”数值框中输入 2，选中“显示公式”和“显示 R 平方值”复选框，然后单击“关闭”按钮，如图 10-19 所示。

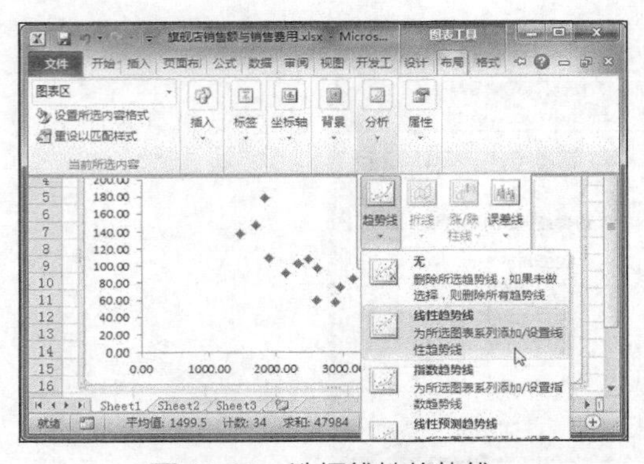

图 10-18　选择线性趋势线

图 10-19　设置线性趋势线格式

Step 05 此时在图表中可以查看预测公式和 R 平方值，调整其大小和位置，如图 10-20 所示。

Step 06 选择“布局”选项卡，在“标签”组中单击“坐标轴标题”下拉按钮，选择“主要横坐标轴标题”|“坐标轴下方标题”选项，如图 10-21 所示。

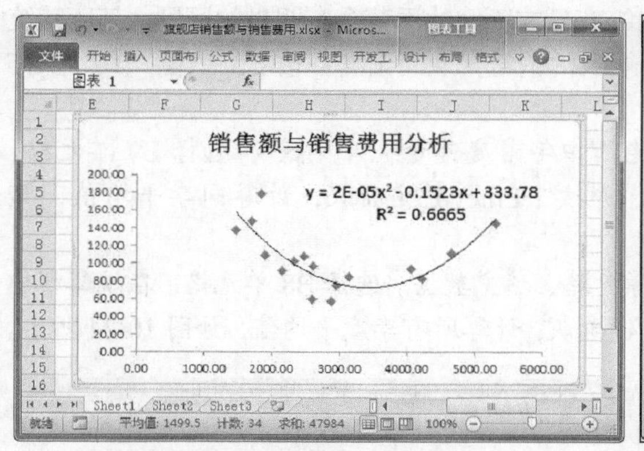

图 10-20 插入公式

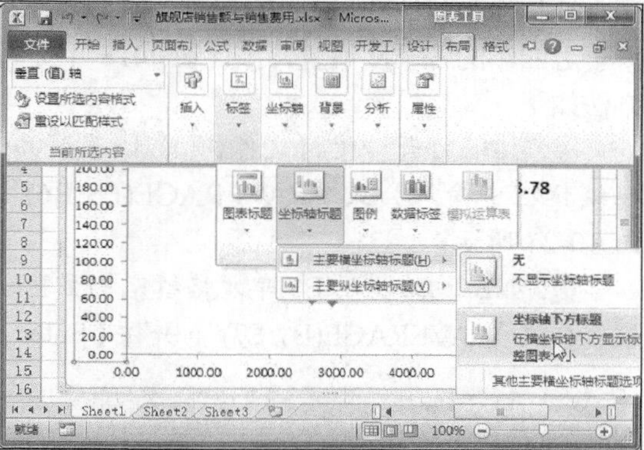

图 10-21 添加主要横坐标轴标题

Step 07 在“标签”组中单击“坐标轴标题”下拉按钮，选择“主要纵坐标轴标题”|“竖排标题”选项，如图 10-22 所示。

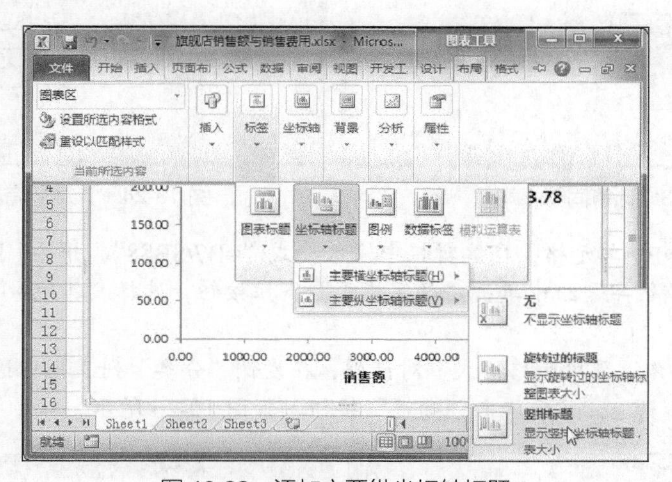

图 10-22 添加主要纵坐标轴标题

任务二 利用时间序列预测法分析

任务概述

时间序列预测法是一种回归预测方法，其基本原理是：一方面，承认事物发展的延续性，运用过去时间序列的数据进行统计分析，推测出事物的发展趋势；另一方面，充分考虑到偶然因素影响而产生的随机性。为了消除随机波动的影响，时间序列预测法利用历史数据进行统计分析，并对数据进行适当处理进行趋势预测。本任务将学习如何在 Excel 中利用时间序列预测法预测店铺销量和趋势。

任务重点与实施

一、利用季节波动预测店铺销量

由于季节波动，一些商品在一年中的销量也会相应地发生波动，这种波动是有规律可循的，通常被称为季节波动。例如，服装、空调或冰箱等商品在不同的季节会有明显的区别。某店铺统计了近四年的各季度销量，预计在 2018 年提高 15%的销量，从而预测各季度的销量，具体操作方法如下。

Step 01 打开“素材文件\项目十\某商品连续四年季度销量统计.xlsx”，选择 B7 单元格，在编辑栏中输入公式“=AVERAGE(B3:B6)”，并按【Enter】键确认，计算同季平均值，如图 10-23 所示。

Step 02 向右拖动 B7 单元格填充柄至 E7 单元格，填充数据。选择 B8 单元格，在编辑栏中输入公式“=AVERAGE(B7:E7)”，并按【Enter】键确认，计算所有季度平均值，如图 10-24 所示。

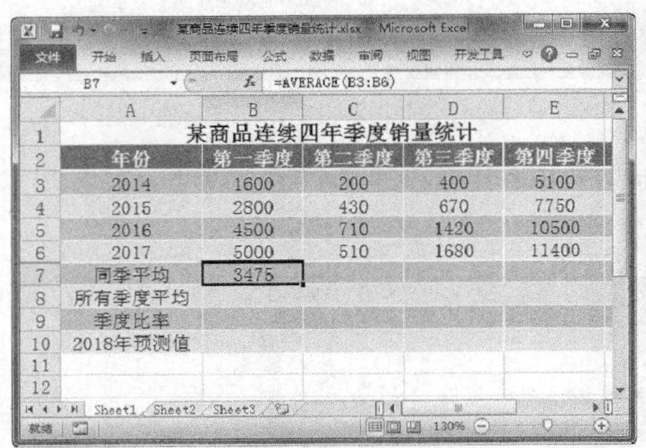

图 10-23　计算同季平均值

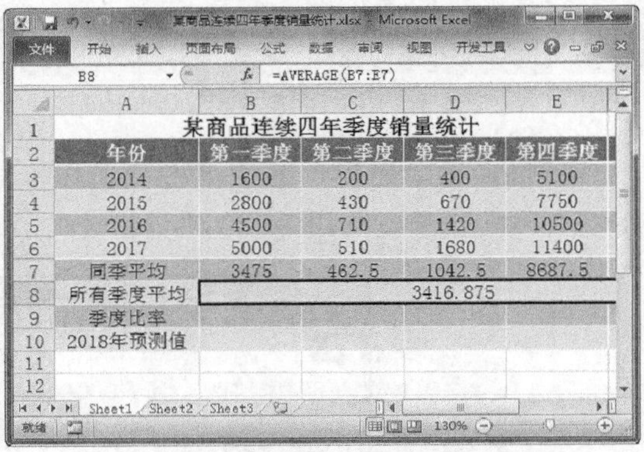

图 10-24　计算所有季度平均值

Step 03 选择 B9 单元格，在编辑栏中输入公式“=B7/$B$8”，并按【Enter】键确认，计算季度比率。在“数字”组中单击“数字格式”下拉按钮，选择“其他数字格式”选项，如图 10-25 所示。

Step 04 弹出“设置单元格格式”对话框，在左侧“分类”列表框中选择“数值”选项，设置“小数位数”为 2，然后单击“确定”按钮，如图 10-26 所示。

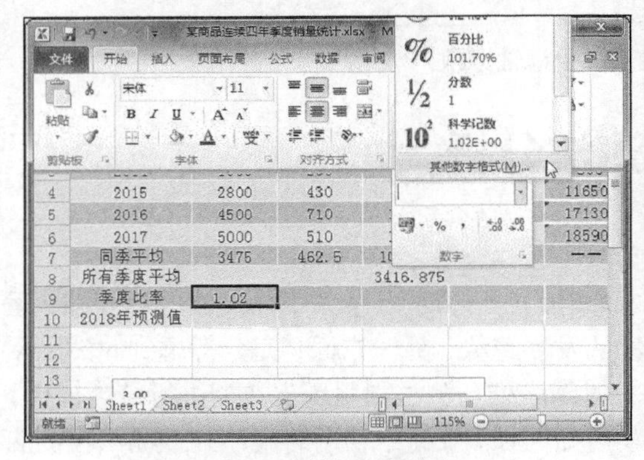

图 10-25　计算季度比率

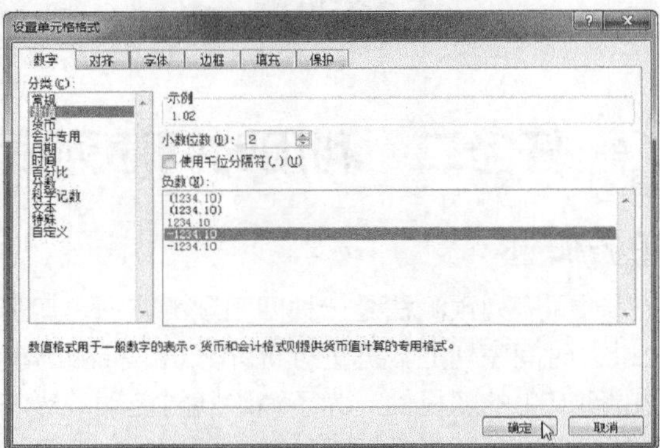

图 10-26　设置数值格式

Step 05 向右拖动 B9 单元格填充柄至 E9 单元格，填充数据。按住【Ctrl】键分别选择 B2:E2 和 B9:E9 单元格区域，选择“插入”选项卡，在“图表”组中单击“折线图”下拉按钮，选择“折线图”选项，如图 10-27 所示。

Step 06 调整图表的位置和大小，添加图表标题，删除图例，如图 10-28 所示。

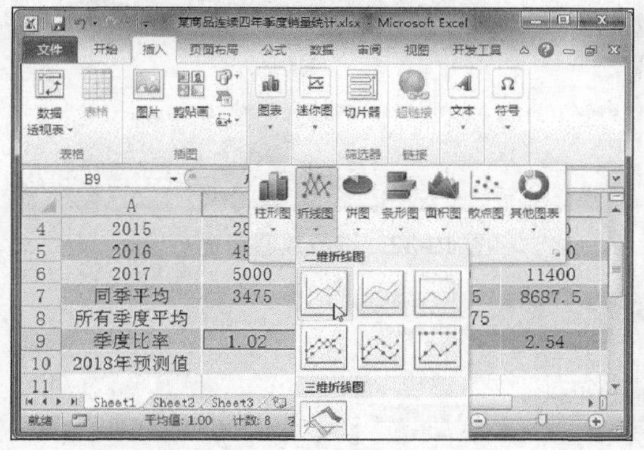

图 10-27 插入折线图

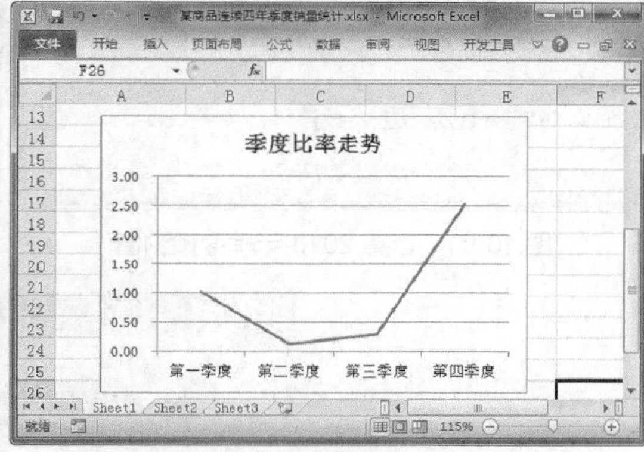

图 10-28 设置图表格式

Step 07 选择 F3 单元格，在编辑栏中输入公式“=SUM(B3:E3)”，并按【Enter】键确认。向下拖动 F3 单元格填充柄至 F6 单元格，填充数据，如图 10-29 所示。

Step 08 选择 F10 单元格，在编辑栏中输入公式“=F6*1.15”，并按【Enter】键确认，计算预测合计值，如图 10-30 所示。

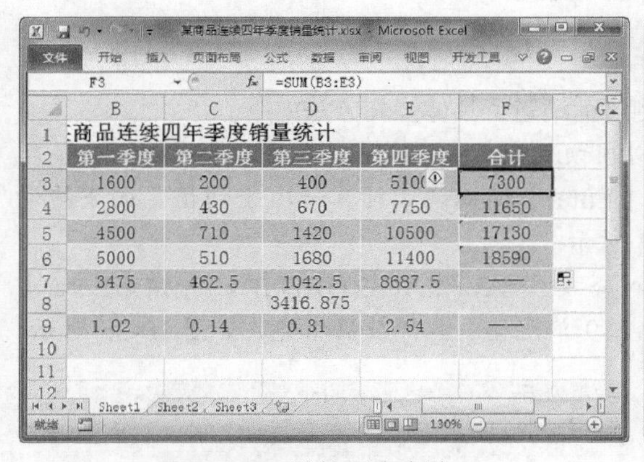

图 10-29 计算季度合计

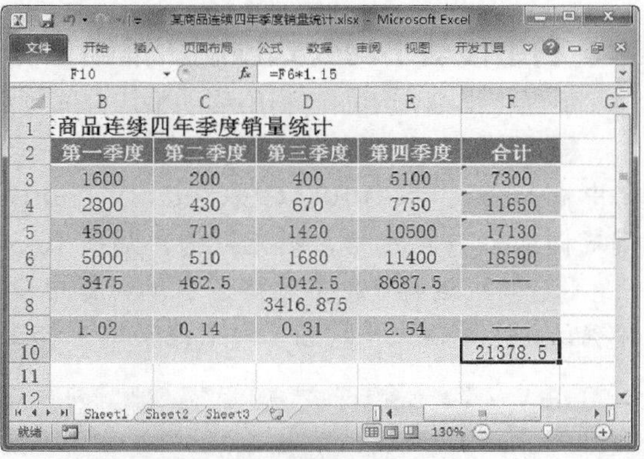

图 10-30 计算预测合计值

Step 09 选择 B10 单元格，在编辑栏中输入公式“=$F$10/4*B9”，并按【Enter】键确认，计算 2018 年季度预测值。单击“数字格式”下拉按钮，选择“其他数字格式”选项，如图 10-31 所示。

Step 10 弹出“设置单元格格式”对话框，在左侧“分类”列表框中选择“数值”选项，设置“小数位数”为 2，然后单击“确定”按钮，如图 10-32 所示。

Step 11 向右拖动 B10 单元格填充柄至 E10 单元格，即可完成 2018 年季度预测计算，结果如图 10-33 所示。

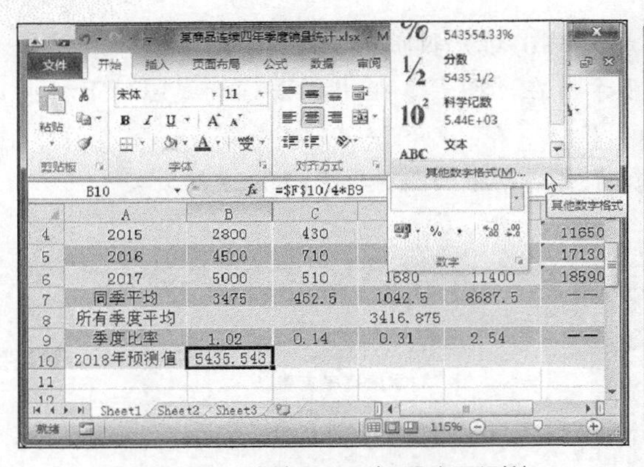

图 10-31　计算 2018 年季度预测值

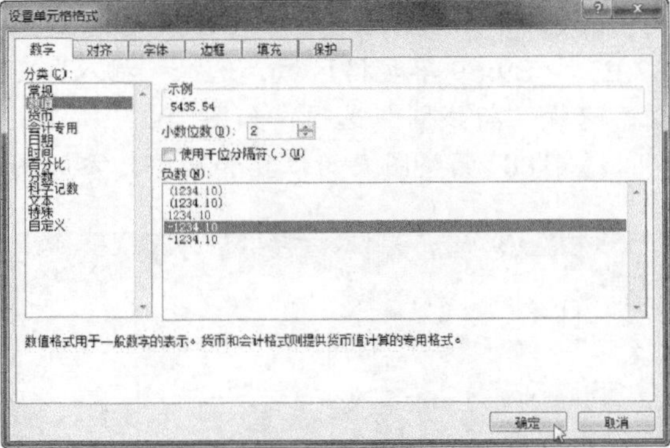

图 10-32　设置数值格式

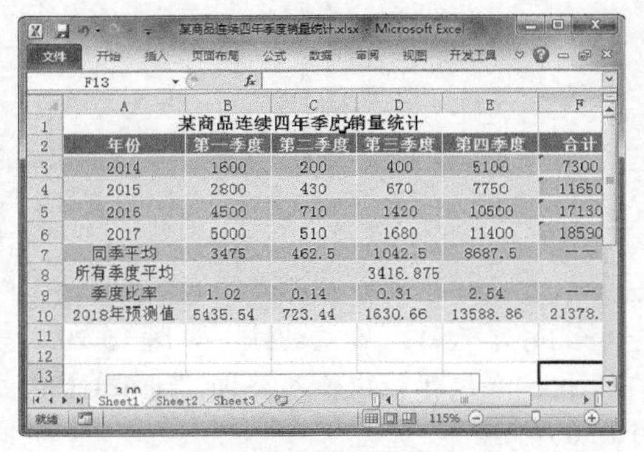

图 10-33　填充预测值

二、利用移动平均公式预测店铺销量

下面将详细介绍如何利用移动平均公式预测店铺销量，具体操作方法如下。

Step 01 打开“素材文件\项目十\某店铺利润预测分析.xlsx”，选择 D7 单元格，在编辑栏中输入公式“=AVERAGE(C2:C13)”，并按【Enter】键确认，计算一次平均值。向下拖动填充柄至 D19 单元格，填充数据，如图 10-34 所示。

Step 02 选择 E8 单元格，在编辑栏中输入公式“=AVERAGE(D7:D8)”，并按【Enter】键确认，计算二次平均值。向下拖动填充柄至 E19 单元格，进行数据填充，如图 10-35 所示。

图 10-34　计算一次平均值

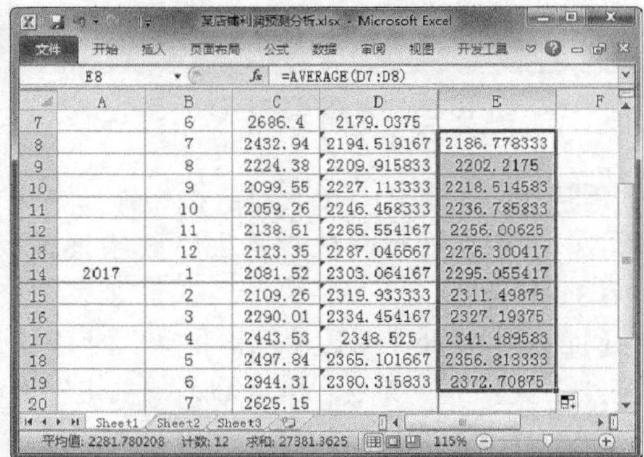

图 10-35　计算二次平均值

Step 03 按住【Ctrl】键选择 C1:C25 和 E1:E25 单元格区域，选择“插入”选项卡，在“图表”组中单击“折线图”下拉按钮，选择“带数据标记的折线图”选项，如图 10-36 所示。

Step 04 调整图表的大小和位置，添加图表标题，将图例置于图表下方。选中“二次平均值”数据系列并右击，选择“设置数据系列格式”命令，如图 10-37 所示。

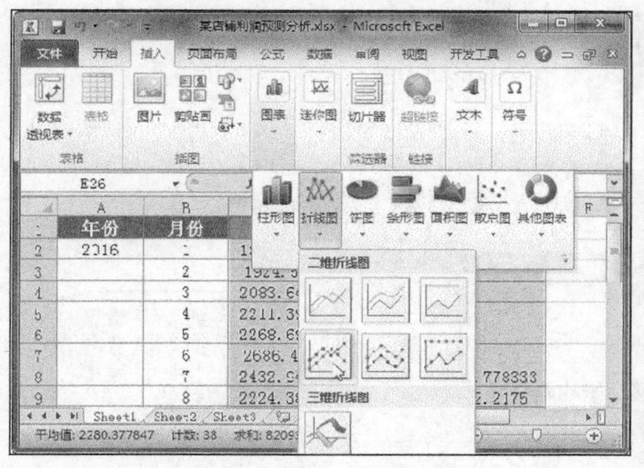

图 10-36　插入折线图

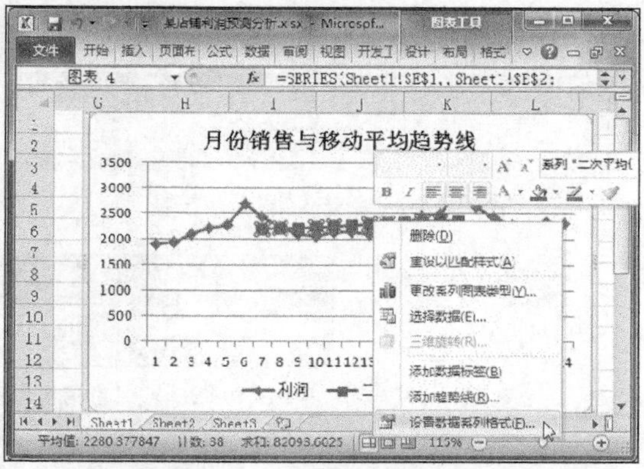

图 10-37　设置图表格式

Step 05 弹出“设置数据系列格式”对话框，在左侧列表中选择“数据标记选项”选项，选中“无”单选按钮，然后单击“关闭”按钮，如图 10-38 所示。

Step 06 在图表中选中横坐标轴并右击，选择“选择数据”命令，如图 10-39 所示。

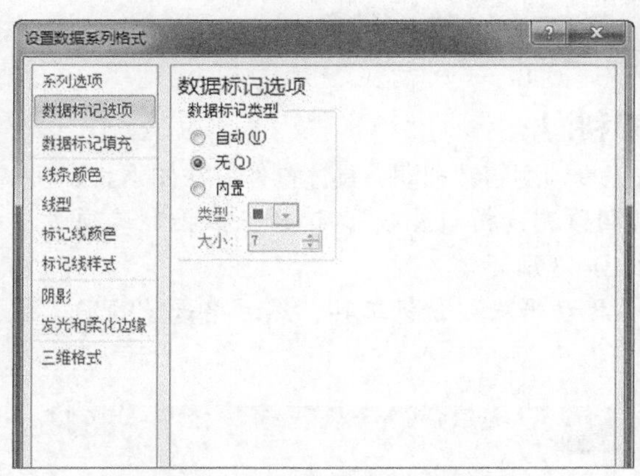

图 10-38　设置数据标记选项

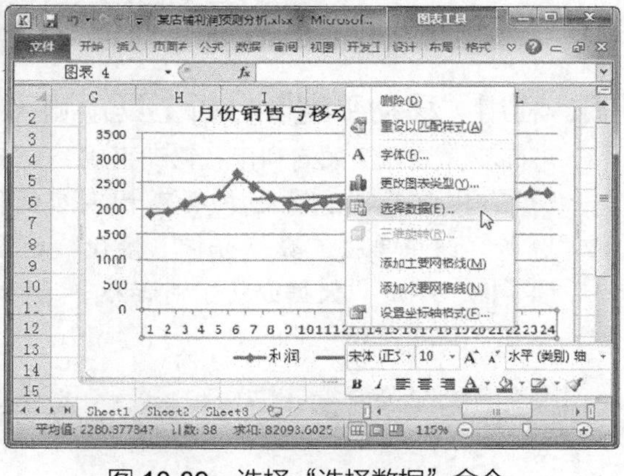

图 10-39　选择“选择数据”命令

Step 07 弹出“选择数据源”对话框，单击“水平（分类）轴标签”选项区中的“编辑”按钮，如图 10-40 所示。

Step 08 弹出“轴标签”对话框，将光标定位在“轴标签区域”文本框中，在工作表中选择 B2:B25 单元格区域，依次单击“确定”按钮，如图 10-41 所示。

Step 09 查看图表横坐标轴标签效果，完成图表制作，最终效果如图 10-42 所示。此时，卖家即可查看预测出的店铺销量及其变化趋势。

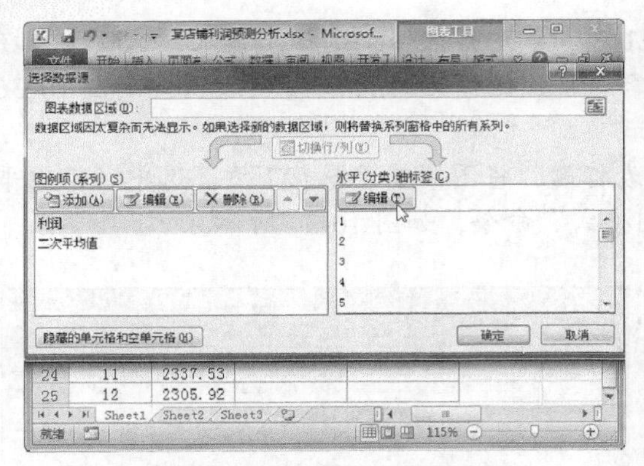

图 10-40　单击“编辑”按钮

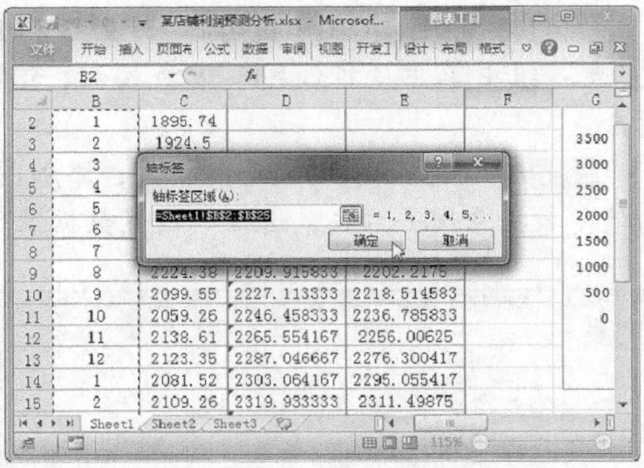

图 10-41　选择轴标签区域

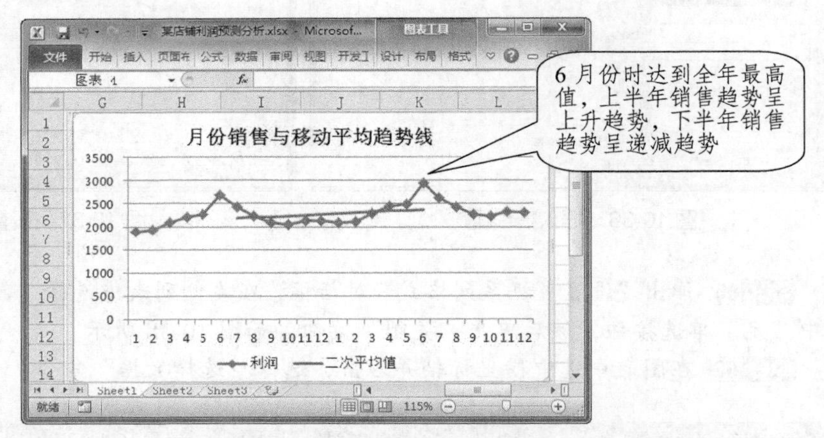

图 10-42　完成图表制作

三、利用“移动平均”分析工具预测店铺利润

下面将详细介绍如何利用“移动平均”分析工具预测店铺利润，具体操作方法如下。

Step 01 打开“素材文件\项目十\某店铺利润预测分析 1.xlsx”，选择“数据”选项卡，在“分析”组中单击“数据分析”按钮，如图 10-43 所示。

Step 02 弹出“数据分析”对话框，选择“移动平均”分析工具，然后单击“确定”按钮，如图 10-44 所示。

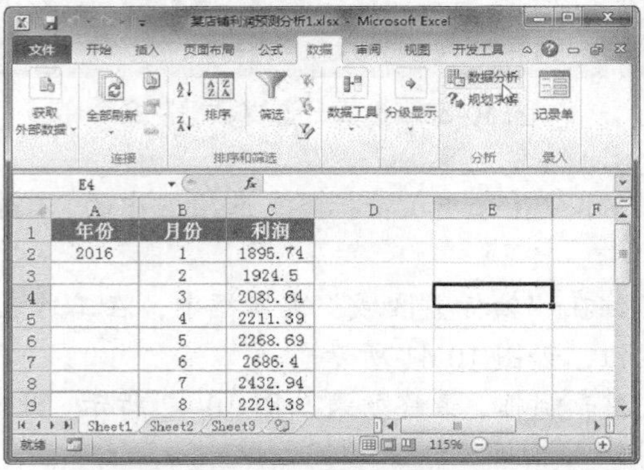

图 10-43　单击“数据分析”按钮

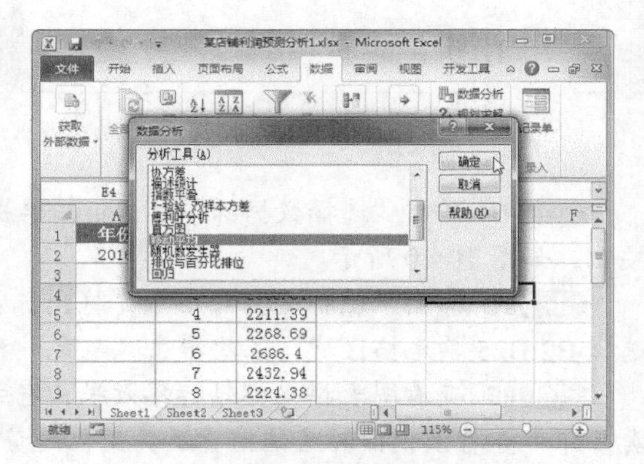

图 10-44　选择“移动平均”分析工具

Step 03 弹出“移动平均”对话框，设置各项参数，选中“标志位于第一行”“图表输出”和“标准误差”复选框，然后单击“确定”按钮，如图 10-45 所示。

Step 04 在 E1 和 F1 单元格中分别输入标题文本“移动平均”和“标准误差”，将相关单元格中显示的“#N/A”删除，设置表格边框格式，如图 10-46 所示。

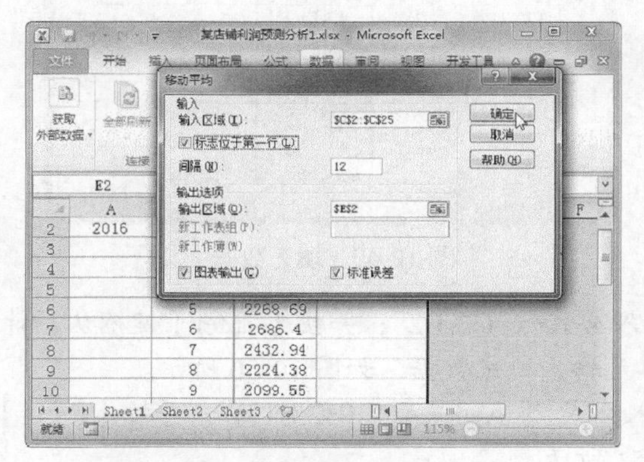

图 10-45 设置“移动平均”参数

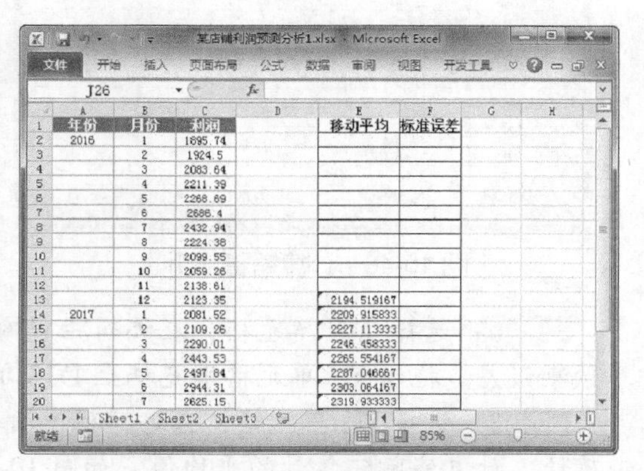

图 10-46 设置表格边框格式

Step 05 调整图表的大小和位置，设置为无数据标记，设置图例位于图表底部，如图 10-47 所示。此时，卖家即可查看利用“移动平均”分析工具预测店铺利润的趋势线。

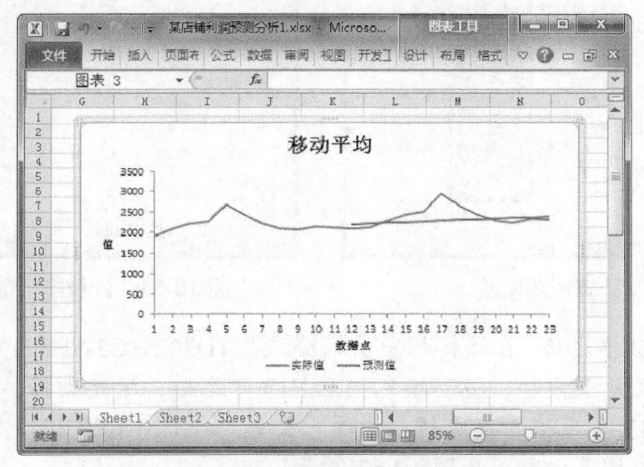

图 10-47 设置图表格式

四、利用指数平滑法预测店铺销量

指数平滑法是在移动平均法的基础上发展起来的一种时间序列分析预测法，它是通过计算指数平滑值，配合一定的时间序列预测模型对现象的未来进行预测。不合理的平滑系数预测出的结果与实际值相比会相差很多。下面的案例中首先设置平滑系数为经验值 0.3，使用“规划求解”工具分析出最佳的平滑系数，计算最优解，从而预测店铺销量，具体操作方法如下。

Step 01 打开“素材文件\项目十\销量预测分析.xlsx”，选择 C2 单元格，在编辑栏中输入公式“=AVERAGE(B2:B7)”，并按【Enter】键确认，如图 10-48 所示。

Step 02 选择 C3 单元格，在编辑栏中输入公式“=$H$1*B2+(1-$H$1)*C2”，并按【Enter】键确认，向下拖动填充柄，填充数据至 C14 单元格，如图 10-49 所示。

C2　=AVERAGE(B2:B7)

	A	B	C	D	E
1	年份	销量实际值	销量预测值	预测误差	预测误差平
2	2006	2056	5501.833333		
3	2007	3055			
4	2008	4800			
5	2009	5600			
6	2010	7900			
7	2011	9600			
8	2012	13560			
9	2013	16530			
10	2014	19600			
11	2015	23800			
12	2016	25780			
13	2017	27450			
14	2018				

图 10-48　计算销量预测值

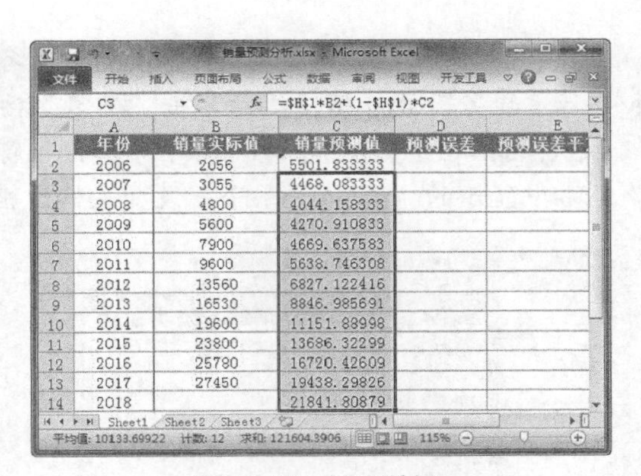

图 10-49　填充数据

Step 03　选择 D2 单元格，在编辑栏中输入公式“=C2-B2”，并按【Enter】键确认，计算预测误差。拖动 D2 单元格填充柄至 D13 单元格，填充数据，如图 10-50 所示。

Step 04　选择 H2 单元格，在编辑栏中输入公式“=AVERAGE(B2:B13)”，并按【Enter】键确认，计算实际销售量的平均值，如图 10-51 所示。

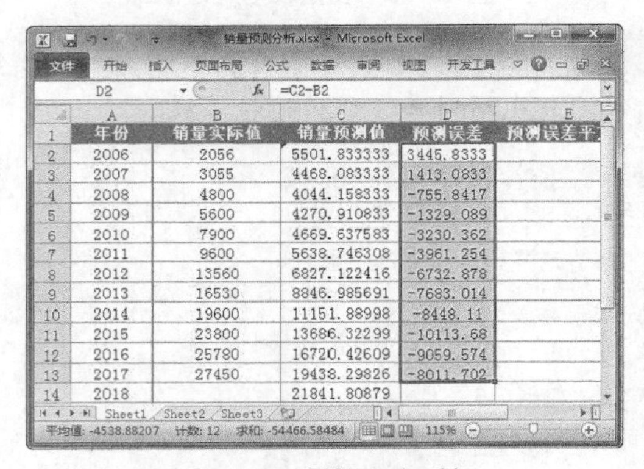

图 10-50　计算预测误差

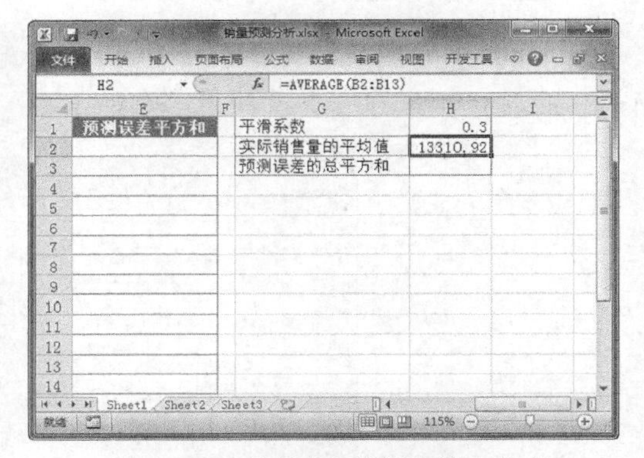

图 10-51　计算实际销售量的平均值

Step 05　选择 E2 单元格，在编辑栏中输入公式“=(D2^2+(C2-$H$2)^2)/12”，并按【Enter】键确认，计算预测误差平方和。拖动填充柄至 E13 单元格，填充数据，如图 10-52 所示。

Step 06　选择 H3 单元格，在编辑栏中输入公式“=SUM(E2:E13)”，并按【Enter】键确认，计算预测误差的总平方和，如图 10-53 所示。

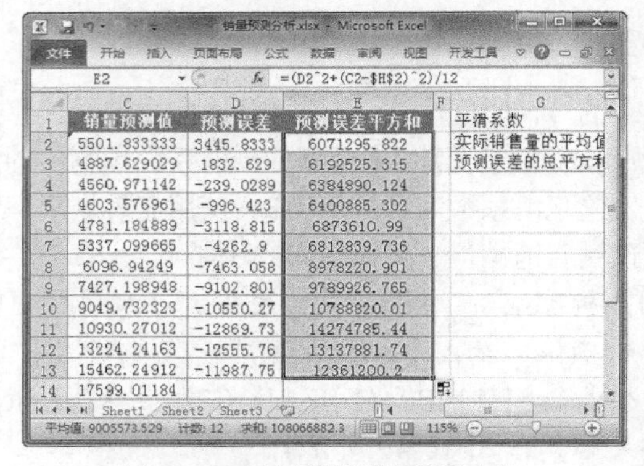

图 10-52　计算预测误差平方和

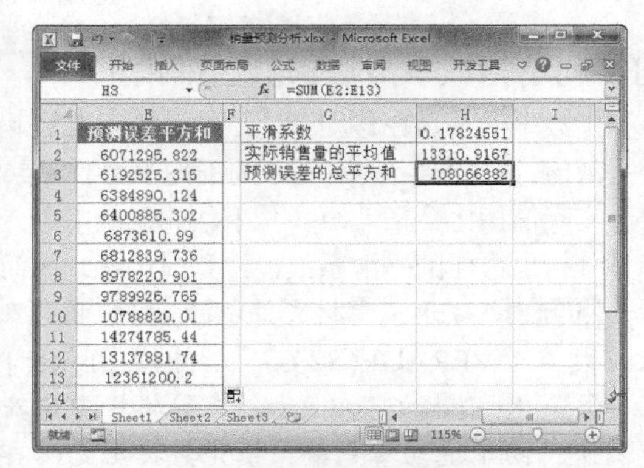

图 10-53　计算预测误差的总平方和

Step07 选择“文件”选项卡，单击“选项”按钮，如图 10-54 所示。

Step08 弹出“Excel 选项”对话框，在左侧选择“加载项”选项，单击“转到”按钮，如图 10-55 所示。

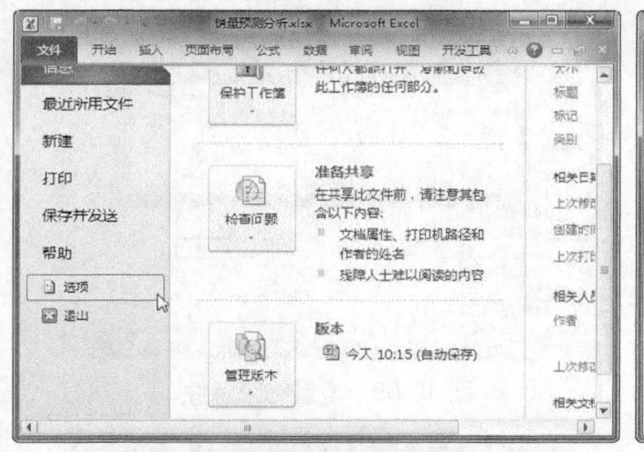

图 10-54 单击“选项”按钮

图 10-55 转到加载项

Step09 弹出“加载宏”对话框，选中“规划求解加载项”复选框，然后单击“确定”按钮，如图 10-56 所示。

Step10 选择“数据”选项卡，在“分析”组中单击“规划求解”按钮，如图 10-57 所示。

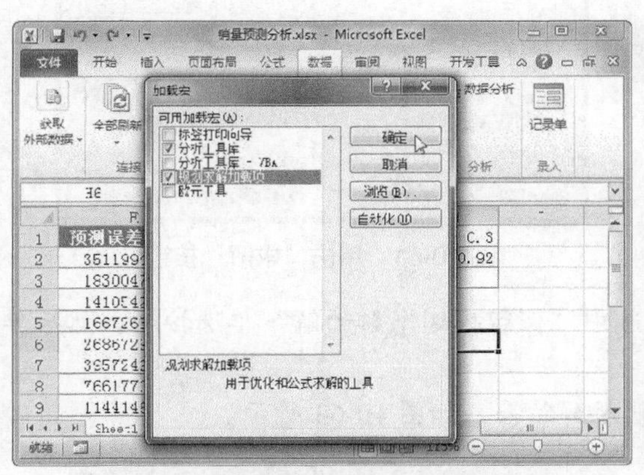

图 10-56 设置“加载宏”选项

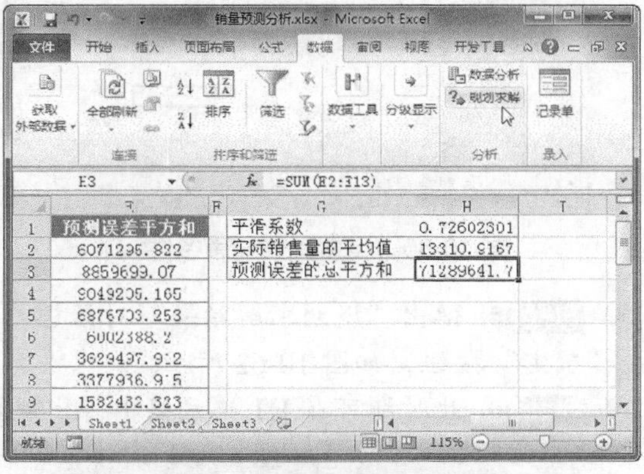

图 10-57 单击“规划求解”按钮

Step11 弹出“规划求解参数”对话框，设置目标单元格和可变单元格，选中“最小值”单选按钮，然后单击“添加”按钮，如图 10-58 所示。

Step12 弹出“添加约束”对话框，设置约束条件为“$H$1<=1”，然后单击“确定”按钮，如图 10-59 所示。

Step13 返回“规划求解参数”对话框，单击“添加”按钮，继续添加约束条件。设置约束条件为“$H$1>=0”，然后单击“确定”按钮，如图 10-60 所示。

Step14 返回“规划求解参数”对话框，单击“求解”按钮，如图 10-61 所示。

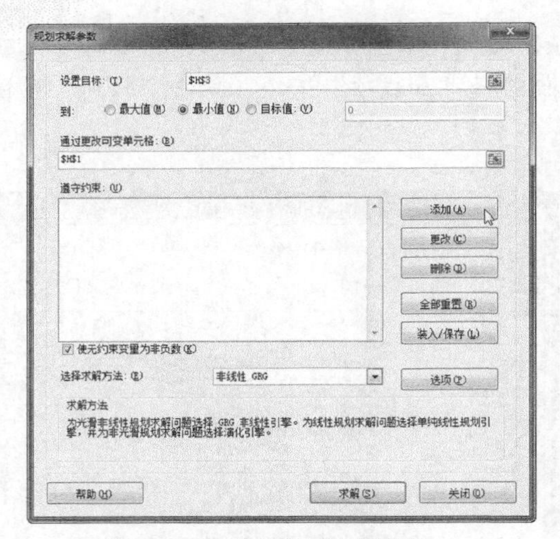

图 10-58　设置规划求解参数

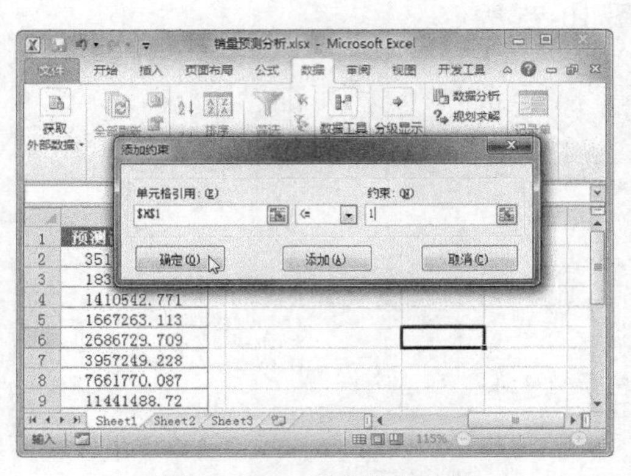

图 10-59　设置约束条件

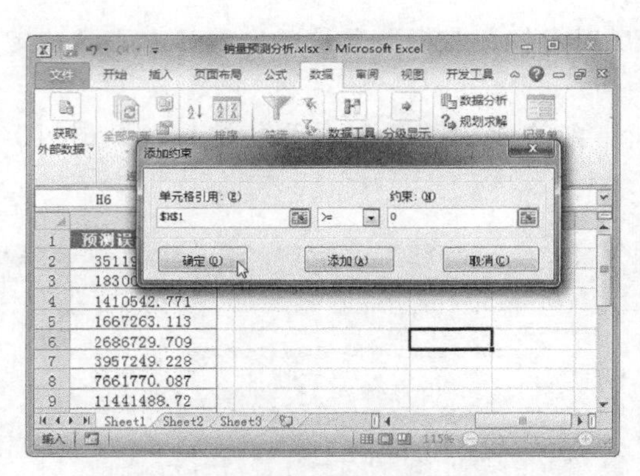

图 10-60　设置其他约束条件

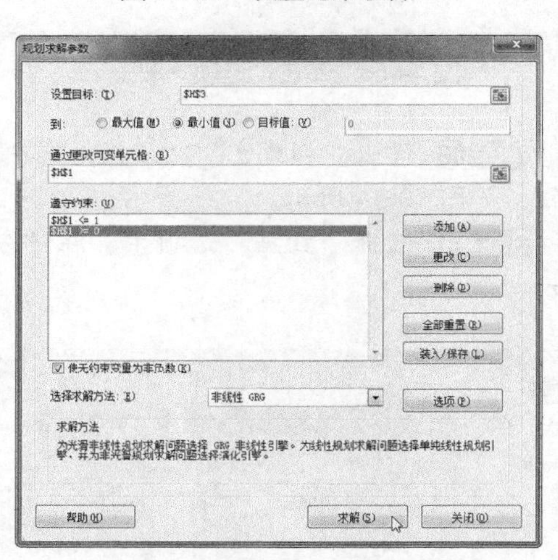

图 10-61　单击“求解”按钮

Step 15 弹出“规划求解结果”对话框，选中“保留规划求解的解”单选按钮，然后单击“确定”按钮，如图 10-62 所示。

Step 16 此时即可在 H1 单元格中得出规划求解结果，如图 10-63 所示。

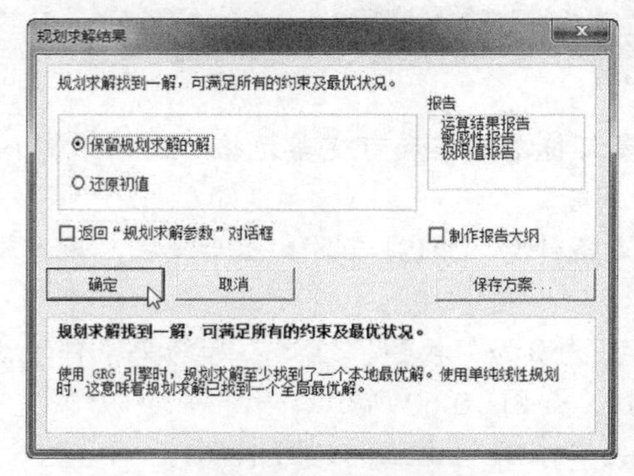

图 10-62　保留规划求解的解

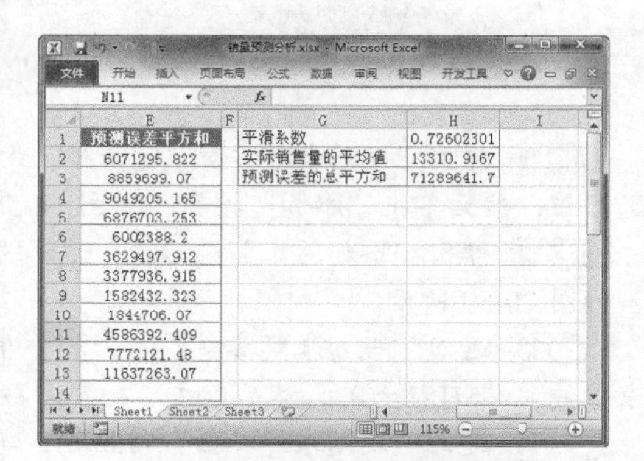

图 10-63　查看规划求解结果

Step 17 选择 B1:C14 单元格区域，选择“插入”选项卡，在“图表”组中单击“折线图”下拉按钮，选择“带数据标记的折线图”选项，如图 10-64 所示。

Step 18 调整图表的大小和位置，设置图例位于图表下方。选中“销量实际值”数据系列并右击，选择“设置数据系列格式”命令，如图 10-65 所示。

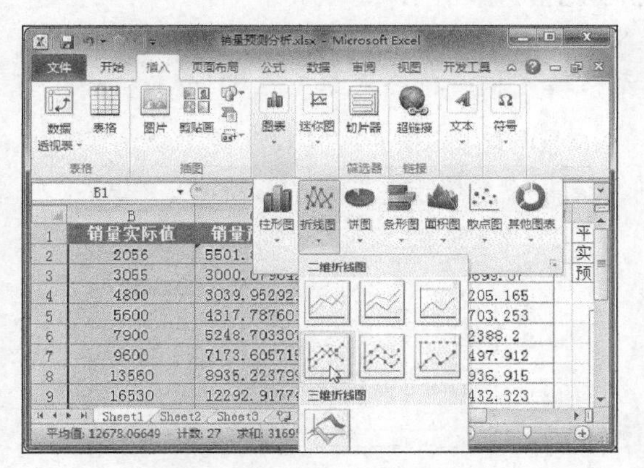

图 10-64　插入折线图

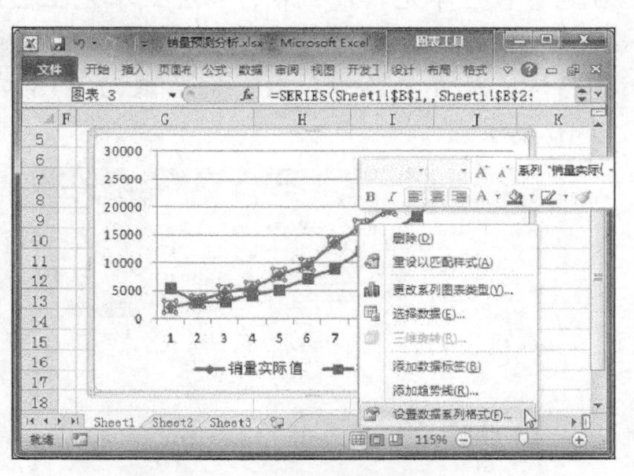

图 10-65　设置数据系列格式

Step 19 弹出“设置数据系列格式”对话框，在左侧选择“数据标记选项”选项，选中“内置”单选按钮，在“类型”下拉列表框中选择标记样式，然后单击“关闭”按钮，如图 10-66 所示。

Step 20 查看“销量实际值”系列的数据标记效果，如图 10-67 所示。此时，卖家即可查看利用指数平滑法预测的店铺销量及其趋势。

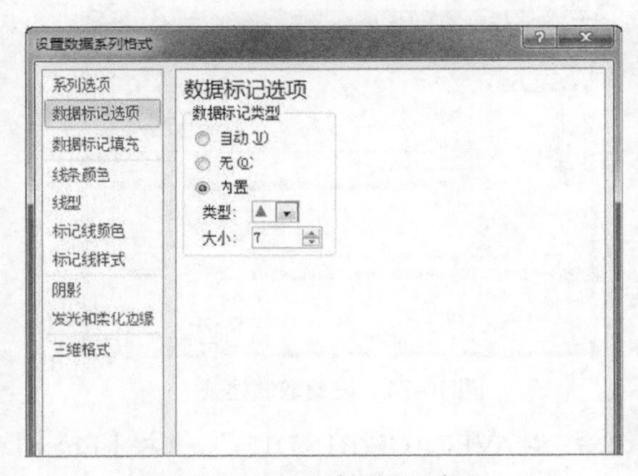

图 10-66　设置数据标记选项

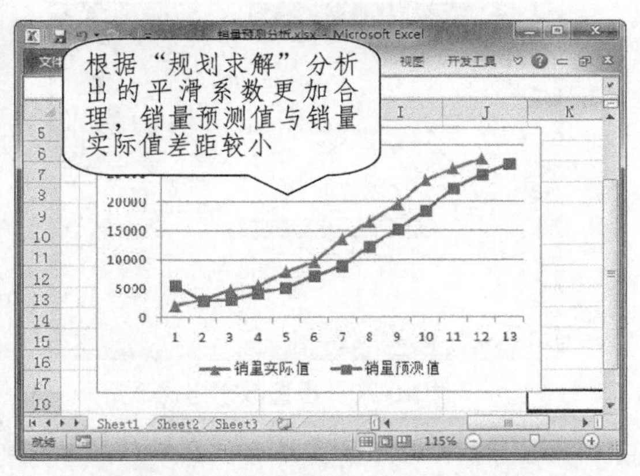

图 10-67　查看“销量实际值”系列数据标记效果

任务三　利用德尔菲法预测新产品销售额

任务概述

德尔菲法也称专家调查法，该方法是由企业组成一个专门的预测机构，其中包括若干专家和企业预测组织者，按照规定的程序，背靠背地征询专家对未来市场的意见或判断，然后进行预测的方法。本任务将学习如何在 Excel 中使用德尔菲法预测新产品销售额。

任务重点与实施

Step 01 打开“素材文件\项目十\德尔菲法预测新产品销售额.xlsx”，选择 B15 单元格，在编辑栏中输入公式“=AVERAGE(B3:B13)”，并按【Enter】键确认，计算产品平均值。向右拖动 B15 单元格填充柄，将公式填充至 D15 单元格，如图 10-68 所示。

Step 02 选择 B16 单元格，在编辑栏中输入公式“=MEDIAN(B3:B13)”，并按【Enter】键确认，计算产品中位数。向右拖动 B16 单元格填充柄，将公式填充至 D16 单元格，如图 10-69 所示。

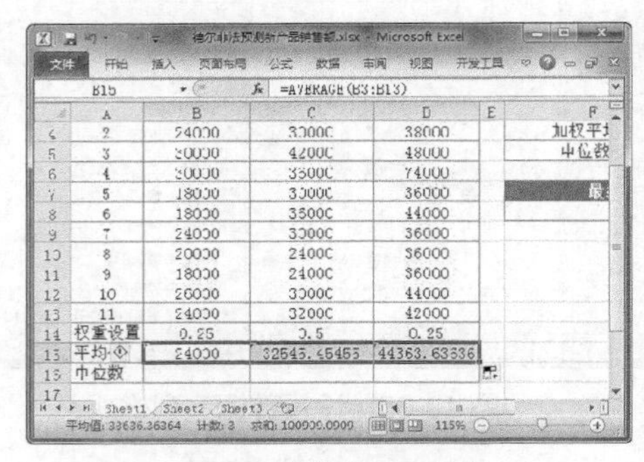

图 10-68　计算产品平均值

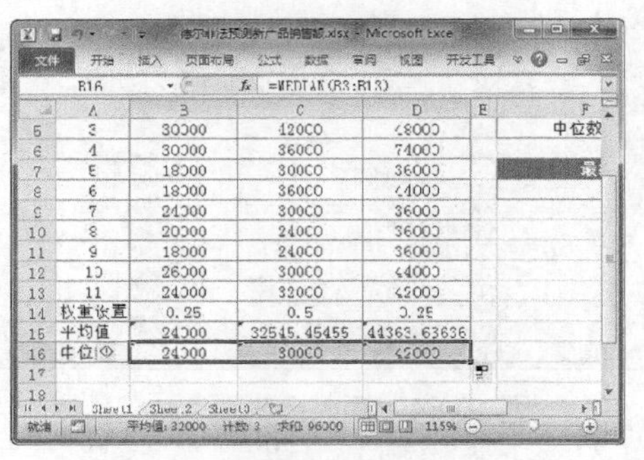

图 10-69　计算产品中位数

Step 03 选择 C15:D15 单元格区域，在“数字”组中单击“数字格式”下拉按钮，选择“其他数字格式”选项，如图 10-70 所示。

Step 04 弹出“设置单元格格式”对话框，在左侧“分类”列表框中选择“数值”选项，设置“小数位数”为 0，然后单击“确定”按钮，如图 10-71 所示。

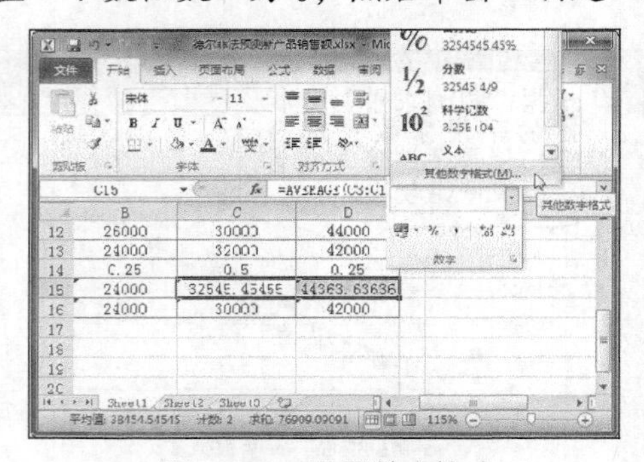

图 10-70　设置数字格式

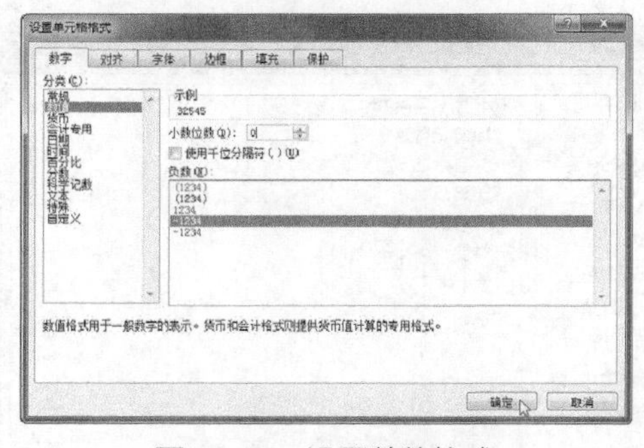

图 10-71　设置数值格式

Step 05 选择 G3 单元格，在编辑栏中输入公式“=AVERAGE(B15:D15)”，并按【Enter】键确认，使用简单平均法预测销售额，如图 10-72 所示。

Step 06 选择 G4 单元格，在编辑栏中输入公式“=SUMPRODUCT(B14:D14,B15:D15)”，并按【Enter】键确认，使用加权平均法预测销售额，如图 10-73 所示。

Step 07 选择 G5 单元格，在编辑栏中输入公式“=SUMPRODUCT(B14:D14,B16:D16)”，并按【Enter】键确认，使用中位数法预测销售额。设置 G3:G4 单元格区域数值的“小数位数”为 0，如图 10-74 所示。

Step 08 选择 F8 单元格，在编辑栏中输入公式“="预测销售额在"&ROUND(MIN(G3:G5),2)&"到"&ROUND(MAX(G3:G5),2)&"之间"”，并按【Enter】键确认，如图 10-75 所示。此时，卖家即可查看得出的最终预测结论。

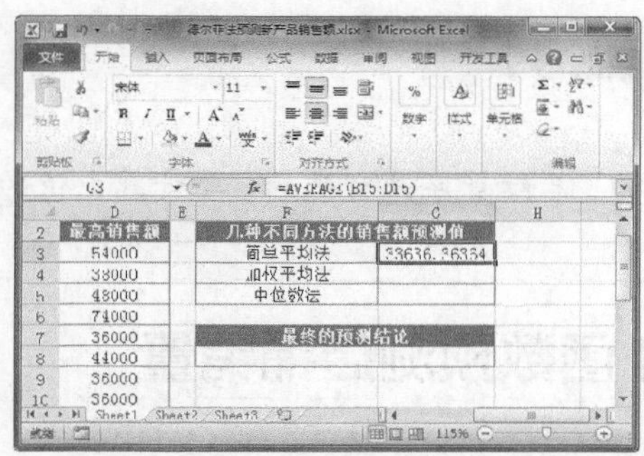

图 10-72　使用简单平均法预测销售额

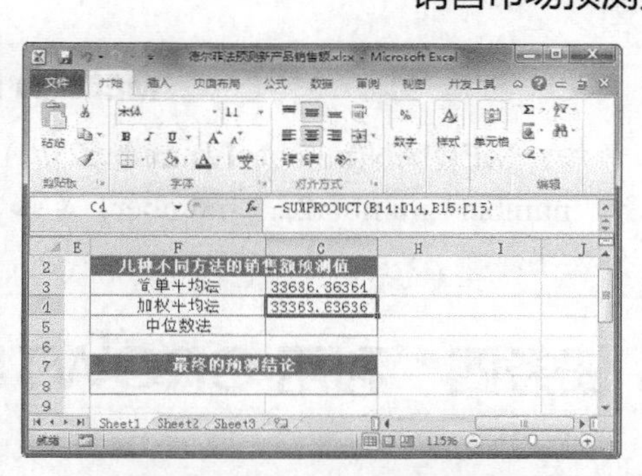

图 10-73　使用加权平均法预测销售额

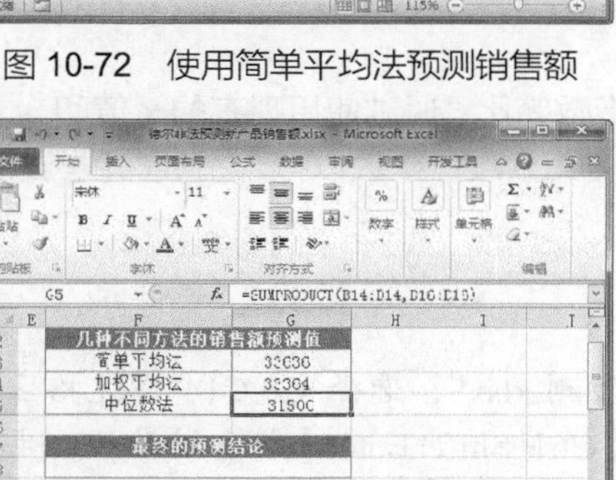

图 10-74　使用中位数法预测销售额

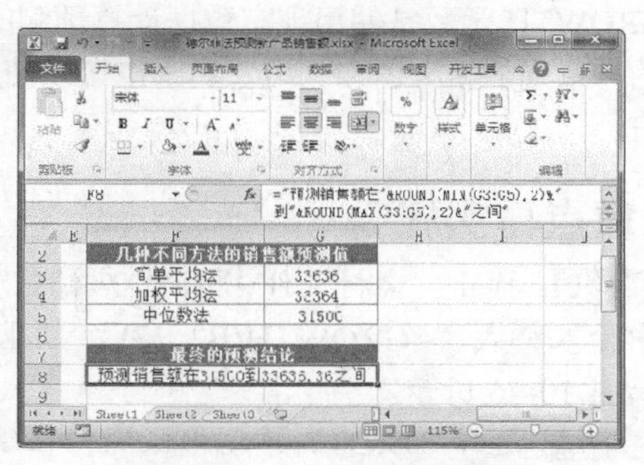

图 10-75　计算最终预测结论

课堂解疑

ROUND 函数的语法

语法：ROUND(number,num_digits)

- number：必需参数。要四舍五入的数字。
- num_digits：必需参数。要进行四舍五入运算的位数。

AVERAGE 函数的语法

语法：AVERAGE(number1,[number2],...)

- number1：必需参数。要计算平均值的第一个数字、单元格引用或单元格区域。
- number2,...：可选参数。要计算平均值的其他数字、单元格引用或单元格区域，最多可包含 255 个。

MAX 函数的语法

语法：MAX(number1,[number2],...)

- number1,number2,...：number1 是必需的，后续数字是可选的。要从中查找最大值的 1～255 个数字。

MIN 函数的语法

语法：MIN(number1,[number2],...)

- number1,number2,...：number1 是必需的，后续数字是可选的。要从中查找最小值的 1～255 个数字。

> **MEDIAN 函数的语法**
>
> 语法：MEDIAN(number1,[number2],...)
>
> - number1,number2,...：number1 是必需的，后续数字是可选的。要计算中值的 1～255 个数字。

任务四　利用 GROWTH 函数预测店铺销量

任务概述

GROWTH 函数是使用现有数据计算预测的指数等比，通过使用现有的 x 值和 y 值，返回指定的一系列的新 x 值和 y 值。卖家也可以使用 GROWTH 函数以拟合指数曲线与现有的 x 值和 y 值。

任务重点与实施

Step 01 打开“素材文件\项目十\店铺销量预测.xlsx”，选择 C9:C14 单元格区域，在编辑栏中输入公式“=GROWTH(B3:B8)”，并按【Ctrl+Shift+Enter】组合键确认，生成数组公式，如图 10-76 所示。

Step 02 选择 D9:D14 单元格区域，在编辑栏中输入公式“=GROWTH(D3:D8)”，并按【Ctrl+Shift+Enter】组合键确认，生成数组公式，如图 10-77 所示。

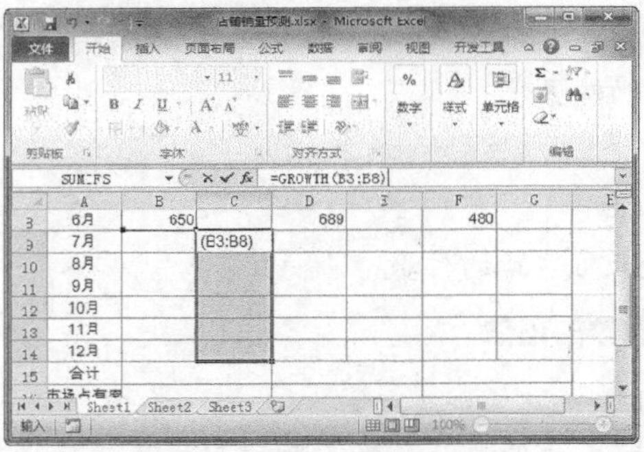

图 10-76　预测“华为”销量

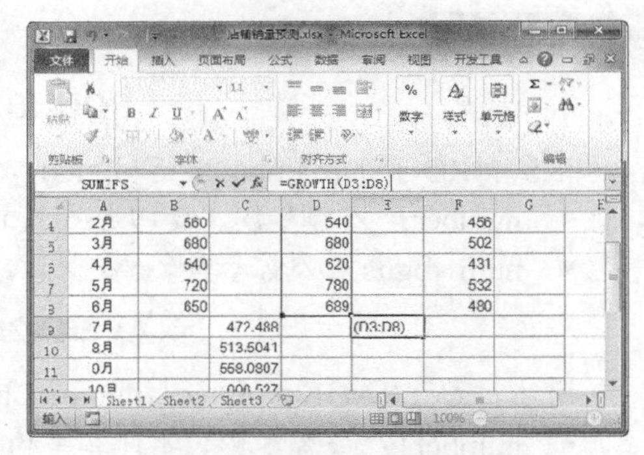

图 10-77　预测“小米”销量

Step 03 选择 G9:G14 单元格区域，在编辑栏中输入公式“=GROWTH(F3:F8)”，按【Ctrl+Shift+Enter】组合键确认，生成数组公式，如图 10-78 所示。

Step 04 选择 B15:C15 单元格区域，在编辑栏中输入公式“=SUM(B3:C14)”，并按【Enter】键确认，计算合计值。选择 B15:C15 单元格区域，向右拖动填充柄至 G15 单元格，填充数据，如图 10-79 所示。

Step 05 选择 B16:C16 单元格区域，在编辑栏中输入公式“=B15/($B$15+$D$15+$F$15)”，并按【Enter】键确认，计算市场占有率。选择 B16:C16 单元格区域，向右拖动填充柄至 G16 单元格，填充数据，如图 10-80 所示。

Step 06 选择 B9:G16 单元格区域，在“数字”组中单击“数字格式”下拉按钮，选择“其他数字格式”选项，如图 10-81 所示。

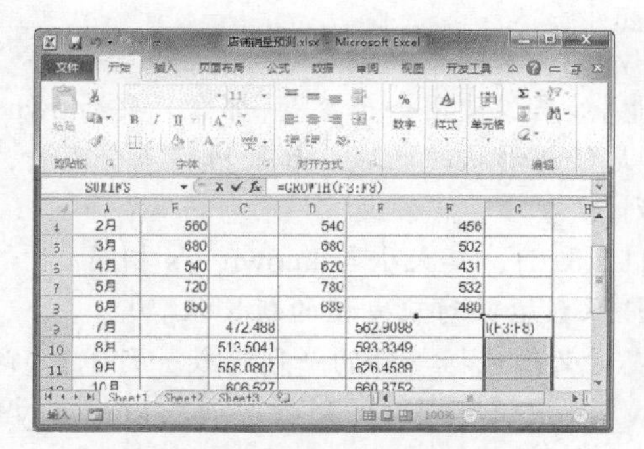

图 10-78　预测“三星”销量

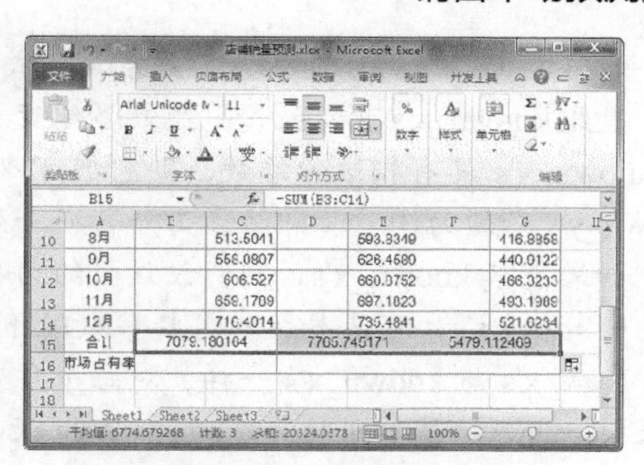

图 10-79　计算合计值

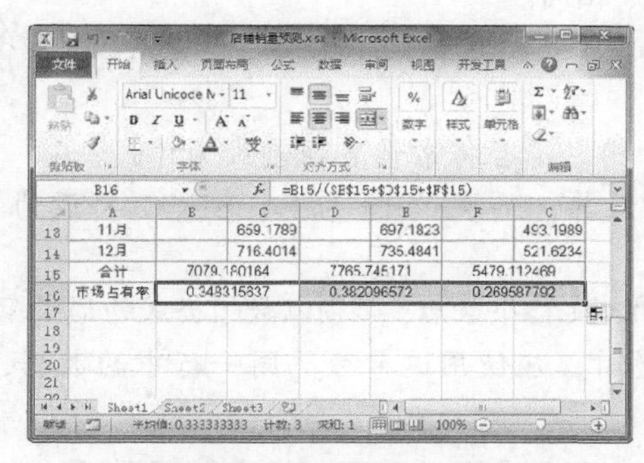

图 10-80　计算市场占有率

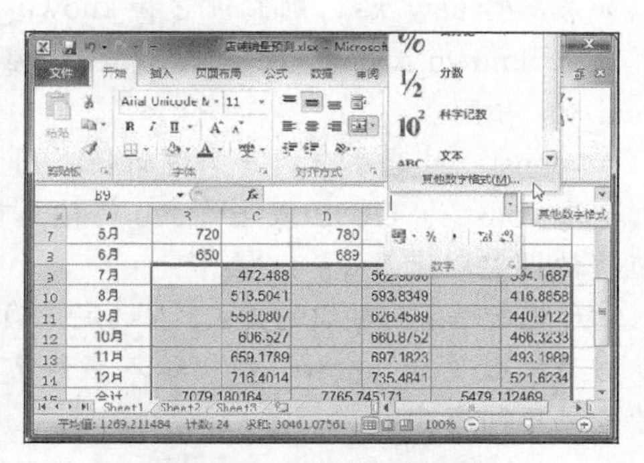

图 10-81　设置数字格式

Step 07 弹出“设置单元格格式”对话框，在左侧“分类”列表框中选择“数值”选项，设置“小数位数”为 2，然后单击“确定”按钮，如图 10-82 所示。

Step 08 此时小数点后均保留两位小数，效果如图 10-83 所示。

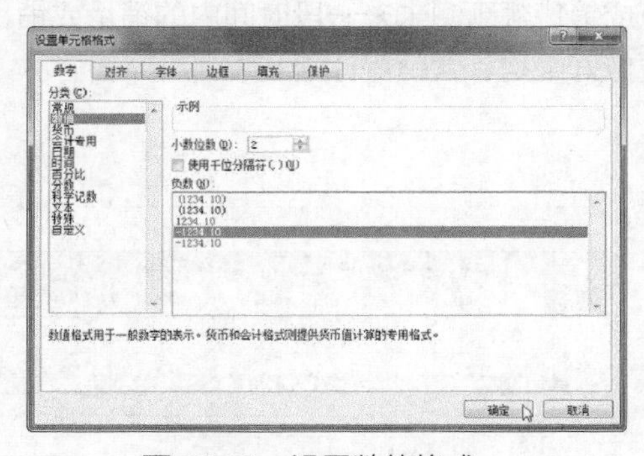

图 10-82　设置数值格式

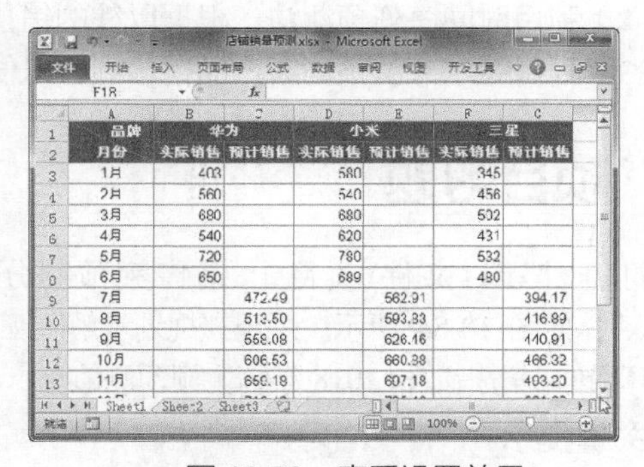

图 10-83　查看设置效果

课堂解疑

GROWTH 函数的语法

语法：GROWTH(known_y's,[known_x's],[new_x's],[const])

- known_y's：必需参数。关系表达式 y=b*m^x 中已知的 y 值集合。

如果数组 known_y's 在单独一列中，则 known_x's 的每一列被视为一个独立的变量。
如果数组 known_y's 在单独一行中，则 known_x's 的每一行被视为一个独立的变量。
如果 known_y's 中的任何数为零或为负数，则 GROWTH 函数返回错误值#NUM!。

- known_x's：可选参数。关系表达式 y=b*m^x 中已知的 x 值集合。

数组known_x's可以包含一组或多组变量。如果仅使用一个变量，那么只要known_x's和 known_y's 具有相同的维数，则它们可以是任何形状的区域。如果用到多个变量，则known_y's 必须为向量（即必须为一行或一列）。

如果省略 known_x's，则假设该数组为{1,2,3,...}，其大小与 known_y's 相同。

- new_x's：可选参数。需要 GROWTH 函数返回对应 y 值的新 x 值。

New_x's 与 known_x's 一样，对每个自变量必须包括单独的一列（或一行）。因此，如果 known_y's 是单列的，known_x's 和 new_x's 应该有同样的列数；如果 known_y's 是单行的，known_x's 和 new_x's 应该有同样的行数。

如果省略 new_x's，则假设它和 known_x's 相同。

如果 known_x's 与 new_x's 都被省略，则假设它们为数组{1,2,3,...}，其大小与known_y's 相同。

- const：可选参数。一个逻辑值，用于指定是否将常量 b 强制设为 1。

如果 const 为 TRUE 或省略，b 将按正常计算；如果 const 为 FALSE，b 将设为 1，m 值将被调整以满足 y = m^x。

对于返回结果为数组的公式，在选定正确的单元格个数后，必须以数组公式的形式输入。

当为参数（如 known_x's）输入数组常量时，应使用逗号分隔同一行中的数据，用分号分隔不同行中的数据。

项目小结

通过本项目的学习，读者应重点掌握以下知识。

（1）利用图表趋势预测法预测商品销量和销售额，根据预测值调整销售策略。

（2）利用时间序列预测法，根据以往的销量或销售额预测未来一段时间内的销量或销售额。

（3）利用德尔菲法预测新产品销售额，以便做好采购、营销等计划。

项目习题

打开“素材文件\项目十\销售额预测分析.xlsx”，如图 10-84 所示。采用“规划求解”工具计算最佳平滑指数和2018 年销售额预测值。

关键提示：

（1）计算销售额预测、预测误差和实际销售量平均值。

（2）计算预测误差平方和、预测误差的平方总和。

（3）使用“规划求解”工具得出最佳的平滑系数，计算销售预测值。

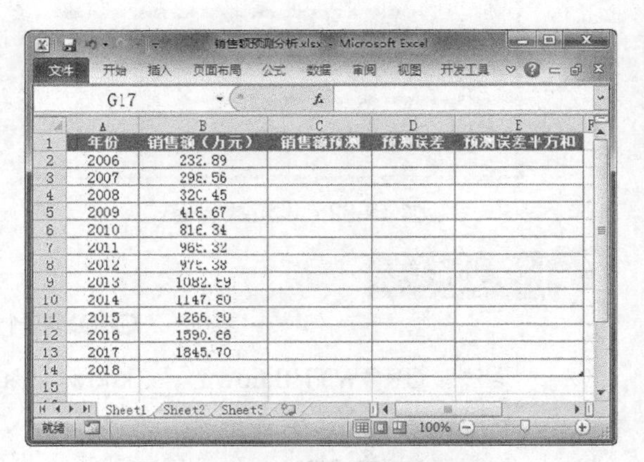

年份	销售额（万元）	销售额预测	预测误差	预测误差平方和
2006	232.89			
2007	298.56			
2008	320.45			
2009	418.67			
2010	818.34			
2011	965.32			
2012	975.38			
2013	1082.59			
2014	1147.80			
2015	1266.30			
2016	1590.66			
2017	1845.70			
2018				

图 10-84 销售额预测分析